はじめてのDEXCS for OpenFOAM

JN208550

OCSE~2 オープンCAEコンサルタント

野村悦治

はじめに

　DEXCS（デックス）for OpenFOAM（オープンフォーム）（以下，DEXCS-OF と略す）は，オープンソース CFD（Computational Fluid Dynamics）の代表格である OpenFOAM を利用したい人向けに，**「誰にでも簡単，すぐに，OpenFOAM を使える」**を目標に 2009 年に公開して以来，ほぼ 1 年に 1 回のペースで更新を続けているパッケージである．

　本書は，2023 年 10 月にリリースした DEXCS2023 を題材にその使い方を解説するものであるが，DEXCS-OF では初期のリリース（DEXCS2009）以来現在まで，DEXCS フォントを 3 次元化した複雑な物体まわりの流れ解析を題材にしているという点で一貫している．これはこのような例題を実際に自身の手で動かしてみるという経験を通して，実用性の判断を利用者に委ねているということである．第 1 章「まずは使ってみる」，あるいは読むのも面倒な人向けには YouTube の動画[*1] を公開しているので，それらをご覧になって判断いただきたい．

　「誰にでも簡単…」と記したものの，CAE，流体力学，パソコンといった面で必要最小限の知識は大前提である．使えるかもしれないと感じたからといって，自分の課題に適用できるようになるまでのリスクもわからないであろう．この時点で，使い物にならないなり，リスクが大きすぎると判断した人は，本書でこれ以上余分なコストをかけないで頂きたい．

　第 4 章以降で，具体的なツールの活用法を説明するが，順番に読んでいく必要はない．読み進めるうちにマウスの使い方一つとってもツールによって使い分けが必要な場合があるなど，違和感も多々生じるであろう．またこれまでのリリースを通じて，GUI ツールそのものの一貫性もなく，今後の新しいバージョンで本書の解説が通用しない箇所が出てくるかもしれない．市販の汎用 CAE ツールと同等（または同様）の使い勝手を期待される読者には期待を裏切ることになるのは請け合いである．

　そこで第 2 章では，本論に入る前段として，DEXCS-OF が一般的な CAE ツールとは異なっているところ，それを踏まえて OpenFOAM をどうやって活用したら良いのかを，利用上の留意事項として取りまとめた．

　オープンソースは無料で使えるからという理由で導入を考える人が多くいるが，わからないことがあったら，商用ソフトであればサポートに電話すれば解決できることも，自助努力で調べるしかない．コスト面では「お金」か「自分の時間（Time is money.）」の違いでしかない．本書をきっかけに「自分の時間」を使って「オープン CAE を勉強しよう！」という気持ちになっていただけたらと思っている．

[*1] DEXCS ランチャーの使い方（2023 版）　https://youtu.be/TAJ7rY5hzOs

目次

第 1 章

まずは使ってみる

DEXCS-OF には図 1.1 に示すような例題（複雑な物体を対象とした仮想風洞試験）で，3 次元のCAD モデルが収録されており，これを使って簡単に計算できるのを，まずは体験していただきたい．

実際の作業時間もデフォルトの解析条件であれば，メッシュ作成からソルバーの計算時間を含めて10 分もあれば体験できるようになっている（FreeCAD や ParaViewといったツールで所定の操作を間違えないという前提ではあるが………）．

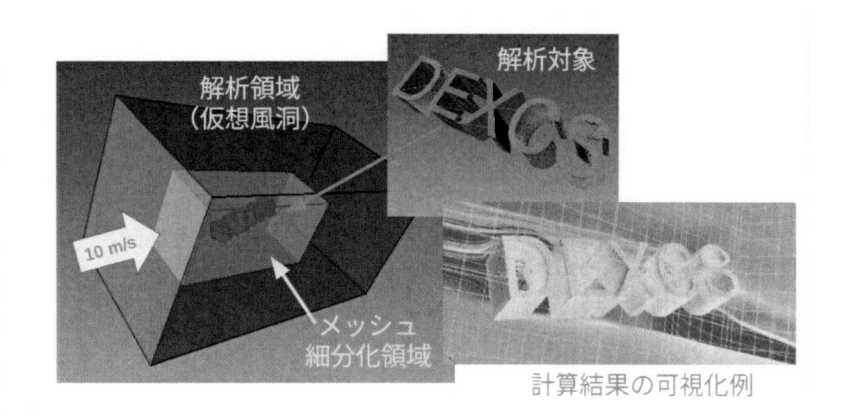

図 1.1　DEXCS 標準チュートリアルの解析イメージ

一般的なツールの解説書では，導入編として，単純な形状や，2 次元流れといった題材を使った解説が多いのに対して，DEXCS-OF では開発の当初から一貫してこのモデル（DEXCS フォントを 3 次元化した複雑な物体まわりの流れ解析）を題材にしている．筆者は長年，製造業の研究開発部門において，CAE を使いたいという立場で経験を積んだ結果，単純な形状や，2 次元流れで計算できたからといって，実際の仕事の現場で使えるのかどうかの判断は出来ないという思いがあった．このくらいの例を，ある程度直感的な操作方法で解析できないことには使ってみようという気にはなれなかった．

とはいうものボタン操作だけで実際の現場の解析作業が済むはずもない．OpenFOAM に限らず CAE 全般に言えることだが，仮に解析対象（本例では DEXCS フォントという形状モデル）を固定したとしても，周囲の形状モデル，メッシュ，物理モデル，境界条件……などの設定如何によって，結果は異なってくる．そもそも解析の目的に応じて，結果の何に着目するのかも違うだろう．何がどう影響するのかはケースバイケースで，理論もあろうが経験で補う（やってみる）しかない．

この「やってみるしかない」を，自分にもできそうなツールであるかどうかが，もう一つの判断のよりどころになるのではないかと思っている．そこで本章では，DEXCS の標準チュートリアルを題材に，そもそもOpenFOAM のファイル構成がどうなっていて，どういう GUI の仕組み（FreeCAD や DEXCS ツール）でOpenFOAM の何を操作している（できる）のかを，一部であるが例示した．これらを足掛かりに，読者なりの「やってみる」ができそうかどうか，判断していただきたい．

1.1 DEXCS 標準チュートリアルとは

DEXCS-OF では，開発の当初から図 1.1 に示すような 3 次元 CAD モデルを対象に，これを DEXCS ランチャーを使って，デフォルトの解析条件であればボタンを順番に押していくだけで実行可能な仕組みが搭載されており，この仕組みで動く OpenFOAM のケースファイルを DEXCS 標準チュートリアルとしている．DEXCS-OF のバージョン（開発年）によっては，CAD ツールが FreeCAD でなかったこともある．DEXCS ランチャーも様々な経緯を経て現在の形に至っているが，3 次元 CAD モデルの寸法関係は変更していない．

DEXCS2023 では図 1.2 に示すような手順で FreeCAD が立ち上がり，図 1.1 のモデルがロードされる．また，DEXCS2023 に搭載された FreeCAD は一般に公開されているものとは異なり，DEXCS ランチャー（DEXCS-WB, DEXCS ツールバー）が使えるようにカスタマイズされている．

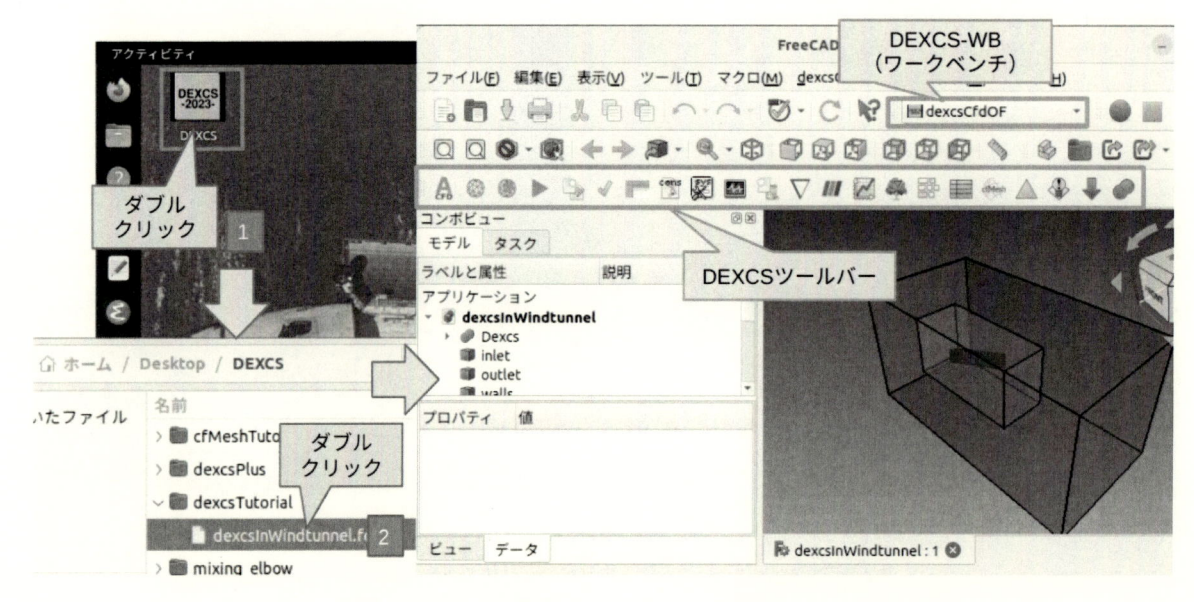

図 1.2 DEXCS 標準チュートリアルの起動イメージ

DEXCS 標準チュートリアルでは，この 3 次元 CAD モデルに対して，cfMesh というメッシュツールで図 1.3 に示すようなメッシュを作成し，図 1.4 に示すような解析条件がデフォルトとして組み込まれるようになっているのも，開発当初から一貫している．

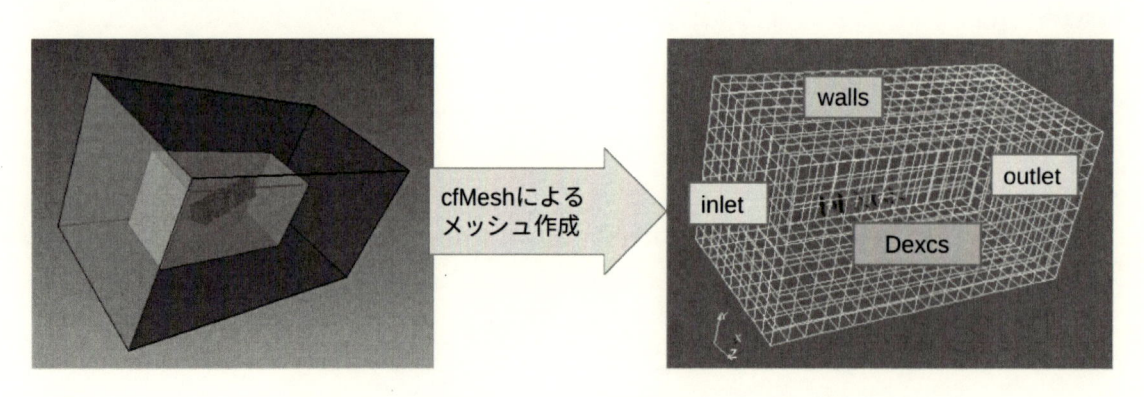

図 1.3 DEXCS 標準チュートリアルのメッシュ作成イメージ

　ただし，メッシュツールに関して，DEXCS2013 までは，snappyHexMesh を使用していた．

　また OpenFOAM では，「0」「constant」「system」というフォルダ中に一定のルールでパラメタファイルを収納する必要があり，図 1.1 でモデルがロードされた時点ではこれらフォルダが存在しなかったが，後述する

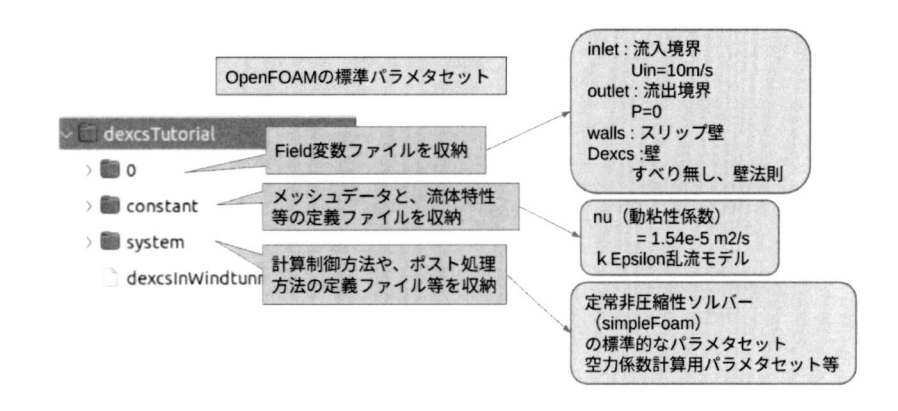

図 1.4　DEXCS 標準チュートリアルのデフォルト解析条件

「ケースファイル」を作成する段階でこれらが自動作成（コピー）される仕組みになっている．もちろん，パラメタを変更して計算することも可能で，その方法についても後述する．

■形状モデルについての補足　市販の CFD ツールなり，メッシュツールを使い慣れた読者には，この CAD モデルからからメッシュが作成できるということに違和感があるやもしれない．著者もその方面に詳しくはないが，解析したい流体部分を閉じた領域モデルとして作成して，これを対象にメッシュ作成するのが一般的のようである．これに対して，DEXCS では複数のパーツで囲まれた領域中に閉空間が存在するようにモデルパーツを構成すれば良い．

　これは OpenFOAM の snappyHexMesh の流儀といってよいのだが，snappyHexMesh ではパーツモデルを STL ファイルで構成し，閉空間の内部点を指定すれば，パーツの名前に応じて境界の名前も区別できるようになる．FreeCAD にはパーツモデルを STL ファイルとして出力する機能も備わっているので，DEXCS ではこのようにモデルを作成してきた．cfMesh では，独自形式の閉じた領域モデルを使ってメッシュ作成しているが，snappyHexMesh 用の形状データをそのまま使ってメッシュ作成もできるよう，これらパーツの STL モデルから閉空間を自動判定して作成する仕組みが備わっているので，従前（snappyHexMesh 用）の作り方で一貫できている．

1.2　DEXCS ランチャーの使い方

1.2.1　DEXCS-WB/解析コンテナの作成

　図 1.2 の手順で FreeCAD を起動できたら，図 1.5 に示すように 1 アイコン ＡCFD「解析コンテナ作成」をクリックすると，「コンボビュー」⇒「モデル」タブ画面のコンポーネントツリー最下端に（dexcsCfdAnalysis）という（解析コンテナ），そのサブコンポーネントとして，（CfdMesh）という（メッシュ作成コンテナ），（CfdSolver）という（ソルバー実行コンテナ）が追加されるので，これらを使って作業していくことになる．

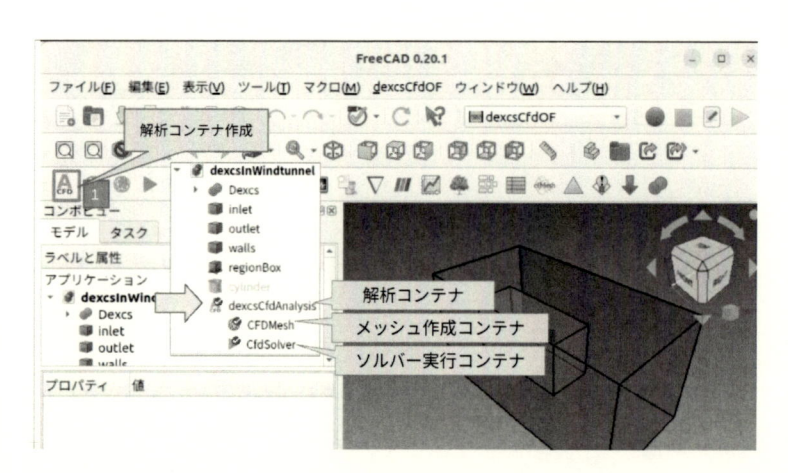

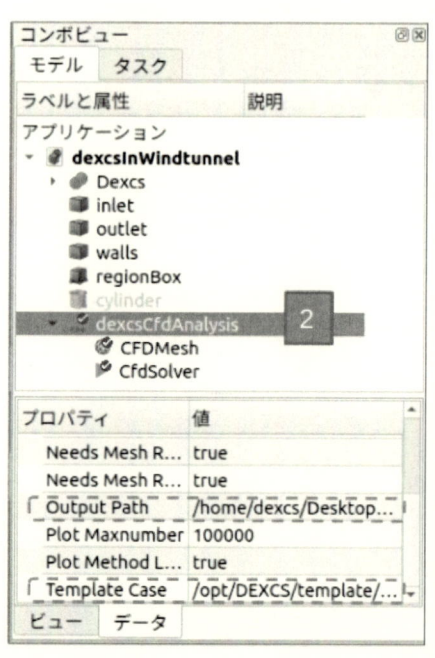

図 1.5　解析コンテナ　　　　　　　　　　　　　図 1.6　解析コンテナのプロパティー

　FreeCAD では，コンポーネントツリー上でパーツを選択すると，画面下の「データ」タブ画面で，当該コンポーネントの様々なプロパティーの値を参照したり変更したりすることができる．ここで図 1.6 で 2 (dexcsCfdAnalysis)（解析コンテナ）を選択した際の，破線で囲った部分のプロパティーに着目されたい．(Output Path) はこれからの作業で OpenFOAM のケースファイルを作成する場所であり，(Template Case) というのはデフォルトの解析条件として雛形となるケースファイルのことである．新規に解析コンテナを作成した場合には自動的に，

- （Output Path）には，「モデルファイルが存在するフォルダ名」
- （Template Case）には，「/opt/DEXCS/template/dexcs」

として設定されるという点に留意されたい．デフォルトで Dexcs フォントを解析対象とした仮想風洞試験に特化した解析条件が組み込まれるのは，この（Template Case）のプロパティー値によるものである．

1.2.2　DEXCS-WB/メッシュ作成コンテナの確認

　コンポーネントツリー上で（CfDMesh）（メッシュ作成コンテナ）をダブルクリックすると，「コンボビュー」では「モデル」タグから「タスク」タグの画面に切り替わって，「メッシュ作成タスク画面」が表示される（図 1.7）．

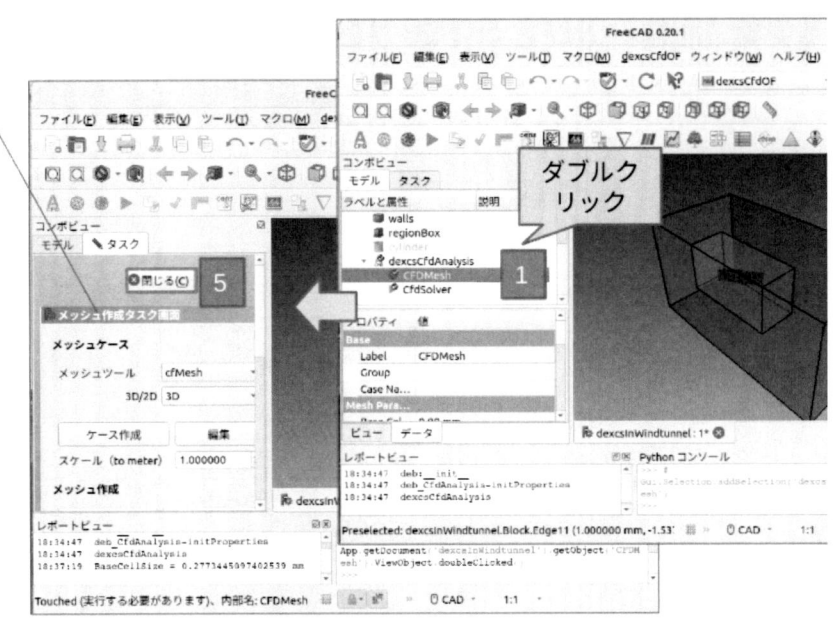

図 1.7 メッシュ作成タスク画面

メッシュ作成に係る作業はこの画面を使って行う．多くのボタンや設定項目があるが，DEXCS 標準チュートリアルをデフォルトの解析条件で実行する限りにおいて，2「ケース作成」ボタンを押す．数秒後に 3「実行」ボタンが使えるようになるので，それを押せばメッシュ作成の計算がはじまる．メッシュ作成が完了すると，4「Paraview」ボタンが使えるようになるので，これを押して Paraview を起動しメッシュを確認，5「閉じる」ボタンを押して次のステップに進むという手順である．それ以外のボタンや設定項目についての使い方は，第 4 章を参照されたい．

この画面は縦に長いので，図 1.7 の左側に全貌（の一部）がわかるように示しておいたが，実際の作業ではコンボビュー画面のスクロールバーを操作して 2〜4 のボタン操作をすることになる．そうすると 5「閉じる」ボタンが見えなくなってしまう．このボタンを使わなくとも，「タスク」タブから「モデル」タブに切り替えるだけでも，図 1.7 の右側の状態に戻ることはできる．ただしその場合は，タスクが残った状態[*1] として，この後の操作が出来なくなって戸惑う初心者が多くあるので留意されたい．

なお，次項（1.2.3）の作業「メッシュ細分化コンテナの作成」をしなくとも，上記作業（図 1.7 の 2〜4）は実施しても構わない．メッシュは作成できるが，有効なメッシュにはならないことを確認できるであろう．前節（1.1）の「形状モデルについての補足」説明でも記したが，この時点で表示されているパーツで閉じた空間を自動判定した結果でメッシュが作成されているはずである．

1.2.3 DEXCS-WB/メッシュ細分化コンテナの作成

メッシュ細分化コンテナは，図 1.8 に示すように，1（CFDMesh）コンテナを選択すると，2 アイコン⚙「メッシュ細分化コンテナ作成」が有効になるので，これをクリック．そうすると「コンボビュー」では「モデル」タグから「タスク」タグの画面に切り替わって，「メッシュ細分化タスク画面」が現れるので，これを使って意図したメッシュにすべく，諸々の設定を行っていく．

[*1] （CFDMesh）以外のパーツを選択すると（CFDMesh）のパーツは黄色表示されているはずである．

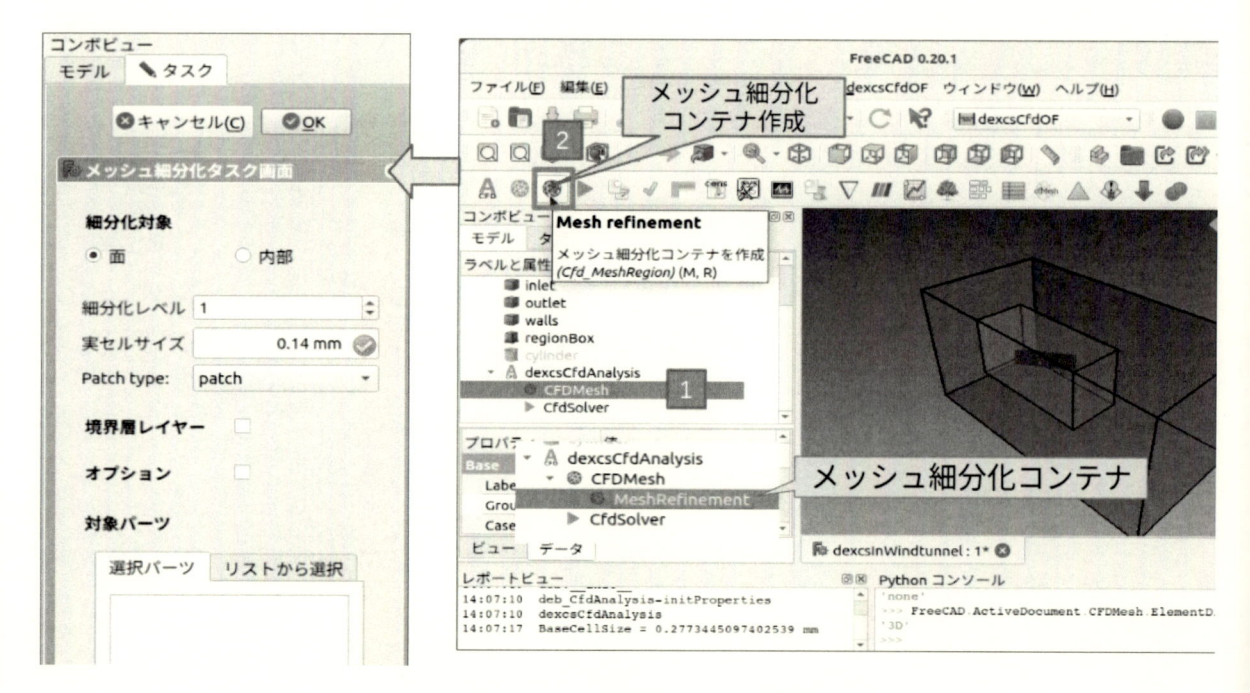

図 1.8　メッシュ細分化コンテナの作成

　これも詳細は，第 4 章で説明するが，DEXCS 標準チュートリアルをデフォルトの解析条件で実行する限り
において，大きく 2 つの作業が必要になる．以下の説明で YouTube 動画で紹介しているものとは作業の順序
が異なるが，2 つの作業の後先は問わない．

(1)　内部領域の細分化指定

　前項（1.2.2）の説明
で，本項の作業をしな
いままメッシュ作成す
ると有効なメッシュに
ならないと記したが，
本質的な原因は，メッ
シュ細分化領域の設定
用に用意した（region-
Box）という六面体要
素にある．この六面体
部分をくり抜いた形で
全体メッシュが作成さ
れたはずである．つま
り，このパーツは，全体
の閉空間を判定する際
に除外する必要があっ
たということである．

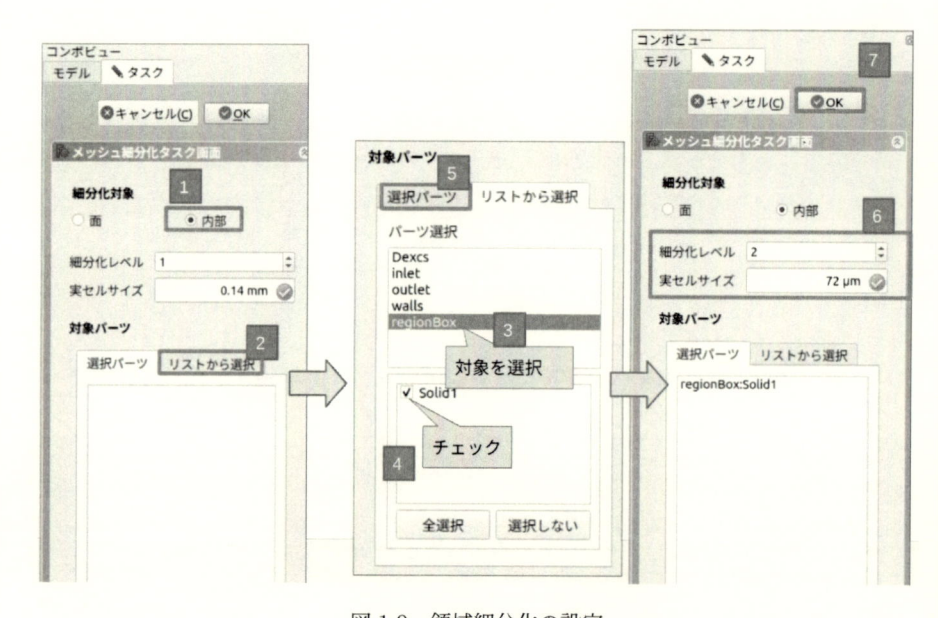

図 1.9　領域細分化の設定

　これは図 1.9 に示す手順で，本パーツ（regionBox）が内部領域を細分化設定するパーツであると指定する

ことで，自動的に全体閉空間の判定用パーツとして使用されなくなる．

デフォルトでは細分化対象が「面」となっているが，これを $\boxed{1}$「内部」に変更する．そうすると，図 1.8 で示した画面中の（Patch type）以下の表示要素が自動的に変更されシンプルな画面になる．そのかわりというわけではないが，パーツ選択の手順（$\boxed{2}$～$\boxed{5}$）では，後述の「面」選択に比べると一手間増え，$\boxed{4}$ のチェックマークを入れないとリストアップされないところは要注意である．

$\boxed{6}$ の細分化レベルは，デフォルトでは「1」となっており，そのままでも良いが，YouTube 動画では「2」としている．細分化レベルは，図 1.7 に示す「メッシュ作成タスク画面」の下のほうにある cfMesh 基本パラメタの（基本セルサイズ）に対し，半分で「1」，そのまた半分で「2」，といった具合でメッシュサイズを細かくするということである．$\boxed{6}$ で（実セルサイズ）が具体的なサイズとなり，（細分化レベル）の値を変更すると，（実セルサイズ）の値も連動して変化する．

(2) 特定面の細分化指定

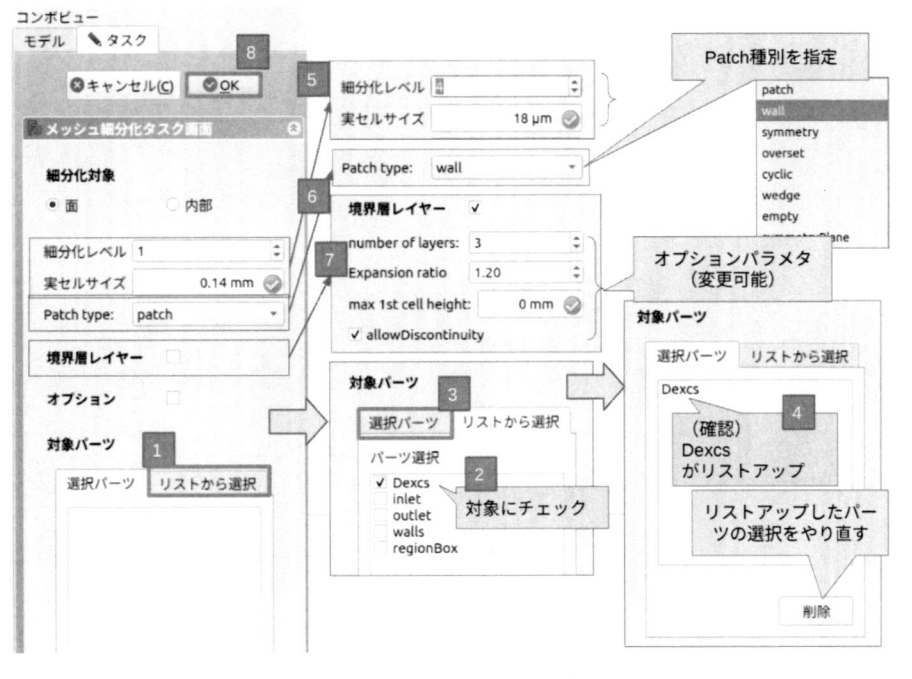

前項 (1) にて，全体空間は正しく解釈されることとなったが，それだけでは不十分である．これも実際にやってみればわかるが，このままでは解析対象物「Dexcs」がきちんと識別できない．前項 (1) における細分化レベルをもっと大きくするのも一つの方法であるが，「Dexcs」だけを対象に細分化したほうが全体メッシュ数を少なく抑えられる．そこでもう一つメッシュ細分化コンテナを追加して，今度は，図 1.10 で示し

図 1.10　領域細分化の設定

たように，（$\boxed{1}$～$\boxed{4}$）の手順で「Dexcs」を指定，$\boxed{5}$（細分化レベル）を大きくした．YouTube 動画では「4」に設定しているが，この値である必然性はない．もう一点，$\boxed{6}$（Patch type）がデフォルトでは「patch」になっているが，これを「wall」に変更した．一般的に「patch」は流体が通り抜けできる境界に，「wall」は通り抜けることができない壁境界に対して指定する．また壁境界に対しては境界層レイヤーを付与するのが一般的なので，（境界層レイヤー）のチェックボックスをクリックして $\boxed{7}$ チェックマークが入ると，境界層に対するオプションパラメタが現れる．これらの詳しい説明は，第 4 章を参照されたいが，ここ（YouTube 動画）ではデフォルト値をそのまま採用している．

1.2.4　DEXCS-WB/メッシュ作成コンテナ/メッシュ作成

　細分化コンテナの設定が終わったら，改めて（CFDMesh）メッシュ作成コンテナをダブルクリックして，メッシュ作成タスク画面を起動（図 1.11-[1]）．[2]「ケース作成」ボタンを押す．これによって，1.2.1 で説明した（Template Case）のパラメタファイル一式がコピーされるとともに，cfMesh を作成するのに必要なパラメタファイル一式も作成される．2 回目以降のメッシュの作成においては，（Template Case）のコピーは必要ない[*2] が，本タスク画面なり，メッシュ細分化コンテナでパラメタを変更したら，それだけで cfMesh を作成するのに必要なパラメタファイルが変更されるものではないので，必ずこの操作（[2]「ケース作成」ボタンを押す）は必要である．

　[3]「実行」ボタンを押せば，メッシュ作成の計算がはじまる．画面の最下端に計算開始からの経過時間が表示されるとともに，FreeCAD の「レポートビュー」画面で計算実行時のログが表示される．計算時間はここで説明したパラメタの値を使う限りにおいて，1 分もあれば終了すると思われるが，10 分以上かかるようであれば，計算環境を見直したほうが良いかもしれない．また基本セルサイズを小さくするなり，細分化レベルを大きくするほど長くなるのは

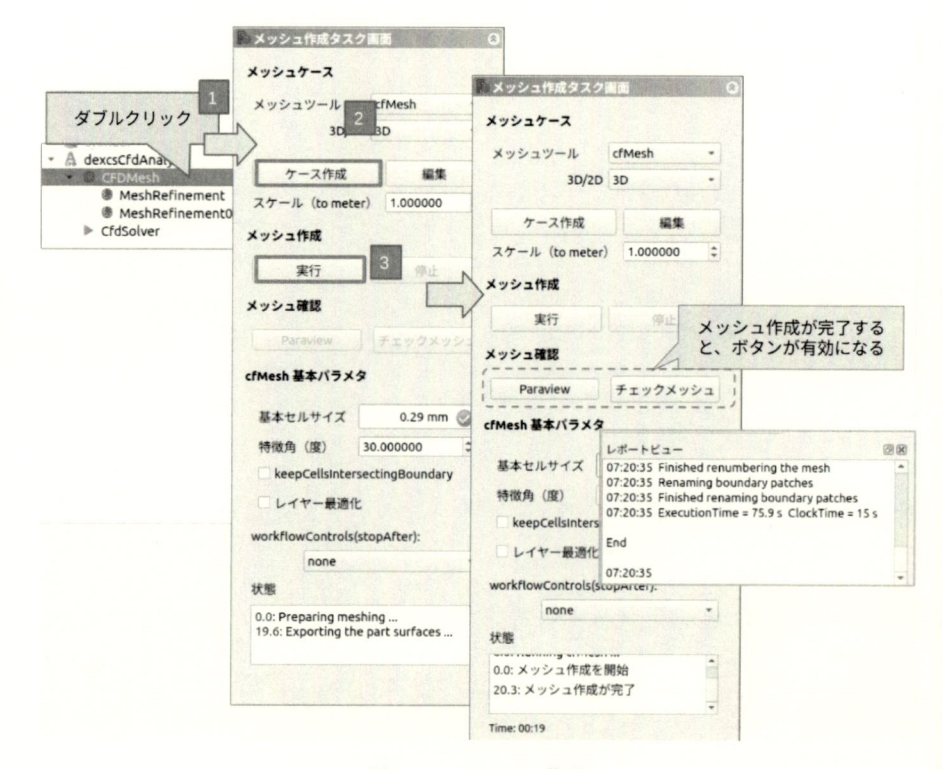

図 1.11　メッシュ作成

当然であり，メモリー不足によるシステムダウンも起こりえるが，これらのパラメタ調査で自身の計算環境の限界を見極めるという作業も一度はやってみることをお勧めする．

　メッシュ作成が完了すると，メッシュ確認用の，「Paraview」「チェックメッシュ」ボタンが有効になる．

1.2.5　DEXCS-WB/メッシュ作成コンテナ/メッシュ確認

　メッシュの確認は，ボタンの名前から推察される通り，ParaView による直接目視で確認する方法と，OpenFOAM の checkMesh ツールを使う方法が用意されている．

[*2]　実際に [2]「ケース作成」ボタンを押しても，すでにケースファイル（「0」「constant」「system」）が存在する場合にはコピーしない．

(1) ParaView

ParaView そのものの基本的な使い方については，入門書籍や公開資料も多いのでそれらを参考にされたい．DEXCS に同梱された ParaView チュートリアル[*3] も存在する．ここでは，本タスク画面の「Paraview」ボタンからの起動という観点での補足的な説明を記しておく．

「Paraview」ボタンを押すと，図 1.12 の左側に示すように，「Pipeline Browser」上に 2 つのパーツがロードされ，「Layout」画面には上段パーツの外観が表示された状態で ParaView が起動する．

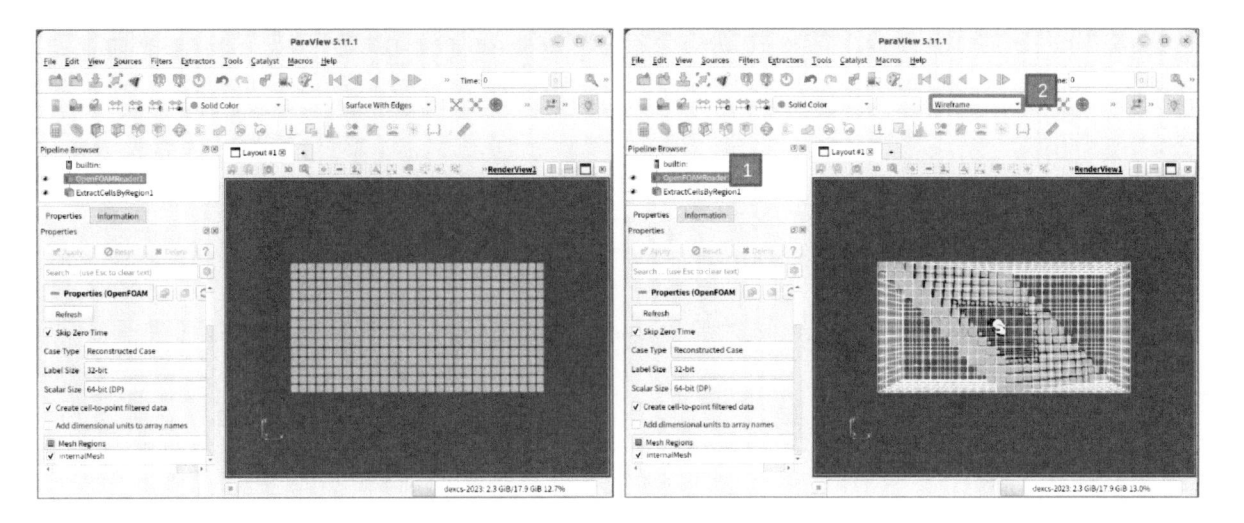

図 1.12　ParaView 起動画面

　一般的な OpenFOAM/ParaView の使い方，あるいは DEXCS2020 以前の使い方に慣れた人には戸惑う所かもしれない．図 1.12 の右側に示すように，2「Wireframe」表示に切り替えて内部の Dexcs フォントを確認するまでの手間が少なく済むという面では，ちょっとした嬉しさがあるかもしれない．ただし，領域全体を斜めにカットするような菱形状のオブジェクトは何だ？ということにもなろう．

　これも，図 1.13 の手順を覚えてしまえば，メッシュの内部状況を調べるのが簡単便利なものになる．本例では断面位置を2「Z Normal」としたが，もちろん対象ケース（調べたい場所）に応じて自在に変更は可能である．

　なお本機能は，DEXCS のオリジナルツールではなく，DEXCS ワークベンチのハック元である CfdOF ワークベンチ[*4] に備わっていたものをそのまま使わせていただいている．

(2) チェックメッシュ

　「チェックメッシュ」ボタンは，OpenFOAM の標準ツールとして具備されている checkMesh コマンドを実行しているだけである．これを押すと FreeCAD の「レポートビュー」画面で実行時のログが表示されるので，そのログをスクロールバックして結果を見ることができる．ただしスクロールバックして知りたい情報を探すのがやりにくい点は否めない．そういうときは，タスク画面の上方に「編集」ボタンがあるので，これを押す．そうするとファイルマネージャーが起動し，ケースフォルダ（1.2.1 の解析コンテナで設定してある「Output Path」）のファイル一覧が表示され，この中に「checkMesh.log」というファイルができているので，これをダ

[*3] /opt/DEXCS/launcherOpen/doc/ParaViewTutorial42-jp.pdf
[*4] 3.4.11-(3) 参照

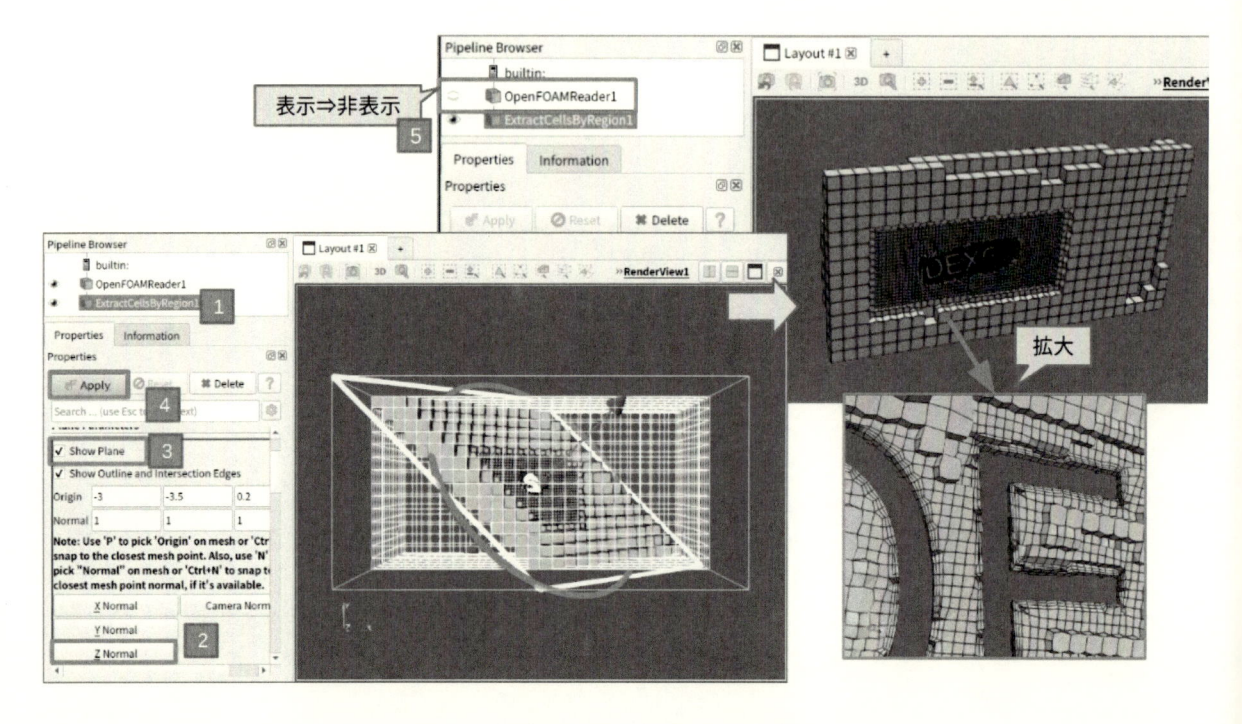

図 1.13　断面上のメッシュ（セル）表示

ブルクリックすればよい．テキストエディタが起動して，内容をじっくり調べて，必要箇所をコピー＆ペーストするといった使い方もできる．

　参考に，ファイルの内容の一部を以下に記しておく．

```
29   Mesh stats
30   points:             194187
31   faces:              562200
32   internal faces:     534955
33   cells:              183524
```

```
89   *Number of severely non-orthogonal (> 70 degrees) faces: 5.
90   Non-orthogonality check OK.
91   <<Writing 5 non-orthogonal faces to set nonOrthoFaces
92   Face pyramids OK.
93   ***Max skewness = 5.09929, 2 highly skew faces detected which may impair the
94   quality of the results
95   <<Writing 2 skew faces to set skewFaces
96   Coupled point location match (average 0) OK.
97
98   Failed 1 mesh checks.
99
100  End
```

　内容の意味するところは英文を読む感覚で理解できると思う．98 行目（Failed）が気にかかるところで，***ではじまる行（93 行目）が問題箇所である．本例で取り扱う Dexcs フォントという複雑な形状を対象とした場合には，どうしても避けられないエラーである．ただ経験的にこの程度の数値であれば，計算実行には差し

支えない．また，これらの数値は，メッシュ作成をやり直すと異なる値になる場合が多い．これは cfMesh での計算がマルチスレッド計算で，スレッド分割には再現性がないためである．したがって，品質エラーが多い場合には，計算をやり直すことで改善できる場合もあるという点は留意されたい．

　デフォルトの解析条件で計算するのであれば，このまま 1.2.9 に進んでよいが，解析条件を変更して計算することも可能である．以下，主要な解析条件を変更する方法について説明するが，OpenFOAM における解析条件は，図 1.4 に示したように，「0」「constant」「system」というフォルダ中に収納されていることを思い起こしてもらいたい．つまり，基本的にはこれらのフォルダ中に存在するパラメタファイルを編集する作業となる．

　前項で見たように，タスク画面の上方に「編集」ボタンがあって，これを押せばファイルマネージャーが起動する．解析条件の何を変更するにはどのパラメタを変更すれば良いのかをわかっている人であれば，そこから入るという方法でも良いが，これができるのは OpenFOAM に習熟した人でないと難しい．DEXCS では図 1.4 に示した程度の知識を前提に，もう少し簡単にパラメタファイルへアクセスできる仕組みを用意しており，FreeCAD 画面の左端の DEXCS ツールバー（図 1.2 参照）を使う．

1.2.6　DEXCS ツールバー/流体特性

　流体の粘性係数や乱流モデルといった特性は，末尾が Properties というファイルでパラメタ設定されることが多いので，図 1.14 に示すように，□1アイコン「プロパティーの編集」があって，これを使う．

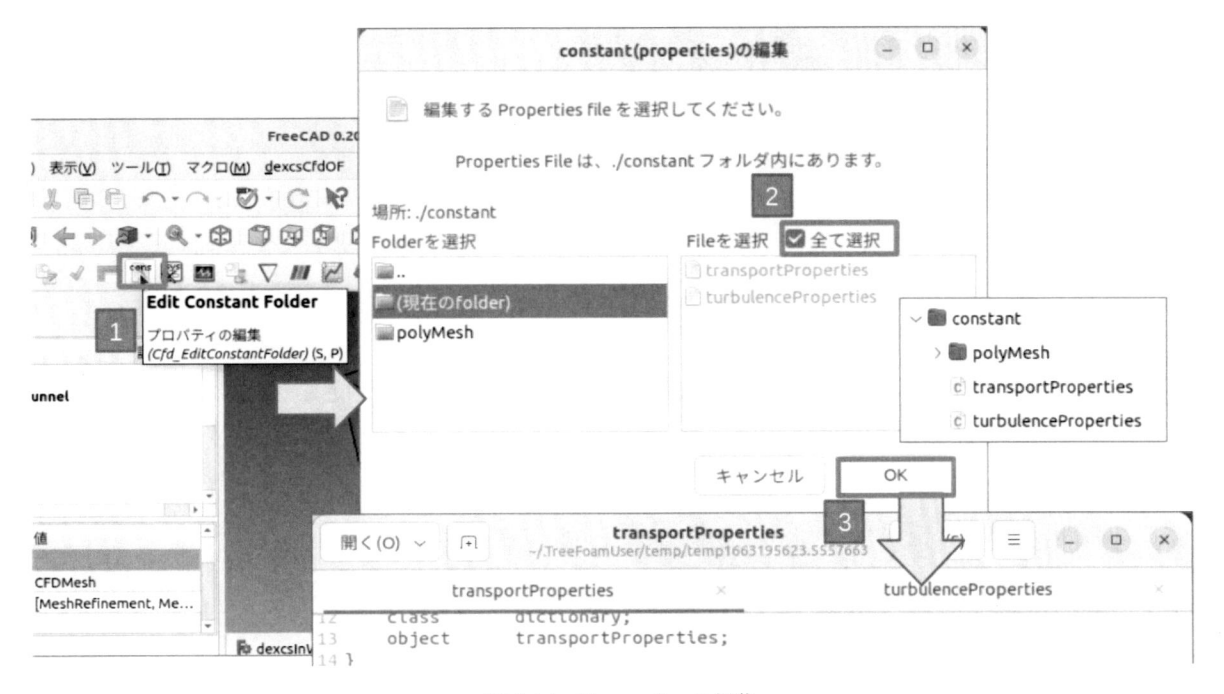

図 1.14　Properties の編集

　このアイコンをクリックすると「constant(properties) の編集」画面が現れる．これによって「constant」フォルダ中の Folder/File の収納状況がわかるので，必要なものを選択する．個別のファイルを選択しても良いが，□2「全て選択」にチェックマークを付けて□3「OK」ボタンを押せば，テキストエディタが立ち上がり，全ファイルを閲覧/編集可能状態になる．

　以下，各ファイル中の主要なパラメタ設定箇所を抽出して記述しておく．本書は OpenFOAM そのものの解

説書を目指すものではないので，個々のパラメタの詳細説明は省略するが，その意味するところは英文を解釈する感覚で理解できるであろう．

■transportProperties

```
17  transportModel  Newtonian;
18
19  nu              nu [0 2 -1 0 0 0 0] 1.54e-05;
```

ニュートン流体で，nu（動粘性係数）が，$1.54^{-5}\mathrm{m^2/s}$ であることがわかる．

■turbulenceProperties

```
17  simulationType RAS;
18
19  RAS
20  {
21          RASModel            kEpsilon;
22
23          turbulence          on;
24
25          printCoeffs         on;
26  }
```

乱流モデルは RAS（レイノルズ平均に基づく乱流モデル）のうち，kEpsilon（標準 κ-ε）モデルを使用するという意味．printCoeffs が「on」になっているので，実行時の計算ログファイル中に、乱流モデルパラメタの値が出力されるということである．

1.2.7　DEXCS ツールバー/初期・境界条件

OpenFOAM では通常「0」フォルダ下にフィールド変数ファイルを収納して，フィールド変数ごとに，初期・境界条件を設定する．図 1.15 に示すように，ファイルマネージャーで「0」フォルダを展開してしてフィールド変数の種別を確認できる．それぞれのフィールド変数の物理的意味もおおよそ理解できるであろう．フィールド変数「U」（速度）を例にこれをダブルクリックすれば，テキストエディタが立ち上がり $\boxed{1}$ の内容を確認できるはずである．17 行目の dimensions は，単位を設定する書式で，

■dimensions

```
[ kg m s K mol A Cd]
```

であるので，[0 1 -1 0 0 0 0] は，m/s を表すことになる．

また，DEXCS 標準チュートリアルでは，4 つの境界（Dexcs, inlet, outlet, wall）が定義されていた（図 1.3）ので，それぞれの境界に対して，「type slip;」などとして境界条件を定義しており，それぞれの type の内容（slip, fixedValue, zeroGradient）も，英語を読む感覚である程度理解できると思われる．

DEXCS 標準チュートリアルを題材に境界条件だけを変更する限りにおいては，これらのフィールド変数ファイルを直接変更する方法でも良いのだが，OpenFOAM の場合，境界条件の type としてもう一つ別の概念

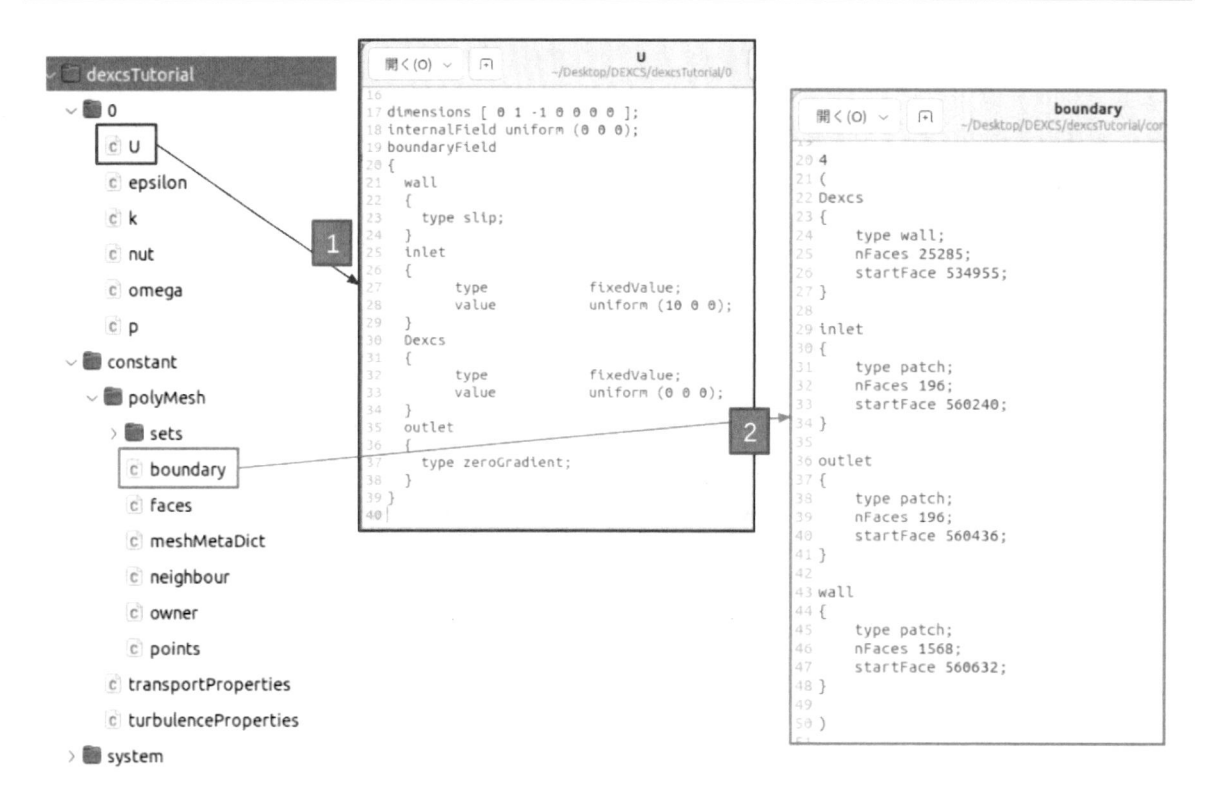

図 1.15 境界条件

がある．具体的には「constant」フォルダ下に「polyMesh」というフォルダ[*5]があり，その中の「boundary」というファイル中で使われている．図 1.15 に示すように，これをダブルクリックすると，2 の内容を確認できるはずである．この中でも 4 つの境界について「type wall（または patch）;」と定義されており，こちらの type はフィールド変数中で定義したそれとは似て非なるもの[*6]である．

　問題は形状モデルやメッシュを変更した際に境界の名前を変更すると，この「boundary」ファイルが書き換えられることである．それに応じて，フィールド変数の境界の名前も変更する必要が生じる．これを全フィールド変数ファイルについて実施する必要があり，OpenFOAM を GUI ツール無しでやろうとすると，この作業にたいへんな手間が必要になる．

　DEXCS では，図 1.16 に示すように，1 アイコン　「gridEditor を起動」があって，これを使う．

　前項（1.2.6）でやったときの図 1.14 と比べて，2 〜 3 の手順において選択オプションが異なるだけであるが，ここではテキストエディタでなく，gridEditor が立ち上がる（図 1.17）．

　このように横方向にフィールド変数，縦方向に境界の名前を配した表形式にて全境界条件が表示される．フィールド変数 U を例に，図 1.15 にてその内容を見比べると，各パッチ名以下の {} で括られた部分の内容が各セルの内容として表示されているのを確認できるであろう．フィールド変数が多いのですべてを表示しきれていないが，スクロールバーの操作で全変数の内容を確認できるはずである．基本的な操作方法は，一般の表計算ソフトと同様（ただし，セル演算機能はない）で，セルをダブルクリックして，セルの内容を直接編集することも，セルや行/列単位でのコピー＆ペーストもできる．

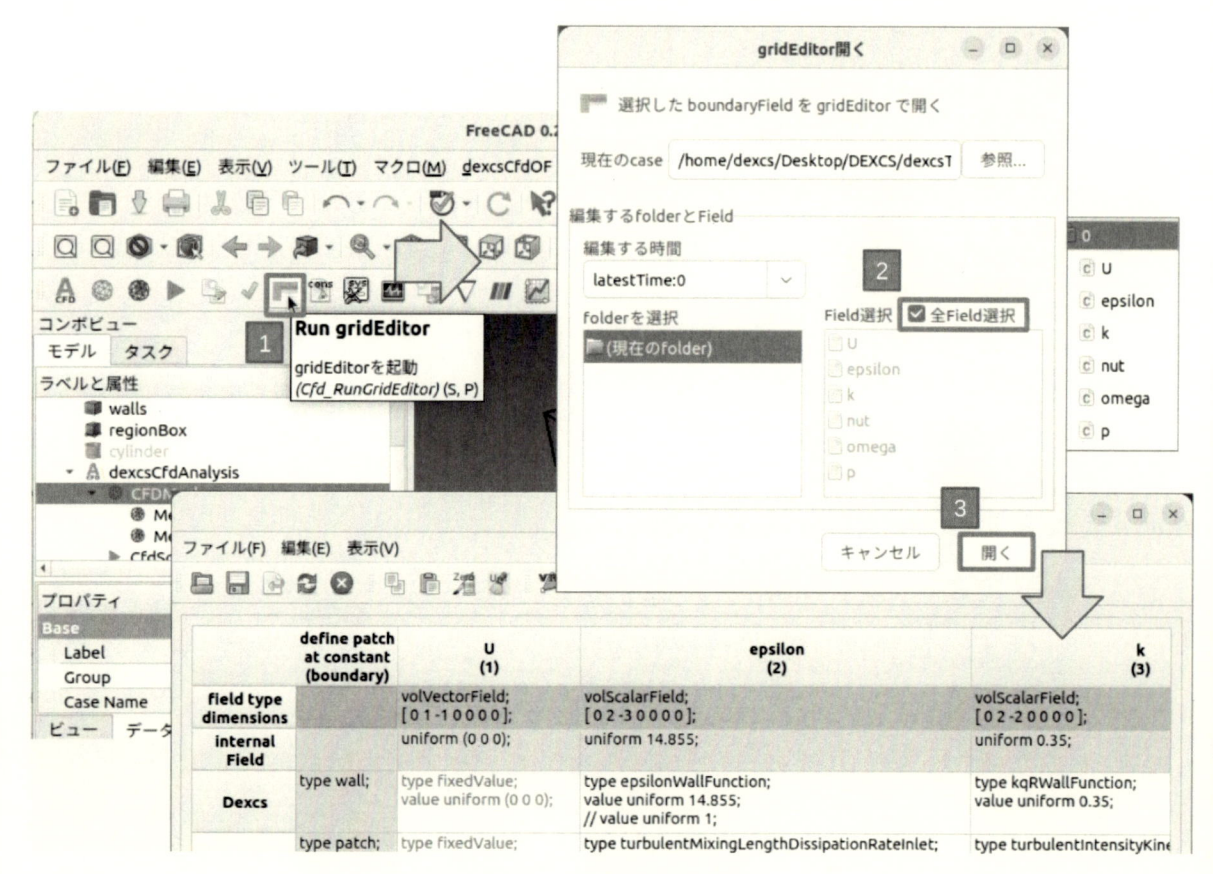

図 1.16　gridEditor の起動

図 1.17　gridEditor の表示画面

　横方向にフィールド変数と記したが，実は 1 列目の黄色の背景色部分は，図 1.15 で説明した「constant/polyMesh/boundary」の内容である．この表を作成する際の項目（パッチ）名（Dexcs, inlet, ...）は，「constant/polyMesh/boundar」ファイルからその名前を読み取っている．各フィールド変数ファイルの内容を読み取った際に該当する名前で記述された type の内容があればそれを埋め込むという形で作成されている．したがって，形状モデルやメッシュを変更した際に境界の名前を変更するとパッチ名リストが書き換えられることになり，変更されたパッチ名に該当する境界条件が存在しなくなるので，警告のメッセージ表示とともに，該当欄が空白で表示されることとなり，必要な修正箇所も明白である（具体的な作業例は第 6 章で示す）．

1.2.8　DEXCS ツールバー/計算制御

　OpenFOAM では計算制御ファイルとして，「system」フォルダ下には，必ず「controlDict」，「fvSchemes」，「fvSolution」というファイルが存在する．その他にもファイル名の末尾が Dict というディクショナリファイルでパラメタ設定されることが多いので，図 1.18 に示すように，1 アイコン「システムフォルダの編集」があって，これを使って「system」フォルダ下のファイルを閲覧/編集できるようになっている．

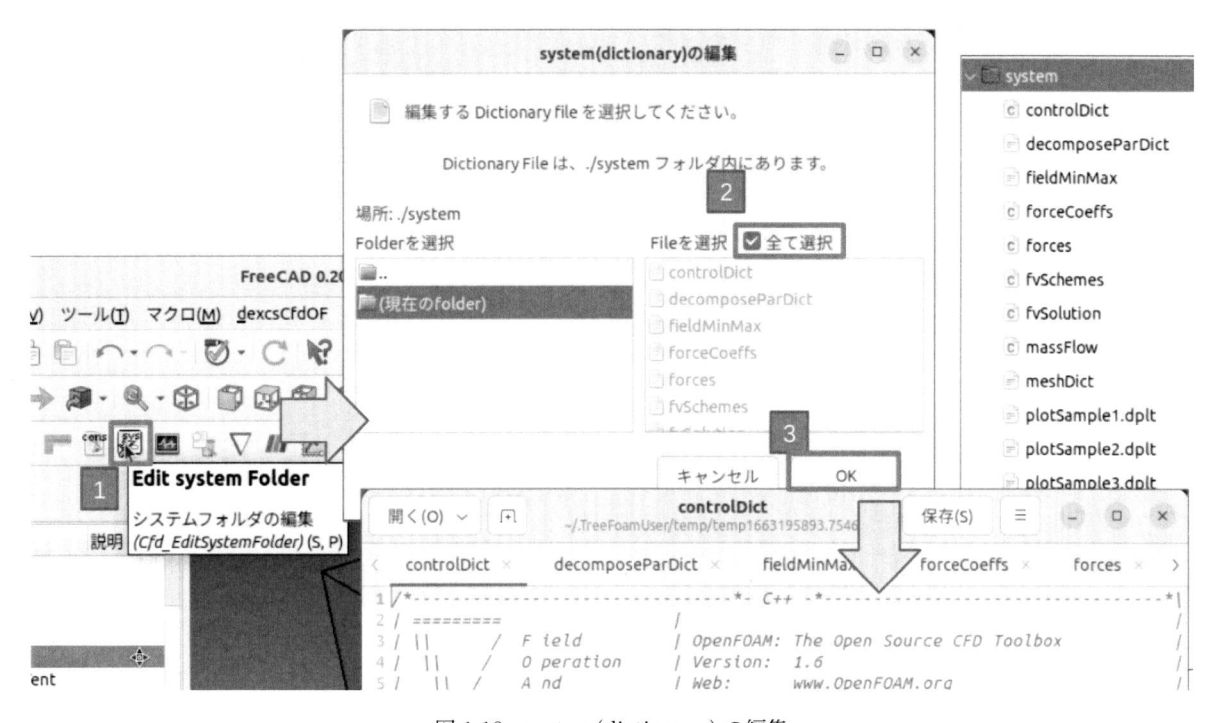

図 1.18　system(dictionary) の編集

　DEXCS 標準チュートリアルでは，上記のファイル以外にたくさんのファイルが同梱されており，右に表でまとめておく．

　ここでも 1.2.6 にて記したのと同じ理由で，個々のパラメタファイルの要所についてのみ説明する．

No	ファイル名	内容
	OpenFOAM の標準必須パラメタファイル	
1	controlDict	計算の制御の設定
2	fvSchemes	離散化スキームの設定
3	fvSolution	代数方程式ソルバーの設定
	オプション 1	
4	decomposeParDict	領域分割の設定
5	meshDict	cfMesh 作成用ディクショナリ
	オプション 2（postProcessing）	
6	forces	
7	forceCoeffs	
8	probes	
9	massFlow	
10	fieldMinMax	
11	sampleDict	
12	streamLines	
	DEXCS プロットツール用	
13	plotSample1.dplt	
14	plotSample1.dplt	
15	plotSample1.dplt	
16	plotSample1.dplt	
	JGP プロット用	
17	postPlot.jgp	

表 1.1　system フォルダ中のファイル（DEXCS 標準チュートリアル）

■controlDict

```
18   application simpleFoam;
19
20   startFrom        latestTime;
21
22   startTime        0;
23
24   stopAt           endTime;
25
26   endTime          1000;
27
28   deltaT           1;
29
30   writeControl     timeStep;
31
32   writeInterval    50;
33
34   purgeWrite       0;
35
36   writeFormat      ascii;
```

```
37
38  writePrecision  6;
39
40  writeCompression no;
41
42  timeFormat      general;
43
44  timePrecision   6;
45
46  runTimeModifiable yes;
47
48  functions
49  {
50        #include "forces"
51        #include "forceCoeffs"
52        #include "probes"
53        #include "massFlow"
54        #include "fieldMinMax"
55        #include "sampleDict"
56        #include "streamLines"
57  }
```

18 行目で、application として simpleFoam という非圧縮の定常計算ソルバーを指定しており，20 行目以下で計算の進行と出力時間に係る制御パラメタを指定している．Time という表記になっているが，定常計算の場合にはこれをステップ数と読み替えて解釈する．

48 行目以下の function ブロック（以下の {} で囲まれた部分）では，インクルード文（#include）を使って，様々な後処理方法を定義している．詳しくは 6.3 で説明する．

■fvSchemes

```
27  divSchemes
28  {
29        default          none;
30        //   div(phi,U)      bounded Gauss linearUpwindV grad(U);
31        div(phi,U)       bounded Gauss upwind;
32        div(phi,k)       bounded Gauss upwind;
33        div(phi,omega)   bounded Gauss upwind;
34        div(phi,epsilon)  bounded Gauss upwind;
35        div((nuEff*dev(T(grad(U)))) Gauss linear;
36        div((nuEff*dev2(T(grad(U))))) Gauss linear;
37  }
```

数値計算の際の離散化方法を定義するパラメタファイルで，このうち一般的にもっとも重要とされる発散項の離散化方法を定義しているのが divSchemes ブロックである．upwind という計算安定性を重視した一次風上法がデフォルトになっている．

■fvSolution

```
17  solvers
18  {
19        p
20        {
```

```
21          solver              GAMG;
22          tolerance           1e-7;
23          relTol              0.1;
24          smoother            GaussSeidel;
25          nPreSweeps          0;
26          nPostSweeps         2;
27          cacheAgglomeration on;
28          agglomerator        faceAreaPair;
29          nCellsInCoarsestLevel 10;
30          mergeLevels         1;
31      }
```

　フィールド変数ごとに代数方程式を解く方法について定義している．上例では p（圧力）について，solver が GAMG とあって，その下にも初心者には意味不明の用語が並んでいるが，これらのパラメタは後述する標準チュートリアルケースで使用しているものをそのまま採用しているだけである．

```
70  SIMPLE
71  {
72          nNonOrthogonalCorrectors 0;
73
74          residualControl
75          {
76                  p               1e-3;
77                  U               1e-3;
78                  "(k|epsilon)"   1e-3;
79          }
80  }
```

　70 行目以下では SIMPLE 法による繰り返し計算パラメタが定義してあり，residualControl は収束判定条件になる．それぞれのフィールド変数（p, U, k, epsilon）の初期残渣が所定の値（本例では 1e-3）以下になったら収束したものとみなされる．

　以上，主要な解析条件パラメタとそれらを変更する方法について概説した．それぞれのパラメタファイル中で，数値で設定してある箇所の変更については説明するまでないと思われるが，パラメタファイル中の構文の区切り文字（たとえば，{} や；）を間違えて消してしまったり，；（セミコロン）と：（コロン）を間違えたりする，あるいは空白を全角の空白で埋めてあったりすると，不可解なエラーメッセージでお手上げ状態になる初心者も多くいるようなので，そのあたりには細心の注意を払ってほしい．

　問題は，モデルを変更したいとして，モデルとしてどういう選択肢があって，どういうパラメタ表記として良いのかわからないのが初心者であろう．この疑問に対しては OpenFOAM そのものにヘルプ機能が備わっている．このような場合，あえて間違えてパラメタを記述してみるとよい．たとえば，乱流モデルで kEpsilon （標準 κ-ε）モデルを変更したい場合，とりあえず，

■turbulenceProperties

```
17          simulationType RAS;
18
19          RAS
```

```
20        {
21                RASModel                kEpsilo;
22
23                turbulence              on;
24
25                printCoeffs             on;
26        }
```

と（「kEpsilon」を「kEpsilo」に変更）して計算実行してみる. そうすると,「レポートビュー」画面に以下のような エラーメッセージが得られるはずである.

```
--> FOAM FATAL IO ERROR: (openfoam-2306)
Unknown RAS model type kEpsilo

Valid RAS model types :

21
(
EBRSM
LRR
LamBremhorstKE
LaunderSharmaKE
LienCubicKE
LienLeschziner
RNGkEpsilon3
SSG
ShihQuadraticKE
SpalartAllmaras
kEpsilon
kEpsilonLopesdaCosta
kEpsilonPhitF
kL
kOmega
kOmegaSST
kOmegaSSTLM
kOmegaSSTSAS
kkLOmega
qZeta
realizableKE
)



file: constant/turbulenceProperties.RAS at line 21 to 25.

From static Foam::autoPtr<Foam::RASModel<BasicTurbulenceModel> > Foam::RASModel<
    BasicTurbulenceModel>::New(const alphaField&, const rhoField&, const
    volVectorField&, const surfaceScalarField&, const surfaceScalarField&, const
    transportModel&, const Foam::word&) [with BasicTurbulenceModel = Foam::
    IncompressibleTurbulenceModel<Foam::transportModel>; Foam::RASModel<
    BasicTurbulenceModel>::alphaField = Foam::geometricOneField; Foam::RASModel<
    BasicTurbulenceModel>::rhoField = Foam::geometricOneField; Foam::volVectorField
     = Foam::GeometricField<Foam::Vector<double>, Foam::fvPatchField, Foam::volMesh
    >; Foam::surfaceScalarField = Foam::GeometricField<double, Foam::fvsPatchField,
     Foam::surfaceMesh>; Foam::RASModel<BasicTurbulenceModel>::transportModel =
```

```
     Foam::transportModel]
 in file ../turbulenceModels/lnInclude/RASModel.C at line 152.

 FOAM exiting
```

これも英文を読む感覚で理解できそうである．つまり，

```
        file: constant/turbulenceProperties.RAS at line 21 to 25.
```

は、「turbulenceProperties」ファイルの RAS ブロックの 21〜25 行目にエラーがあって、

```
        --> FOAM FATAL IO ERROR: (openfoam-2206)
        Unknown RAS model type kEpsilo
```

「kEpsilo」が意味不明．有効なパラメタは以下の通り，

```
        Valid RAS model types :

        21
        (
        EBRSM
        LRR
        LamBremhorstKE
        LaunderSharmaKE
        LienCubicKE
        LienLeschziner
        RNGkEpsilon
        SSG
        ShihQuadraticKE
        SpalartAllmaras
        kEpsilon
        kEpsilonLopesdaCosta
        kEpsilonPhitF
        kL
        kOmega
        kOmegaSST
        kOmegaSSTLM
        kOmegaSSTSAS
        kkLOmega
        qZeta
        realizableKE
        )
```

ということである．

　それでもわからなければ，DEXCS の中には，OpenFOAM のユーザーマニュアルも同梱されているし，ネット検索すればわかりやすく解説してくれているサイトも現在では多く存在するので，そういったものを活用して勉強していただきたい．先に述べたように，DEXCS-OF は OpenFOAM の解説書を目指すものではなく，勉強した結果をすぐにやってみることのできる環境を提供するのが役割だと思っている．

　なお，DEXCS ツールバーは，TreeFoam のサブセット機能を使用しているもので，TreeFoam そのものについては，第 7 章で実際にこれを使用した説明もあるが，200 ページを超える詳細な操作マニュアルも，「/opt/TreeFoam/help/TreeFoam-manual.pdf」として同梱されているので参考にされたい．

1.2.9　DEXCS-WB/ソルバーコンテナ/ソルバー実行〜結果可視化

図 1.19 に示すように $\boxed{1}$ アイコン ▶ 「ソルバーコンテナを起動」をクリック，もしくは $\boxed{1'}$ （CfdSolver）コンテナをダブルクリックすると，コンボビューの「タスク」画面上に，「ソルバー実行タスク画面」が現れる．

デフォルトでは $\boxed{1}$ （並列計算）にチェックマークは付いていなくて，そのまま $\boxed{2}$ 「実行スクリプト作成」ボタンを押しても構わないが，少しでも計算を速くしたければ，（並列計算）にチェックマークを付ける（図 1.20）．そうすると並列分割のオプションメニューが現れるので，これを設定する．これもデフォルトでは（-nCPU）（プロセッサ数，分割数）は，「2」となっているが，自在に変更は可能である．ただし使用計算環境のプロセッサ数より大きな値を設定しても，計算実行時にエラーとなる．（-method）は領域分割の方法を指定するもので，OpenFOAM そのものには様々な手法を使えるようになっており，本ツールでも将来的に選択可能なメニュー構造となっているが現在のバージョンでは「scotch」の一択しかできない．OpenFOAM でもっともポピュラーな方法で，通常はこれで十分である．どうしても変更したい場合には，「system」フォルダ下の「decomposeParDict」ファイルを直接編集するか，TreeFoam の並処理ダイアログ画面[*7] を使って変更は可能である．

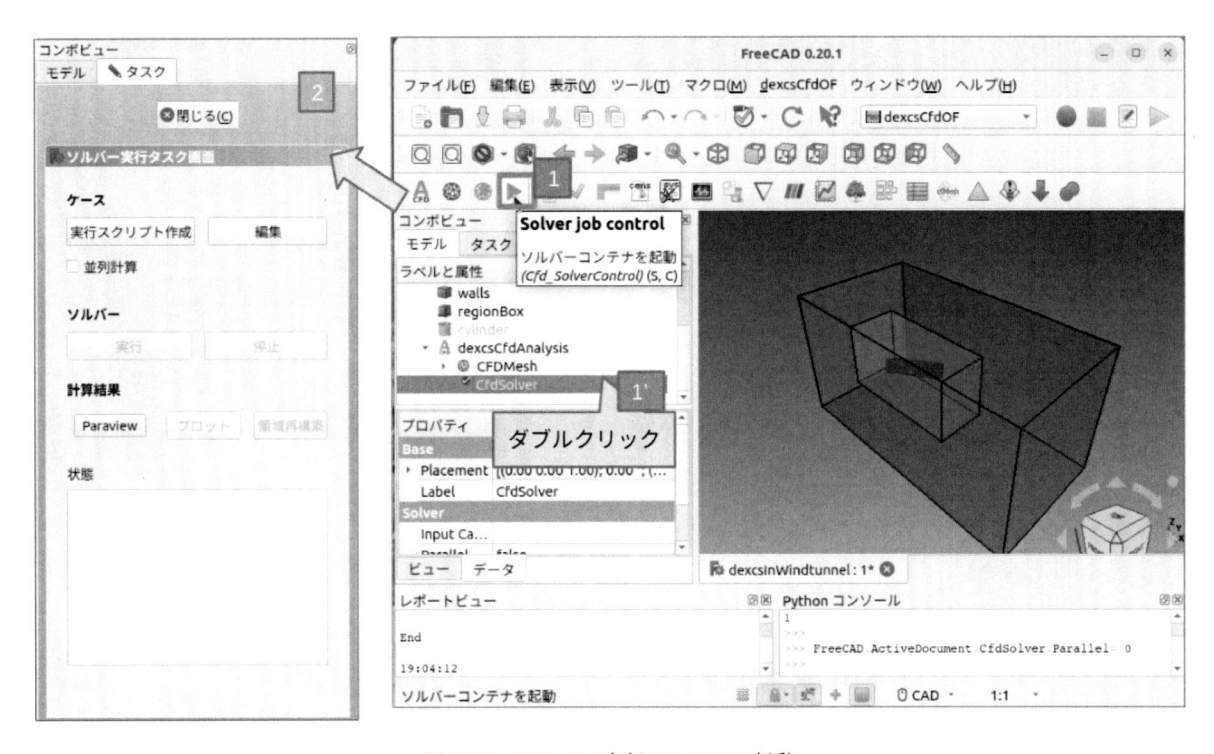

図 1.19　ソルバー実行コンテナの起動

実行スクリプトの作成に成功すると，ソルバー $\boxed{3}$ 「実行」ボタンが有効になるので，これを押せばただちに計算がはじまると同時に，FreeCAD のモデル表示画面に新たに「dexcsInWindtunnelResiduals」というタブで表示される画面が追加され，フィールド変数ごとの残渣 (Simulation residuals) の推移状況が表示される（図 1.20-$\boxed{4}$）．本計算は定常計算であるが結果を出すのに初期値を仮定して一定値に収束するまで何回も繰り

[*7]　ただし，FreeCAD を AppImage 版に変更した場合には，DEXCS ツールバーから立ち上げた TreeFoam でなく，デスクトップの dock ツールバーから立ち上げた TreeFoam でしか使えない．DEXCS2022 ではデフォルトが AppImage 版であったが，DEXCS2023 ではパッケージインストール版になっている．

返し計算をする．横軸の数字は繰り返し回数を表している．縦軸は，計算のステップごとに前のステップにおける結果から変化した割合を示す指標で，この値が小さくなると，結果が変化していない，つまり定常計算結果に到達したと見なすことができる．デフォルト設定では，全フィールド変数の残渣が 10^{-3} 以下となった時点で計算が終了する．

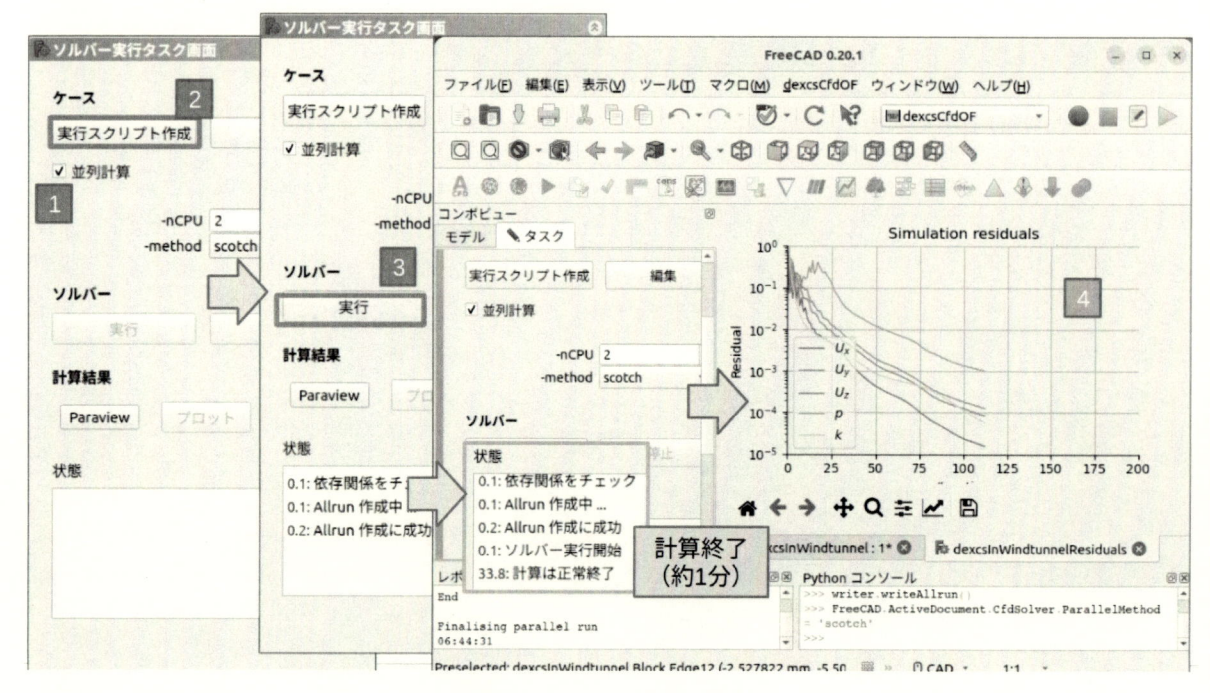

図 1.20 ソルバー実行の手順

デフォルトの解析条件であれば，1 分程度で計算が終了するはずであるが，解析条件（メッシュや解析スキーム）の変更次第によっては，発散することも，収束しないことも起こりうる．この残渣グラフの推移状況を見て判断できるので，収束しそうにない場合は，「停止」ボタンを押して，解析条件設定を見直したほうがよい．

計算が終わったら，引き続き「Paraview」ボタンを押して，流れ場を可視化してみよう（図 1.21）．

メッシュを可視化したとき（図 1.12）と同じように，この場合もすでにモデルがロードされた状態で立ち上がる．並列計算でない場合は，このまま図 1.24 に示すような可視化作業に進むことができるが，並列計算した場合には，可視化したいフィールド変数を選択しようにも 2 「p?」となって選択できない．

並列計算した結果を可視化するには，図 1.22 に示すように，もう一手間（ 1 〜 2 ）必要である．

ただし，たとえばこれを 3 「wireframe」表示すると，領域分割の境界までもが表示されてしまい，詳細観察や，プレゼン資料として使うには，具合が悪い．

そういう場合は，「ソルバー実行タスク画面」に戻って， 1 「領域再構築」ボタンを押してから，改めて 2 「Paraview」ボタンを押せば良い（図 1.23）．

以上の説明を読んで，それなら最初から「領域再構築」ボタンを押す手順の説明だけで良いと思われるかもしれない．これは DEXCS 標準チュートリアルをデフォルト設定で動かす限りにおいては，そういう説明でも良かったのだが，たとえばメッシュの細分化レベルを上げてメッシュ数が数百万レベルになったとしよう．そうすると，この「領域再構築」ボタンを押してから，再構築が完了するまでの待ち時間が耐えられない状況になる．少しでも早く結果を確認して次なる一手を考えたいのが CAE 作業の通例である．「DecomposedCase」で確認できればこしたことはないので，その方法を説明した．

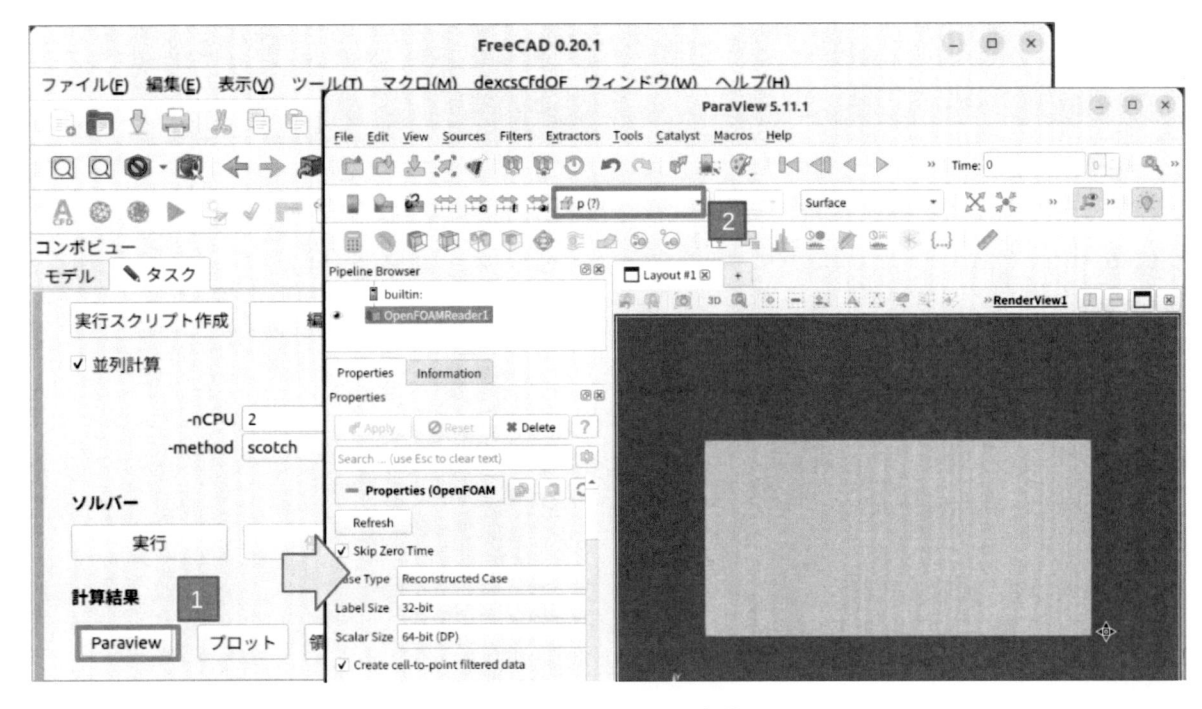

図 1.21　Paraview の起動

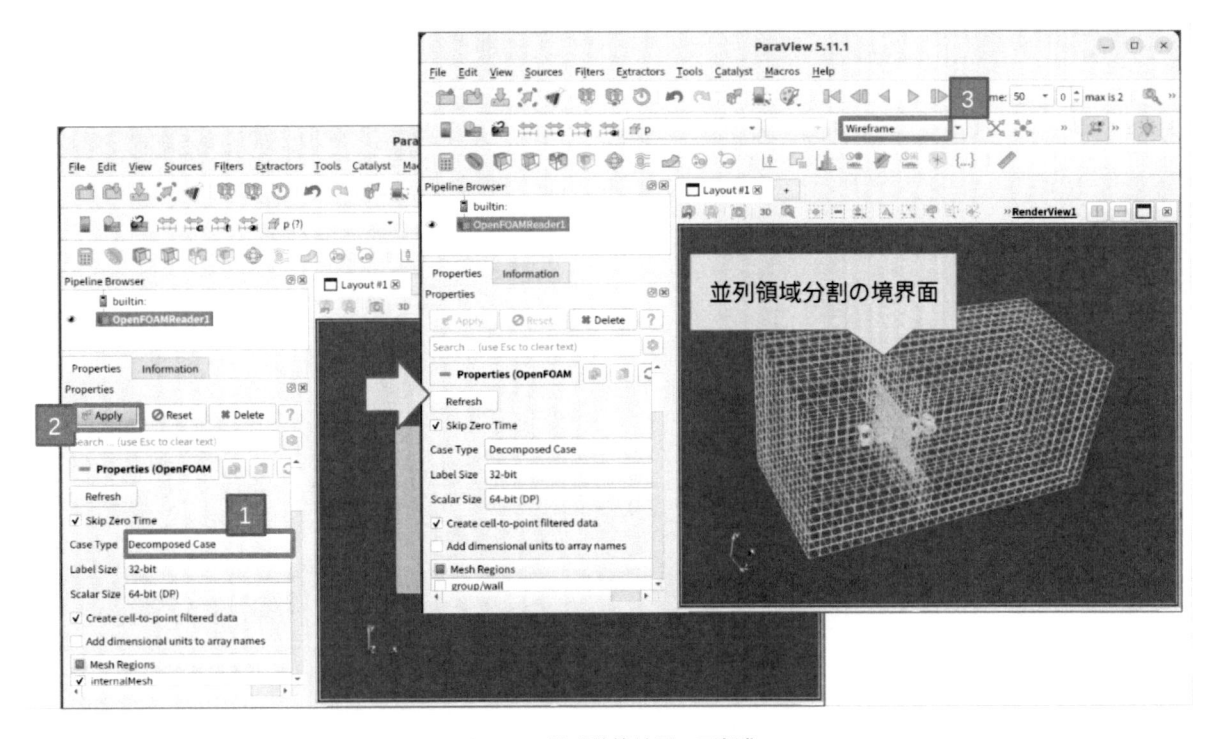

図 1.22　並列計算結果の可視化

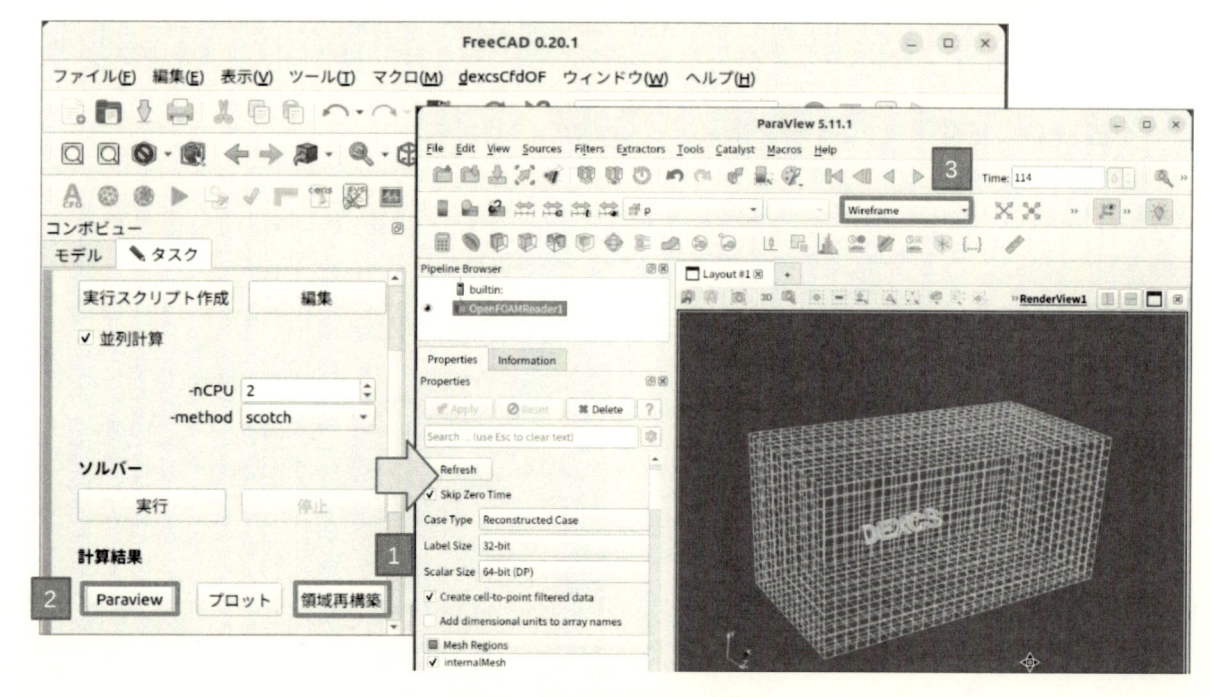

図 1.23　領域再構築結果の可視化

Paraview の可視化例として図 1.24 に流跡線の可視化例を示しておいた.

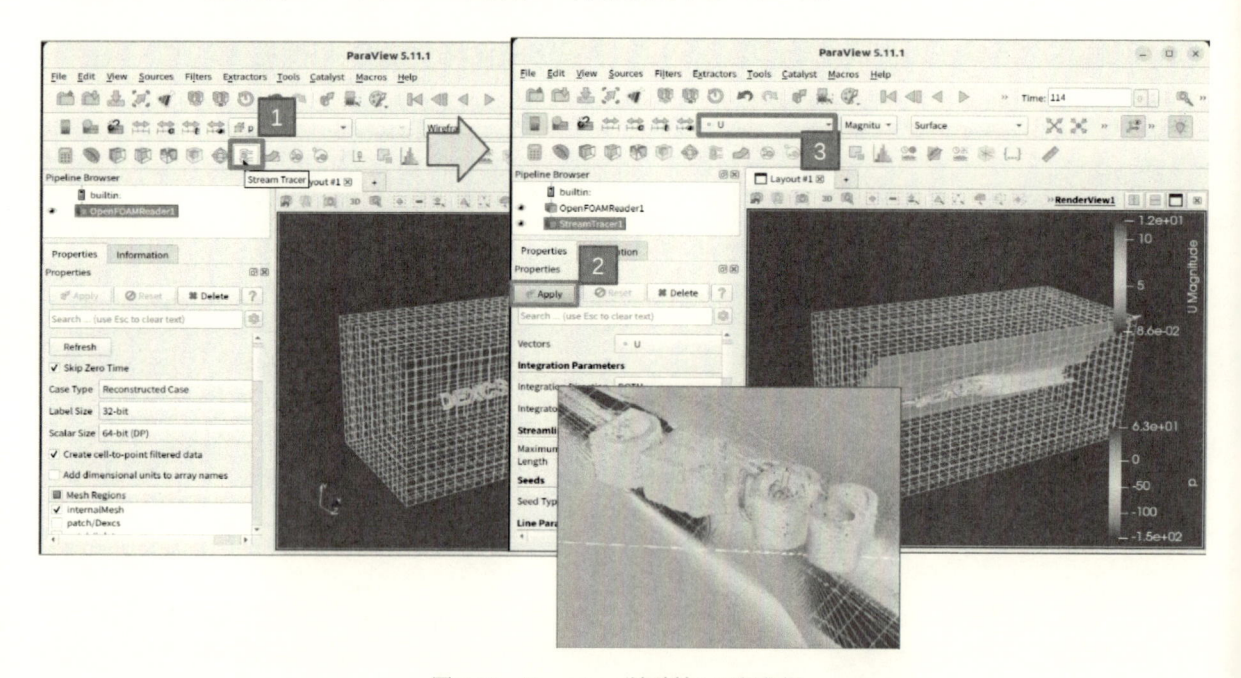

図 1.24　Paraview/流跡線の可視化例

Paraview を使った可視化方法は，他にいくらでも考えられる．これも DEXCS チュートリアルケースを題材にいろいろと調べてみていただきたい.

1.2.10　DEXCS ツールバー/DEXCS プロットツール

　もう一つの後処理例として，実際の解析の現場では計算結果を時系列や座標軸に対してプロットして解析することが多い．そこでこのチュートリアルには 4 つのプロット例が収納されている．実際の解析の現場で何をプロットするかは問題に固有だろうが，本例を参考にして改変利用してもらいたいという狙いである．

　改変利用（カスタマイズ）の方法は，改めて 6.3 で説明するが，ここではプロットツールの使用方法と，作成例を説明しておく．

　図 1.25 に示すように，「ソルバー実行タスク画面」の中に $\boxed{1}$「プロット」ボタンがあって，これを押すと，「Dexcs プロットツール」という画面が立ち上がる．

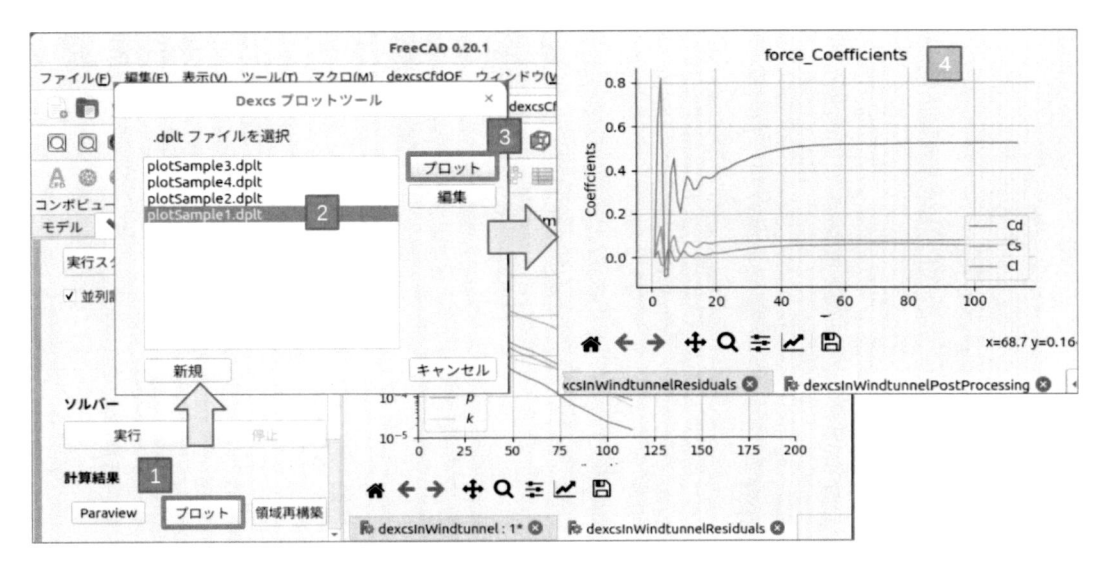

図 1.25　Dexcs プロットツール

　拡張子が「.dplt」のファイルの一覧リストが表示されているので，どれでも良いので $\boxed{2}$ 選択して，$\boxed{3}$「プロット」ボタンを押すと，$\boxed{4}$ プロット図が表示されるようになっている．具体的に，それぞれの「.dplt」ファイルで作成されるグラフを，図 1.26〜1.29 に示しておく．

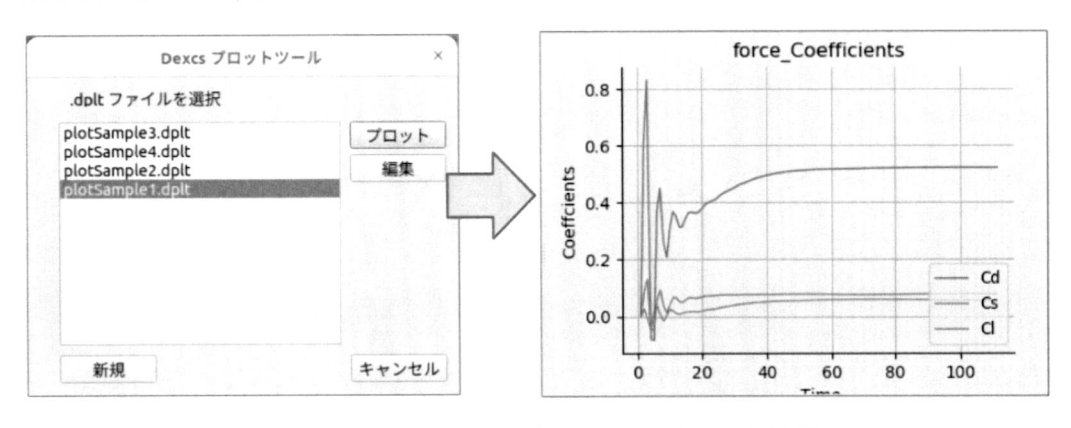

図 1.26　プロット例 1：Dexcs フォントに加わる空力係数

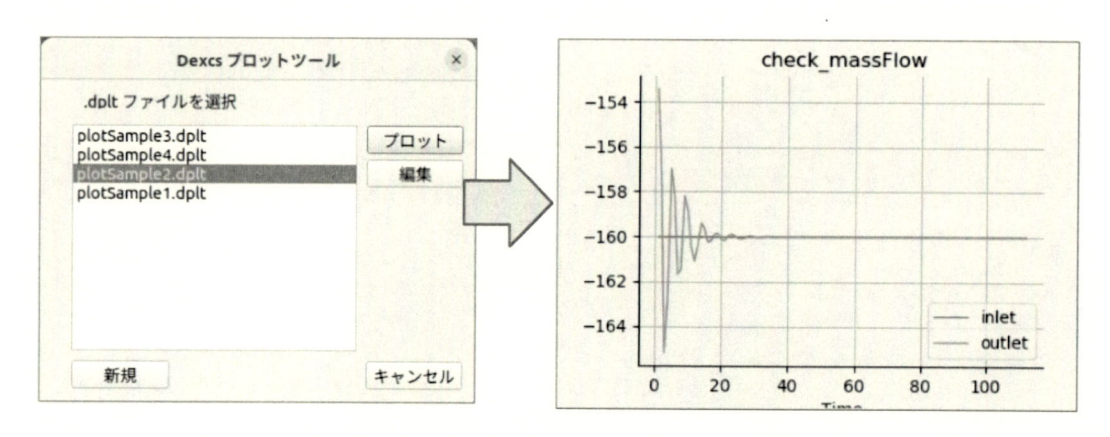

図 1.27　プロット例 2：流入出境界における流量

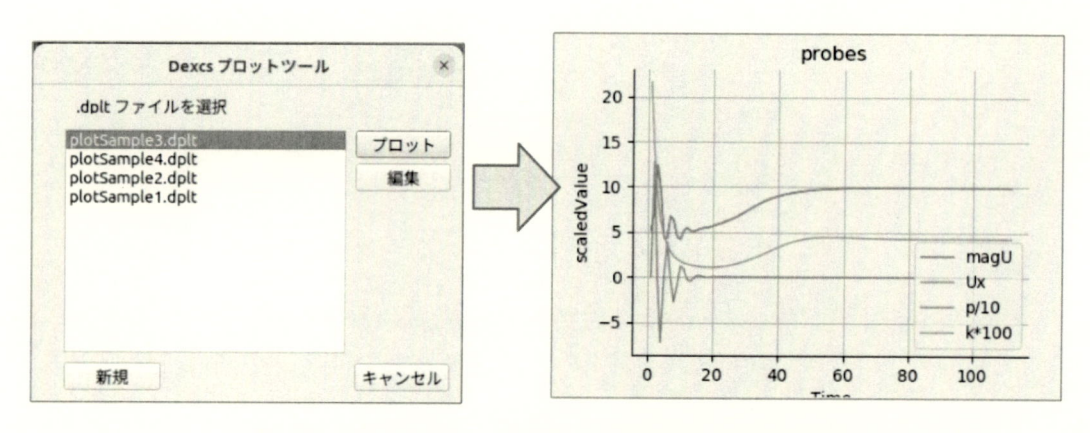

図 1.28　プロット例 3：指定プローブ点における諸変数の値

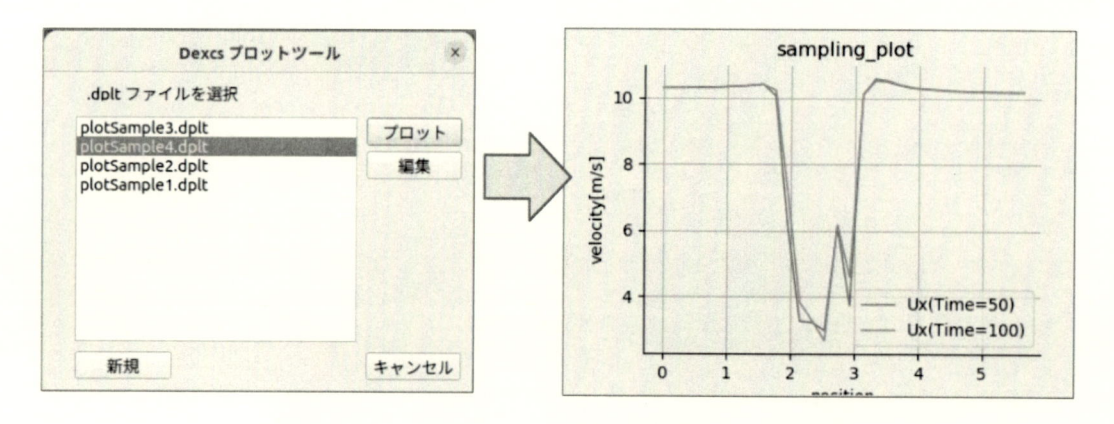

図 1.29　プロット例 4：指定サンプリング線上の速度分布

第 2 章

DEXCS for OpenFOAM(DEXCS-OF) 使用上の留意事項

　本章では「まずは使ってみた」DEXCS-OF に少しでも興味を抱いてくれた読者に対して，ツールの使い方の説明の前に，使用にあたっての心構えといったほうがよいかもしれない，留意していただきたい事項を記しておく．面白そうだけど，大丈夫かな？と思われた方に読んでいただきたい．これを読んで期待していたものと方向性が違うと思われた読者に，これ以上のコストをかけないでいただきたいからである．

■**DEXCS-OF は初心者向けのツール？**　Linux や OpenFOAM のコマンドに対する知識がない人であっても，DEXCS-OF をダウンロードして，VirtualBox なりで仮想環境を作成できた人であれば，公開しているYouTube 動画を参考に，DEXCS 標準チュートリアルという複雑な 3 次元モデルを対象にした仮想風洞試験で，実際にメッシュ作成からソルバー計算，可視化するという標準的な CFD ステップを，自身の手で体験できたであろう．YouTube 動画は，デフォルトパラメタをそのまま使って，ボタンを順番に押すだけの操作であったが，前章を読んでいただいた人には，パラメタ変更の方法もある程度理解していただけたのではないかと考えている．

　とはいうもの，とくに商用の CAE ソフトを使ったことがある人にとって，前章での説明はなんとも奇妙な説明になっていたかもしれない．また CAE の分野では，オープン CAE（ソースコードが公開されたソフトウェアで，ほとんどの場合無料で使える）を使う/作るコミュニティグループ[1] が存在するが，そういうグループに関わったことのない人も同じような違和感を抱かれるかもしれない．

　さらに言えば，CFD に取り組む目的として，仮想風洞試験はほんの一例にすぎない．これだけで自身の課題に使えそうかどうかの判断も難しいであろう．

■**DEXCS-OF は実用でも使い物になる？**　ここから先は信じてもらうしかないが，上述のコミュニティグループでは，独力で DEXCS-OF を使って仕事をしておられる方も多い．著者自身，そういう人とお会いする機会も多くあった．また著者はオープン CAE コンサルタントとして，実際に DEXCS-OF を使ってお客さんの様々な CFD 課題に取り組み，その課題をチュートリアルケースとした DEXCS カスタマイズ版の製作とサポートを生業としている．それを足掛かりに，次はサポート無しでさらなる別の課題へと継続使用していただいているお客さんも多く存在する．

　次章で DEXCS-OF の具体的な内容や歴史を説明するが，その前に読者には「活用に際しての心構え」が必要でないかと感じて，本章を執筆した．

---

[1] たとえば　オープン CAE 学会　https://www.opencae.or.jp/

　実は，上に述べたユーザーの多くは，筆者が講師として実施した講習会や，コミュニティグループの勉強会での紹介がきっかけで使い始めていただいた方がほとんどである．そういう接点のない人だとダウンロードはしてみたものの，使い方がわからず挫折する人も多くいるとも伝え聞いている．講習会なり勉強会で，何らかの生のコミュニケーションを経験した人には，ここに記す「心構え」が何らかの形で伝わっているからではないかと思っているからである．

■**市販ソフトとは異なる GUI コンセプト**　DEXCS-OF では開発当初から，そもそも市販ツールと同等のものを作ろうとする考えがなかった．

　著者も市販の CAE ツールにさほど詳しくはないが，一般的に CAE ツールは，ソルバーとして実行されるプログラムと，パラメタ設定用の GUI プログラムは全く別物である．そして市販ツールのセールスポイントは後者（GUI プログラム）であるといってよいのではないかと思っている．つまり，GUI プログラムにそれだけのコスト（マンパワー）をかけて作られている．

　OpenFOAM 用の GUI ツールとしてオープン系で有名なものに Helyx-OS [*2] や CfdOF [*3] があげられるが，有名であるゆえんは，市販の CAE ツールと同様のコンセプト（使い勝手）であるからとも思っている．

　しかしながら，これらのツールの機能は限定されており，OpenFOAM のソルバーの全機能には対応しきれていない．CfdOF は現在も開発途上にあるが，Helyx-OS は OpenFOAM-v1606+ 対応として公開されて以降のバージョンアップはされていない．

　一方，Helyx-OS の開発元である engys 社[*4] では，HELYX という有料ソフトが販売されており，これは Helyx-OS の機能拡張版[*5] といって良く，これを利用しているユーザーさんもいると伝え聞いている．つまり，ここで言いたいことは，市販の CAE ツールと同様のものを作って実用で使ってもらおうとすれば，相応の価格になってしまうということである．

　したがって，DEXCS-OF では開発当初から，そもそも市販ツールと同等のものを作ろうとする考えがなかった．とはいうもの，それだけであったとしたら，ユーザーの立場からは市販ソフトを使ったほうが良いに決まっている．そこで DEXCS-OF では，市販ソフトとは異なるツールコンセプトで使い物になるツールを目指している．明確にそのビジョンを宣言して取り組んできたということではないが，これまでやってきたことを総括すると，その大きな柱は以下の 2 つとなっていた．

- オープン系ツールのベストミックス
- OpenFOAM の初級知識・実践活用法の理解が前提

　これらは開発側にとっての言いわけに聞こえるかもしれない．それはその通りなので，やはり商用 CAE でやるしかないと思われるのが，それも選択肢の一つである点は何ら否定しない．オープン CAE を使うにしても，上述の Helyx-OS や CfdOF 以外にも多くの選択肢があることも付け加えておく．

2.1　DEXCS-OF の開発方針

　DEXCS-OF はその名前（for OpenFOAM）が示す通り，ソルバーに OpenFOAM を使うとして，その使い方を補完する GUI ツールである．ひとくちに GUI ツールといって，その用途は大きく 3 つに分かれる．すなわち，

[*2] `https://engys.com/products/helyx-os`
[*3] `https://github.com/jaheyns/CfdOF`
[*4] `https://engys.com/`
[*5] **実際には使ったことがないので，筆者の推察にすぎない．**

1.　プリ処理
2.　ソルバー設定
3.　ポスト処理

である．このうち，ソルバー設定は，プリ処理に含めるのが一般的かもしれない．また先に紹介した Helyx-OS や CfdOF は，これら両機能を有したプリ処理ソフトと言ってよいかもしれない．しかし DEXCS-OF では，実際の構成上の理由でこれを別項目としている．また，ひとくちにプリ処理といって，形状作成とメッシュ作成を個別に考えるという視点もある．いずれにせよ，このように考えれば OpenFOAM を補完する GUI ツールとして，これら機能を統合的に使えるソフトを新たに開発するよりも，これらの単機能で見てオープン CAE ツールとして利用できるソフトはいくらでもあるので，そういったツールを使えば良いという考え方である．

　オープン CAE の分野で，これらの機能に着目すると代表的なツールとして，現時点では以下が有名である．

1.　ポスト処理 / ParaView
2.　プリ処理 / FreeCAD
3.　ソルバー設定 / TreeFoam

　番号は有名な順としたが，有名であるかどうかの尺度は著者の主観でしかない．いずれのツールも，後でもう少し詳しく説明するが，ここで言いたいことは，これらのツールが現時点で著者の考えているベストミックスでしかないという点である．これも後で述べるが，これまで良く言えば「柔軟に」，平たく言えば「場当たり的」にそのチョイスを変更してきており，将来的に変更する可能性も大である．

　それぞれの項目でベストなツールをチョイスして，全体としてベストミックスな使い方ができるツールという考え方をすれば，開発のためのコストは一気に下げられる．DEXCS 独自のツールとして具体的に開発してきたものは，これらメジャーな CAE ツールを「つなぐ」部分であるか，あるいは「あったらいいな」のうち著者の力量[6] で「できるもの」でしかない[7]．

　このような成り立ちであるので，解析シーンによって GUI ツールの画面デザイン，メニュー構成，マウス操作方法など統一感はない．これら有名どころのオープン系ツール使った使ったことのある人であればともかく，初めて使う人にとっては使いにくいことこの上ないが，そういうものだと思って諦めてもらうしかない．

　また，DEXCS-OF のユーザーさん向けに，DEXCS 標準チュートリアル以外にも様々なチュートリアルや解説資料を同梱しているが，これらのツールの使い方については，断片的な解説しかできていない．基本的にそれぞれの CAE ツールには独自のマニュアルなり，または一般公開情報として多くの使い方情報があるので，そういったものを参考にしてもらうというスタンスである．これも初めて使う人にとっての大きなハードルであろう．

2.2　自習環境から実践環境へ

　先に DEXCS-OF を実践環境として利用している人達の存在を紹介した．一方，前節（2.1）では，初心者には次の一歩へ向けて大きなハードルがあるとも記した．そこで，とくに初心者や，市販 CAE ツールの利用経験者に向けて，DEXCS-OF を自身の実践環境として活用できるようになるための心構えを記しておきたい．

　DEXCS-OF を単に GUI ツールとして，その操作方法を覚えることが重要ではないということである．市販ツールであれば，そのソフトウェアを使ってできることのほとんどの機能が GUI メニューとして実装されて

---

[6]　筆者は元々研究開発の現場における CAE のエンドユーザーで，プログラマという職種ではなかった．
[7]　最近になってツール作成の協力者が現れ出している．

いるはずなので，そこへいかに素早くたどり着けるかがユーザーにとってのスキルになるだろうし，メニューの使いやすさが CAE ツールのセールスポイントになる．その際に「そのソフトウェアを使ってできること」をソフトウェアのコマンドやパラメタ名ではなく，ユーザーには工学や物理，流体力学の用語で書き換えて提示するのが普通である．これは一見合理的ではあるが，ソフトウェアのソースコードが隠蔽されているので，そうせざるを得ないという側面もある．DEXCS-OF では，そもそもそういうメニュー体系にはなっていないということである．

　後でもう少し詳しく説明するが，そもそも DEXCS は CAE の自習教材として開発したもので，DEXCS-OF もその延長線であることに変わりはない．これから OpenFOAM を勉強したい人向けの自習教材である．オープンソースのソフトウェアを対象にしているので，上述の用語の書き換えが必要なのか？ OpenFOAM という特定のプログラムを勉強するには，むしろ OpenFOAM 固有のコマンドやパラメタを覚えてもらったほうが良いという考え方である．

■必要な基礎知識とその習得方法　自習教材でありながら，実践環境としても使えるというのは，初心者にとっての様々なハードル（必要な基礎知識）を自得できたら，という前提である．これを使いながら覚えていただきたい．

　ハードルの一つは様々なツールの使い方で，前節（2.1）で記したように，DEXCS-OF だけでは足りない情報も多くあるが，オープン CAE 情報として公開情報も多くあるので活用して習熟されたい．

　もう一つ，Linux や OpenFOAM についての基礎的な知識も必要になる．少し前に，単に DEXCS-OF の操作方法を覚えることが重要ではないと記したが，操作ボタンを押したときに，パラメタファイルがどうなって，ケースファイルはどう変化するのか？　これらの情報はすべてユーザーに開示されている．見る/見ないはユーザーの自由意志に任せられている．「見る」ことによって分からないことを調べ，理解できるようになれば，自ずと OpenFOAM の基礎知識も身につくはずである．

　現在では，OpenFOAM だけでなくオープン CAE ツールの公開情報は，溢れるほどに存在する．これらを体系的にまとめたサイトや書籍も存在するが，初心者がこれらを理解するのは一筋縄ではいかない．これらで基礎知識を得てから使おうとやっていたら，いつまでたっても始めることはできない．最初は何だかよくわからないが，とにかく自分で動かす環境があって，何かやってみてつまずいたらそれを足掛かりに調べる，というのが実践的な知識の身につけ方である，というのが著者の経験則である．

　そういう自習環境を「簡単」「無料」で構築できるのが，DEXCS-OF であると思って活用いただきたい．

■OpenFOAM を使いたい人　一方，これまで OpenFOAM を使うということについて，具体的な利用シーンについては言及してこなかった．これも分類の方法は一つではないが，ここでは OpenFOAM のソルバーに着目して，

- 既存のソルバーを使いたい
- 独自のソルバーを作りたい

という区分けをする．もちろんどちらもやりたいというユーザーもいると推察されるが，DEXCS-OF で想定しているのは前者（既存のソルバーを使いたい人）である．[8]

　前者の立場で OpenFOAM を実際の仕事の現場などで使いたいという人には，実践的に活用するとはどういうことなのかを，以下認識（心構え）いただきたい．

---

[8]　とはいうもの後者の人であって，インストール済の OpenFOAM の環境を即使えるようになるという点ではそれなりに有用で，自身の Linux ベースマシンの OS 環境を新規更新する必要が生じたときに，DEXCS-OF を使って更新して頂いている人も多いことは付け加えておく．

■OpenFOAM の実践的な活用法とは　市販の CAE ツールを使ったやり方の話に戻ることになるが，一般的には

1. 定常か非定常か？
2. 単相流か混相流か？
3. 圧縮性か非圧縮性か？
4. 乱流モデルは？
5. ....

といった具合に自分がやりたいことをメニューで絞り込んでいくことで，必要なパラメタの設定画面が現れるようになっている．DEXCS-OF ではそうはなっていないので，どうするか？ということである．
　これも筆者の経験則でしかないが，要点は以下のように考えている．

1. メッシュ作成はソルバー設定と別物と考えて実施して良い
   (a) 初心者には，FreeCAD ⇒ DEXCS-WB の活用を推奨
   (b) 他のソフトで作成できる環境があれば，それを利用するも良し
2. ソルバー設定は以下の手順を推奨
   (a) 他の解析例や標準チュートリアルを精査し，自分が解析したい現象・モデルに近いものを探し出す
   (b) 上記ケースのメッシュを自前で作成したメッシュと置き換える
   (c) モデルパラメタの詳細適合を実施する

　初心者には現時点で (2.) 項のやり方のイメージが思い浮かばないかもしれない．具体的なやり方は第 6 章以降で説明するが，そもそも現在の OpenFOAM には GUI ツールがないので，ほとんどの OpenFOAM ユーザーは，このようなやり方をしているということも付け加えておく．

■OpenFOAM 上級者への道　そもそも現在の OpenFOAM には GUI ツールが付属していないので，Open-FOAM の原理主義者ともいうべき，コマンドラインやスクリプトで OpenFOAM を使いこなしているユーザーも多く存在する．OpenFOAM の上級者と言われるような人はほとんどがそうである．また著者は DEXCS-OF を自身の計算環境として使用しながら，そういう使い方を否定するものでなく，むしろ憧れており，実際に独自にスクリプトを作って仕事をする場合もある．そういう使い方に憧れながら徹しきれないのは，年齢のせいだと思いたいが，向き不向きの問題かもしれない．DEXCS-OF を足掛かりにそういう使い方ができるようになった人は DEXCS-OF を卒業してもらって構わない．
　また，OpenFOAM で独自のソルバーを使いたい人にとっての DEXCS の有用性についての補足事項 [*8] は，OpenFOAM の原理主義者にもそれなりにあてはまると考えている．

2.3　DEXCS-OF 同梱資料について

　第 4 章以降で，DEXCS-OF に同梱のツールやチュートリアルの使い方について詳細に説明するが，本書のほとんどの内容は DEXCS-OF の同梱資料がベースになっている．同梱資料というのは，デスクトップ上の ①「DEXCS」フォルダをダブルクリックして現れるファイルマネージャー画面から ②「readme.html」ファイルをダブルクリックすると，Web ブラウザが立ち上がって内容を総覧できる収録ケースとドキュメント類のことである（図 2.1）．
　DEXCS2023 では，全部で 5 つのフォルダ（収録ケース）があり，その内容の概要説明がある．このうちの

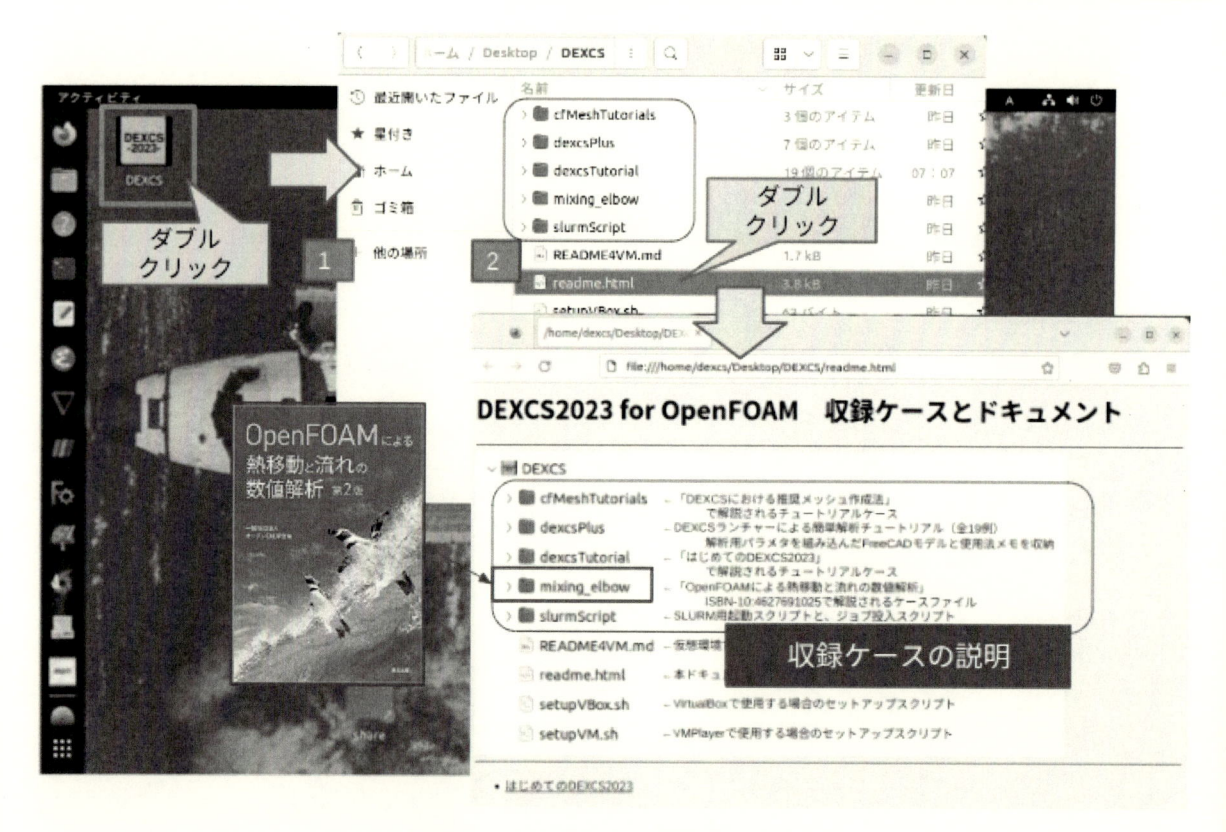

図 2.1　DEXCS-OF 同梱資料（1/2）

一つ「mixing_elbow」は，オープン CAE 界隈で「ペンギン本」と称されて有名な書籍[9] で取り扱っている例題も収録されているが，その他は DEXCS オリジナルの収録ケースであり，これらを対象とした説明資料に加えて一般に公開されている資料も同梱されており，それらの資料名と概要説明文が以下の図 2.2 に示すようリストアップされている．

　そして資料のタイトル名が表示されている部分をクリックすると，pdf 形式で作成された資料を直接閲覧できるようになっている．ちなみにこれらの資料の実体は「/opt/DEXCS/laucherOpen/doc」フォルダ下に収納されているので，こちらから直接参照するなり，必要なファイルをアクセスしやすい場所にコピーして活用することも推奨される．

　一般公開資料については外部にリンクされている箇所をクリックして，公開先の資料を直接参照できるようにもなっているが，DEXCS-OF を企業内で使う場合において，インターネットアクセスが出来ない状況で使用せざるを得ないユーザーも多いとのことで，ファイルの実体も同梱してある．

　DEXCS オリジナル資料については，著者がこれまでに様々な講習会や講義の演習でハンズオン資料として作成したもののコンテンツを，最新の DEXCS-OF のコンテンツに置き換えて収納し直したものである．ハンズオン演習では，これらの資料を参照しながら解説してきたが，本書は基本的にこれらの内容に文章での解説を加えたものになっていると思ってもらって良い．

　ただし，書籍化に際しては全体目次の中で，それぞれの資料がどの部分に相当するのかが解り難くなってしまっている．そこで以下にこれら同梱資料が本書のどの箇所で説明されているのか，関連について取りまとめ

---

[9]　2021/3/31，OpenFOAM による熱移動と流れの数値解析　第 2 版，一般社団法人オープン CAE 学会（編集），森北出版，ISBN-10:4627691025

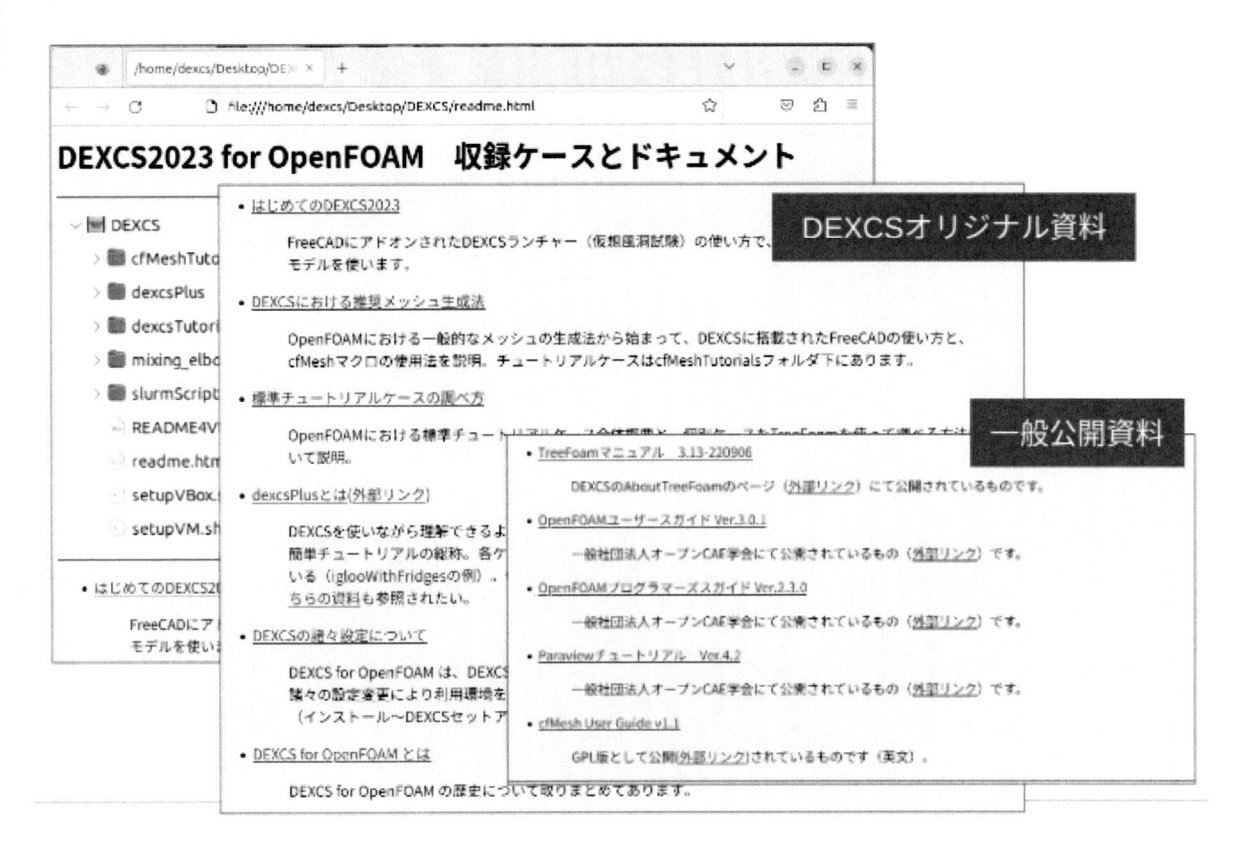

図 2.2 DEXCS-OF 同梱資料（2/2）

ておくことにした．本書中で掲載している図のイメージは一部新規に作成したものもあるが，ほとんどは同梱資料の図をベースに構成し直したものである．書籍化すると，どうしても解像度が低下してしまうので，解りにくいイメージは，同梱資料で拡大表示もできるので，そういう活用法も検討されたい．

資料タイトル	pdf 資料名	本書当該箇所
はじめての DEXCS2023	123DEXCS.pdf	1 章
	同上（pp.36-58）	6 章 -6.1
	同上（pp.59-）	6.2
DEXCS における推奨メッシュ生成法	howtoCADandMeshing.pdf	4 章
	同上（pp.44-）	5 章
標準チュートリアルケースの調べ方	TutorialsTRF.pdf	7 章
dexcsPlus とは (外部リンク)	aboutDexcsPlus.pdf	8 章
DEXCS の諸設定について	DEXCS_Install.pdf	9 章
	同上（pp.12-21）	付録 10
	同上（pp.53-60）	6 章 -6.3
DEXCS for OpenFOAM とは	aboutDEXCS-OF.pdf	3 章

表 2.1 DEXCS-OF 同梱資料と本書の関係

この表からもわかるように，本章（第 2 章）以外は，同梱資料ですべて網羅されている．要するに本書で取り扱う内容は基本的に同梱資料で尽くされており，本書はそれらを補完するものでしかない．本章も全体を通

しての留意事項ということである.

　長い文章を読むよりも，イメージだけの資料をパラパラと眺めたほうが手っ取り早いという人もいるかと思われる．同梱資料を先にざっと眺めて，わからない箇所を本書で読み直すという活用法も推奨する.

第 3 章

DEXCS-OF の概要

DEXCS-OF（DEXCS for OpenFOAM）を説明するには，字句通り，OpenFOAM，DEXCS についての説明が必要である．

また本章の内容は，過去に日本設計工学会の会誌に投稿した解説記事[*1] の内容のうち，最新情報だけを更新して，その他はほとんどそのまま焼き直したものであるという点はおことわりしておく．

3.1　OpenFOAM とは

OpenFOAM® は，その前身の商用コード FOAM（Field Operation And Manipulation の略）が，2004年 12 月 OpenCFD 社[*2] によってオープンソース化されたものであり，C++ で記述された流体計算用ライブラリを使用している．当初はその名前の示す通り「場の操作」すなわち偏微分方程式で記述された場の方程式を容易にプログラム化できることを謳い文句にしたソフトウェアであった．

たとえば速度場（U）におけるスカラー（T）の輸送方程式

$$\frac{\partial}{\partial t}T + \bigtriangledown \bullet (UT) - \bigtriangledown \bullet (Dt \bigtriangledown T) = St$$

Dt：拡散係数

St：ソース項

を記述するのに，

```
  solve
(
fvm::ddt(T)
+fvm::div(phi, T)
 - fvm::laplacian(Dt, T)
== fvOption(T)
);
```

と簡単に書ける．ここで，ddt は偏微分記号の $\frac{\partial}{\partial t}$，div は $\bigtriangledown\bullet$，laplacian は $\bigtriangledown \bullet \bigtriangledown$，fvm:: は陰解法，fvOption

---

[*1] **日本設計工学会会誌『設計工学』** Vol.53,No.3, 2018, http://www.jsde.or.jp/shuppan-j/2018/jl201803.html
[*2] ESI-OpenCFD, https://www.openfoam.com/about/

はソース項計算を表している．OpenFOAM にはこれらを計算するライブラリが充実し，オブジェクト化されているので，自分が解きたい問題に合わせて新規プログラム開発が短時間で実現可能になるという特長があった．

リリース当初は大学や研究機関を中心に CFD 開発ツールとして利用されることが多かったため，このようにして作成されたソルバーが標準ソルバーとなっていった．現在標準チュートリアルケース（たとえば図 3.1）と併せて同梱されているものとしては，

- 非圧縮性流体の定常/非定常乱流解析
- 圧縮性流体の定常/非定常熱対流解析
- 流体・固体伝熱 (CHT) 解析
- 混相流解析 (界面追跡法/多流体モデル)

などがあり，商用の CFD ソフトに比べて遜色ないレベルになってきている．近年では企業内ユーザーが，同梱されている標準ソルバーをそのまま実用計算に利用する事例も増加しつつある．

また，企業内ユーザーが増えてきた理由として，snappyHexMesh という独自のメッシュ生成ツールが同梱されるようになったことが大きい．すなわち，実際の製品 CAD モデルを対象にしたメッシュ作成が OpenFOAM だけで実現できるようになったということである．

そもそも OpenFOAM は有限体積法で定式化されており，メッシュは空間を任意の多面体（面の数はいくらでもよい）で隙間なく分割し，これを polyMesh と呼ばれ

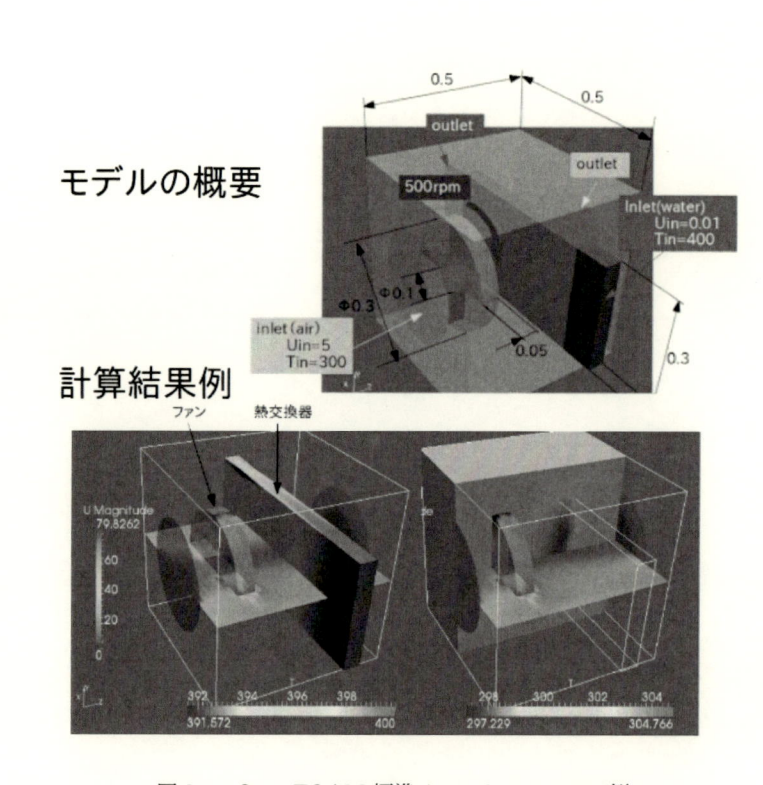

図 3.1　OpenFOAM 標準チュートリアルの一例

る所定の書式で所定の場所に収納しておけばよいという体系になっている．ところが，リリース当初は，blockMesh と呼ばれる六面体構造格子を自動作成するツールは存在していたが，複雑形状問題に適用することは事実上できなかった．複雑形状の解析には，他の専用メッシュ生成ソフトウェアを用いてメッシュを作成し，これを OpenFOAM 環境に読み込んで使用しており，その際に使用するフォーマット変換ツールが多数用意されていた．現在でもこのような使い方をしているユーザーは多く存在する．

snappyHexMesh は，2008 年の OpenFOAM-1.5 よりリリース，STL に代表される形状の表面ポリゴンデータに適合した六面体ベースの自動メッシュ作成ツールである．複雑形状モデルの解析をしたいユーザーは一般的な 3 次元 CAD ツールで作成したデータを STL 形式に変換し，STL のパーツごとにメッシュ細分化レベルなどを所定の書式にて指定した snappyHexMeshDict という設定ファイルを用意しておく．上述の blockMesh にて解析対象領域を包含するベースとなるメッシュを作成したあとは全自動でメッシュを作成して

くれるようになった（図 3.2）.

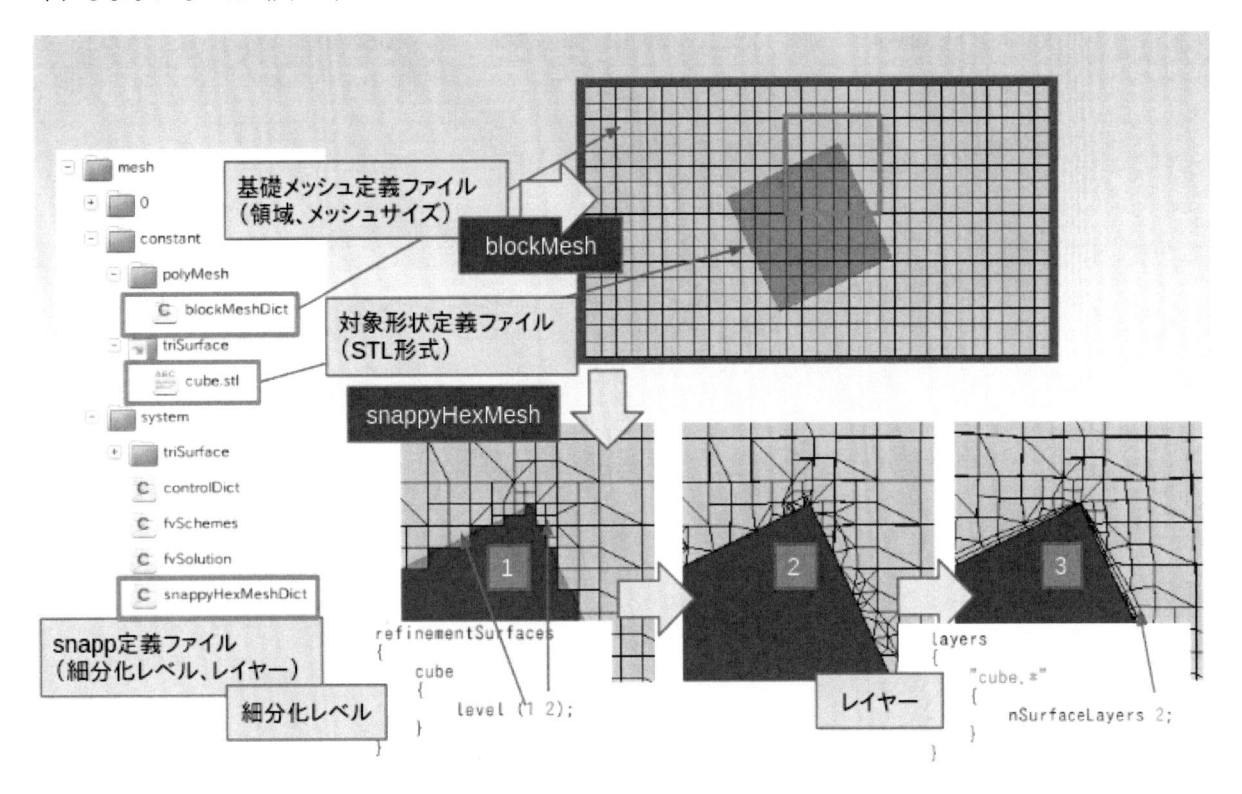

図 3.2　snappyHexMesh 作成手順と主要パラメタの概要

　その際，とくに複雑な CAD データを STL データに変換する際に，一般的に STL データに穴が開くとか，二重節点が生じるなど，ダーティジオメトリ問題が生じることが多いが，指定したメッシュサイズの最小サイズ以下のエラーであればメッシュ作成に支障ないというロバスト性もあって，実用面で受け入れられるようになってきている.

　一方，2014 年 OpenFOAM-2.3.0 より，新たに foamyHexMesh という自動メッシュ作成ツールもリリースされた．snappy-HexMesh の細分化の方法は八分木法によるもので，細分化レベルが異なる領域間のメッシュ粗度が急激に変化するのに対し，foamy-HexMesh は六面体サイズが徐変してくれる（図 3.3）.

　しかしながら，現状では形状データに対する完全性が要求されることや，メッシュ品質の問題，計算時間が長いなどの問題がある.

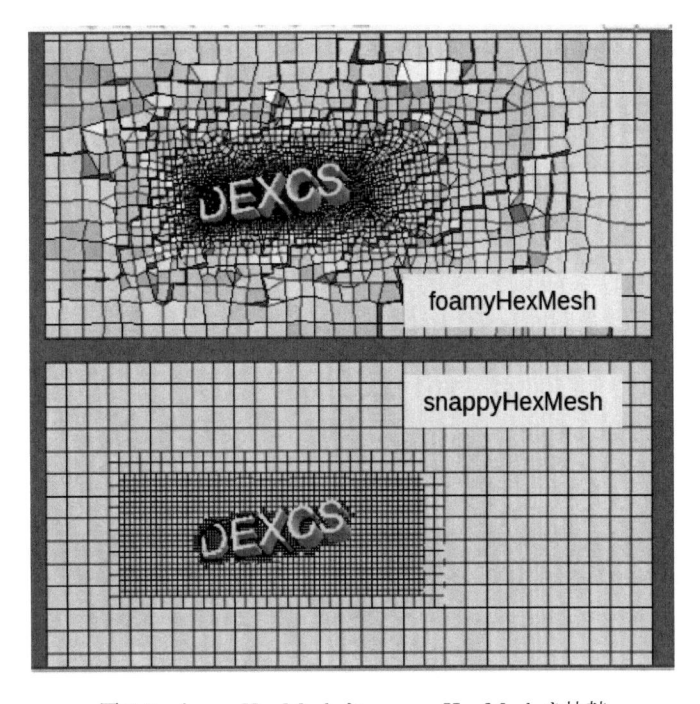

図 3.3　foamyHexMesh と snappyHexMesh を比較

多くのユーザーが改良を期待しているが，現在のところ開発は中断しているようである．

　以上，簡単に OpenFOAM の機能面での進化を振り返ってきた．進化の過程で，OpenCFD 社は，2011 年 8 月には SGI 社，さらに 2012 年 9 月に ESI に買収されたが，OpenFOAM は非営利団体 OpenFOAM Foundation [*3] から引き続きオープンソースとして公開されるようになり，現在は OpenFOAM といえば，OpenFOAM Foundation による OpenFOAM と，OpenCFD 社 (ESI) による OpenFOAM+（2017 年 6 月より OpenFOAM-vYYMM と命名）という形で並び立っている．また，これら以外にも図 3.4 に示すように，多くの派生バージョンが生まれ現在に至っており，DEXCS-OF では OpenCFD 社版の OpenFAOM を選択し，DEXCS2023 では OpenFOAM-v2306 を搭載している．

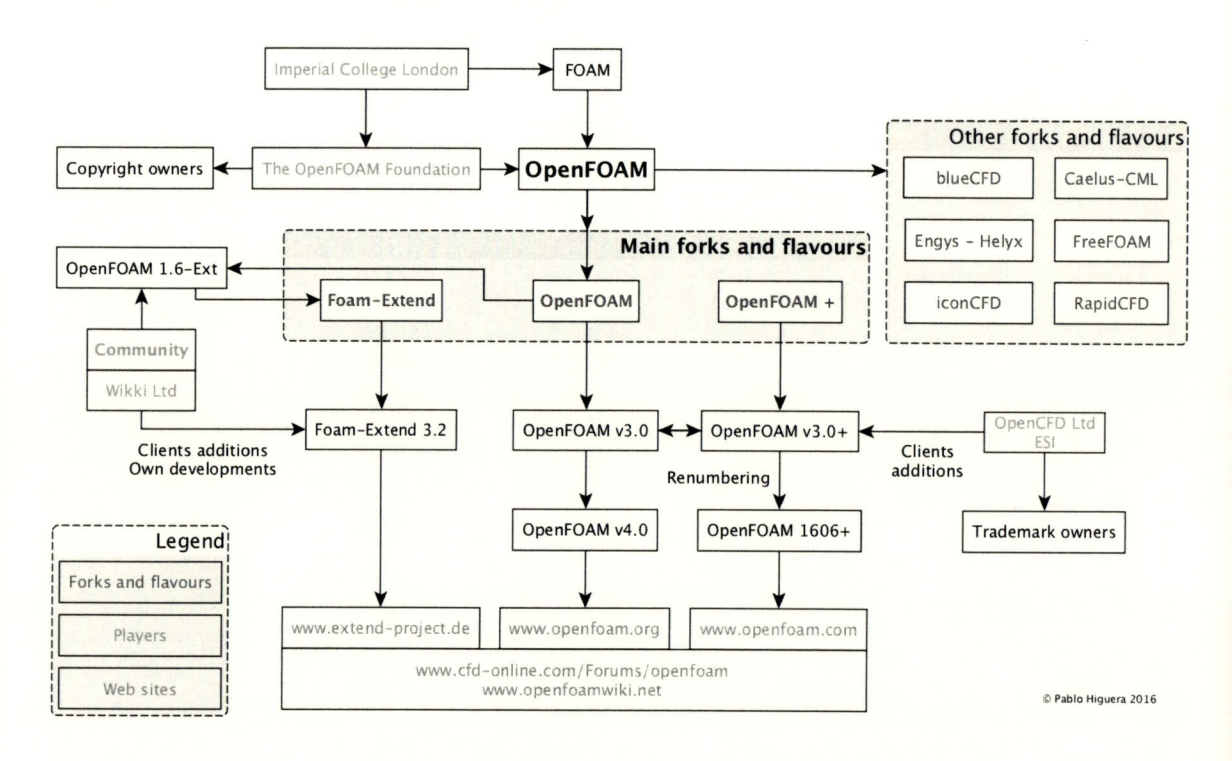

図 3.4　OpenFOAM の様々な派生バージョン / Foam-U のサイト[*5]より引用

3.2　DEXCS とは

　DEXCS は，Digital Engineering on eXtensible Computing System の頭文字から名付けられ，拡張性を持つ設計支援用解析システムとして，以下の 3 つの目標を持って開発されているオープン CAE システムである．

- 構築や運用に手間がいらず，手軽に利用できる
- 計算だけでなく，プリポスト機能まで対応する
- モジュールを自由に追加できる

これらの目標のもと，DEXCS は以下の特徴を持つシステムとなっている．

- 基本 OS（Linux）の上に CAE に必要なツールをすべて組み込んであり，オールインワンで配布されて

いる.

- ダウンロードした ISO イメージを用いて，DVD 起動や仮想マシン構築が可能で，HDD にインストールもできる.
- 操作は DEXCS ランチャーに集約され，最小限の簡単なマウス操作で CAE 解析を効率的に実現できる.
- 初心者の CAE 習得を支援するために，サンプル形状や初期設定が用意されており，確実に解析演習できる.

　開発当初は，株式会社デンソーでの社内 CAE 教育の教材として使うことを目的に岐阜工業高等専門学校との間で共同研究されたものであったが，現在では共同研究は終了して DEXCS 公式サイトより誰でも無償でダウンロードすることができるようになっている. また，図 3.5 に示すよう，開発当初の線形構造解析（Adventure）版は開発が完了しているが，その他の非線形構造解析版や流体解析版は，ほぼ毎年更新版がリリースされている.

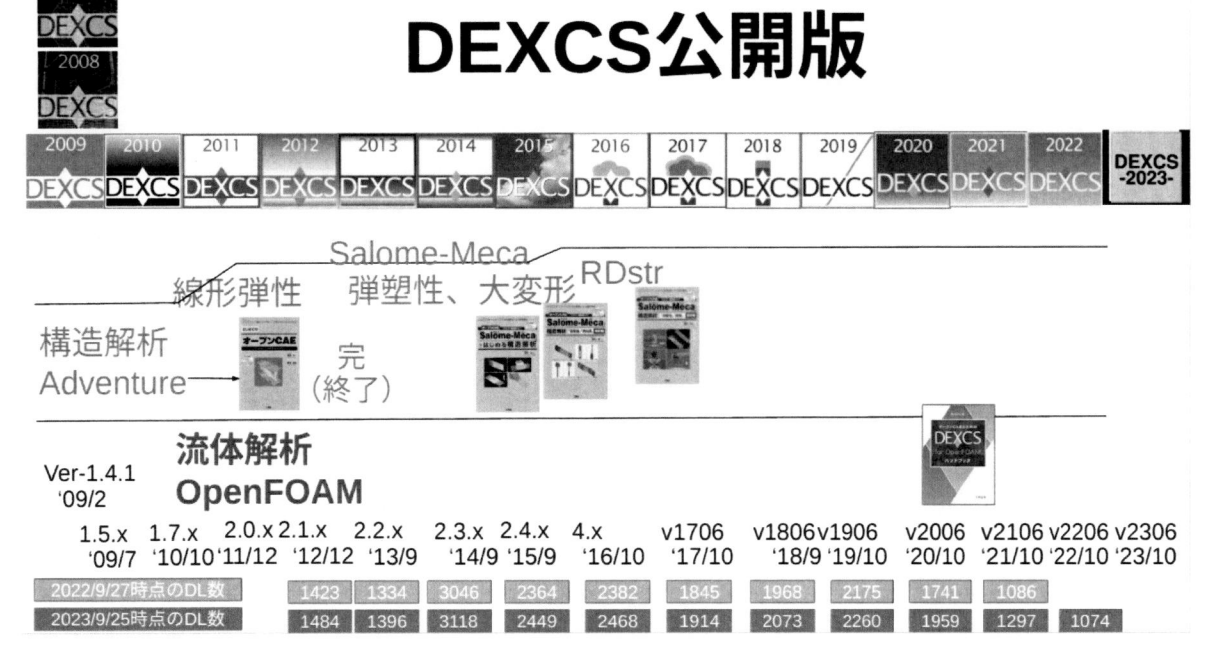

図 3.5　DEXCS 公開版の経緯

3.3　DEXCS-OF の歴史

　DEXCS の OpenFOAM 版は，DEXCS2008 for OpenFOAM として，2008 年よりリリースを開始した. OpenFOAM も当時は Java で開発された FoamX というツールが添付され，条件設定やソルバーの起動を GUI から行うことができていた. したがって，DEXCS2008 for OpenFOAM では，それまで構造解析用 DEXCS で培ったプリ処理（Blender でモデル作成，Adventure の tetmesh でメッシュ作成）を FoamX につなげるだけのものであった.

　しかしながらこの FoamX は OpenFOAM-1.5 以降開発が停止されたため，現在ではパッケージに含まれていない. そこで，DEXCS2009 からは，FoamX に代わるオープン系 GUI ツールで周辺機能を補完し，実用性を考慮し 3 次元複雑形状モデルを対象とした仮想風洞試験を模した DEXCS ランチャー（図 3.6）を搭載し現

在に至っている．これはとくに Linux もほとんど知らない OpenFOAM の初心者向けに，ボタンを順番に押していくだけで，一通りの解析ができるようになっており，動画チュートリアルを通して，まさに触りながら勉強してもらうことを狙っている．

　DEXCS2009 以来，DEXCS2023 に至るまで，対象例題と基本的な手順は変えていない．しかし内部仕様として，メッシュ作成ツールや，その設定パラメタを作成するツールをその都度最新のものに対応させる，多言語（現時点では英語版のみ）対応できるようにするなどの進化は続けている．開発当初の DEXCS ランチャーでできたことは，あくまで仮想風洞試験だけであり，

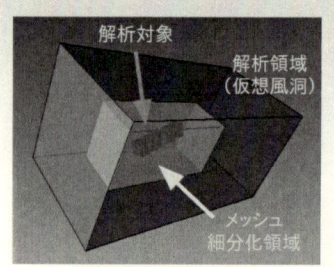

- 形状変更
- メッシュ法案
- 風速条件

図 3.6　DEXCS ランチャーの嬉しさ

などが任意に変更できるというにすぎなかった．仮想風洞試験だけができればよいという人には，ものづくりに役立ったという例[*6] も報告されるようになったが，ほとんどのユーザーにとって，これだけでは不十分であったため，汎用的な GUI の開発も試みた．ここで，商用の汎用 CFD ツールでは一般的に，

- 定常か非定常か
- 圧縮性か非圧縮か
- 温度場の計算の有無
- 乱流モデル
- 動的メッシュ計算の有無
- 単領域か複領域か

といった項目を選択すれば，応じたパラメタセットが現れ，その中から適したものを選択するという使い方になっている．つまり計算に本来必要なパラメタファイルをユーザーには見せないようになっている．オープン系の GUI ツールで同様のコンセプトで使用可能なソフトも存在する．たとえば，HELYX-OS [*7] という商用ソフト HELYX のオープンソース版があり，DEXCS2020 まで同梱されていた．DEXCS2019 まではすぐに使えるようになっていたので，商用の CFD ツールを使ったことがある人には，こちらから入ったほうが馴染みやすいかもしれない．しかし，商用版に比べると使えるソルバー種類が少なく，OpenFOAM の一部のソルバーにしか対応できておらず，機能が制限されている．また，メニューが多岐・多階層にわたり，どこから手をつけたらわからないなど，どうしても初心者には敷居が高い．

　そこで DEXCS では GUI ツールに対する要求機能として，商用ツールのそれとは異なる考え方を基本とすることとした．つまり，初心者にはボタンなどの数を極力減らして使えるようにする．とはいうものの，これ

*6　**新井英行，オープン CAE シンポジウム，2013，『DEXCS　for OpenFOAM を用いた競技用一人乗り電気自動車の空力検討』**

*7　HELYX-OS, https://engys.com/products/helyx-os

をブラックボックス的に使うのではなく，OpenFOAM の仕組み（ファイルやコマンド体系）も同時に少しず
つ勉強できる仕組みも併せて使えるようにしておいて，次の段階（中級者向け）に進めるようにした（図 3.7）.

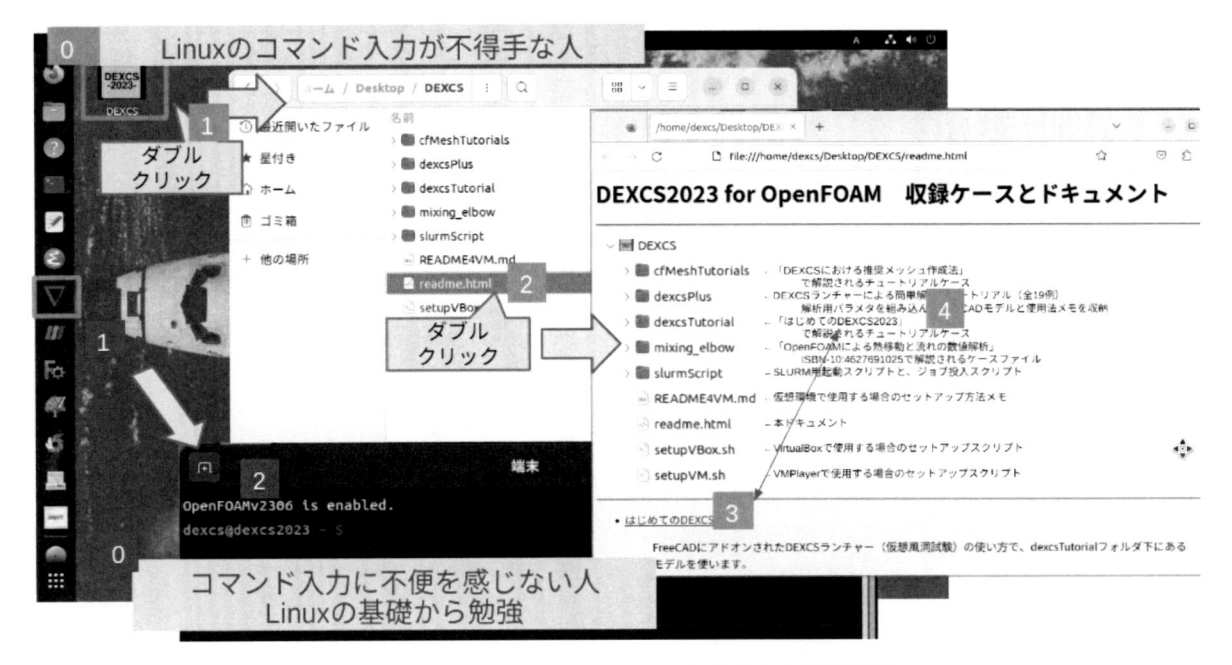

図 3.7　DEXCS for OpenFOAM の初心者向け推奨利用法

　OpenFOAM の仕組みがある程度理解できた人であれば，GUI として，商用ソフトのように一般的表現を介
してブラックボックス化せずとも，OpenFOAM のパラメタファイル編集やコマンド発行を直接的に省力化し
てくれる簡易 GUI ツールがあればよいという考え方である.

　TreeFoam も同様の考え方に基づいて作成された OpenFOAM の中級者向け GUI ツールであり，これが使
えるようになって DEXCS-OF でも採用させてもらうとともに，3.4.11 項の (8) に記した DEXCS 独自のカ
スタマイズも加えさせてもらっている. 図 3.8 に示すように，一見したところ外観は一般的なファイルマネー
ジャーと似通っており同様な使い方も可能であるが，随所で OpenFOAM のパラメタ設定を簡易化するツール
を起動できるようになっている. いわば OpenFOAM のケースファイルマネージャーといってよいだろう.

　その他，OpenFOAM の本体以外で同梱しているツールについても一部紹介しておく.

　PyFoam と呼ばれる OpenFOAM のコマンド入力を省力化してくれるツール（といっても基本はコマンド
入力して使うツール）が古くからコミュニティに存在していたが，これも DEXCS ランチャーや TreeFoam 上
のボタンを押せば実行できるように組み込むことで，GUI プログラムそのものの開発を省力化している.

　DEXCS の 3 次元 CAD ツールとしては，Blender[*8]，FreeCAD[*9]を搭載している. 前者はポリゴン系，後
者はソリッド系モデルを取り扱うことのできる CAD ツールとしてオープン系では代表的なものであり，通常
入手できるツールに加えて DEXCS では OpenFOAM のメッシュ作成用パラメタファイルを自動作成する機
能を追加してある. いずれも簡単なモデルを作成することと，商用の CAD ツールで作成したモデルをイン
ポートして OpenFOAM 用の入力ファイルに変換するツールとしての利用を想定している.

　DEXCS2013 までは，Blender から SwiftSnap という snappyHexMesh 作成用のパラメタファイルを作成
していたが，DEXCS2014 以降，現在は FreeCAD から独自のマクロを使って cfMesh 作成用パラメタファイ

[*8]　Blender, https://www.blender.org/
[*9]　FreeCAD, https://www.freecadweb.org/?lang=ja

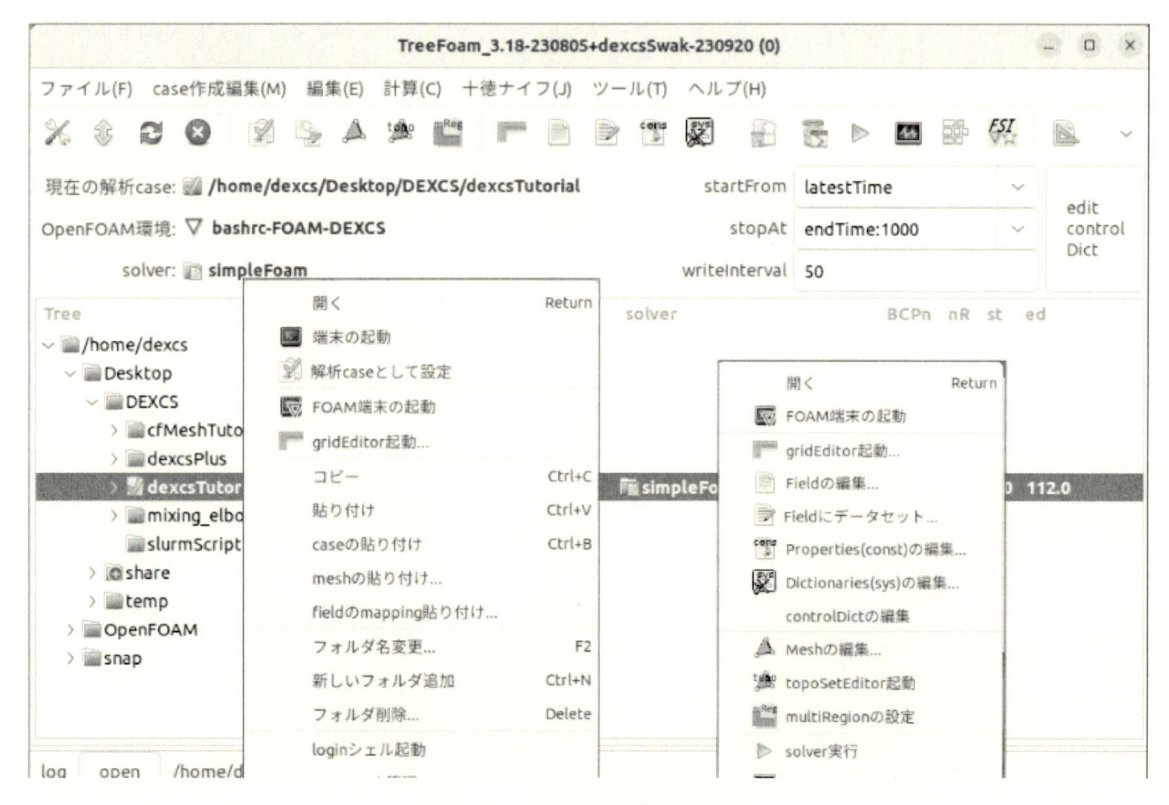

図 3.8　TreeFoam の操作画面例

ルを作成するようにした.

　cfMesh とは，CreativeFields 社[*10]がリリースしている CF-MESH+ という Open-FOAM 用のメッシュ作成ツールのうち，GUI を除くメッシュ作成エンジン（の初期バージョン）だけをオープンソースとして公開しているものである．でき上がったメッシュの外観としては OpenFOAM の標準メッシャーである snappyHexMesh とほぼ同等のメッシュを自動作成するツールである．snappy-HexMesh と比べて，複領域メッシュを作成できないという欠点はあるものの，パラメタ設定が容易で，とくに図 3.9 に示すようにレイヤー層をきちんと作成できるというメリットがあって，DEXCS では製品版の GUI 部分を FreeCAD マクロで補完し，これを DEXCS ランチャーでのデフォルトメッシャーとして採用している.

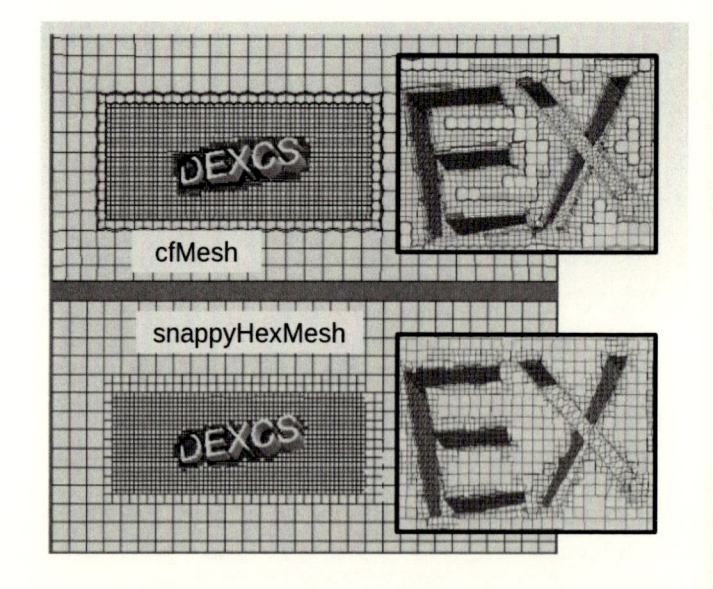

図 3.9　cfMesh と snappyHexMesh の比較

*10　CreativeFields 社, https://cfmesh.com/

　DEXCS2019 からは，DEXCS2009 以来一貫していた DEXCS ランチャーにおける仮想風洞試験の内容はそのままであるが，ボタン操作のメニュー画面を一新し機能も拡張した（図 3.10）．

　これにより，これまで DEXCS ランチャーでは仮想風洞試験（simpleFoam）しか取り扱えなかったという壁があったが，この壁はなくなった．

図 3.10　DEXCS ランチャー

3.4　DEXCS-OF の主要コンポーネント

　DEXCS は基本 OS（Linux）の上に CAE に必要なツール（またはコンポーネント）をすべて組み込んで，iso イメージとして配布するものである．ここでは DEXCS-OF で採用している基本 OS と，カスタマイズしたコンポーネントについて，搭載した理由についても併せて簡単に説明する．

　なお DEXCS2023 に搭載してあるコンポーネントを中心に記したので，異なる DEXCS-OF のバージョンではコンポーネントのバージョンも相応に違っている場合がある．

　また，現在の最新バージョンでは搭載していないが，必要なときに DEXCS 旧版で仮想マシンを構築するなどして，いつでも利用できるという価値もあるので，DEXCS のバージョンを限定した形で，これらのコンポーネントについても説明する．

　なお 3.4.15 項以降のコンポーネントは，DEXCS2023 には搭載していない．

3.4.1　基本 OS

　基本 OS の Linux には様々なディストリビューションが存在するが，DEXCS-OF では当初からもっともポピュラーである Ubuntu を採用している．ただし，旧バージョンでは，Ubuntu の本家版でなく，派生バージョン Linux Mint を使用していた時期もある．一方で，企業内で PC クラスターなどでよく使われているのは RedHat 系のディストリビューションで，オープンソースであれば CentOS を使用することも考えられた

が，リマスターツール（3.4.15 項参照）が存在しないので実現に至っていない．つまり，Ubuntu 系を採用している真の理由は，リマスターツールの存在であると言っても過言ではない．

3.4.2　OpenFOAM

OpenFOAM は DEXCS-OF のリリース時点での最新版を搭載してきており，DEXCS2023 では OpenFOAM-v2306 が使えるようになっているが，インストールしてあるモジュールは，いわゆるパッケージインストール版である．DEXCS2020 までは，ソースコードをビルドしてインストールしていた[*11] が，その理由は次項で説明する ParaView 用に OpenFOAM 側で開発した paraFoam という専用リーダーを使いたいためであった．しかし併せて実施する次項の ParaView のビルドそのものが困難になってきていたので，これができないとなれば，OpenFOAM そのものをソースからビルドする意義（必要）はなくなって現在の方法（パッケージインストール）に至っている．

一方，OpenFOAM そのものには，3.1 の図 3.4 で見たように様々な派生バージョンがあるので，DEXCS2023 においては，上記 OpenFOAM-v2306（ESI 版）に加えて，Fondation 版の OpenFOAM-10 も同梱している．これのバイナリーインストール版では，上述の paraFoam が使えるというのがこれを同梱した理由である．ただし，OpenFOAM-v2303 のケースファイルに対して paraFoam をすんなり使えない場合もあるなど，いくつか留意点もあり，これは第 9 章 9.4.2 に取りまとめてある．

3.4.3　ParaView

ParaView（パラビュー）は，アメリカの Kitware Inc. が開発したソフトで，汎用的な数値データの可視化ソフトである．ここでの汎用的という意味は，OpenFOAM に限らず，様々な CAE ソフトの出力データを可視化できるという点である．したがって ParaView を単独にインストールするだけでも，OpenFOAM のデータを可視化することは可能である（ParaView 側で開発した OpenFOAM 用の専用リーダーがある）．一方，OpenFOAM から見て，ParaView は標準のポスト処理ツールとしているという位置づけから，OpenFOAM 側が開発した Paraview 用のリーダーも存在する．

DEXCS-OF では，DEXCS2019 まで OpenFOAM の標準的なビルド方法に則り，どちらのリーダーも使えるようになっていた．しかし ParaView のビルド方法の OS 依存度が煩雑化，具体的には，ParaView の高度な使い方として，以前から -python -mpi といったオプション（-python は Python マクロを使えるようにする -mpi は並列動作を可能にするの意味）を付加してビルドしてきたが，DEXCS2019 からは -mpi オプションはビルドに失敗するので使わなくなり，DEXCS2020 以降では，ビルドそのものができなくなってしまい，OpenFOAM 側が開発した Paraview 用のリーダーを使えなくなってしまった．

一方，ParaView に付属の OpenFOAM 用リーダーだけを使って解析する方法であっても，おおよその用には足りるし，そうなれば，OpenFOAM や ParaView の個々のバージョンアップに対する対応も容易になるので，今後はこちらの方向へ転向する可能性が高いとして DEXCS2021 以降，ParaView は最新のバイナリーパッケージ（DEXCS2023 では，5.11.1）をインストールしている．ただし，これも前項で述べたように，DEXCS2023 では OpenFOAM-10（バイナリー版）に付属の ParaView-5.10（バイナリー版）もオプションとして使えるようになっているので，こちらでは OpenFOAM 側が開発した Paraview 用のリーダーを使うことができる．

[*11]　その時点でもパッケージインストール版は存在しており，そのほうがインストールは簡単であった．

3.4.4　PyFoam

PyFoam は OpenFOAM の操作を効率良く行うことができる Python モジュールであり，詳細は Open-FOAM wiki [*12]にて公開されている．

基本的には OpenFOAM と同じく，コンソール端末からコマンドライン入力にて使用するツールで，多くのツールがあるが，DEXCS ではこれらの一部（たとえば，計算中の初期残差をプロットする pyFoamPlot-Watcher.py）を，ランチャーや TreeFoam のメニューボタンから起動できるようにしている．

ただし，DEXCS の古いバージョンでは，初期ポテンシャル流れ計算用のコマンド（pyFoamPotentialRun-ner.py）で使えていたものが使えなくなってきている例などがあり，これは PyFoam の OpenFOAM 対応バージョンが，正式には OpenFOAM-v2.2 までで，それ以降のバージョンに対しては保証されていないことが原因のようである．

PyFoam の更新が滞っているのは，OpenFOAM の本体側でもユーザーの使い易さを考慮して様々なツールが開発され，上記で引き合いに出した初期残差プロットも，現在では標準ツールを使ってできるようになってきていることが理由であろうと推察され，DEXCS-OF においても，PyFoam の活用部分は，OpenFOAM の標準機能で置き換えていくことを目標に掲げている．

またかつては，DEXCS 十徳ナイフでこの PyFoam 機能を GUI で起動できるようにすることを目指していたものの，上述の状況に加えて TreeFoam の出現によってその役割は代替できるとして，DEXCS 十徳ナイフの開発が頓挫したという舞台裏情報もここに記しておく．

3.4.5　cfMesh

Creative Fields 社 [*13] で開発された snappyHexMesh と類似の自動メッシュツールで，商用版 CF-MESH+と無償版 cfMesh がある．無償版 cfMesh は SOURCEFORGE でソースが公開（GPL）[*14] されており，商用版に比べると GUI ツールがないのと，最新機能は使えないようだが，それでも十分に有用なものとして，DEXCS-OF では，DEXCS2014 より，OpenFOAM でも ESI 版の v1712 からは modules として標準で組み込まれるようになってきている．

機能は OpenFOAM の標準ツールである snappyHexMesh と類似で，cartesiamMesh というコマンドでほぼ六面体セルによるメッシュを半自動的に作成することができるだけでなく，cartesian2DMesh と呼ばれる 2次元メッシュ，tetMesh と呼ばれるオールテトラメッシュ，pMesh と呼ばれるポリヘドラルメッシュ作成ツールもある．メッシュ作成には，解析領域を定義するファイル形式として，独自の fms 形式で定義する必要があるが，形状ファイルは一般的には STL 形式で作成される場合が多いので，STL 形式から fms 形式に変換するツールも用意されている．ただし，基本はコマンドライン入力で使用するツールである．その他メッシュの細分化レベルやレイヤーの入れ方を規定するためには，所定の書式に則った meshDict という設定ファイルも必要になる（図 3.11）．

DEXCS-OF には，この形状ファイルと meshDict を自動生成できる仕組み（FreeCAD マクロ＋ワークベンチ，3.4.11(5) 参照）が同梱されている．

[*12] OpenFOAM wiki, https://openfoamwiki.net/index.php/Contrib/PyFoam

[*13] Creative Fields 社, https://cfmesh.com/

[*14] SOURCEFORGE, https://sourceforge.net/p/cfmesh/code/ci/v1.1.2/tree/

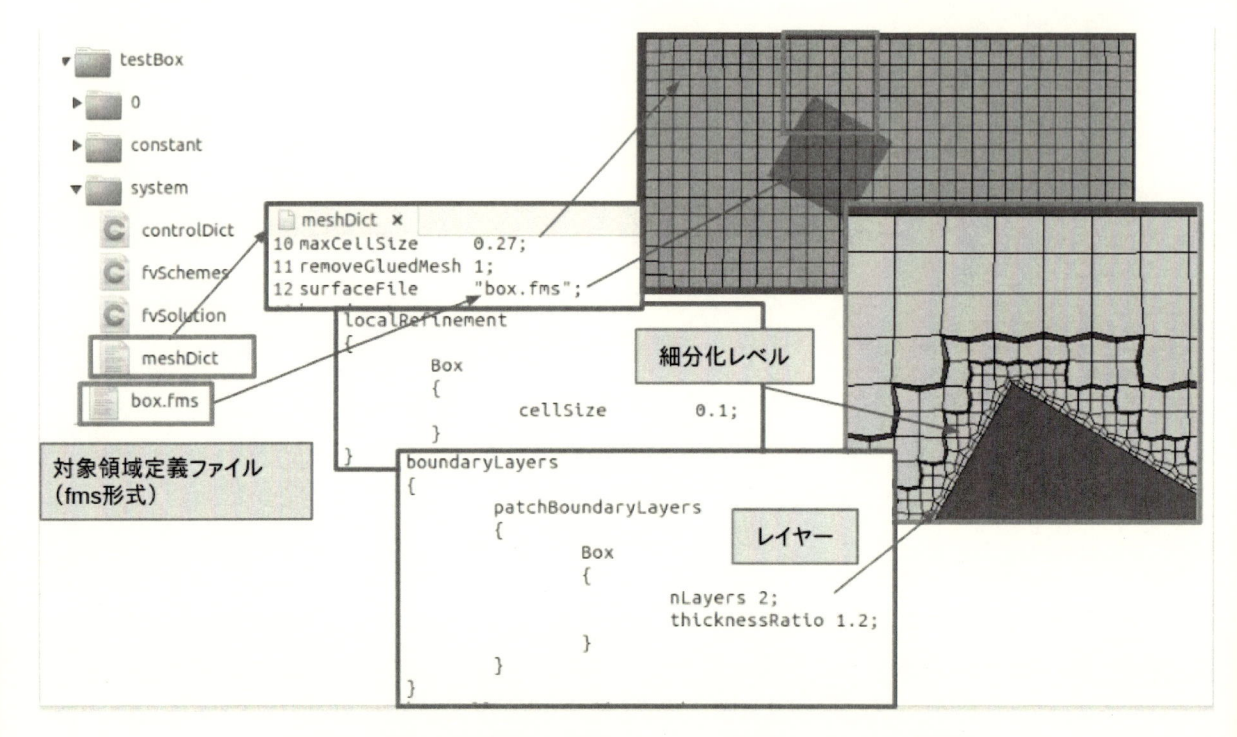

図 3.11　cfMesh 作成原理と主要パラメタ・meshDict ファイルの概要

3.4.6　FreeCAD

　FreeCAD はオープンソース (LGPL ライセンス) の汎用 3D CAD モデラーである．主に機械工学やプロダクトデザイン向けであるが，それにとどまらず建築やその他の専門分野など工学全般での利用を想定し，それぞれの分野に特化したワークベンチが用意されている．

　無料で使えるソフトとしては数少ないフィーチャーベースのパラメトリックなモデラー (ソリッドモデリングのモデラー) であるが，まだ開発途中でアルファ版あるいはベータ版といった段階にあり，商用の CAD ソフトに比べると，GUI や操作性の貧弱さは否めないが，基本的な機能としてはほぼ網羅されている．

　日本語の解説書『基礎からの FreeCAD オープンソースの 3 次元 CAD』[15] が出版されており，またその著者による，より詳細な使い方マニュアル[16] も公開されているので，おおよその一般的な CAD モデリングに困ることはないだろう．

　DEXCS-OF では，DEXCS2014 より標準 CAD ツールとして位置づけており，前述の cfMesh 作成用マクロも組み込んだ形で同梱している．また，DEXCS-OF が CFD 用途であるためあまり宣伝はしていないが，FEM ワークベンチで構造解析や周波数応答解析，熱伝導解析もできるようになっている（必要ツールが同梱してある）．

3.4.7　TreeFoam

　OpenFOAM の GUI ツールでケースファイルを簡単に編集操作できるようにしたツールで，3.3 節で概要を説明してあるので，そちらも参照されたい．ここでは補足事項を記す．

---

[15]　坪田 遼，『基礎からの FreeCAD オープンソースの 3 次元 CAD』，I/O BOOKS，2018.

[16]　FreeCAD 使い方メモ，https://www.xsim.info/articles/FreeCAD/How-to-use-FreeCAD.html

TreeFoam は，AboutTreeFoam[*17] にて公開されており，基本的には DEXCS の環境でなくとも，Ubuntu 系の OS 上であれば，パッケージインストールして利用可能である．DEXCS-OF に搭載してある TreeFoam はここに公開されている，DEXCS 用本体の deb パッケージである．

使用方法については，約 300 ページにもなる長大なマニュアルが同梱されている．TreeFoam を起動して「ヘルプ」⇒「使い方」で参照できる．

3.4.8 Emacs

Emacs は UNIX，Linux において伝統的に使われているテキストエディタであるが，Ubuntu の標準パッケージには含まれていないので，DEXCS では追加でパッケージインストールして，GUI 版を Dock ランチャーから起動できるようにしてある．

なお DEXCS では，主たるユーザーには linux 初心者を想定しており，様々なコマンドラインベースの使い方を推奨するものではない．

それでもこのツールを DEXCS に同梱したのは，DEXCS 開発者（筆者）の好みによる面が大であるが，筆者はこのツールの GUI 版をいわゆる「ファイラー」として使っている．ファイラーであれば，「ファイルマネージャー」が使えるではないかと思われる方もおられよう．筆者は「ファイルマネージャー」も使っている．探したいファイルがどこに存在するのかがわかっている場合は「ファイルマネージャー」を使い，どこにあるのかが不明の場合にはこのツールを使っている．ディレクトリ（フォルダ）移動をダブルクリックでするか，カーソルキーでするのかの違いでしかないが，前者を何度もやっていると人差し指の腱鞘炎になりかねないからである．

3.4.9 gnuplot

数値計算の分野では，2 次元や 3 次元のグラフを描画（プロット）することが多く，これを作成するためのツールである．Linux の分野では，古くからオープンソースとして公開されているポピュラーなツールであり，前述の PyFoam にも gnuplot を使うコマンドがいくつか存在するという理由もあって，DEXCS-OF でこれが使えるようになっている．

ただし，gnuplot そのものは，コマンドライン入力で使用するツールであり，DEXCS-OF では，これの直接的な使用を推奨するものではない．次項で説明するツール（Java gnuplot）を介して利用する方法を推奨している．なお，プロットツールとしては，データが CSV 形式になっていれば，エクセルなどの表計算ソフトを使って，簡単に見栄えのよいプロット図を描くことができる．見栄えだけを問えば表計算ソフトを使ったほうがよいのは間違いない．問題は取り扱えるデータ量で，表計算ソフトで古くは 32000 行しか取り扱えなかった時代もあり，年代を経るにつれ大きくなってきてはいるものの，大量データを処理する際の処理時間が指数的に増大してしまう．gnuplot を使用した際の処理時間との差は圧倒的に違うので，これを使えるようになっておきたい．

3.4.10 Java gnuplot

JGNUplot[*18] にて公開されているソフトで，前項で述べた gnuplot がコマンドライン入力で使用するツールなので，このコマンド作成・実行を GUI で補完するツールとして同梱してある．ただし，使用方法に関す

[*17] AboutTreeFoam, http://opencae.gifu-nct.ac.jp/pukiwiki/index.php?AboutTreeFoam

[*18] JGNUplot, http://jgp.sourceforge.net/

る情報も少ないので，DEXCS-OF では，標準チュートリアルケースで数種類のサンプルプロジェクトファイルを同梱した．これを参考に改変使用されたい．

また，使い勝手の上で注文もあったが，最終更新が 2006/8/31 と古く，開発元に要望を出しても反映されそうになかったので，DEXCS2019 以降では，次項の DEXCS オリジナルツール/DEXCS 十徳ナイフから起動することで冗長な操作を簡略化する仕組みを用意し，その使用法も同梱マニュアル中にて解説した．

なお DEXCS2021,2022 において，次項の DEXCS オリジナルツール/DEXCS プロットツールで代用できるとして搭載を中止していたが，長大なプロット数に対しては本ツールが優るので，DEXCS2023 で搭載を再開した．

3.4.11　DEXCS オリジナルツール

DEXCS は，様々なオープン CAE ツールをランチャーから最小限の簡単なマウス操作を駆使して，CAE 解析を効率的に実現することを狙いとしている．DEXCS-OF の主たる解析目的は CFD で，ソルバーが OpenFOAM であることには変わりはないが，周辺ツールは時代とともに変化してきており，バージョンアップの都度ランチャーも少しずつ変化してきた．また，周辺ツール間のつなぎという面で，どうしてもコマンドライン処理が必要な場面が生じてしまうことがある．そういった処理も極力 GUI 操作できるようにすべく，様々なユーティリティとでもいうべきツールも開発している．

(1)　DEXCS ランチャー（wxGlade 版）

DEXCS2018 までは，DEXCS2009 で wxGlade で作成した GUI 画面となっていた．

(2)　FreeCAD マクロ

cfMesh が登場したものの，これも snappyHexMesh と同じく，開発元からメッシュ設定のための Dict ファイルを作成する GUI ソフトは提供されていない（商用版には存在する）．snappyHexMeshDict を作成するためのオープンソースの GUI ツールはいろいろ公開されているが，これらに比べて，こちらの meshDict は，設定パラメタの数も少なく，直接編集もさほど面倒でないという理由があるためなのか，いつまで待ってもオープンソースの GUI ツールが出てこない．

ならば，そういうソフトが使えるようになるまでの「つなぎ」として作成したのが，FreeCAD で使えるようにしたマクロである．DEXCS2014 でリリースして以来，代替できそうな GUI ツールも現れないので，毎年少しずつ更新してきたが，設定パラメタの数が少ないとはいえ，すべてのパラメタを網羅しようとすると，単画面のメニューではどうしても使い勝手が悪い．DEXCS2021 以降ではこの方式の開発は中断している．

(3)　FreeCAD ワークベンチ

上述のように cfMesh 用のパラメタ設定に，それまでの単画面での機能追加に限界が見えてきたため，複画面で指定できる方法を調査するうち，CfdOF という FreeCAD のワークベンチにたどりついた．これをそのまま採用できないかと考えたが，そもそも市販ツールと同様のコンセプトツールであり，まだまだ開発途上であった．そこでこのソースの一部を流用改変（ハック）したものが dexcsOF ワークベンチである．

(4)　DEXCS ランチャー（FreeCAD マクロ版）

DEXCS2019 からはランチャーを一新して，FreeCAD のツールバーに解析シーンごとのマクロ実行ボタン（アイコン）として組み込んだ．また，組み込んだマクロのうち，メッシュ作成用の GUI メニュー以外は，ほ

とんどすべてが TreeFoam のサブモジュールを起動する内容になっている.

(5) DEXCS ランチャー（FreeCAD マクロ + ワークベンチ版）

DEXCS2021 からは，組み込んだマクロのうち，メッシュ作成用の GUI メニューをワークベンチ化した．併せてソルバー実行もワークベンチから実行できるようにした.

(6) FreeCAD ワークベンチ統合版

DEXCS2023 からは，全マクロをワークベンチメニューから実行できるようにした.

(7) DEXCS プロットツール

プロットツールとして，DEXCS2020 までは，3.4.10 項の JGP を使用していたが，15 年以上前に開発されたソフトで更新されておらず使い勝手も悪かった．FreeCAD ワークベンチの CfdOF をハックする過程で，ワークベンチとして Plot なるワークベンチの存在を知ることとなり，これの使用法を CfdOF からハックし，マクロ化したものである.

しかし 10 万点以上といった長大なプロット数となると，処理時間の面で過負荷となることが判明したので，DEXCS2023 ではプロット数を制限するパラメタを導入した.

(8) DEXCS 十徳ナイフ

DEXCS ランチャー（wxGlade 版）の開発当初においては，定常非圧縮流れ解析ソルバー（simpleFoam）を使った仮想風洞試験でしか使えなかった．これを，それ以外の用途にも使えるようにすべく，少しずつ機能拡張するサブツールを考え「DEXCS 十徳ナイフ」として位置づけて開発してきた.

しかし，TreeFoam が使えるようになってからは，DEXCS ランチャーはあくまで初心者向けの勉強ツールとし，仮想風洞試験以外の用途（OpenFOAM の実践的活用）には TreeFoam を使ったほうがよいであろうと判断し，「DEXCS 十徳ナイフ」の一部（TreeFoam の機能と重複しない，もしくはもう少し簡単にできる機能）を TreeFoam のサブメニューとして起動できるようにして現在に至っている.

なお，具体的なメニュー構成は，DEXCS-OF のバージョンごとに陳腐化や搭載容量上の理由で微妙に異なっている．使わなくなったものもあるが，ソースコードとしては残してあり，DEXCS2023 では復活させたメニュー（blockMesh 表示など）もあり，新規開発分（プロットツール起動）も存在する.

3.4.12 SLURM

SLURM は SchedMD[19] にて開発されているオープンソースのリソースマネージャー（計算機管理システム）で，ジョブ管理システムとも呼ばれるソフトウェアの代表的なものの一つである．一般的には，PC クラスターなど大規模な計算機システムを複数のユーザーで利用する場合に，複数のジョブの起動や終了を管理したり，ジョブの実行や終了を監視・報告したりするのに使われるもので，これにより計算機のリソースを効率良く使うことができるようになる.

DEXCS-OF は主に個人で使うパソコンにインストールして使用することを想定しているが，複数のユーザーで利用することも可能であるという点と，仮に個人だけで使用する場合でも，複数のジョブをまとめて一括処理したい場合[20] などにはこの種のソフトがあると重宝するので，DEXCS2014〜2017 まではこれを搭載

---

[19] SchedMD, https://www.schedmd.com/

[20] 複数の計算を実施したい場合に，同時に実行するとコア数やメモリ不足を生じる場合が生じる．このような場合には，ひとつずつ

していた．DEXS2018 以降では搭載していなかったが，DEXCS2023 で搭載を再開した．

3.4.13　KDiff3

KDiff3 は GUI で使えるテキストファイルの差分解析ツールで，これも Ubuntu 標準パッケージには含まれないが，追加パッケージとしてインストール，Dock ランチャーから起動できるようになっている．

差分解析ツールとしては，これ以外にも様々なツールが存在するが，本ツールを選択した最大の理由はフォルダ単位での比較ができる点にあった．これは，OpenFOAM のケースフォルダ単位での比較を想定しているということである．つまり，実際の解析の現場で，ケースファイルをコピーしてパラメタを変更する作業は日常茶飯事であり，あれこれ変更しているうちに，うまく動かないで元に戻らなくなってしまう場合が多々ある．そういう場合にこれを使えば変更箇所をまとめて一覧できるので，何が問題であるかの分析に重宝する．

ただし，OpenFOAM のバージョンの違いによるチュートリアルケースファイルの内容を比較したい場合など，ケースファイル中にコメント行で記してあるバージョン表記名が違うだけで，その他は全く同じである場合と，そうでない場合の表層的な区別がつかないのが残念である．

3.4.14　Shutter

Shutter はスクリーンショットツールで，これも Ubuntu 標準パッケージには含まれないが，追加パッケージとしてインストール，Dock ランチャーから起動できるようになっている．

解析作業で，様々なシーンにおけるスクリーンショットを作成するのは必須といってよい作業で，これを効率良く実施するのに重宝している．本書のスクリーンショットイメージのほとんどがこのツールで取得したものである．

3.4.15　Cubic

DEXCS は基本 OS の上に様々な CAE ツールをインストールしたシステムをオールインワンパッケージとして iso イメージで配布するものであるが，Cubic はこの iso を作成するツールであり，リマスターツールと呼ばれるものである．Github[*21] にて公開されている．

DEXCS の開発当初においては，Remastersys というリマスターツールを使用していたが，開発が中断されてしまったため，その後これを引き継いだプロジェクトが現れては中断しながら DEXCS2021 までは pinguiBuilder [*22] を使用していた．DEXCS2022 からは，これも使えなくなり，Cubic にたどり着いた．多分，pinguiBuilder を選定した際にも，Cubic の存在も認識していたはずであるが，リマスターの方法が全く違っており，Remastersys の流れをくんだ pinguiBuilder が使いやすいという当時の判断であった．pinguiBuilder も使えなくなってしまって，やむなく Cubic の使用法を習得して使えるようにしたというのが実情であったが，もっと早く転換していれば良かったというのが素直な反省である．

pinguiBuilder の公開ページにも記されているが，これを使っていた DEXCS2021 までは作成できる iso イメージの大きさに 4GB という制限があったのに対して，Cubic ではその制限がないということにようやく気づいたからである．DEXCS2023 からは，これまで容量の制限上の理由で搭載を中止していたモジュールを復活させることも視野に入れて取り組んでいる．

順番にジョブを実行する必要があり，複数ジョブの数が多い場合や，数は少なくても計算に長時間を要する場合に，この順番制御を手動でやるのは非常に効率が悪い．

[*21]　Github，https://github.com/PJ-Singh-001/Cubic
[*22]　SOURCEFORGE，https://sourceforge.net/projects/pinguy-os/files/ISO_Builder/

なお，Cubic そのものは DEXCS-OF の中には同梱していないが，Ubuntu の標準アプリケーションとして簡単にインストールできるので，興味のある方は独自のカスタマイズにも挑戦していただきたい.

3.4.16　Blender

Blender は，DEXCS の開発当初の標準 CAD ツールとして搭載されていたものである.

CAD ツールは一般に，ポリゴン系ツールとソリッド系ツールに大別され，オープンソースのソフトウェアとしては，ポリゴン系の代表格が Blender で，ソリッド系の代表格が FreeCAD であるというのが当時も現在も定説である. CAE の用途としては，ソリッド系ツールであることが望ましいが，当時の FreeCAD は完成度が低く使い物にならなかったので，Blender の選択は止むを得ない判断であった. この Blender は当時からすでにポリゴン系の CAD ツールの代表格として位置づけられ数多くの書籍も出回っていた. とはいえ，ほとんどのユーザーは，アニメーションなどエンターテインメント系のグラフィックデザイン志向で，CAE ユーザーはほとんどいなかった. とくに，マウスの使い方が独特で，会社などでソリッド系の CAD ソフトを使った経験のある人間からすると，ユーザーインタフェースのハードルがあまりにも高かった.

また，複雑な形状をモデリングした際に waterproof 問題といって，表面ポリゴンが厳密に閉じた面にならないことが多々あって，これがあとのメッシュ作成工程で重大な問題になるので，CAE の用途ではメジャーな CAD ツールになれなかったという点が挙げられる.

ただ，後者の欠点は，DEXCS の初期リリース（構造解析）版から，Blender に対する独自開発のアドオンツールで，欠陥を探して修復作業できるようにしてあったのと，OpenFOAM で取り扱う際には，waterproof 問題をあまり気にしなくてもよいという事情もあったので，Blender を否定する理由にはならなかった. 加えて，Swift-tools というアドオンツールが使えたので，これを使わない手はない，というのが当時の状況であった.

3.4.17　Swift-tools

Blender にアドオンスクリプトとして組み込まれるツールで，Blender で作成した形状モデルデータから，OpenFOAM の標準メッシャーソフトである snappyHexMesh, blockMesh プログラム用の Dict ファイルを自動作成するツールである. 初期の DEXCS ランチャーでは，デフォルトで SwiftSnap を使った手順をチュートリアルとして動画アニメーションも併せて使い方を紹介していた.

OpenFOAM は snappyHexMesh が使えるようになってからユーザーが大きく増えたと記したが，リリースしたばかりの時点では，snappyHexMeshDict を自動作成するツールは存在せず，標準チュートリアルに同梱されていた snappyHexMeshDict をコピーして，自分が作成したいケースに適合すべく手直しするしかなかった. 当時，いち早くリリースされたのがこの Swift ツールであった. 他にもあったと思うが，DEXCS ではすでに Blender が手の内にあったこともあり，これを取り入れることとした. その後，HELYX-OS も登場したが，cfMesh が使えるようになるまでの間は本ツールが DEXCS-OF におけるメッシュ作成のための基本ソフトであった.

SwiftBlock については，snappyHexMesh 作成の前段階の blockMesh 作成用途だけでなく，パイプの曲面などを含む，ある程度複雑な形状モデルに対して，構造メッシュを作成してくれる機能も有していた. 構造メッシュにこだわりのあるユーザーにとっては，オープン系の GUI ツールで数少ない選択肢の一つとして十分試用に供せられるものと思われる.

筆者が DEXCS2011 を使った講習会にて，使用法について解説した公開資料[*23]も残っているので，興味のある方は取り組んでいただきたい．

3.4.18 wxGlade

wxPython という GUI ツールキットを使って，python で使える GUI 画面をデザインできるツールであり，これも wxGlade[*24]にて公開されている．Ubuntu では，標準でパッケージインストールが可能になっている．

GUI ツールを作成する方法として，2005 年頃の DEXCS の開発当初は Tcl/Tk を始めとして様々な選択肢が存在したが，スクリプト言語を python として python プログラムを GUI で動かそうとすると，当時は wxGlade を使うしか方法がなかった．また，1990 年代に Visual Basic を使って GUI プログラムを作っていた筆者にとって，wxGlade の操作方法は馴染みのある使い方でもあったので，これを採用していた．

3.4.19 HELYX-OS

OpenFOAM 用の GUI ツールで，DEXCS2020 まで同梱されていたが，リマスターツールの容量制限の問題（3.4.15 参照）もあって，DEXCS2021 から廃止された．3.3 節「DEXCS-OF の歴史」で概要を説明してあるので，そちらも参照されたい．ここでは補足事項を記す．

HELYX-OS の使い方について，Xsim というサイト[*25] によれば，

> HELYX^{OS} はオープンソースの流体解析ソルバー OpenFOAM 用に開発されたオープンソースの GUI フロントエンドです．OpenFOAM® 解析用ケース作成（メッシュ作成，条件設定）を GUI で行うことができます．2012 年 7 月 21 日にバージョン 1.0.0 が初めてリリースされました．ライセンスは GPLv2（GNU General Public License バージョン 2），開発元はイギリスの Engys 社です．

となっており，詳しい解説もあるので参照されたい．

また商用版の日本における販売代理店である CAESolutions 社[*26] のリリースノート[*27] によれば，最新版は v2.4.0（2016/11/28 リリース）で，OF-4.1 と v1606+ 対応とあるが，設定変更で，新しい OpenFOAM であっても対応可能のようである（確認はメッシュ作成部分のみ）．

ただし対応 OS は Linux のみで，商用版 HELYX に対して，HELYX-OS は機能限定版ということである．

[*23] オープン CAE ワークショップ 2012 講習会資料，
http://www.opencae.or.jp/wp-content/uploads/2015/06/OpenCAEWorkshop2012_Practice_Swift_Nomura.pdf
[*24] wxGlade, http://wxglade.sourceforge.net/index.php
[*25] Xsim, https://www.xsim.info/articles/OpenFOAM/How-to-use-HelyxOS.html
[*26] CAESolutions 社，https://www.cae-sc.com/
[*27] CAESolutions 社リリースノート，https://www.cae-sc.com/leaflets/Helyx-OS_v240_NewsRelease_20161128.pdf

第4章

モデル作成方法

ここでいうモデルとは形状モデルのことである。いわゆる CAD ツールを使って作成することになる。CAD ツールは CAE ツールに比べると世の中に広く普及しており，企業に所属する人であれば，その企業での公用ツールがあって，企業内では自由に使えたりする。また，商用ソフトでありながら，個人利用に限って無料で使えるソフトも多く存在し，それらに使い慣れた人もいるかと思われる。

一方でこのような環境に恵まれないユーザーもいるので，DEXCS-OF では，現在のオープンソースの代表格である FreeCAD を使えるようになっているが，正直なところ上記のツールに比べてしまうと，機能は遜色ないものの使いにくいことこの上ない。そう思われるユーザーは，単に形状作成という目的には自身で使い慣れた CAD を使用して構わない。

ただし，DEXCS-OF に FreeCAD を同梱してあるのは，次章で解説するメッシュを作成する際に，形状モデルが FreeCAD 上で構成されるていることを前提としているからである。あとで詳しく解説するが，他の CAD ツールで作成したモデルであっても，FreeCAD へインポートして使うことができる。

とはいえ FreeCAD へのインポート方法以前に，マウスの操作方法から始めて，FreeCAD の基本的な操作方法がわからないことには先へ進めない。

FreeCAD そのものの使い方情報は，3.4.6 項で紹介してあるので，詳細はそれらを参考にしていただきたいが，ここでは，筆者が初心者だった当時に感じていた違和感——これは一般的な CAD ツールとは異なっている部分と言ってもよいかもしれない——を「FreeCAD の常識？」として，DEXCS-OF で使っていく上でこのくらいは知っておきたいモデリングテクニック，また次章のメッシュ作成に関わって押さえておきたいプリ処理機能について説明する。

4.1　FreeCAD の常識？

FreeCAD の起動方法として，FreeCAD で作成されたファイル「.fcstd / .FCStd」をダブルクリックしてもよいが，デスクトップ画面左端の Dock ランチャー上の FreeCAD アイコンをクリックすれば，まっさらな状態で立ち上がる（図 4.1）．このあたりは，一般のソフトでも同様であろう．しかし FreeCAD は一般的な 3D を扱うソフトと比較すると，マウスの使い方をはじめとして，初めて使う人が戸惑う箇所が多くあると思われる．

そこで，一般のソフトと異なる基本的な使い方について，ここを押さえておけば使い方で戸惑うことがなくなるであろうと筆者が感じた下記 4 点の内容について説明する．

1. 画面の構成
2. ワークベンチ

3. ツールバー

4. マウス

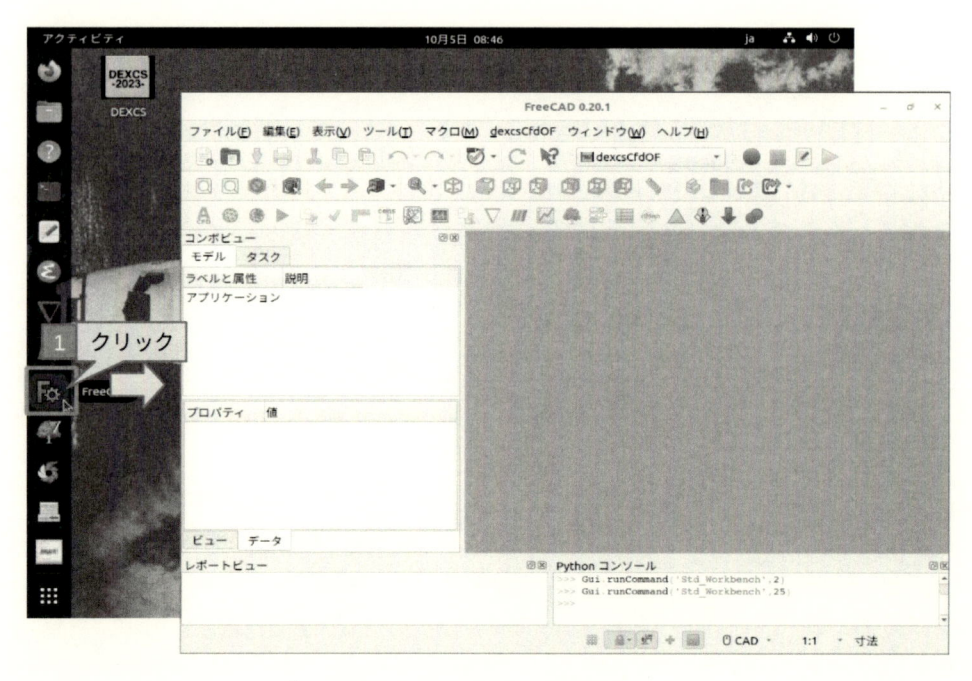

図 4.1　FreeCAD の起動方法

4.1.1　画面の構成

画面全体が複数の画面から構成
されていることはおわかりと思う
が，FreeCAD ではこの画面のこ
とを「パネル」と呼び，「表示」を
クリックするとサブメニューが現
れ，下から 3 つ目に「パネル」が
見つかる．これを選択すれば，さ
らにサブメニューが現れ，表示し
たいパネルの取捨選択ができるよ
うになっている（図 4.2）.

チェックマークの有無によって
画面構成が変わってくるが，同じ
パネルがいつも同じ箇所に配置
されるのではなく，どういう順序
で各パネルを配置したかの履歴に
よって変わってくる．図 4.3 の右
側の上下 2 例は，どちらも全パネ
ルを表示したものである．

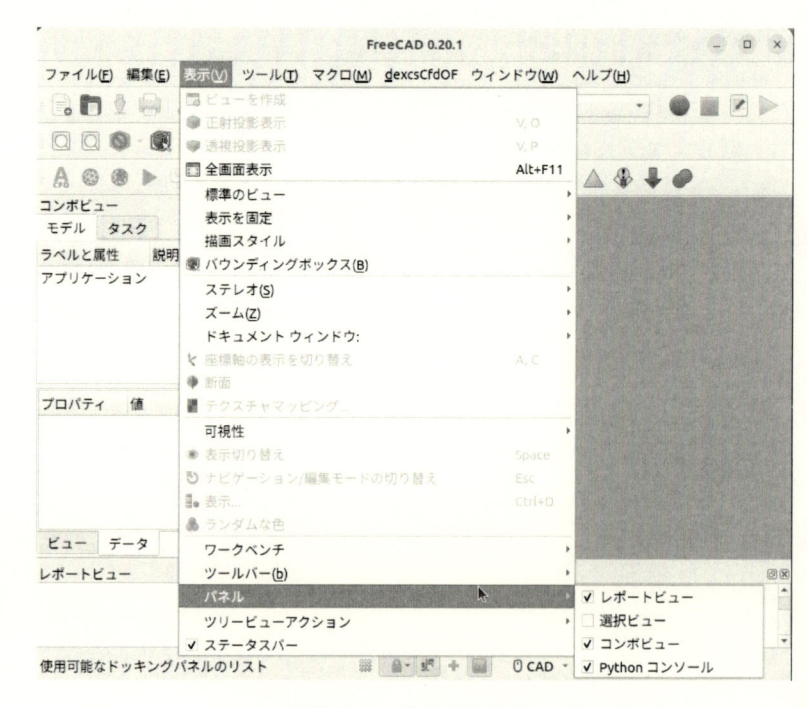

図 4.2　パネルメニュー

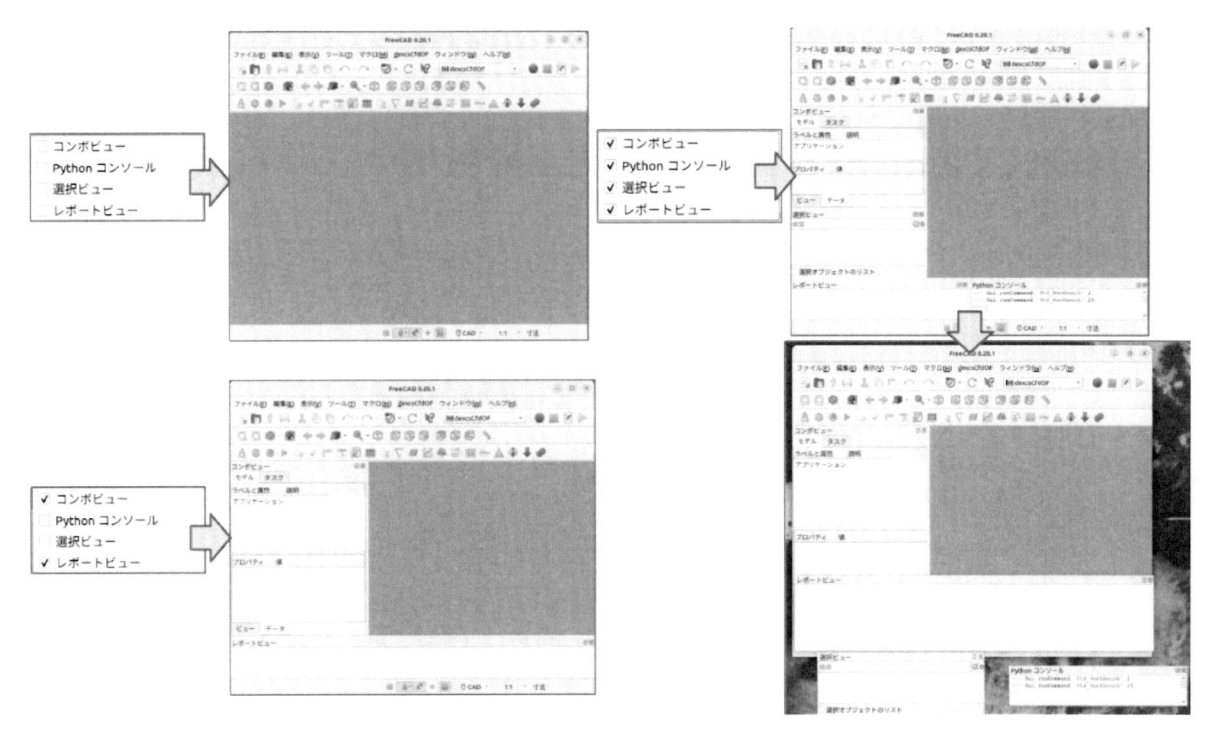

図 4.3 パネルの配置例

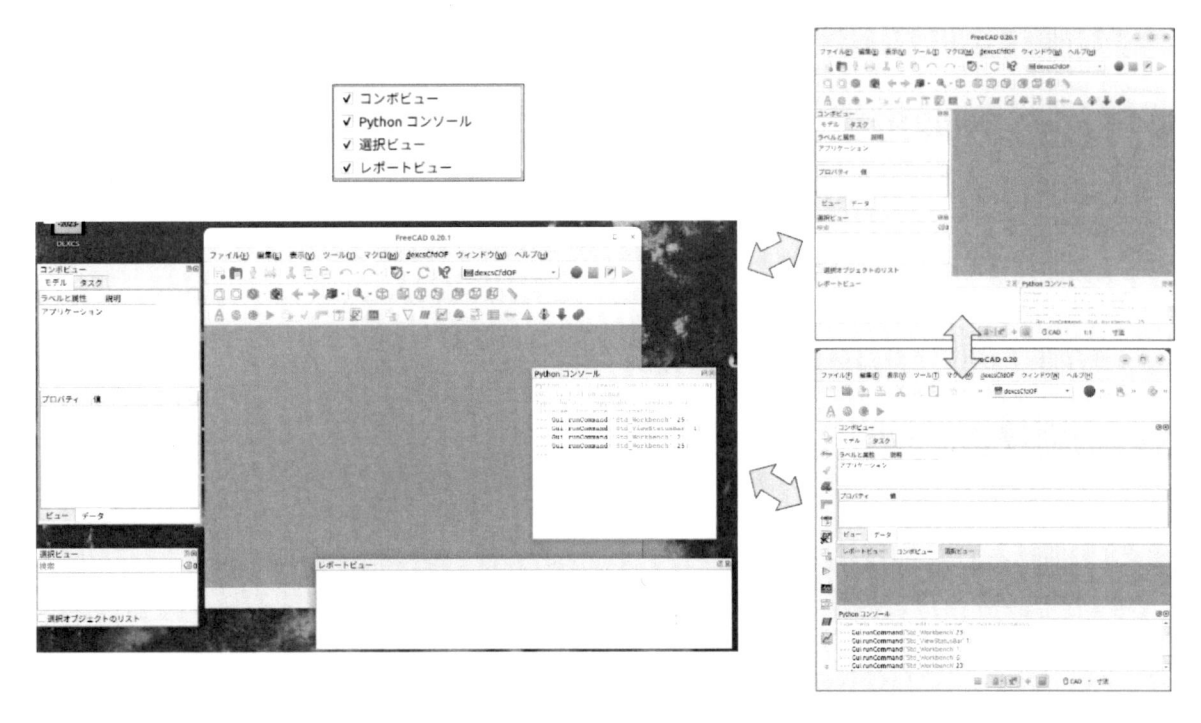

図 4.4 様々な全パネル表示方法

　また各パネルは，パネルの名前が記してある上端部をクリックしてドラッグすれば，任意の位置に変更が可能である．これは全体画面の中での内部配置を画面分割もしくは，タブ形式での選択方式に変えることができるということに加え，デスクトップ上で，各パネルを個別に配置することもできるということである（図 4.4）．

　全体配置のバランスを変えたい場合は，パネル間の仕切りあたりにマウスポインタを置くと，ポインタが双方向矢印に変わるので，変わったらドラッグして仕切り箇所を移動できる．全体画面や分離表示した個別パネルのサイズ変更は画面端部でマウスポインタの形状が変わったときにポインタの示す方向にドラッグして変更できるなど，これらは一般的なソフトと使い方は同じである．

　問題は，パネルの種類が多すぎる点である．とくにコンボビュー，プロパティービュー，ツリービューが紛らわしい．プロパティービューも，ツリービューもコンボビューの中に含まれるものと同じものであるので，無駄な 2 重表示を招いてしまう点と，パネルの追加がひとつずつしかできないので，とくに慣れないうちは，何を追加すればよいかわからないような状況での試行錯誤に時間がかかってしまいがちである．

　また FreeCAD が終了したときのパネル配置の状態は保存されており，新たに起動したときにはその状態が維持される．個人で作業している限りはさほど問題にならないかもしれないが，他の人が作ったモデルファイルをもらって見る場合，他の人が作業したときのパネル状態は再現されないということである．

　他の人からモデル情報について，電話など口頭で説明を受けたりする場合，説明する人が見ている画面と，説明を聞く人の画面が全く異なっていることもある．どちらかが，この特性を熟知していれば問題ないが，そうでないと話が嚙み合わなくなる．

4.1.2　ワークベンチ

　これも 3.4.6 項で説明したが，FreeCAD は工学全般での利用を想定し，それぞれの分野に特化したワークベンチが用意されている．図 4.5 で 1 「表示」⇒ 2 「ワークベンチ」を選択，もしくは 3 ワークベンチ表示バー（起動時は「dexcsCfdOF」になっている）の右端矢印をクリックすると，ワークベンチの選択メニューが現れて，切替えが可能になっている．

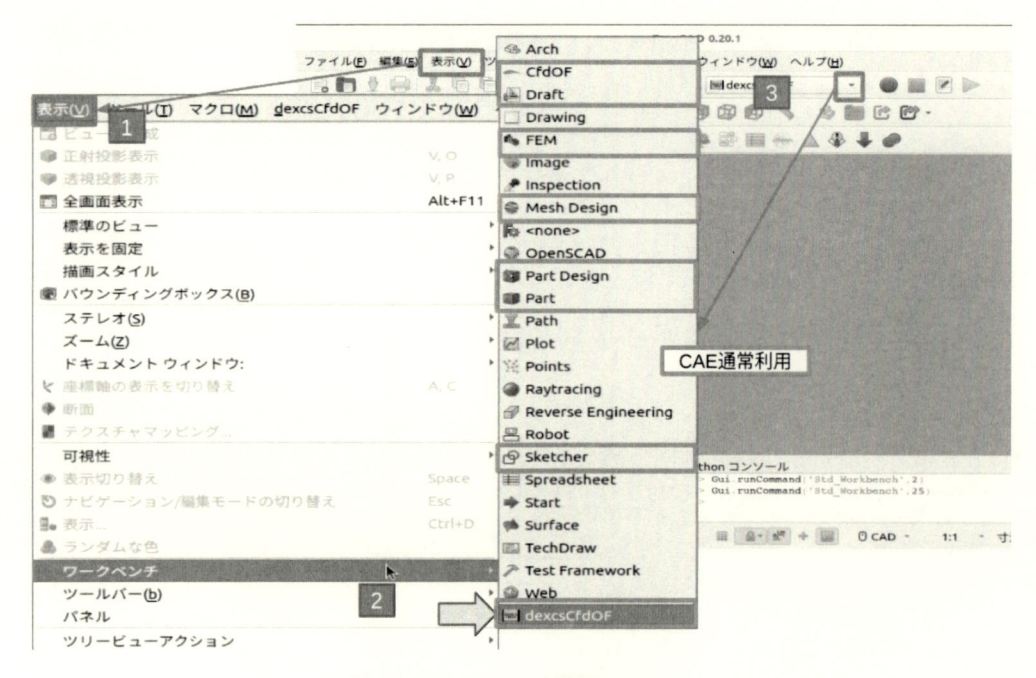

図 4.5　ワークベンチ選択メニュー

　これも初心者にとっては，選択肢が多すぎて戸惑ってしまうところであろう．DEXCS-OFで主として想定するユーザーは，企業人である．いまどきの企業人であるからには，何らかの3D-CADツールに，ある程度は習熟しているものと思われる．したがって，基本的な形状作成は，普段使用しているツールで作成していただくことを推奨する．FreeCADはそうやって作成したモデルを，OpenFOAMで取り扱えるようにするための変換ツール，もしくは小規模の修正を行うツールとして使用していただくことを想定しているが，そういうユーザーに必要なワークベンチは限られてくる．具体的に，「dexcsCfdOF」以外で本書の中で言及するのは，

- Part
- PartDesign
- Sketcher
- Draft
- MeshDsign
- FEM

だけ[*1]である．他に「Complete」なるワークベンチもあるが，困ったときに何でも見つかるかと思うとそうでもないようで[*2]，余分な回り道をしかねない．ここは上記ワークベンチだけを知っていればよいと割り切って使ってほしい．

　もちろん個人の立場で有償のCADツールを使えない人が，このFreeCADをバリバリに使えるようになって，本格的な3Dモデラーへの道を目指すことも夢ではない．建築など特定の分野でモデリングスキルの向上を目指す道もあるだろうが，本書の守備範囲外である．

　なお，起動時はdexcsCfdOFワークベンチになっていると記したが，これは変更可能なので，好みに応じてカスタマイズされたい（「編集」⇒「設定」⇒「標準」で起動モジュールを選択可能）．

4.1.3　ツールバー

　ツールバーというのは，画面の「ファイル」などメニュー表示欄の下や，左サイドに並ぶ様々なアイコンを，機能面からひとまとめに括ったまとまりのことをいう．全体画面を大きく取って表示範囲が十分に広ければツールバー中の全アイコンが表示されるが，表示範囲に余裕のないときには，最初のアイコンとその隣に「>>」ボタンが表示され，これをクリックして全アイコンを表示するという仕組みである．またそれぞれのアイコンは操作時点の状況に応じて色が変わり，グレー色（見え消し）状態のものは使用できないことを表す．これらの仕組みは一般的と思われる．

　FreeCADの操作方法を説明するにあたり「〇〇ツールバーの△△アイコンを使って…」と記すのが間違いのない文章表記法と思われ，本書の中でもこのような表現で説明する場合もあるが，操作画面のキャプチャーイメージでアイコンの場所を説明する場合もある．

　しかしFreeCAD初心者にとっては，このアイコンを見つけられない，もしくは説明用の画面図が不明瞭で，自分が見ている画面のアイコンと同じものかどうか判らないと戸惑うシーンが多くある．その際に，以下の「基本」を理解して使用すれば戸惑わないで済むと思うので留め置きされたい．

- 個々のツールバーは，「表示」⇒「ツールバー」のメニューを使って，表示/非表示を切り替えることができる

[*1] 図4.5中では，「CfdOF」もCAEで通常の利用対象とされている．これは「dexcsCfdOF」のハック元となったワークベンチで，こ
れもそのまま使えるようになっているが，本書の中では言及していない．

[*2] FreeCADの古いバージョンでは，「Complete」ワークベンチでほとんどすべてのツールボタンが表示されていた．

- とはいえ,「表示」⇒「ツールバー」のメニューで表示されるサブメニューの項目は, ワークベンチごとに異なる（図 4.6, 4.7）.
- ツールバーの位置は, ユーザーの好みで任意に変更可能である. 横並びツールバーの左端（縦並びツールバーでは上端）でアイコンがグリップマークに変わったらドラッグして位置変更できる. デスクトップへの単独表示も可能である.

また以下に, 各ワークベンチ固有ツールバーのアイコン全体イメージを掲載しておくので探す際の参考にされたい. ただし, 一部グレー色アイコンも混在している点と, アイコンの横の▼を押して表示される詳細メニューを掲載できていない点はおことわりしておく.

(1) 全ワークベンチ共通
- ファイル…
- マクロ…
- ビュー…
- Structure…

(2) Part ワークベンチ
- ソリッド…
- 部品ツール…
- ブーリアン…
- 計測…
- ドラフトスナップ…

(3) PartDesign ワークベンチ
- Part Design ヘルパー…
- 部品設計…

(4) Sketcher ワークベンチ
- Sketcher…
- スケッチャージオメトリ…
- スケッチャー拘束…
- スケッチャーツール…
- スケッチャー B スプラインツール…
- スケッチャー仮想スペース…

(5) Draft ワークベンチ
- ドラフト作成ツール…
- ドラフト注釈ツール…
- ドラフト修正ツール…

- ドラフトユーティリティツール…
- ドラフトスナップ…

(6)　FEM ワークベンチ

- モデル…
- Electrostatic Constrains…
- Fluid Constraints…
- Geometrical Constraints…
- Mechanical Constraints…
- Thermal Constraints…
- Mesh…
- 求界…
- 結果…
- ユーティリティ…

(7)　Mesh Design ワークベンチ

- メッシュツール…
- Mesh modify…
- Mesh boolean…
- Mesh cutting…
- メッシュの分割…
- Mesh analyse…

図 4.6　ツールバーサブメニュー (1/2)

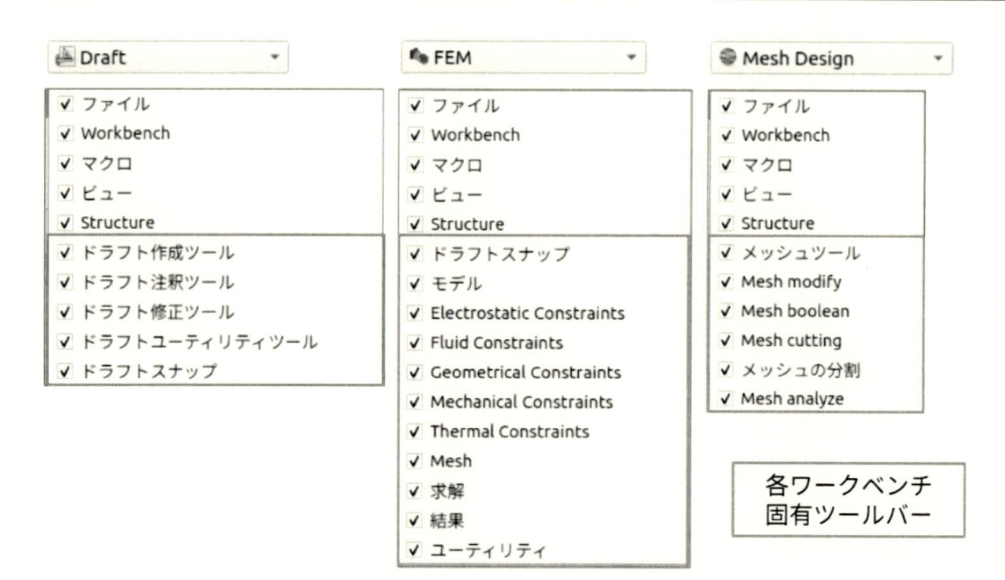

図 4.7　ツールバーサブメニュー (2/2)

4.1.4　マウス

選択	平行移動	拡大縮小	回転表示
👆	✥	⬍	⟳
選択したいオブジェクトの上で左マウスボタンを押してください。Ctrlを押したまま操作すると複数のオブジェクトを選択できます。	マウス中央ボタンを押して動かしてオブジェクトを平行移動させます。	拡大縮小にはマウスホイールを使用してください。	まず中央マウスボタンを押し、そのまま表示されているオブジェクトの任意の点で左ボタンをクリックして好きな方向にドラッグします。こうすると中心の周りを回転する球のように回転が行われます。ドラッグを止める前にボタンを離すとオブジェクトは回転し続けます（有効になっている場合）。オブジェクト上の任意の点でマウスの中央ボタンをダブルクリックするとその点が回転、拡大縮小の原点に設定されます。

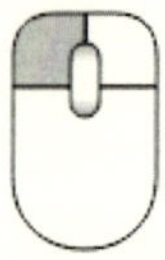

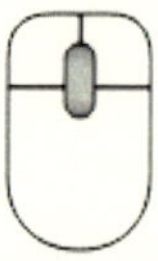

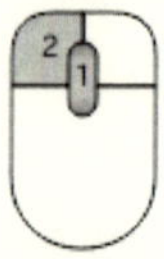

図 4.8　マウスの使い方 - Mouse Model/jp[*3] より引用

　FreeCAD のマウスの使い方は独特で，初心者がもっとも戸惑うところであろう．図 4.8 にデフォルトの操作方法を示す[*3]．

　とくに，回転表示の方法が独特で，容易には馴染めない．なお，図中，中央ボタン（ホイール）を押してから左ボタンとあるが，右ボタンでも構わない．どうしても馴染めないという人には，他の一般的な方法も用意されており，図 4.9 に示すように，[1] 3D 画面上で右クリック⇒「ナビゲーションスタイル」を選択，または [2] 画面右下の「CAD」をクリックして操作方法を選択することで変更は可能である．一番上の「OpenInventor」あたりが一般的な操作方法ではないかと筆者は感じている．

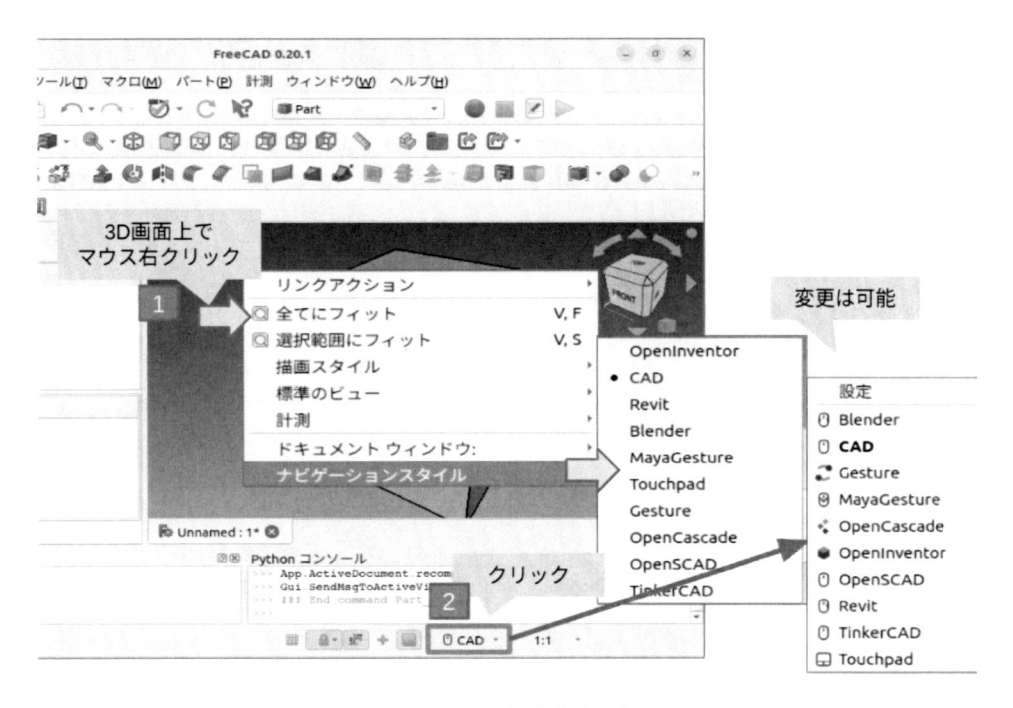

図 4.9　マウス操作方法の変更

　ただし，これで 3D モデルのナビゲーションは容易になったとしても，他の操作時（モデル作成など）にかえって使い難くなることがあることも否めない．その都度操作方法を変更する手間もかけたくないので，DEXCS-OF ではデフォルトを変更していない点はご理解願いたい．

4.2　3D モデル作成法

　すでに述べたように，DEXCS-OF は FreeCAD での本格的な 3D モデリングを推奨するものではないが，図 4.10 の右下に示す穴あき平板（円柱まわりの流路）程度のモデルであれば，あえて使い慣れた CAD で作成してエクスポート/インポートの手間をかけるよりも，FreeCAD で作成したほうが簡単である．

　このような 3D モデルの作成方法は様々考えられると思うが，大きく 3 つのやり方に分類でき，図 4.10 に示す通りである．すなわち，以下の 3 つの方法のうち一つでも習得していれば簡単な 3D モデリングは可能と考えている．

- 基本形状の論理演算（上段，Part ワークベンチ）
- スケッチベースの押し出し（下段，Sketcher ワークベンチ）

[*3] Mouse Model/jp, https://wiki.freecadweb.org/index.php?title=Mouse_Model/jp

- 基本形状に対するスケッチ加工（中段，PartDesign ワークベンチ）

とくに 3 つ目の方法を習得すれば，もう少し複雑なモデル作りまで拡張できると考えている．

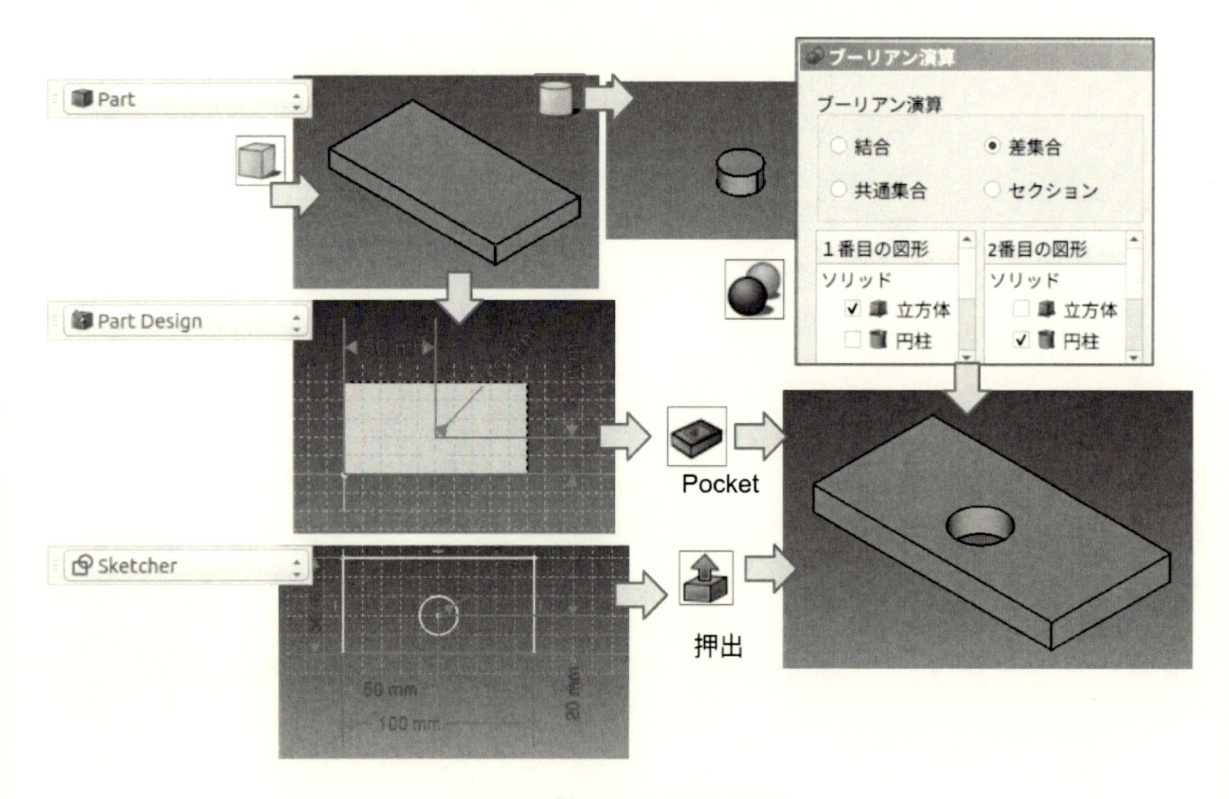

図 4.10　様々な 3D モデル作成法

　以下，上述の「穴あき平板」を題材に，3 つの方法について具体的なやり方を解説するが，FreeCAD 初心者向けの内容なので，すでに使えるようになっている人は読み飛ばしてもらって構わない．

4.2.1　基本形状の論理演算

　まずは図 4.11 ① FreeCAD を起動し，② アイコン🗋「新しい空のドキュメントを作成」をクリック（または「ファイル」⇒「新規」），③「Part」ワークベンチを選択する．なお ② と ③ の順序は逆であってもよい．
　本項で使用するのは，立方体や球といった基本ソリッドを作成するための「プリミティブツール」，ソリッドを加工するための「加工ツール」，ソリッドに対して和，差，積といった集合演算を行うための「論理演算ツール」であり，それぞれ，「ソリッド」，「部品ツール」，「ブーリアン」というツールバーにまとめられている．図4.11 は説明用にツールバー位置を並び替えてあるが，見つからない場合は，4.1.3 項の説明を読んで再確認願いたい．
　直方体板は，図 4.12 に示す通り「ソリッド」ツールバーの一番左側の ① アイコン🧊をクリックすると立方体（デフォルトでは辺長 10 mm）が作成されるので，③ 選択した立方体を ②「🔍正射投影表示」にて確認しつつ，④「データ」タグ画面中の寸法表示欄にて，各辺長を所望の長さに変更 ⑤（数値表示欄をクリックして変更可能）し，⑥ アイコン🔍「全てにフィット」にて形状確認している．

---

*5　ツールバーの位置は説明用に並び替えてある．

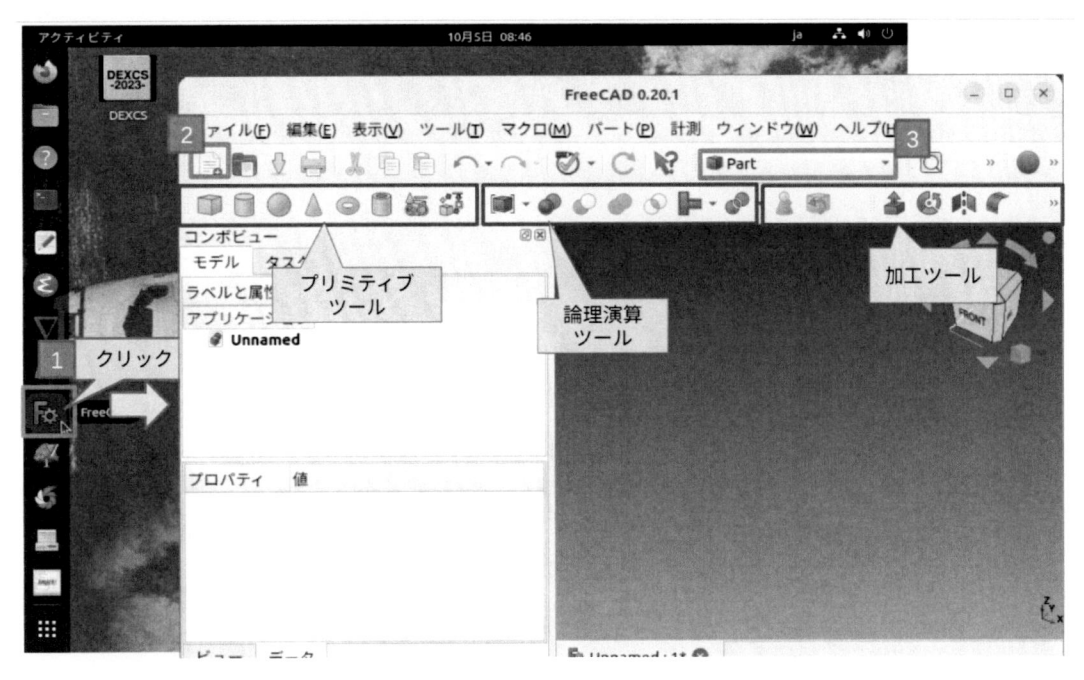

図 4.11 Part ワークベンチ[*5]

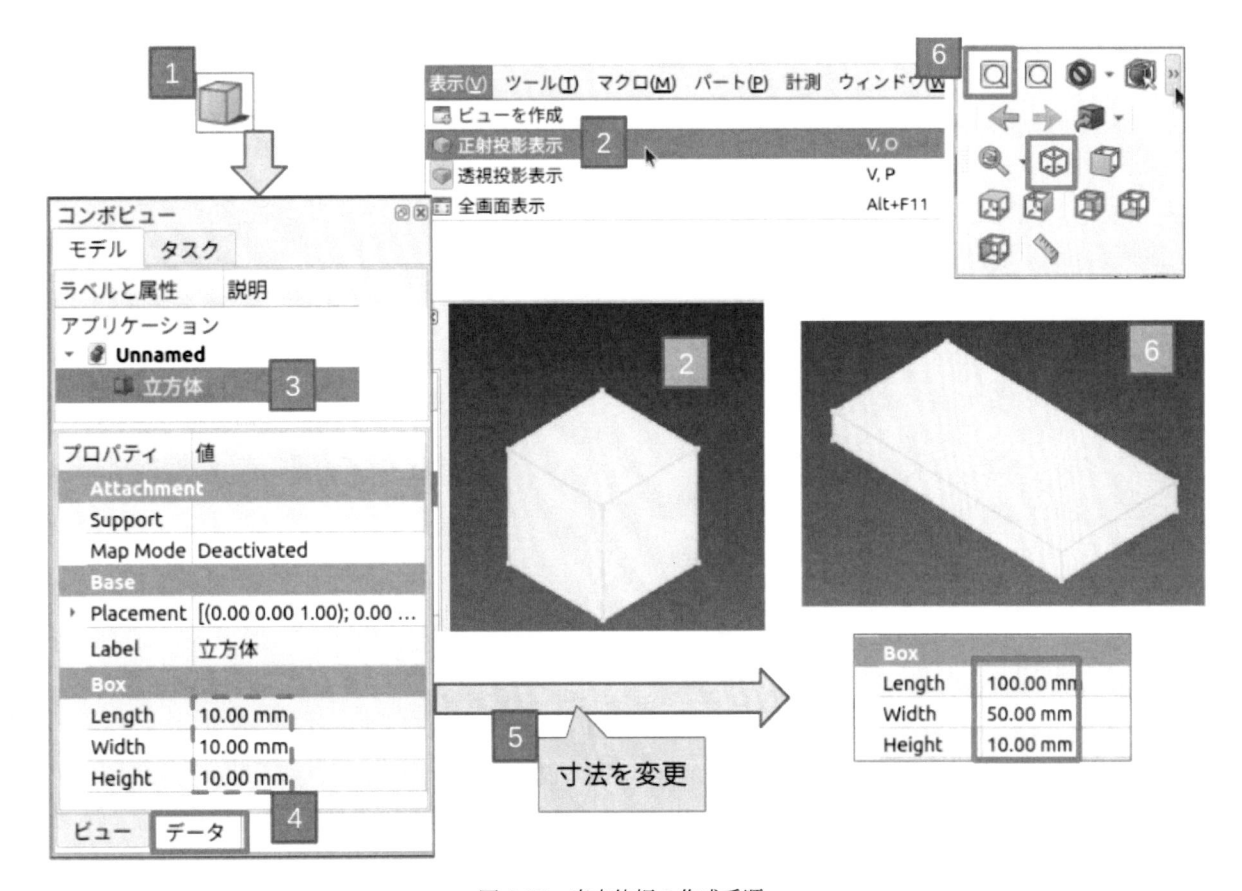

図 4.12 直方体板の作成手順

円柱も同様の手順（図 4.13）にて作成できる．なお，4 デフォルトサイズの変更方法は先と同じだが，ここでは中心位置も変更したい．位置（座標）変更の方法は少々わかりにくいが，（Placement）表示欄の右端に，5「…」ボタンがあり，これをクリックすれば，「配置」メニューがタスク上に現れるので，この場合は 6 平行移動量を指定して 7「適用」ボタン ⇒ 8「OK」ボタンを押して完了である（タスク画面が閉じる）．

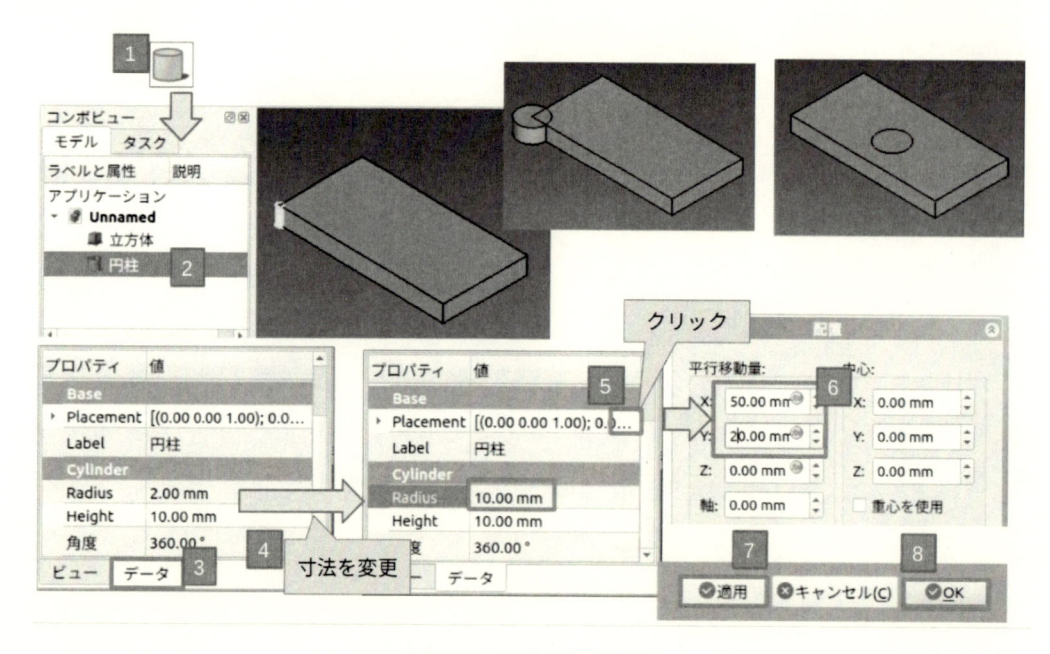

図 4.13 円柱の作成手順

論理演算の対象とすべき形状を作成できたので，次に図 4.14 に示すように「ブーリアン」ツールバー左端の 1 アイコン⬤「選択された二つの図形のブーリアン演算を実行」をクリックする．「ブーリアン演算」のタスク画面がアクティブになるので，2 演算方法を設定（1番目の図形を立方体，2 番目の図形を円柱として，差集合にマーク）し，3「適用」ボタンを押す．結果は 3D 画面上でただちに反映されるので，

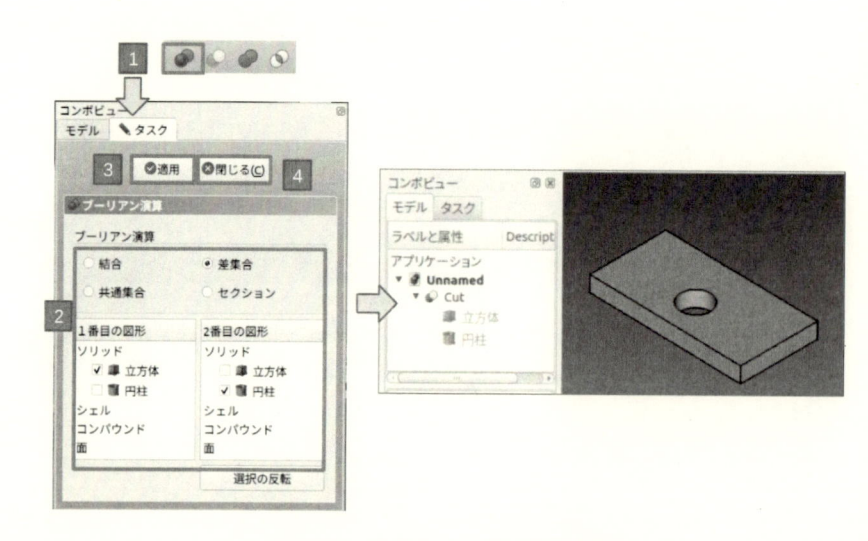

図 4.14 論理（ブーリアン）演算

確認して問題なければ，4「閉じる」ボタンを押して完了である．モデルツリー上では，（⬤ Cut）というオブジェクトが作成されているはずであり，アイコン⬤左の矢印をクリックすれば展開されて，元図形も確認できる．適当な名前を付けて保存しておこう．

4.2.2　スケッチベースの押し出し

　穴あき平板を作るだけであれば，前項で説明した方法（基本形状の論理演算）がもっとも簡単であると思われるが，応用範囲は限定される．応用範囲を拡げるにはスケッチのテクニックが重要になるので，これを使った方法について説明する．

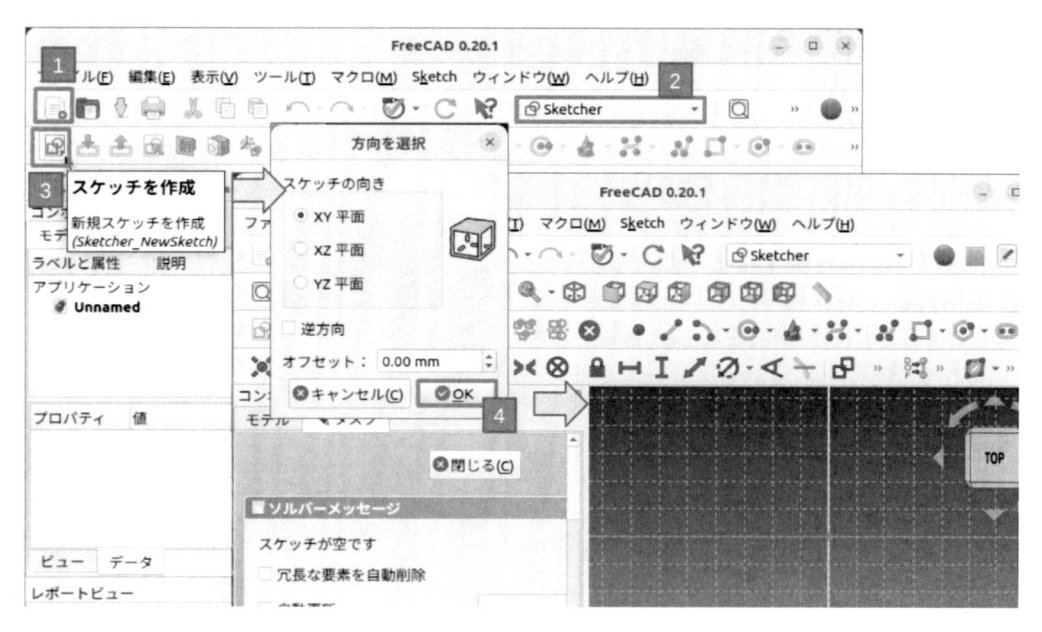

図 4.15　スケッチャーの起動

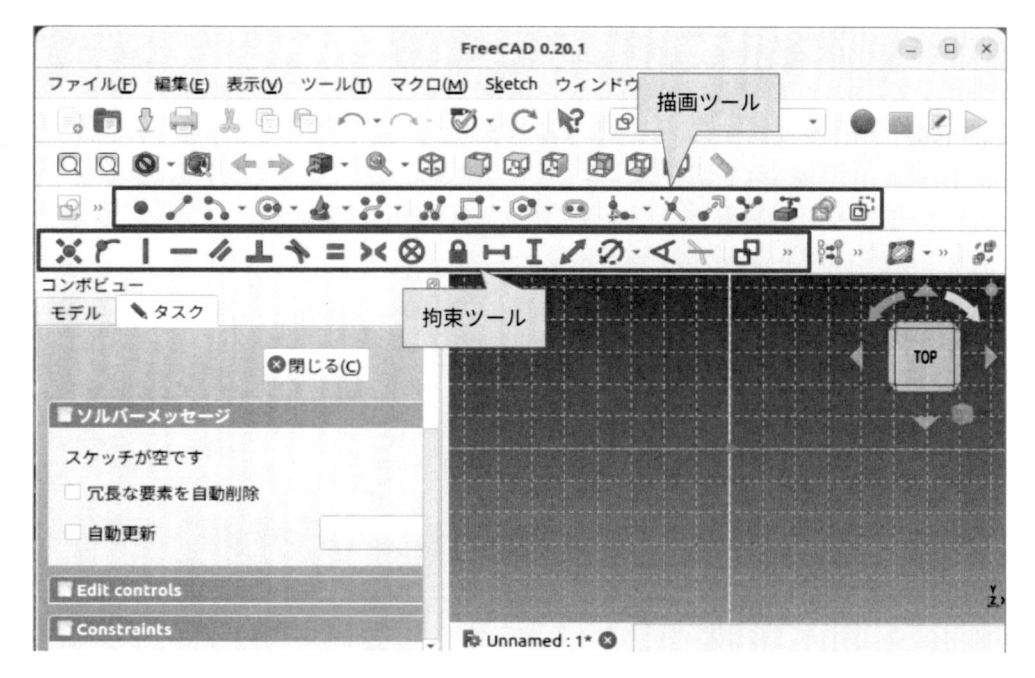

図 4.16　スケッチ画面（脚注*5 参照）

　図 4.15 を参考に，[1]アイコン📄「新しい空のドキュメント作成」をクリックし，ワークベンチを[2]「Sketcher」

に切り替えてみよう．Sketcher ツールバーが現れるので，3 アイコン🔲「新規スケッチを作成」をクリックすると，スケッチ面の向きを選択する画面が現れる．ここはデフォルトのまま 4「OK」ボタンを押せば，コンボビューのタスク画面がアクティブになると同時にスケッチ用の描画ツールと拘束ツールをまとめた「スケッチャージオメトリー」および「スケッチャー拘束」ツールバーも現れる（図 4.16）．3D 画面に表示されているグリッド線はデフォルトでは表示されないが，コンボビューの「タスク」タブにある「Edit controls」パネルで「グリッドの表示」にチェックを入れることで表示される．デフォルトで表示されるようにしたい場合は，メニューの「編集」⇒「設定」で「Sketcher」をクリックすると同様のグリッド設定項目がある．

まずは平面図を作成する．スケッチャージオメトリーツールバーの描画ツールを使って線画を作り，スケッチャー拘束ツールバーのツールで寸法や位置を決定するという手順で作成していくのが基本である．穴あき平板の平面図を作成するには，図 4.17 1 アイコン🔲「スケッチ上に長方形を作成」と，2 アイコン◎「スケッチ上に円を作成」をクリックする．順序はどちらから始めてもよい．

アイコンをクリックすると，3D 画面上のマウスポインタが「＋」に変わるので，どこか適当な位置でクリックするとマウスポインタが指定した形状（長形または円）マークになる．マウスの動きとともに指定した形状の大きさが変わるので，所望の大きさになったら再度クリックして形状を確定する．形状が確定したら，右クリックで形

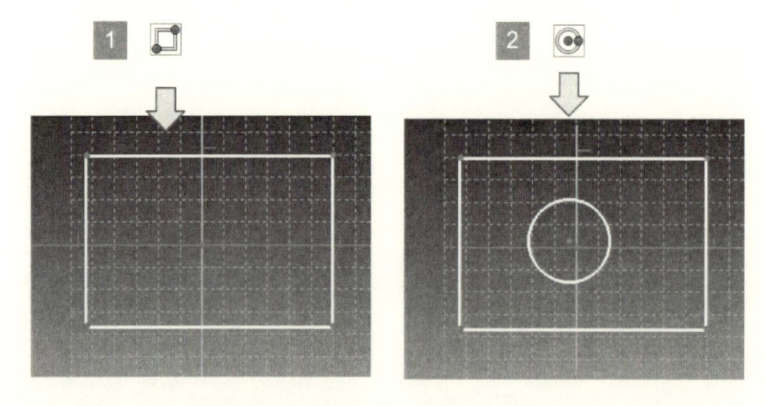

図 4.17 穴あき平板の概略平面図の作成

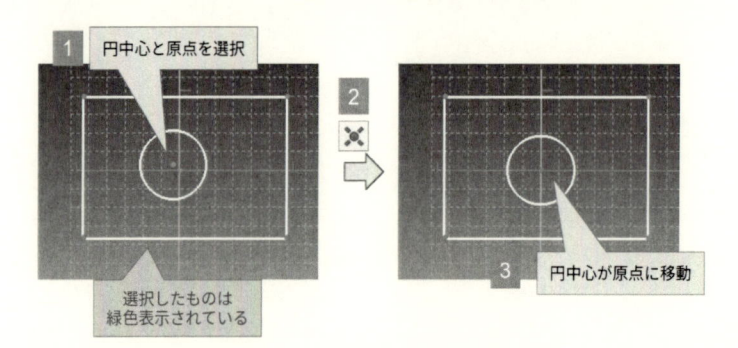

図 4.18 円の中心座標を座標原点と一致させる

状作成モードを抜けて，マウスポインタは通常の矢印形状になる．この状態で図中の赤色の点をクリックしたままドラッグして寸法を変更することも可能であるが，以下拘束ツールで正確な寸法を規定するので，大きさや位置は概略で構わない．

まずは円である．円は中心座標と直径を確定すればよい．図 4.18 に示すように円の中心（赤色点）をクリックすると，緑色に変化する．ここでは，円の中心を座標原点に一致させるべく，続いて画面中心の座標原点をクリックして選択する．スケッチャー拘束ツールバーから，2 アイコン✖「選択されているアイテムに対して一致拘束を作成」をクリックすると，円の中心が座標原点に移動し，表示色も赤色に戻る．

次に円の直径は，円周上のどこでもよいのでクリックすると，図 4.19 に示すように表示色が緑色に変わって選択されたことになる 1．スケッチャー拘束ツールバーから，2 アイコン⬭「円弧や円を拘束する」をクリックすれば，直径の値を入力できるようになるので，これを 3 入力して，4「OK」ボタンを押せば確定し，スケッチ面上にも寸法が表示される．5 寸法の表示位置は，ドラッグすると任意に変更できるので，見やすい位置に変更しておくとよい．またダブルクリックすれば，改めて寸法の変更も可能である．

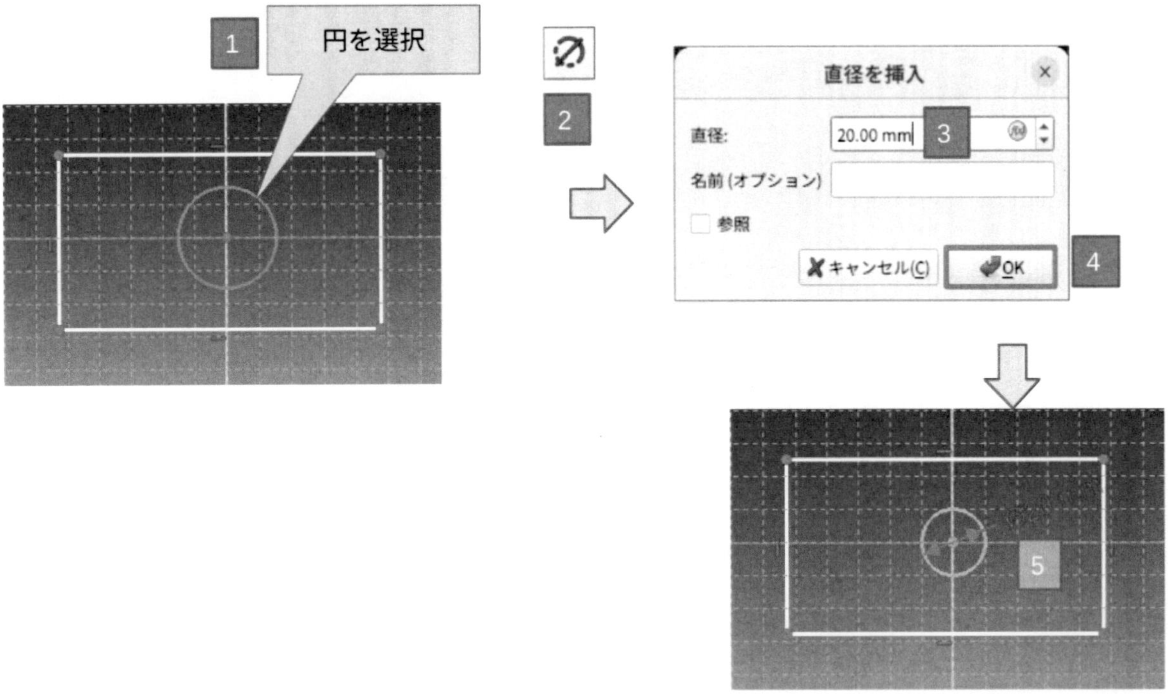

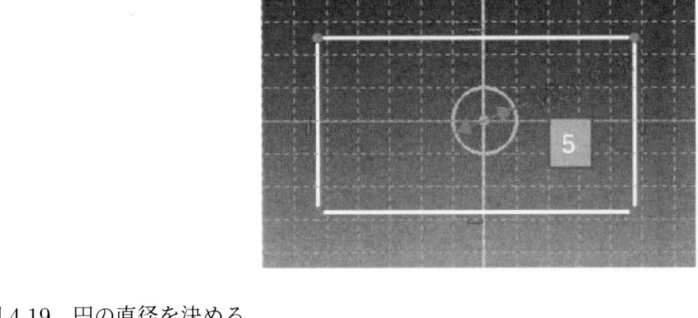

図 4.19 円の直径を決める

　長方形の位置を決めるために, ここでは長方形の左下隅点と円の中心点間の座標位置を決めることとする. 図 4.20 [1] 長方形の左辺と円の中心点を Ctll キーを押しながらクリックして選択し, スケッチャー拘束ツールバーから, [2] アイコン ✐ 「選択されているアイテムに対してロック拘束を作成」をクリックすると, 「長さを挿入」ダイアログ画面が現れるので, その数字をダブルクリックして所望の値に変更できる. 引き続き [5] 長方形の底辺と円の中心点を選択して同様に寸法を指定すればよい.

　最後に長方形の大きさである. ここでは縦と横の長さを指定することとする.

　図 4.21 [1] 横長の上辺 (下辺でも OK) をクリックして選択し, スケッチャー拘束ツールバーから [2] アイコン ⊢┤「2 点間または直線端点間の水平距離を拘束」をクリックすると, 「長さを挿入」画面が現れて寸法を規定できる ([3]⇒[4]「OK」). 同様に縦辺も規定 ([5]〜[8]) すればよい.

　この段階で, すべてのパーツが緑色表示になっている点に着目されたい. スケッチが完全拘束されたということである (タスク画面にその旨が表示されている). これで問題なければ, 図 4.22 の「タスク」画面の [1]「閉じる」ボタンを押してスケッチ作成は終了である.

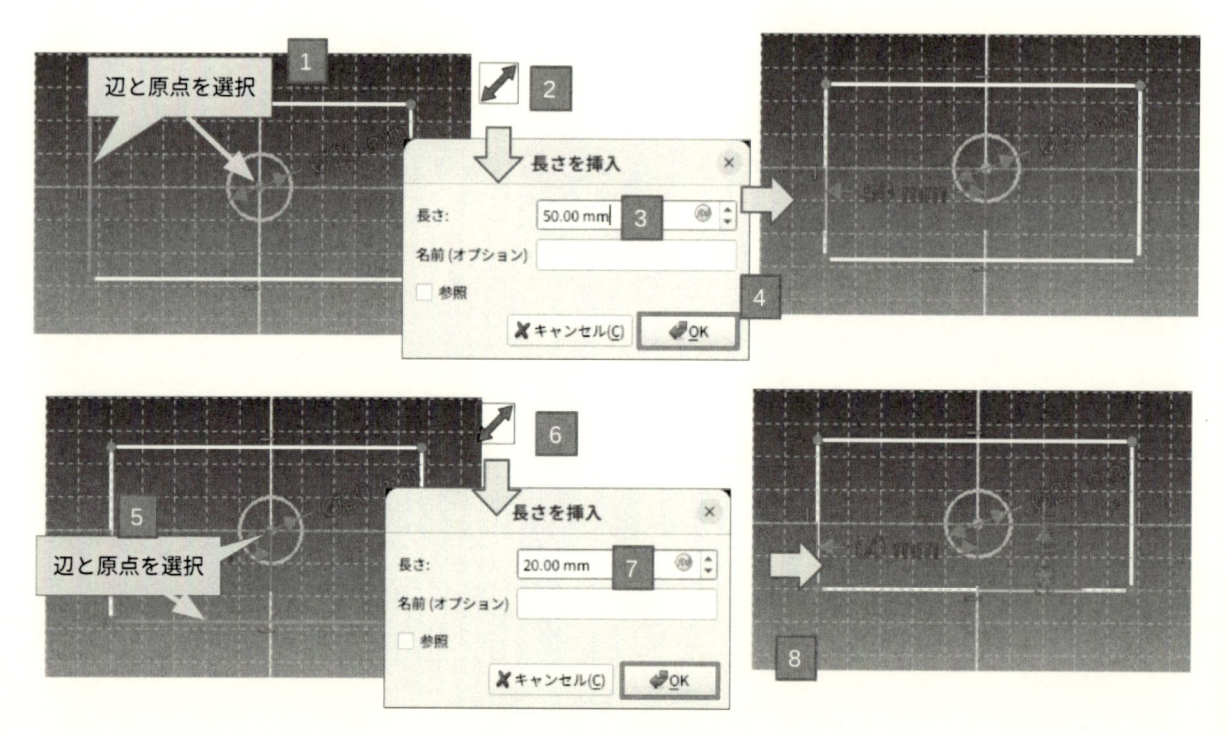

図 4.20　長方形の位置を決める

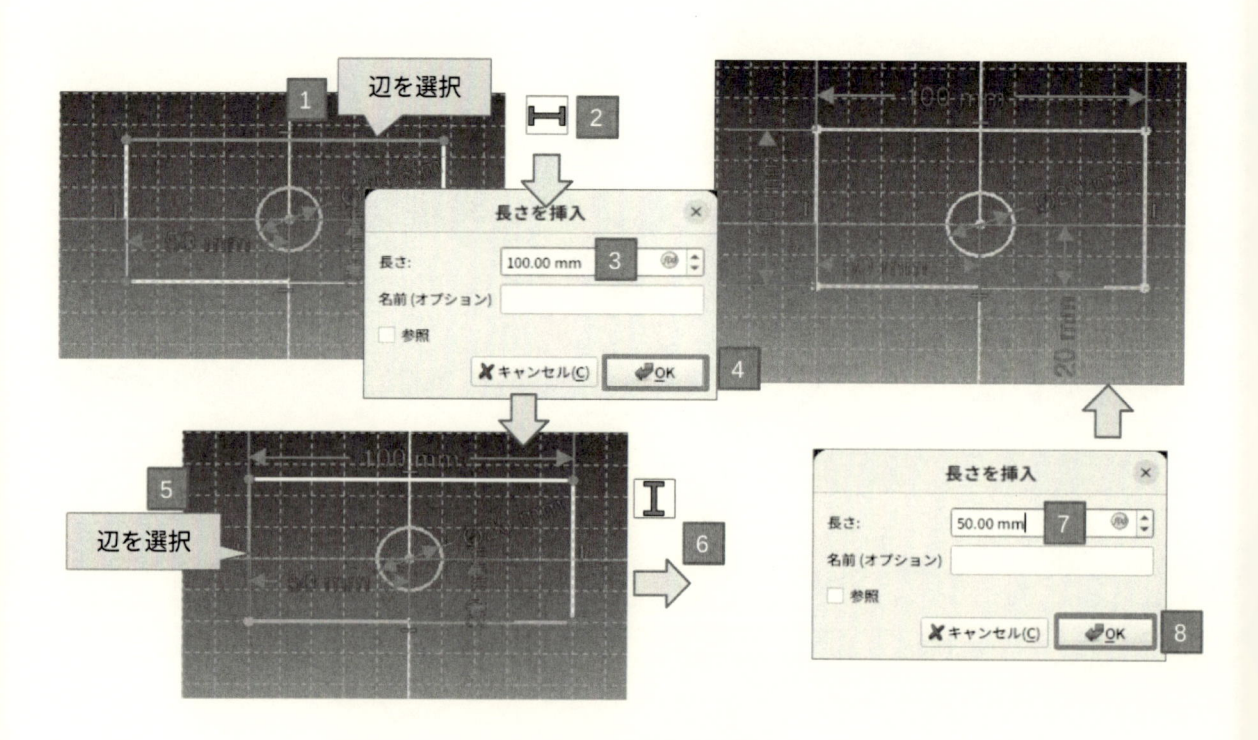

図 4.21　長方形の大きさを決める

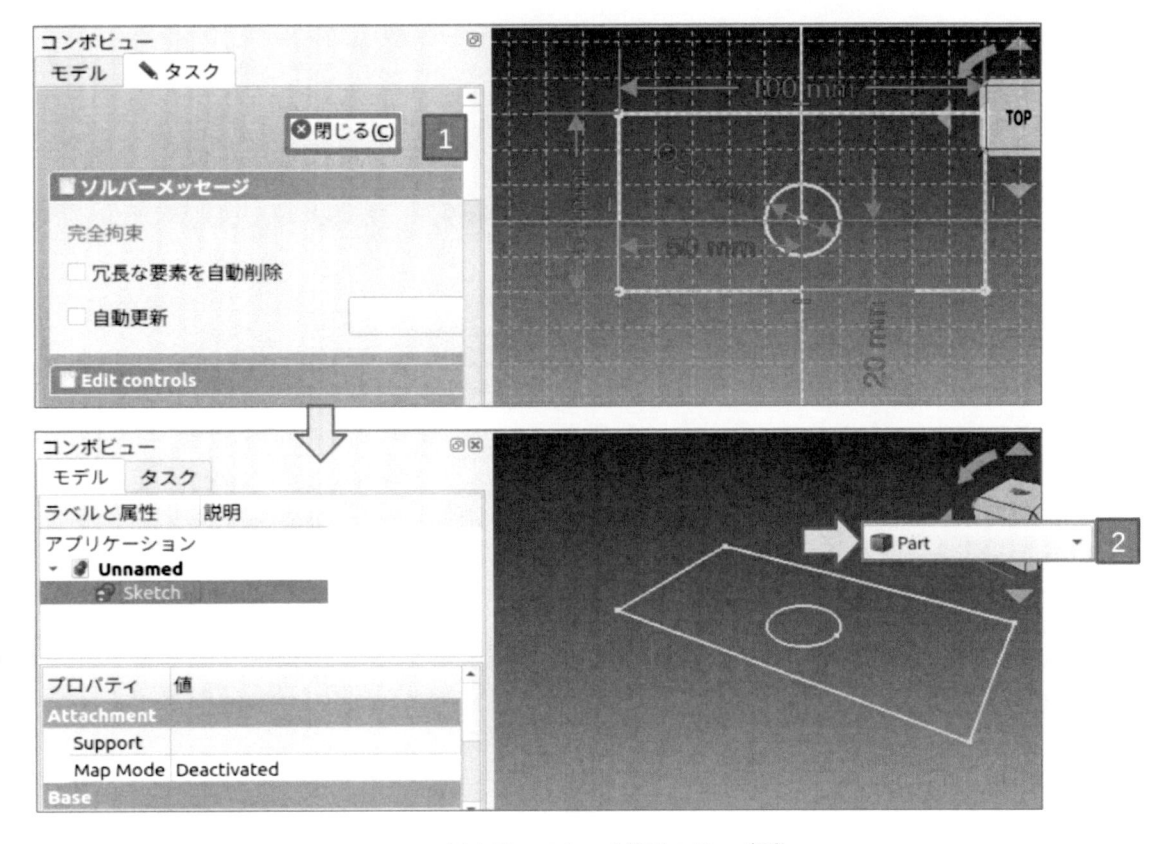

図 4.22　スケッチ終了⇒ Part 起動

　以上で平面図が作成できたので，これを押し出し加工する．押し出し加工は「Part」ワークベンチで実施するので，ワークベンチを変更しておこう．

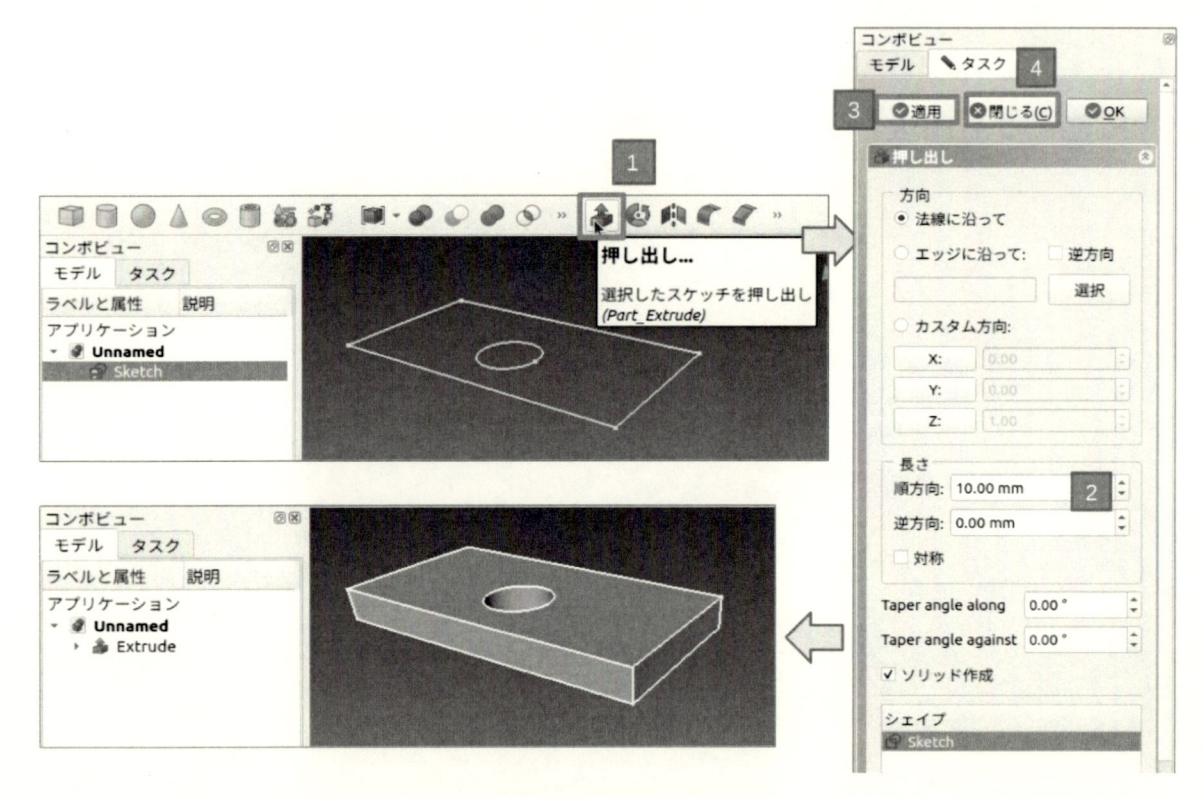

図 4.23 押し出し加工

図 4.23 に示すように，先に作成したモデルツリー上の 1 Sketch を選択した状態で，「部品ツール」ツールバーの 2 アイコン🔩「選択したスケッチを押し出し」をクリックすると，タスク画面上に「押し出し」ツールが現れる．押し出しパラメタが多くあるが，本例ではデフォルト値をそのまま使ってよい． 4 「適用」ボタンを押せば，即 3D 画面上で反映されるので，問題があればパラメタ変更してやり直し，問題がなければ 5 「閉じる」ボタンを押して完了である．

4.2.3 基本形状に対するスケッチ加工

3 つ目の方法は，これまで紹介した 2 例の複合技となる．Part Design ワークベンチで直方体板を作成しておき，板の上に円のスケッチを作成，これをくり抜き加工する方法である．

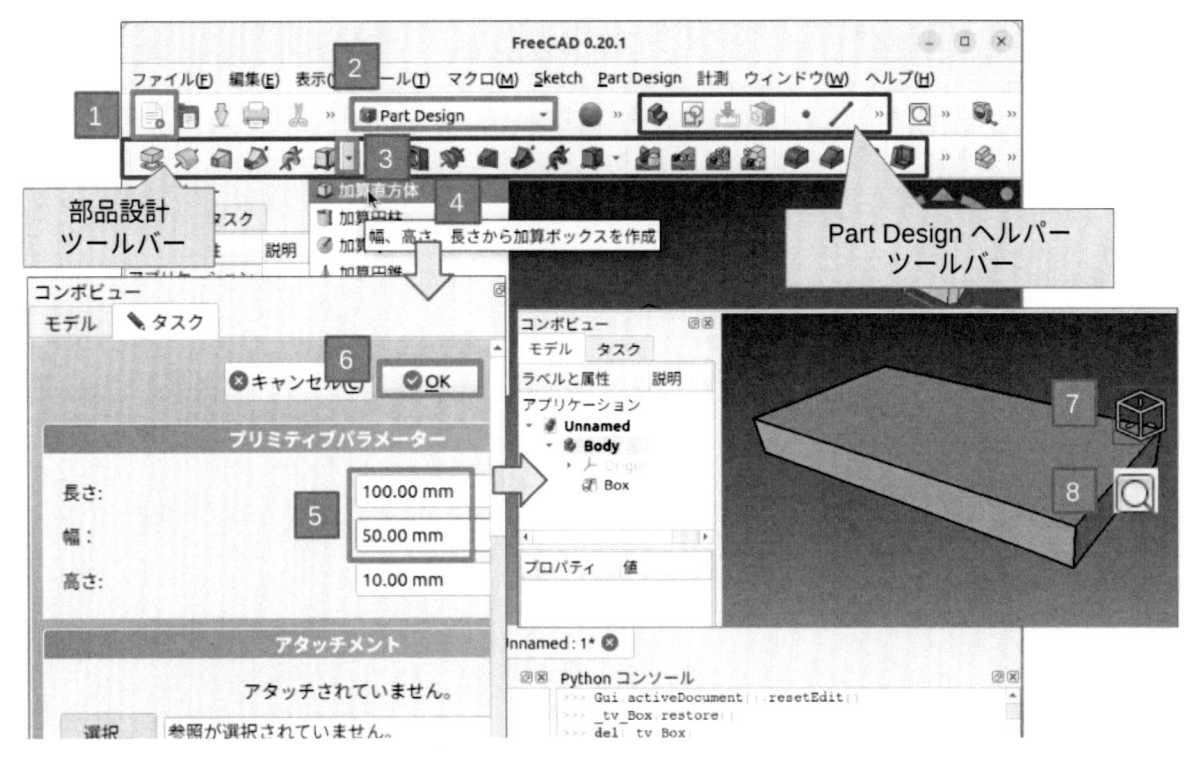

図 4.24　PartDesign ワークベンチ起動〜Body 上で直方体板を作成（脚注*5 参照）

　まずは，Part Design ワークベンチを起動する．図 4.24 1 アイコン「新しい空のドキュメント作成」をクリックし，ワークベンチを 2 「Part Design」に切り替える．

　Part Design ヘルパーツールバーの 3 アイコン「新しいボディーを作成してそれをアクティブ化する」をクリック，続いて，Part Design Modeling ツールバーの 4 「加算直方体」を選択する．するとタスク画面がアクティブになるので，5 寸法を所定の値にして 6 「OK」ボタンを押せばよい．7 8 にて，全体形状を確認しておこう．

　スケッチャーの起動は，図 4.25 の 3D モデル上でスケッチを描画したい面（直方体板の上面）を選択状態 1 にしておいて，Part Design Helper ツールバーの 2 アイコン「新規スケッチを作成」をクリックすれば，スケッチ画面に変わる．

　円の描き方（寸法と位置）は，図 4.26 1 の〜 6 の手順で，4.2.2 項で説明した方法と座標原点が異なっているだけで基本は同じである．

　スケッチができたら，1 これ（Sketch）を選択して，部品設計ツールバー中の 2 アイコン「選択されたスケッチでポケットを作成」をクリックする．タスク画面がアクティブになるので，この場合はタイプを 3 「貫通」に設定して，「OK」ボタンを押せば完了である（図 4.27）．

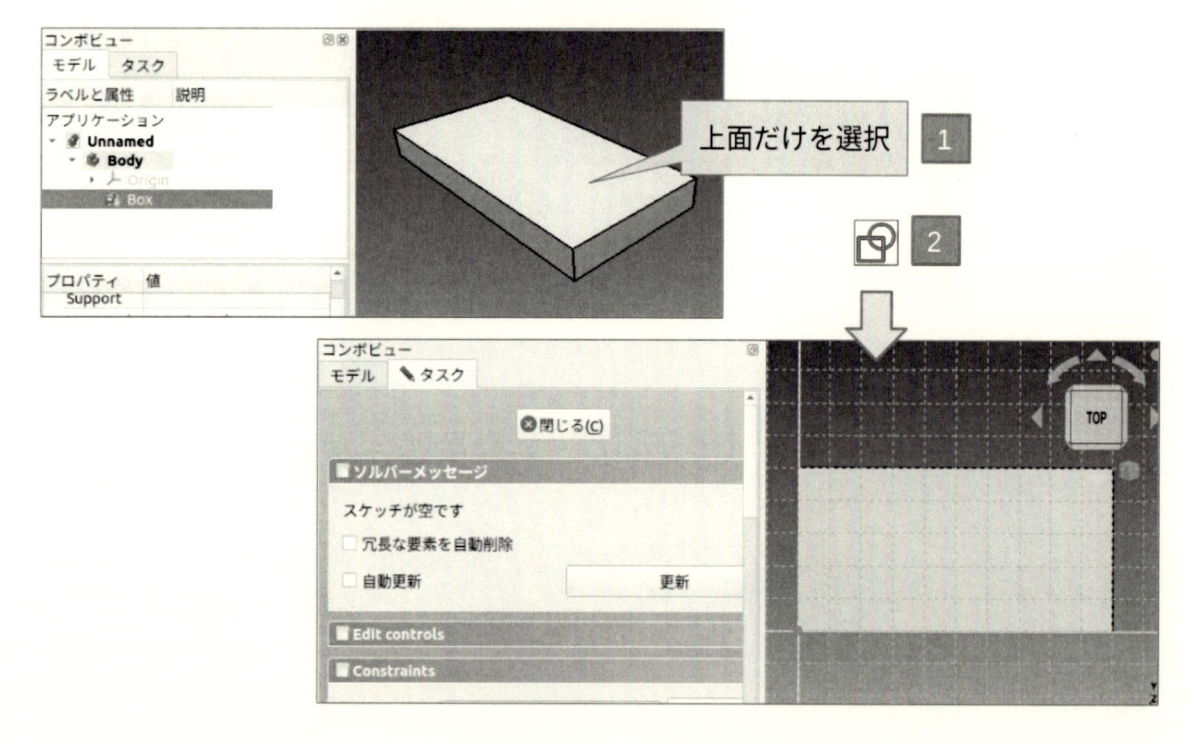

図 4.25　スケッチ画面の起動

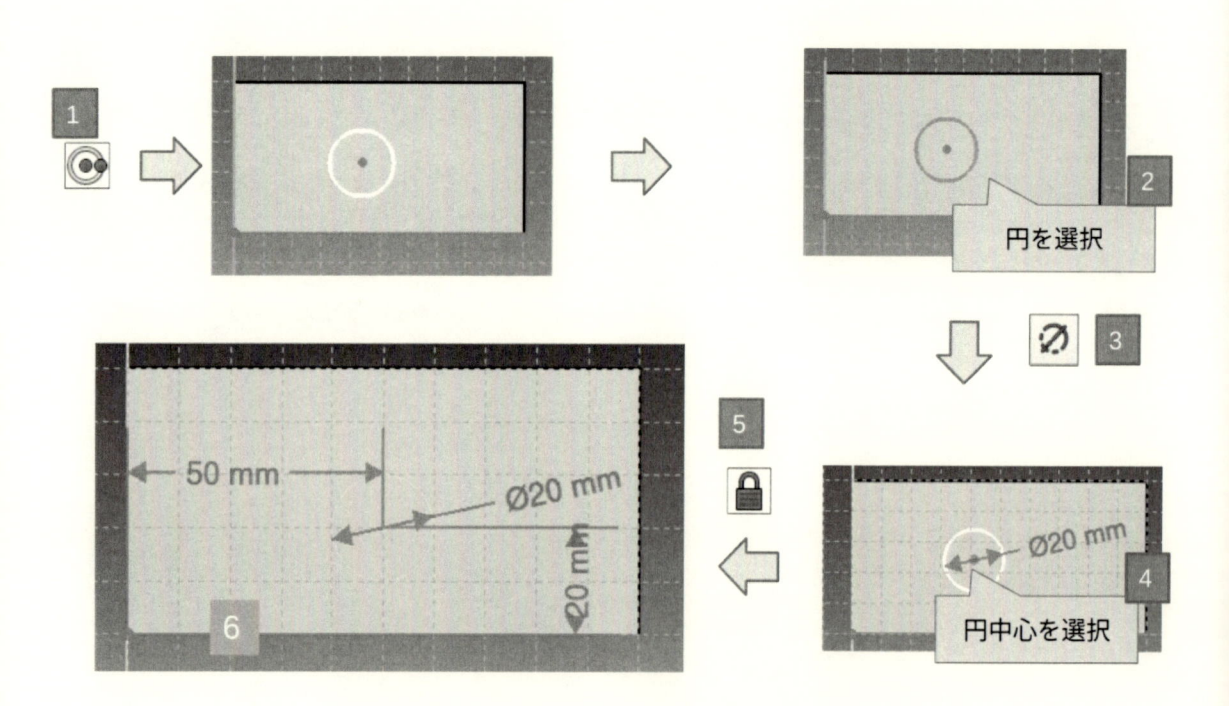

図 4.26　直方体板上への円のスケッチ描画

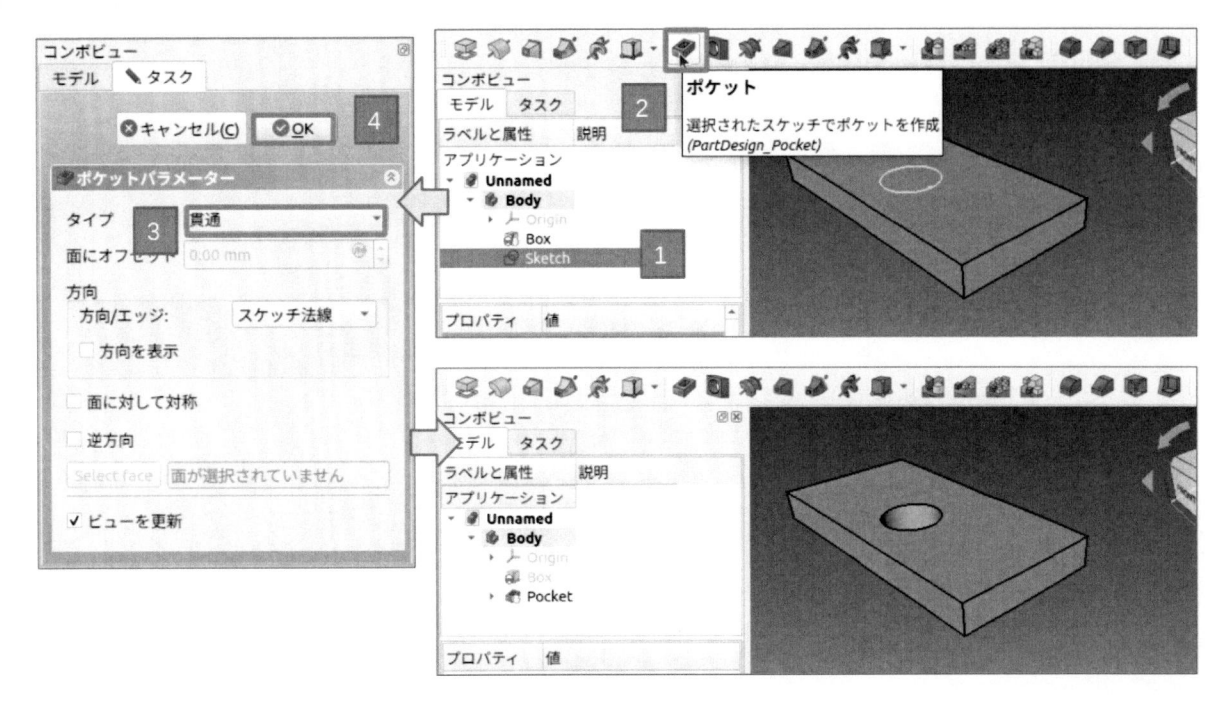

図 4.27 直方体板に穴をあける

以上, 簡単な穴あき平板を題材に 3 通りの作成方法につき解説した.

本項で説明した方法は, 「基本形状の論理演算」と「スケッチベースの押し出し」の単なる複合技のようにも見えるが, ポケット作成以外にも, Part Design Modeling ツールバー上のアイコンで示される様々な加工ができる. これによって 3D モデリングの守備範囲は大きく広がる. この方法を紹介したのは, このことを知ってほしかったからである. 是非いろいろと試してもらいたい.

4.3 DEXCS-OF におけるプリ処理機能

DEXCS-OF ではメッシュを作成する際に, 形状モデルが FreeCAD 上で構成されるていることを前提としているので, これに関わってよく使う機能について説明しておく。

4.3.1 インポート/エクスポート

すでに述べたように, 形状作成そのものはユーザーが使い慣れた CAD ツールで作成するのが良く, 作成したデータは FreeCAD にインポートできる。

「File」メニューから「インポート」または「エクスポート」をクリックすれば, ファイル選択画面が現れ, 最下段の「ファイルの種類」右端の選択矢印クリックすれば非常にたくさんの種類のファイルを取り扱えることがわかる. ただ現実問題としては, STEP (または BREP, IGES) 形式と, STL 形式データとの変換を押さえておけば十分であろう.

先に PartDesign ワークベンチで作成した Pocket モデル(デスクトップ上に,「plateHole_PartDesign.FCStd」という名前で保存してあるという前提) を STEP 形式でエクスポートしてみよう.

手順は図 4.28 の [1]~[7] に示す通りであるが, 留意点としては, [2] で (Pocket) パーツを選択していることである. (Pocket) の上にある (Box) を選択すれば, 穴のない長方形板としてエクスポートされる.

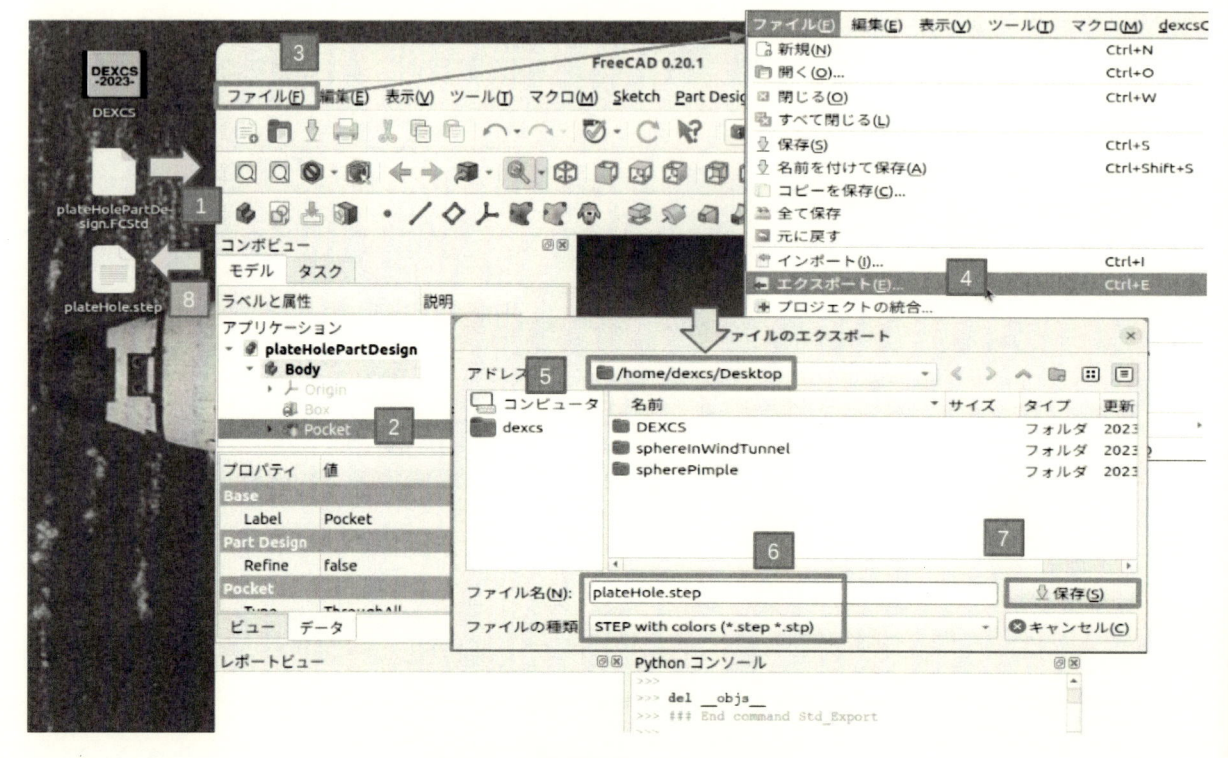

図 4.28 STEP 形式でのエクスポート

引き続き，ここで作成した STEP データを，図 4.29 に示すように 1 新規ファイル上で 2 ～ 6 の手順でインポートしてみよう．

3D 形状を正しく再現できていることは確認できるが，コンポーネントツリーを見るとわかるように，

- ファイル名「plateHole」でなく，エクスポート対象のコンポーネント名（Pocket）が継承される
- 下位パーツ（Sketch）は継承されない（アイコンの形が変わり，展開矢印がない）

という特性がある点は留意されたい．ある意味縮退した情報になっているわけだが，DEXCS-OF を使っていく上で，FreeCAD で STEP エクスポートするケースが生じるのは，この性質を利用したいからである．つまり，

- モデルが複雑になって，操作性が悪化した
- DEXCS ランチャーの cfMesh 作成用マクロがエラーで起動できない

といった場合に，この対象モデルだけをエクスポートして，新規ファイルでインポートすれば作業を問題なく続けられるようになる（ただし 100 ％保証するものではない）ということである．

他の 3D-CAD ソフトで作成したデータを利用したい場合には，STEP，または IGES 形式でインポートすることを推奨する．著者のこれまでの経験では，おおよそ 80 ％ほどは STEP 形式で問題なくインポートできており，残り 10 ％は STEP 形式で出力する際のオプションを調整してもらって，さらに残りの 10 ％は IGES 形式にてインポートすることによってなど，変換できなかった例はない．

一方，どうしても STL 形式でしか 3D データを入手できない場合もあるし，OpenFOAM で取り扱うにしても，DEXCS ランチャーを使わない場合には，STL 形式が必要なので，STL 形式に関する注意点を記しておく．

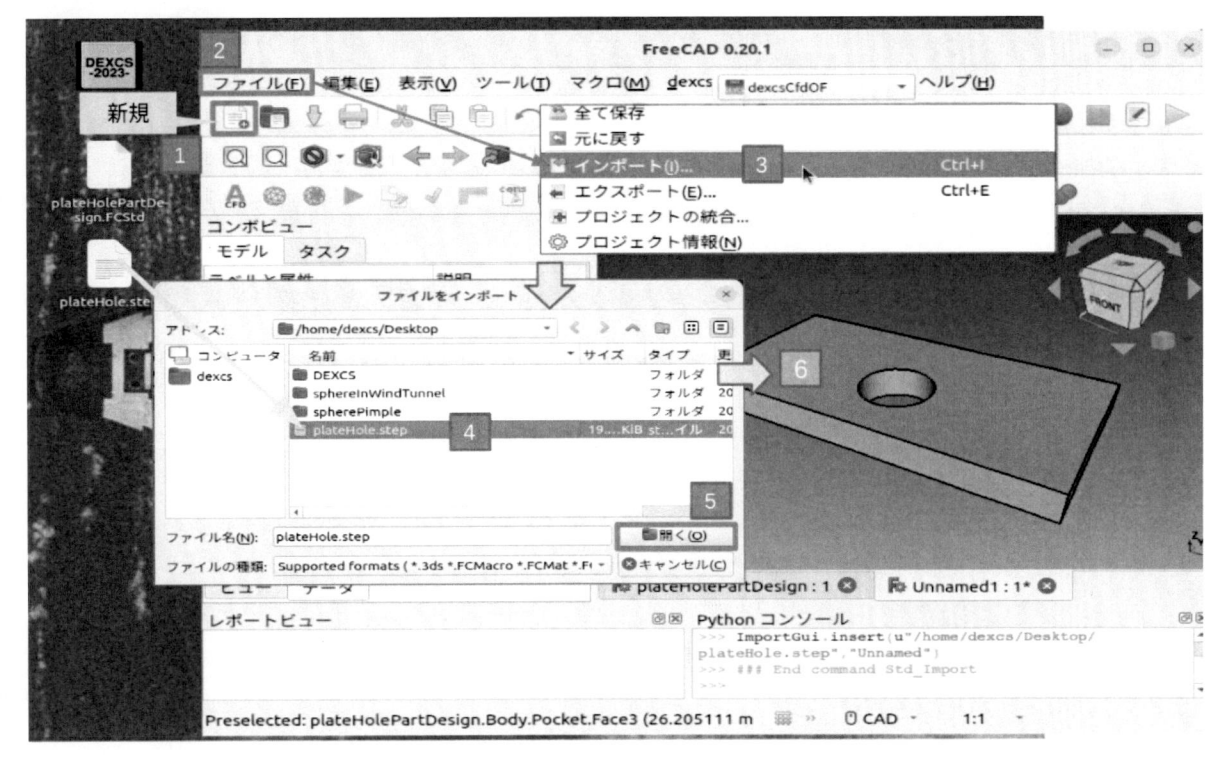

図 4.29　STEP 形式データのインポート

まずはエクスポートの方法であるが，大きく 3 つの方法がある．

1. 「File」⇒「エクスポート」⇒ STL Mesh(.stl)
2. 「File」⇒「エクスポート」⇒ STL Mesh(.ast)
3. DEXCS ツールバー⇒△（STL ファイル作成マクロ）

（1.）と（2.）はいわゆる FreeCAD の標準的な出力方法であり，出力ファイル名を指定する際に，拡張子名によって，バイナリー形式（.stl），アスキー形式 (.ast) の STL ファイルが作成される．ただこの方法で出力したファイルは，OpenFOAM で直接取り扱うことができない．OpenFOAM で取り扱えるのは，拡張子が.stl（または.STL）のアスキー形式である必要があるからである．これらを OpenFOAM で直接取り扱えるよう変換することはさほど難しいことではないが，いずれにせよ一手間が必要になるので，その一手間を省くのが（3.）の方法である．この方法で出力したファイル（保存時に拡張子名を付けなくても自動で「.stl」を付加してくれる）はアスキー形式になっており，OpenFOAM で直接取り扱うことが可能である．

ただし，（1.），（2.）と（3.）の方法では使用方法に基本的な違いがある．つまり，（1.），（2.）の方法では，STEP でエクスポートしたときと同様，選択したコンポーネントに対してのみ変換ファイルが作成されるのに対し，（3.）の方法では表示されたコンポーネントに対して（複数あれば，それらをまとめて）処理されるという点である．

また，複数のコンポーネントを出力するに際して，（1.），（2.）の方法では，複数のコンポーネントをまとめて一つのコンポーネント（ブロック）にしてしまうのに対して，（3.）の方法ではコンポーネントごとに複数のブロックからなる STL ファイルを作成してくれる．

CFD の初心者でも DEXCS-OF の標準チュートリアルモデルを見ればわかると思うが，CFD では領域を複数のコンポーネント（パッチ）に分割してモデリングするのが当たり前である．したがって，（1.），（2.）の方

法では，コンポーネントの数だけ個別に変換出力する必要があるのに対して，（3.）の方法では，これも一手間で済むということである．

　なお，他の CAD ツールで作成した STL ファイルを FreeCAD で読み込む際の注意点は後述するとして，FreeCAD で出力した STL ファイルを FreeCAD で再読み込みしてもほとんど意味のない作業になってしまうので，ここでは DEXCS-OF に搭載の ParaView を使って，FreeCAD で出力した STL ファイルを確認する方法について記しておく．

　ParaView はデスクトップ Dock ランチャーのアイコン「Paraview」をクリックすれば起動できる．起動したら「File」⇒「Open」メニューから現れる「ファイル選択ダイアログ」にて STL ファイルを選択すれば，3D 画面上で形状を表示確認できる．

　図 4.30 は，DEXCS-OF の標準チュートリアルモデル中，3 つのパーツ（Dexcs, inlet, outlet）を対象に，（1.）〜（3.）の方法で出力した STL ファイルの違いを ParaView で確認したものである（.ast ファイルを読み込む方法については 4.3.3 項 (1) を参照）．

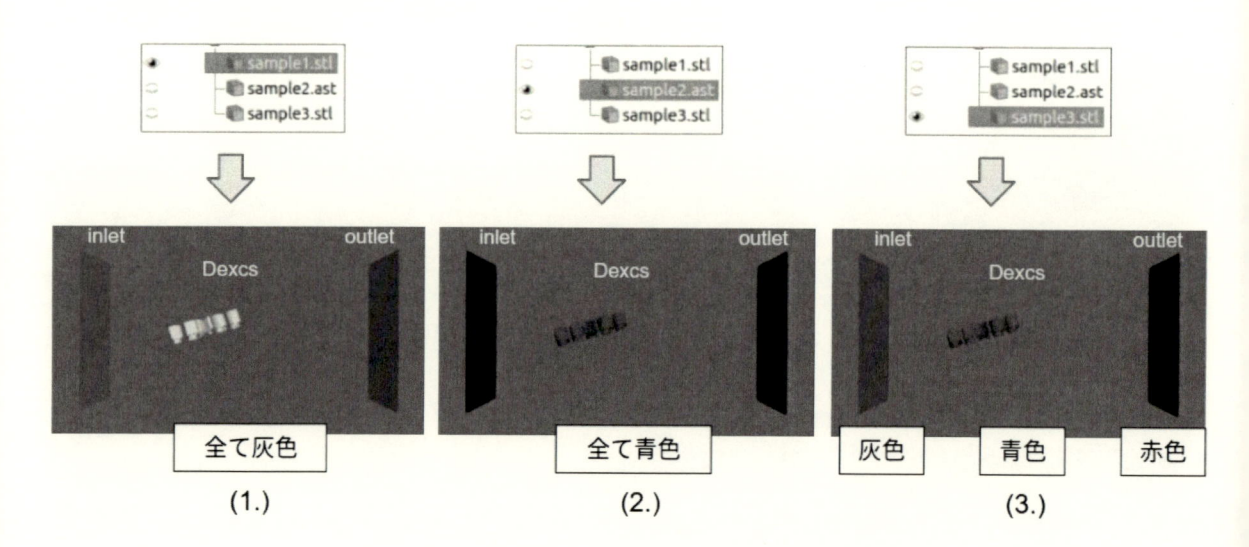

図 4.30　ParaView による STL ファイルの確認例

　ここで，一番右側（3.）の方法で出力したファイルで，パーツごとに表示色が異なっている点に着目されたい．それぞれのパーツが別コンポーネントと認識されているということである．

　なお，OpenFOAM ではバイナリー形式を取り扱えなかったが，ParaView ではどちらも取り扱えるし，入力した STL ファイルを ParaView で保存する際に，形式を変換して出力もできるので，FreeCAD で（1.）の方法で出力したバイナリー形式ファイルをアスキー形式に変換するツールとして使えるという点は記しておく（4.3.3 項 (2)）．

　また，エクスポートをする際，とくに曲面を有するデータが存在する場合には注意点がある．STL は曲面を微小な三角形（平面）に分割しただけのデータなので，どの程度の粗度で，どういう方法で分割するかによって，曲面の再現精度が変わるということである．FreeCAD においてこの粗度や分割方法はオプションで変更可能（4.3.3 項 (3)）であるが，残念ながら万能のデフォルト値はない．ParaView で確認して，曲面があまりにデコボコして滑らかでない場合や，STL 出力にあまりの長時間が必要になった場合は，デフォルト値を変更されたい．また，余談ではあるが，ParaView では形状に対する特徴線（または輪郭線とも呼ばれる）を作成することもできる（Filters ⇒ FeatureEdges）．これも OpenFOAM でメッシュ作成の際に使用されるデータファイルである．

　他の 3D-CAD ソフトで作成したデータを FreeCAD にインポートする際の注意点を記しておく．インポートの方法は，STEP データをインポートした方法（図 4.29）と全く同じである．ファイルの拡張子名の違いで，ちゃんと違いを解釈してくれる．図 4.29 の穴あき平板で，STEP ファイル入力したモデルを使って，stl ファイル出力（名前を「plateHole.stl」）し，それを再度インポートした状態が，図 4.31 である．形状はどちらも全く同じであるが，モデルツリー上のコンポーネントの名前とアイコンが違っている．また，それぞれのパーツだけを表示状態にして，3D 画面上でクリックした際，STEP モデルはクリックした場所に応じて選択箇所の色が変わるが，STL ファイルのほうは何も変化しない．

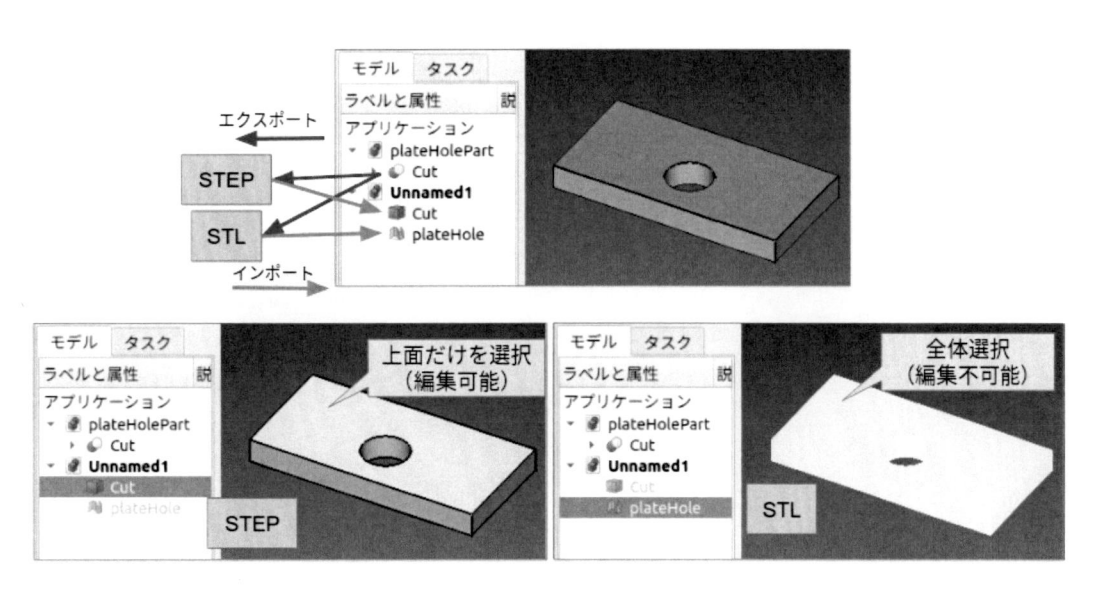

図 4.31　STEP インポートと STL インポートの違い

図 4.32　STL データの 3D パーツ化（メッシュから形状を作成）

つまり，FreeCAD では STL ファイルをインポートはできても，直接編集できないということである．直接と記したのは，これに一加工して，編集できないこともないからである．編集作業そのものを推奨するものではないが，このままでは DEXCS-WB でメッシュ作成できないので，図 4.32 に示した方法でインポートした STL データを 3D パーツ化（メッシュから形状パーツを作成）する．1 「Part」ワークベンチにて，インポートした 2 STL データ（plateHole）を選択，3 「パート」メニューにて 4 「メッシュから形状を作成…」を選択すると，「縫い合わせのトレランス」（4.3.3 項 (4)）なる画面が現れるので，ここはとりあえずデフォルトのまま 5 「OK」ボタンを押すと，モデルツリー上に 6 （plateHole001）ができて，3D 画面上のモデル表示も変化する．

穴あき部分を拡大表示したのが図 4.33 で，これを見れば曲面が非常に細長い三角形で分割されていることがわかる．また，マウスで，これらの三角形稜線をクリック選択できるようになるなど，基本的に編集可能になったことは認識できると思う．

なお，この三角形の細分化レベルは STL の出力オプション（4.3.3 項 (3)）によって変更可能である．

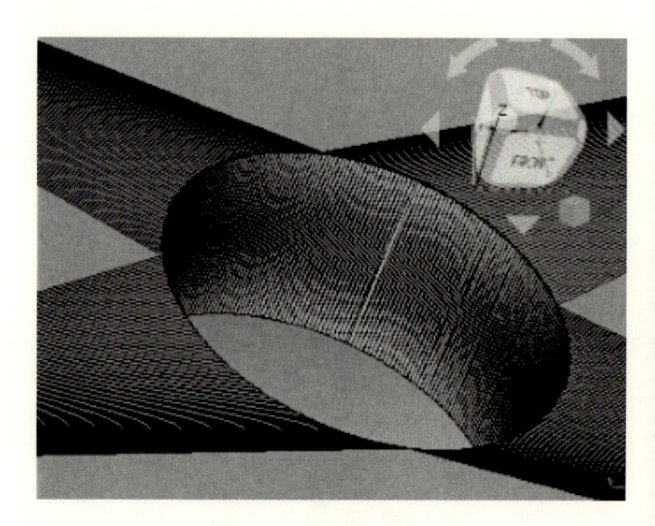

図 4.33　円孔部の拡大表示

4.3.2　DEXCS カスタマイズメニュー

すでに述べたように，DEXCS ツールバーには，図 4.34 に示すように，22 のアイコンがある．これらのうち，左から 18 個のアイコンは，解析コンテナが存在して有効になるものであり，解析フォルダのセットアップに係る操作に使うものであるが，残りの 4 個は解析コンテナが無くとも有効で，CAD 操作でよく使う機能として DEXCS2018 以前にも搭載されていたものであり，ここで役割・使用方法を説明しておく．

図 4.34　DEXCS ツールバー

- △ export STL（表示パーツを STL エクスポート）

  p.85 で説明したように，表示されているオブジェクトに対してのみ実行される点に注意してもらいたい．

- ⬇ show solid info（ソリッド情報を表示）

  3.4.6 で説明した FreeCAD の解説本 [*15] に掲載されていたものを借用させていただいた．筆者が FreeCAD マクロに手を染めるきっかけになったものでもある．

- ⬇ downgrade（ダウングレード）

選択したオブジェクトが 1 つだけの場合はより単純なオブジェクトに分解する．例えば，複数の面で構成されるソリッドの場合は各面を別々のオブジェクトに分解する．また，複数の重なった面を選択した場合は最初の面から 2 番目以降に選択された面を減算する．

[ドラフト修正ツール] ツールバーに収録されているものと全く同じだが，Draft ワークベンチでしか使えないので，他のワークベンチでも使えるようにした．

なお，起動直後の Start ワークベンチなどにおいては，このアイコンが出てこない場合がある．その場合には，一旦，Draft ワークベンチに切り替えてもらいたい．そうすれば出てくるし，以降は他のワークベンチでも出てくるはずである．

- Fuse（結合）

  ブーリアンツールバーに収録されているものと全く同じだが，これも Part ワークベンチでしか使えないので転用した．ただし，本来であれば [ドラフト修正ツール] ツールバーの「アップグレード」ツールとしたかったが，このツールは結合に失敗することがよくある．

  一方，本ツールであれば，都度 Warning が出て煩わしいものの，結合に失敗することはほとんどなく，[*6]「結合」という機能面でも問題ないのでこちらを採用した．

4.3.3　補足事項

(1)　補足事項 1：ParaView で .ast ファイルを読み込む方法

ParaView は「ast」という拡張子には直接対応していないので，「File」⇒「Open」で表示されるダイアログで，Files of type を「All Files」として，.ast ファイルを表示させて選択し，「OK」ボタンを押す．すると，どの Reader で読むかを指定する画面が表示されるので，「STL Reader」を選択することで読み込める．

(2)　補足事項 2：ParaView での STL ファイルのバイナリー〜アスキー変換

ファイル保存時に，STL 形式を指定すると，File Type を指定する画面が現れて，Binary とするか Ascii にするかを選択できる．

[*6] 失敗することはあるが，3D パーツ化できないものを含めて結合しようとしたなど，失敗の原因が明確である場合がほとんである．

(3)　補足事項 3：STL の出力オプション

　FreeCAD メニューの「編集」⇒
「設定」から現れる図 4.35 の画面
にて「最大メッシュ偏差」の値を
変更できる.

　ただし, この画面を出して, 左
欄の「インポート...」を選択して
も, 上段タブの「メッシュ形式」が
出てこない場合がある. そういっ
た場合には, 一度この画面を閉じ
て, ワークベンチを「MeshDesign」
に変更してからやり直すとよい,
図 4.35 の画面状態になるはずで
ある.

　また, デフォルトでは 1.0 μm
となっており, 一般的な機械部品
設計を想定していると考えられ
る. 建築構造物などを設計した際
に, 曲面を有したモデルをこのま
ま STL 出力しようとすると, 巨大

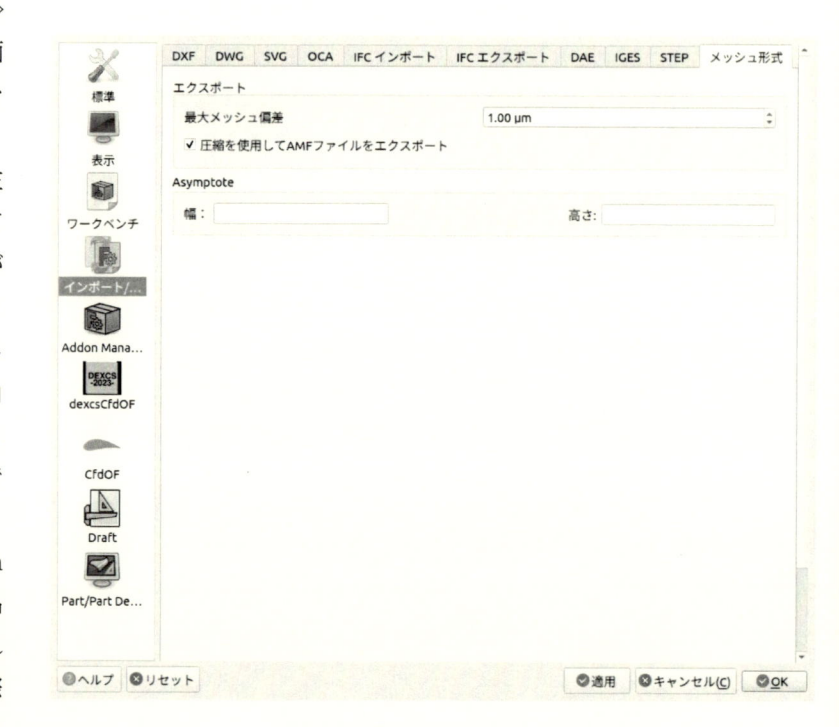

図 4.35　STL の出力オプション

な STL ファイルが出力され, 出力に長大な時間がかかってしまうことになるので, 注意されたい.

　さらにこの設定値は, 一旦変更したあとでさらに変更したい場合に, もう一度上述のメニューから設定変更
したとしても, よほど大きく桁違い（例えば 3 桁以上）に変更しない限り変化しない. FreeCAD を立ち上げ
直して再度ワークベンチを「MeshDesign」に変更してやり直す必要がある, という面で厄介である.

(4)　補足事項 4：縫い合わせのトレランス

　STL ファイルのデータは, 分割された三角形の各々の三角形に対して, 法線ベクトルと, 3 つの頂点の座標
が定義されたデータの集合体になっている（アスキー形式の場合, 直接その内容を見ることができるので, 確
認していただきたい）. 一つの頂点に着目すると, これを共有する三角形は複数存在し, 頂点そのものは三角
形ごとで定義されているので, ファイル全体としては複数箇所で定義されることになる. 複数定義された座標
値が完全に一致していれば問題はないが, 複雑なモデルになると, 数値の有効桁数の問題もあって必ずしも同
じ値にならない. これを判定する指標が, 「縫い合わせのトレランス」ということである.

第 5 章

メッシュ作成方法

OpenFOAM に限らず，CFD においてメッシュ作成は実用上の最重要課題といってよいだろう．商用ソフトであればたいていそのソフトにメッシュ作成ソフトが付属しているので，それだけで済ませている人もいれば，メッシュ作成のための専用ソフトも市販されており，そういったソフトを使っている人もいるようだ．何がベストかは，目的や自分が使用可能なリソースに応じてケースバイケースということである．市販ソフトを使っている人でさえそうであって，OpenFOAM はオープンな環境で使うものであるので，メッシュ作成法の選択肢はより一層の拡がりがある．

ここでは，OpenFOAM のメッシュとは何なのかという基本事項を説明し，オープンソースだけでなく市販ツールを含めた環境で使用可能な様々なメッシュ作成法のケースバイケースを総覧的に説明する．また，オープンソースだけを使う DEXCS-OF の推奨作成法について具体的に説明する．

5.1 そもそもメッシュとは

OpenFOAM は有限体積法で定式化されているので，有限要素法のようなメッシュ形状に制限はなく，空間を隙間なく多面体（cell, セル，要素と呼ぶ）で分割できていればよい．しかし，OpenFOAM の場合，この多面体情報を，

- 「points」（節点座標情報）
- 「faces」（面番号情報）
- 「owner」，「neighbour」（セル番号情報）
- 「boundary」（境界面情報）

に分けて，「constant/polyMesh」フォルダ下に所定書式にて収納するという決まりになっている．ここが他のソフトに比べて独特で，とくにセル（要素）情報を直接明示することができなくなっている点で，初心者が戸惑うところであろう．

以下，6 面体の 2 要素だけからなる簡単なメッシュを例題に，具体的なファイルの内容がどうなっているのかを，図 5.1〜5.4 で例示しておくので参考にされたい．

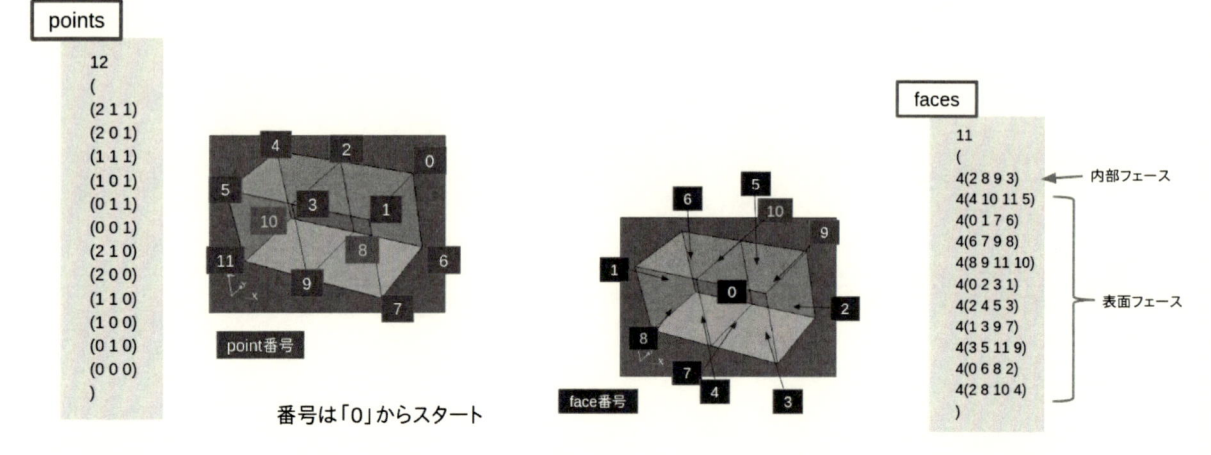

図 5.1 「points」ファイルの実体例

図 5.2 「faces」ファイルの実体例

ちなみに，このメッシュデータは，図 5.5 の「bockMeshDict」ファイルを使って，blockMesh コマンドによって作成されたものである．

ここで，節点「points」情報，面「faces」情報までは，直感的に理解のできる書式であるが，セルに関しては，セル情報を明示するのではなく，『面がどのセルに「owner」，「neighbour」で属するのか』という独特の情報の持ち方をしている．「owner」情報には各面が属するセルのうち若い方のセル番号が記述され，「neighbour」情報にはもう一方の隣接するセルの番号が記述される．また，「faces」情報は面へのアクセスが容易になるように最適化されており，内部フェースが最初に，表面フェースが最後にまとめて記述されている．そのおかげで，「boundary」情報において各境界条件の適用対象面を，面の数（nFaces）と開始面番号（startFace）で簡略に表記できている．

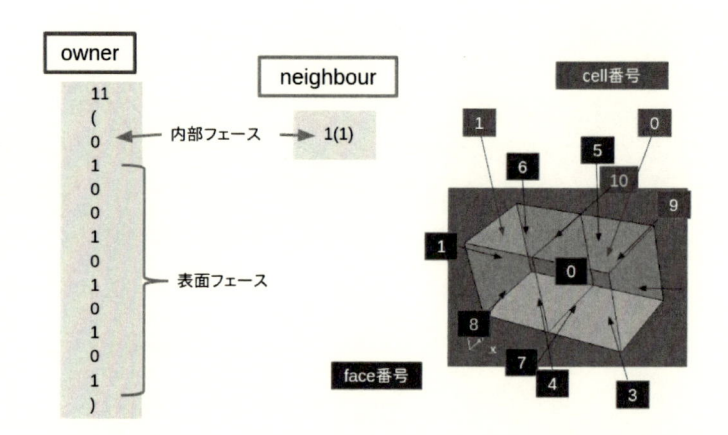

図 5.3 「owner」，「neighbour」ファイルの実体例

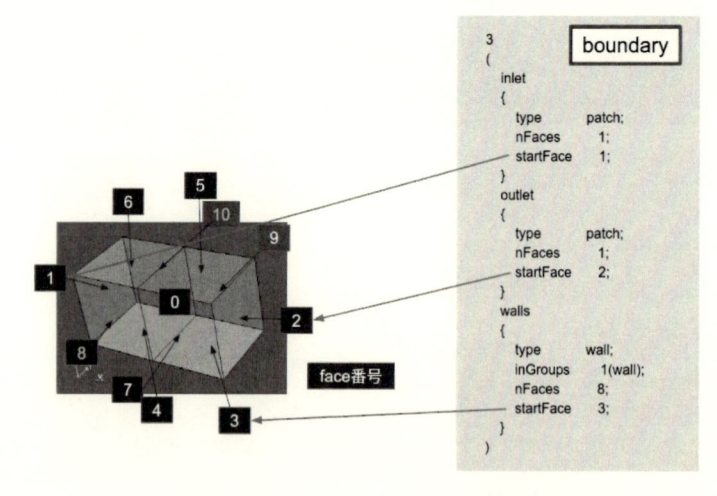

図 5.4 「boundary」ファイルの実体例

```
convertToMeters 1.0;
vertices
(
        (2 1 0)
        (2 0 0)
        (0 0 0)
        (0 1 0)
        (2 1 1)
        (2 0 1)
        (0 0 1)
        (0 1 1)
);
blocks
(
        hex (4 5 6 7 0 1 2 3) (1 2 1)
        edgeGrading ( 1 1.0 1.0 1 1 1 1 1 1.0 1.0 1.0 1.0)
);
patches
(
patch inlet
(
        (2 6 7 3)
)
patch outlet
(
        (0 4 5 1)
)
wall walls
(
        (0 1 2 3)
        (4 7 6 5)
        (1 5 6 2)
        (4 0 3 7)
)
);
edges
(
);
mergePatchPairs
(
);
```

図 5.5 「blockMeshDict」

5.2 メッシュ作成法の総論

以上の観点から，OpenFOAM 用のメッシュ作成には，以下の方法（作成原理）が考えられよう．

1. polyMesh 情報を直接作成
2. 標準ツールで作成（要パラメタ設定ファイル）
   - チュートリアルケースなどを参考に手修正
   - スクリプトで作成
   - GUI ツールを利用

3. 準標準ツールで作成（要パラメタ設定ファイル）
   - 同上
4. 多面体分割は外部ツールで作成
   - polyMesh 直接出力
   - メッシュ変換
5. 標準ツールで付加情報追加・修正

　企業内で取り扱うような問題で，(1.) の方法はほとんどあり得ないが，プリミティブな形状に対してスクリプトで作成したという学術的な研究例はいくつか公開されている．

　(2.) の標準ツールは，blockMesh, snappyHexMesh を使うもので，これらを使えるようにするには，「blockMeshDict」なり，「snappyHexMeshDict」なりのパラメタ設定ファイルが必要になる．この Dict ファイルの作成法として大きく 3 つのやり方があるということである．3 つのやり方については後で詳しく説明するが，標準チュートリアルケースが多く存在するので，これを雛形にして直接手修正したり，スクリプトを作り直したりする，または HELYX-OS に代表される GUI ツールがあるということである．

　(3.) の準標準ツールとは cfMesh のことで，この設定ファイルは「meshDict」というパラメタ設定ファイルが必要で，これをいかに作るかは標準ツールの場合と同じである．GUI ツールとしては，DEXCS-OF に搭載の FreeCAD マクロや DEXCS-WB がある．

　(4.) は，市販ソフトや，オープン系のメッシュ作成専用ソフトを使う方法であり，とくに市販ソフトにおいて近年，直接 polyMesh ファイル出力できるものも出てきているようである．一方，OpenFOAM のほうからもメジャーなメッシュファイル形式に対してはファイルコンバータが用意されている．

　(5.) は，上記 4 つの方法とは少々位置づけが異なる．OpenFOAM には標準で様々なメッシュ加工ツールが用意されており，上記 4 つの方法で作られたメッシュに対して情報の追加や変更ができるということであり，とくに (4.) のメッシュコンバート方式で作られたメッシュの場合，パッチ情報が欠落することが多く，その際に，これらのツールを駆使してパッチ情報を再構築するのはよく見かける話である．

　次に，よく知られた（使われている）具体的なツールを紹介しておこう．ただし，あくまで筆者のこれまでの経験に基づいてピックアップしたものであり，これら以外にも存在する点はおことわりしておく．

　まずは，様々なツール群を総覧できるように取りまとめたチャート図 5.6 をご覧いただきたい．このチャートは，CAD データ作成から最終的に OpenFOAM の polyMesh データを作成するまでに至るプロセスにおいて，使用するツールの名前を四角のブロック枠内に記し，ブロック間の矢印でプロセスの順序を示すものである．また四角でないブロックはデータファイルを意味し，その名前はデータの形式を表している．

　また，最上段のブロックは具体的なツール名ではなく，ツールの役割を区別したもので，具体的なツールを上下関係で見比べて，各ツールの役割を理解できるようにしたものである．さらに，ブロックの色によって，そのツールが「商用」なのか「OSS(Open Source Software)」なのか「OpenFOAM（固有ツール）」なのかが区別できるようにしてある．また，商用ツールはひと括りにしてあるが，具体的な名前を挙げればキリがないほどにたくさんあるだろう．ツールの名前の中には，これまでの説明では言及していないもの（Salome, Netgen,..）もあるが，主に構造系の有限要素法で使われるメッシュを作成するのが主眼のものである．

　いずれにせよ，これだけたくさんのツールが存在し，手順も様々なので，どれがベストであるか？という問い掛けはほとんど意味のないものになってしまう．

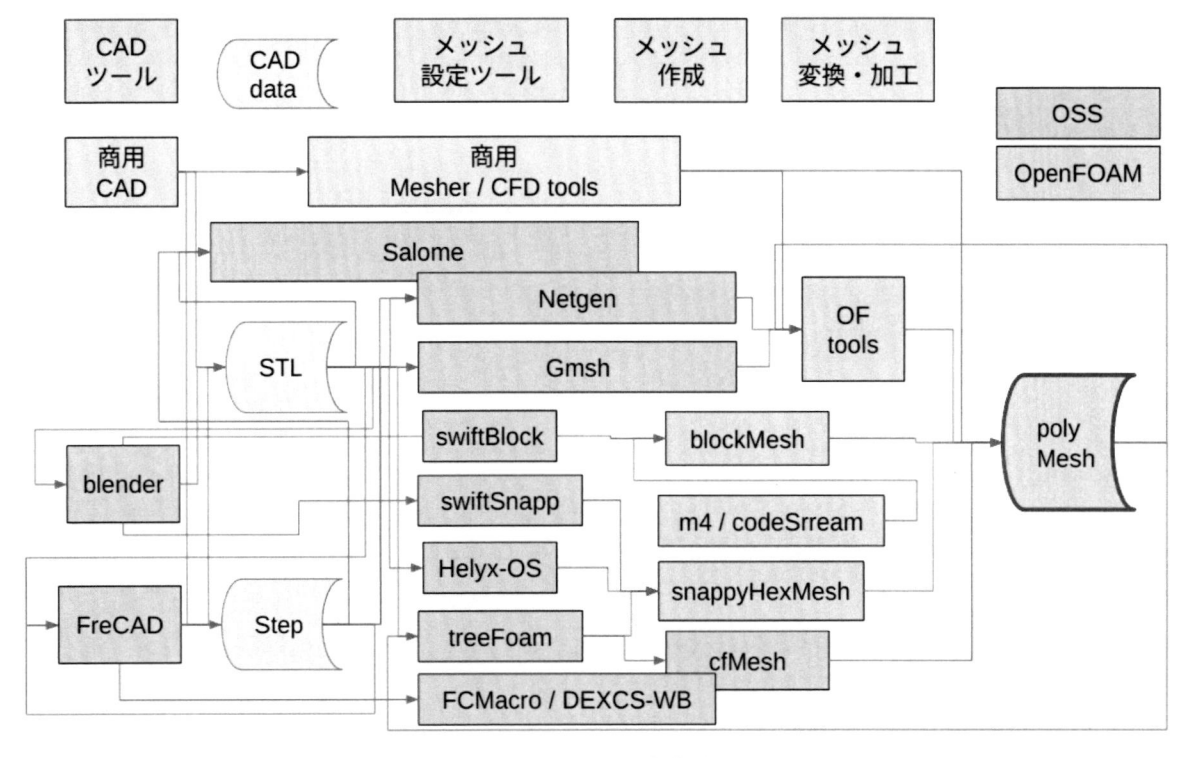

図 5.6 様々なメッシュ作成プロセス

5.3 メッシュ作成法の各論

そこで，ここでは，利用者の環境や解析の目的に応じて，いくつかのパターンに分けて推奨方法を整理した．

(1) 推奨方法 1

費用が潤沢にあって，時間がかかるのも費用がかかるのと同じとドライに割り切って考え，よいメッシュを作成したいというのであれば，商用のメッシュツールを使って作成することが推奨される（図 5.7）．ただし，メッシュツールによっては，OpenFOAM で必要となるメッシュ情報を直接出力できない．そういった場合は，OpenFOAM のメッシュツールを使って修正作業が必要になることもあるので，商用ツールの中でも，これがベストという選択はないと思われる．

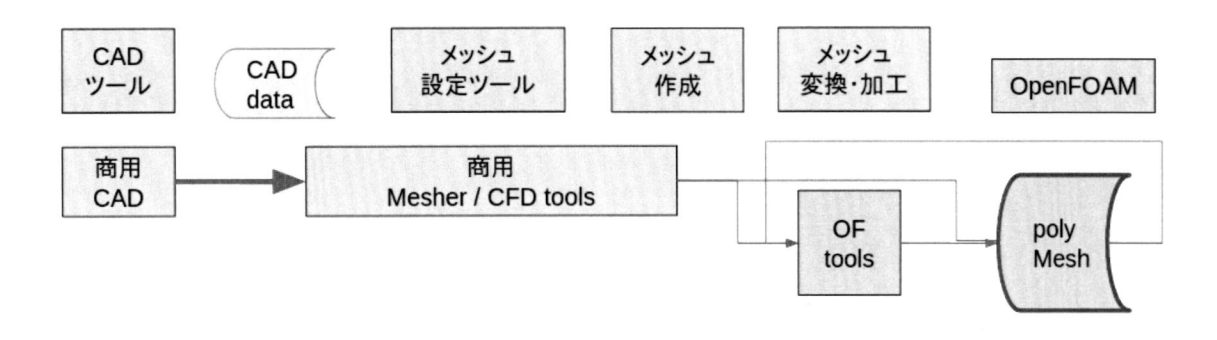

図 5.7 推奨方法 1

(2)　**推奨方法** 2

　直接費用をかけられない場合の 1 番目として，OpenFOAM の原理主義的な作成方法である．形状データを何はともあれ STL 形式のデータとして作成すれば，後はすべて OpenFOAM に固有のツールを使って何とかできてしまうものである（図 5.8）．この場合は「blockMesh」や「snappyHexMesh」の設定ファイルを直接編集することとなり，その試行錯誤の手間は大きくかかるが，作成方法が確立できてしまえば，メッシュの細分化レベルの変更などは，スクリプトで自動化も容易なので，後は楽チンである．

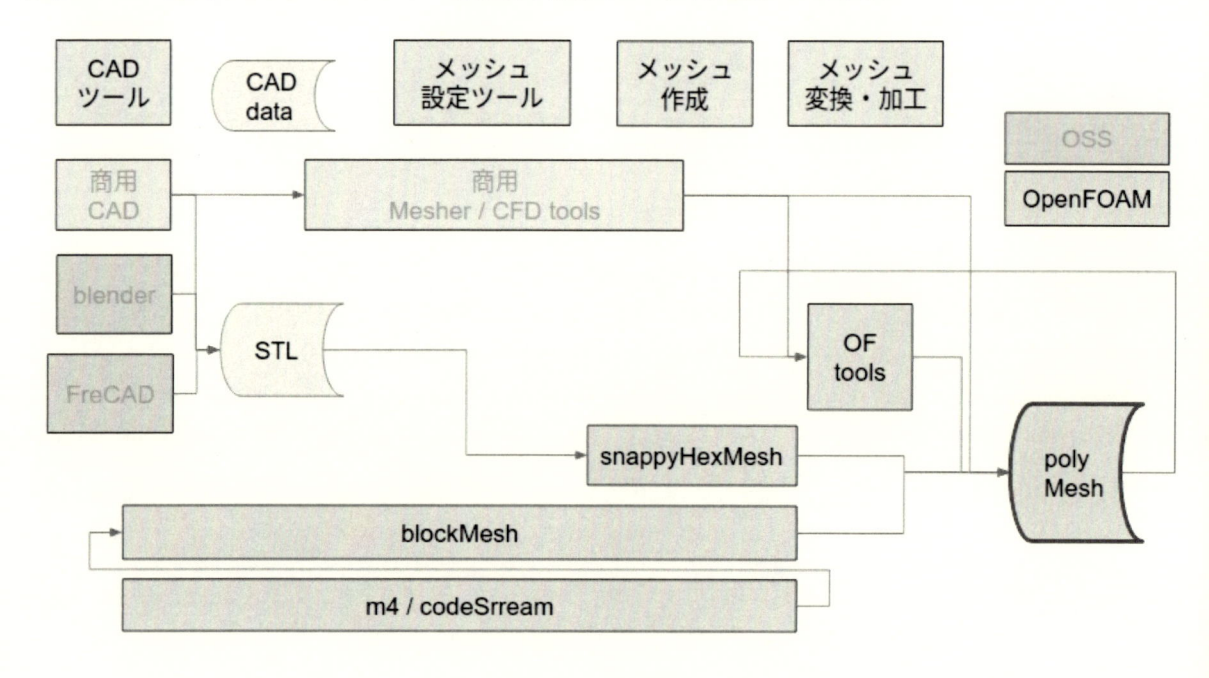

図 5.8　推奨方法 2

(3)　**推奨方法** 3

　直接費用をかけられない場合の 2 番目として，オープン系のツールを使って作成する方法もいくつか存在する（図 5.9）．推奨方法 2 では，「blockMesh」や「snappyHexMesh」の設定ファイルを直接編集するものであったが，これをオープン系のツールで自動作成する方法がいくつか存在し，DEXCS に同梱されているツールも挙げてある．全くの初心者が始めるのであれば，ここにあげる方法が，推奨方法 2 に比べれば，総じてとりあえず早くできると考えられる．

　OpenFOAM の準標準ツールという位置づけの cfMesh においても，同じことが言えると思われるが，こちらのフリーの自動化ツールは TreeFoam のメッシュツールを使う方法と DEXCS-OF に搭載の FreeCAD マクロか，DEXCS-WB くらいしか見当たらない[*1]．

[*1]　DEXCS-WB のハック元になった Cfd-OF も該当する．

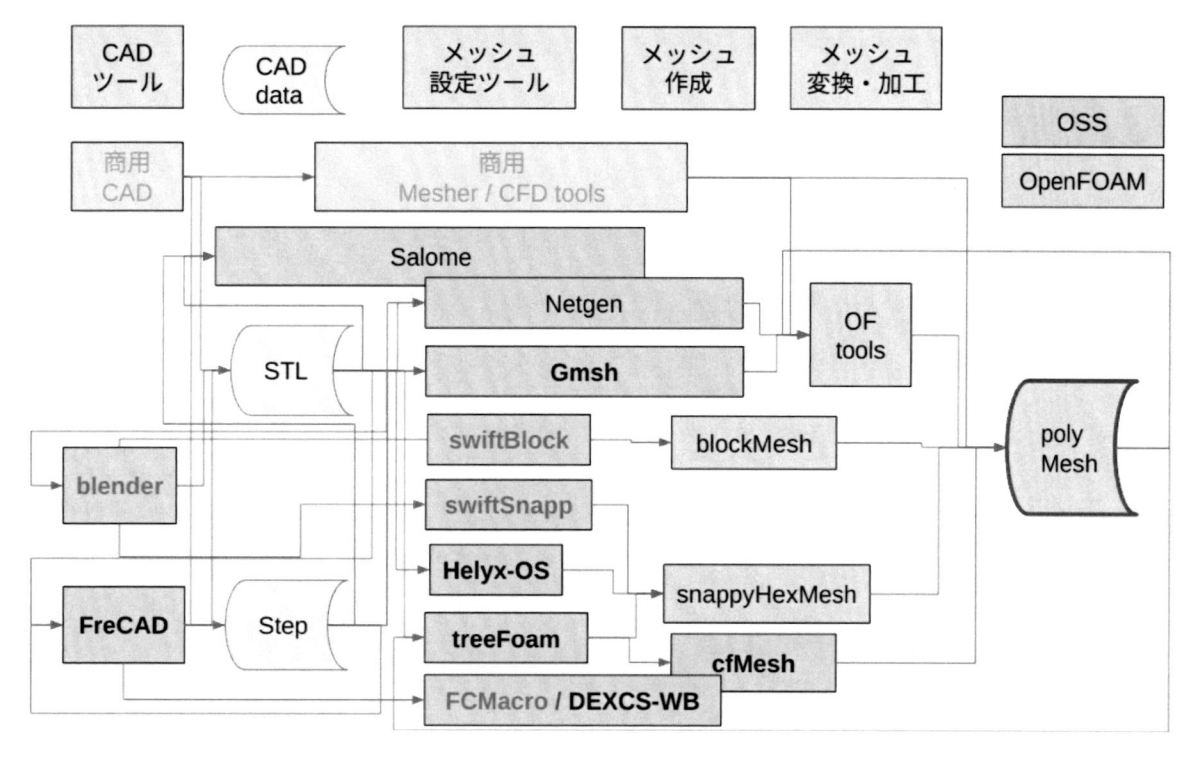

図 5.9 推奨方法 3

　以上，3 つの推奨方法を紹介したが，時間効果で考えれば，どれも一長一短があろう．これを，それぞれの方法の「習得時間」対「成果」曲線として，ざっくりとしたイメージ図にしたのが，図 5.10 である．

　あくまで著者の主観に基づいて描いたもので，それぞれの方法に主体的に取り組んでおられる方には異論もあるだろうし，何よりも取り組む本人のスキルに依存する部分が大きいので，参考程度に留めてもらいたい．

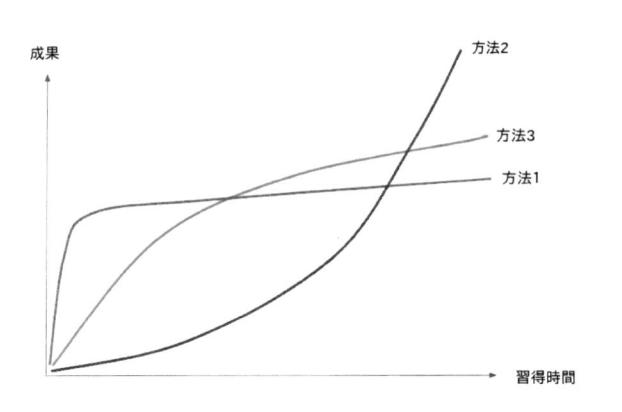

図 5.10 習得時間効果の比較

5.4 DEXCS-OF における推奨メッシュ作成法

　DEXCS-OF では，図 5.9 の最終段の

$$FreeCAD \quad \Rightarrow \quad DEXCS\text{-}WB \ ^{*2} \quad \Rightarrow \quad cfMesh \quad \Rightarrow \quad polyMesh$$

---

*2 DEXCS2020 までは，FCMacro が推奨されていた．FCMacro は DEXCS2021 以降も同梱されており併用は可能．

を標準手順としている．とはいえ，これも万能ではない（たとえば後述するマルチリージョン対応の問題などがある）ので，著者はケースバイケースでここに挙げた方法（推奨方法 2 も含む）を代替方法として使っている．

デスクトップ上 DEXCS フォルダ下には，「cfMeshTutorials」というフォルダがあってその中に 3 つのフォルダ（チュートリアルケース）を収納しているので，実際に動作を確認されたい．

5.5　チュートリアルケース 1:backStep

まずは，「backStep」を使って，DEXCS-WB の基本的な使い方と動作原理を説明する．

「backStep」フォルダを展開すると，図 5.11 に示すように「backStepSimple.FCStd」という FreeCAD ファイルと，「kansai」というフォルダがあって，「kansai」というフォルダを展開すると，その中に「backstep.fcstd」という FreeCAD のデータが存在する．また，「0」「constant」「system」フォルダがあるので，この「kansai」フォルダは，OpenFOAM のケースファイルであることもわかるであろう．

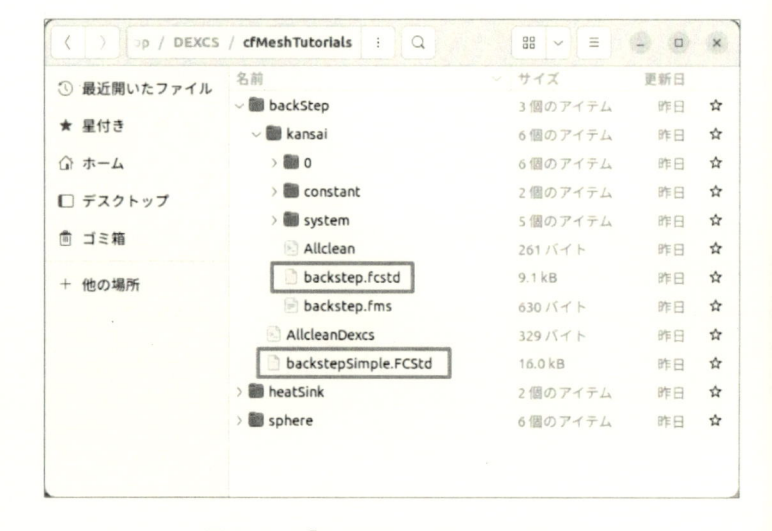

図 5.11　「backstep」チュートリアル

このケースファイルは，OpenCAE 勉強会@関西[*3] の講習会資料[*4] より借用させていただいたもので，解析内容の概要を図 5.12 に示す．また，詳細はスライドシェア資料[*5] として公開されているので，そちらも参考にされたい．

2 つの FreeCAD モデルが収納されているが，その違いは図 5.13 に示すように，壁面を単一名（walls）の壁としているか，または面ごとに異なる名前で区別しているかの違いがあるだけで，DEXCS-WB の使い方の例題としては，まずは簡単なモデル「backStepSimple.FCStd」を使って説明する．

まずは，DEXCS-WB を動かしてみよう．図 5.14 の DEXCS ツールバーの 1 アイコン 🅐 「Analysis container（解析コンテナを作成）」をクリックする．そうするとコンボビュー上に，（dexcsCfdAnalysis）という解析コンテナが表示され，さらにその左側の下向き三角の矢印をクリック（展開）すると，（CFDMesh）と（CfdSolver）という 2 つのコンテナが現れる．このうち 2 （CFDMesh）をダブルクリックすると，コンボビュー画面は自動的にタスク画面に切り替わるので，とりあえずデフォルトの状態（何も変更しない）で 3 「ケース作成」ボタンをクリックしよう．数秒後にメッシュ作成の「実行」ボタンが有効になるのでこの 4 「実行」ボタンをクリックする．

引き続き，メッシュ確認と進むが，すでにメッシュがロードされた状態で ParaView が立ち上がる．本ケースは内部状態を調べるまでないだろう（図 5.15）．

以下，本例題を使って作成されたファイルの内容を具体的に調べていこう．この作業を通して，DEXCS-WB

[*3]　OpenCAE 勉強会@関西，https://ofbkansai.sakura.ne.jp/
[*4]　OpenCAE 勉強会@関西の講習会資料，https://ofbkansai.sakura.ne.jp/log_seminar/
[*5]　スライドシェア資料，https://www.slideshare.net/mmer547/r4-35383697

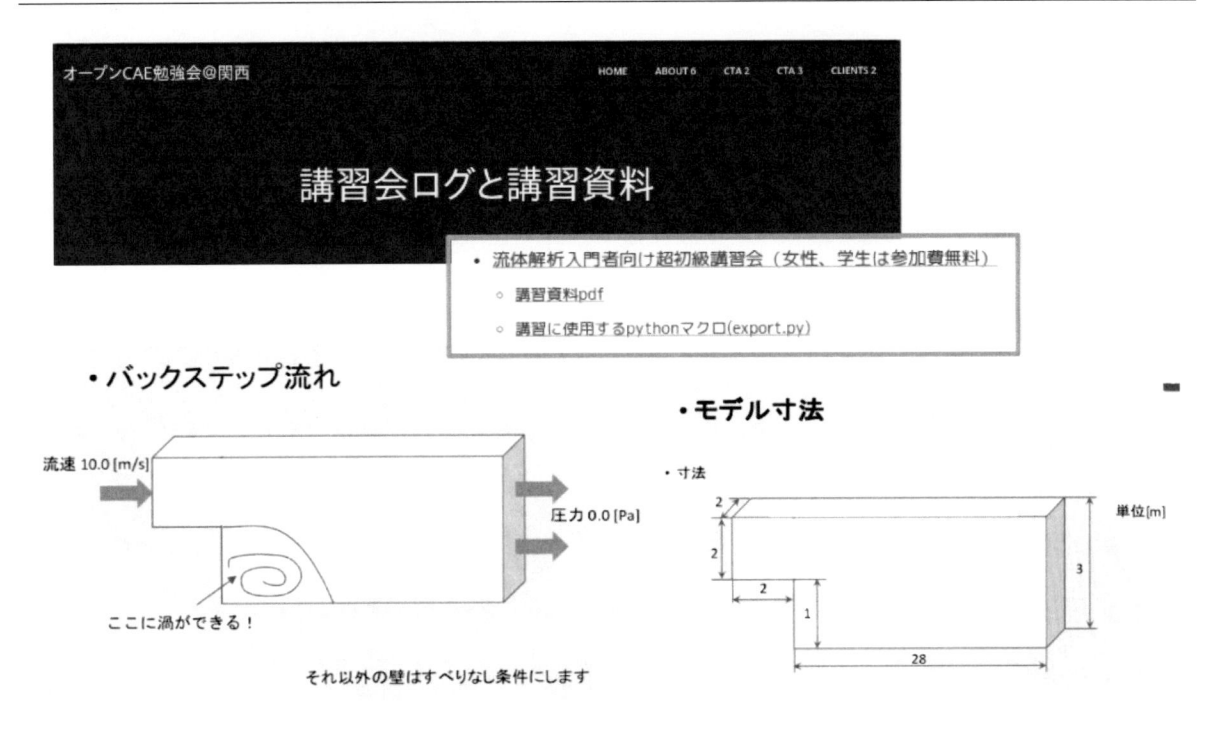

図 5.12 解析内容の概要（OpenCAE 勉強会@関西の講習会資料（脚注*4 を参照）より引用）

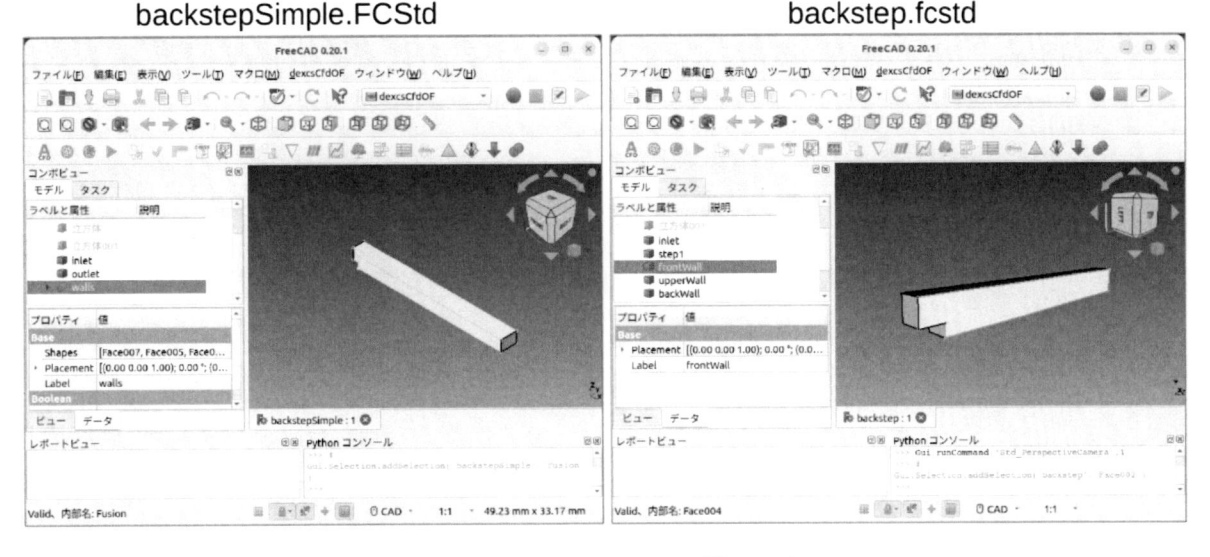

図 5.13 2 つのバックステップ流れモデル

の処理内容の実体を理解していただきたい.

ここで, 改めて図 5.11 で確認したファイルマネージャー画面に戻っていただきたい. 実行前に比べると, 多くのファイルが増えているはずである. ここまで 2 つのボタン（ケース作成, 実行）があったが, それぞれのステップで, どのファイルが作成されてきたのかを整理してみよう.

ちなみに, ステップごとの変化をちゃんと自身で確認したい場合には, 図 5.16 に示すように 1 「Allclean-Dexcs」というファイルを選択して 2 右クリックメニューから 3 「プログラムとして実行」を選択すると, 初期状態に戻るので, 再度実行することもできる.

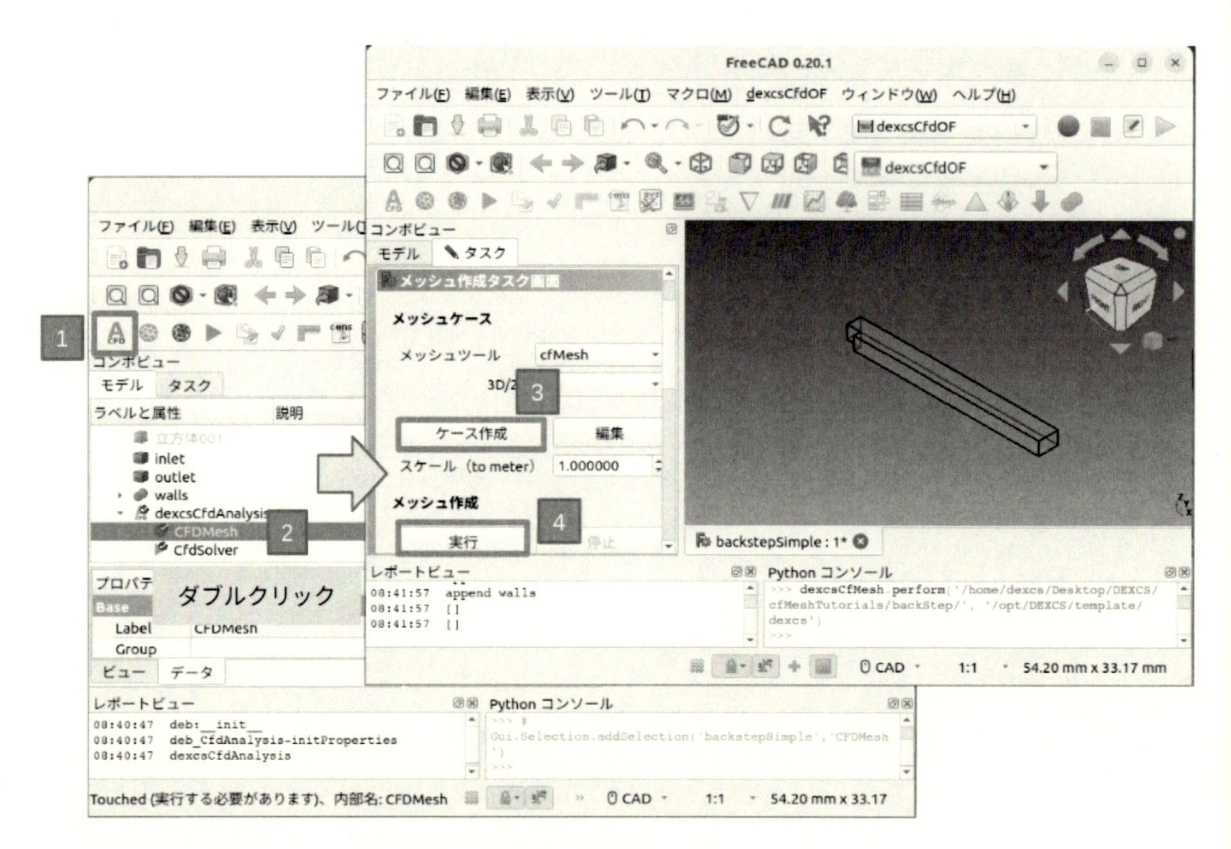

図 5.14　DEXCS-WB/まずは動かしてみる

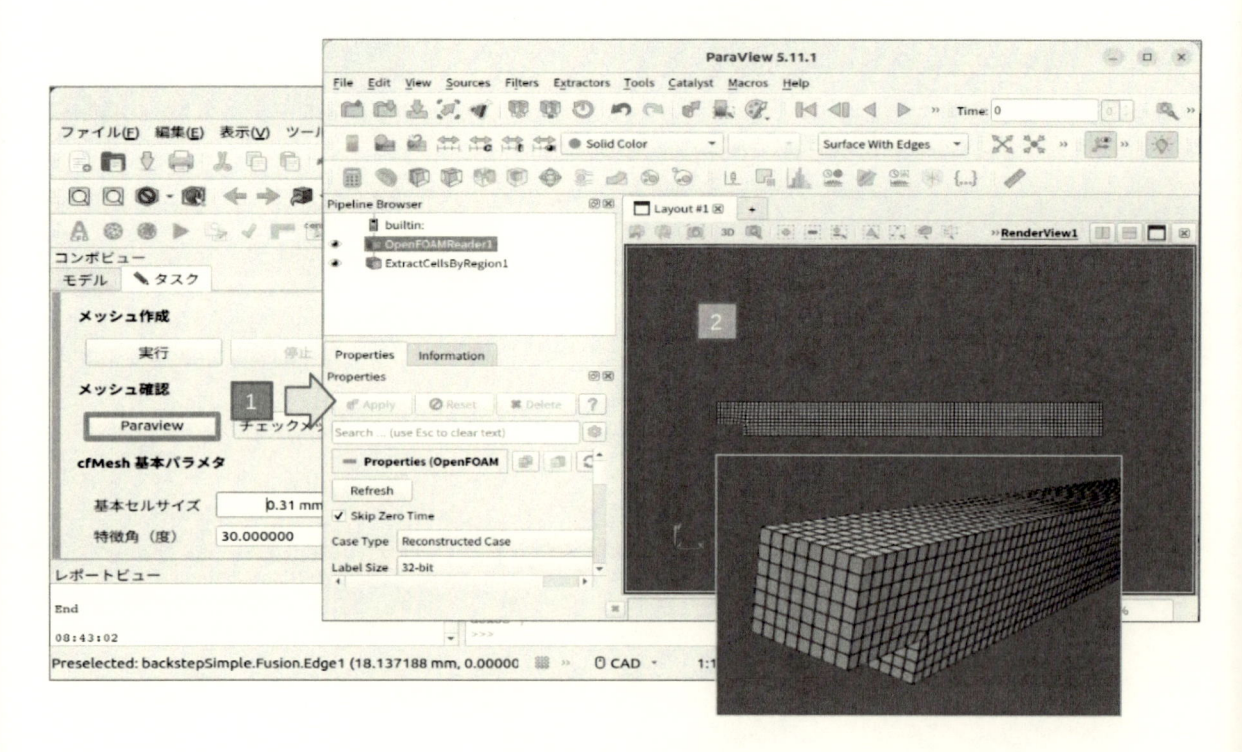

図 5.15　メッシュ確認

図 5.16 AllcleanDexcs の実行方法

　まずは，最初の「ケース作成」である．3.4.5 項で説明したように，cfMesh を作成するには，図 5.17 3
fms 形式の形状定義ファイルと，4「meshDict」ファイルが必要であった．実は，これらの作成以前に，1
OpenFOAM のケースフォルダ要件のチェックと，fms 形式の形状定義ファイル作成の前段階として，2 stl
ファイルを作成しているということである．

　本例の場合，「ケース作成」実行前の FreeCAD モデル「backstepSimple.FCStd」の収納ディレクトリ
「backStep」は，単なるフォルダでしかない．この後のステップ（メッシュ作成，確認）を実行するためには，
OpenFOAM のケースフォルダである必要がある．DEXCS2018 以前では，ケースフォルダ中に FreeCAD モ
デルが存在することを前提に ExportDict を実行しており，DEXCS2023 でもその基本は変わっていない．し
かし，本例のように，ケースフォルダでなかった場合には，DEXCS ランチャーのデフォルトパラメタセット
「/opt/DEXCS/template/dexcs」をそのままコピーして，とにかく先へ進めるようにしたというのが実体で
ある[*6]．

　fms 形式ファイル作成の前段階として stl ファイルを作成している[*7] のは，cfMesh のモジュールの一つに
surfaceFeatureEdges という，stl 形式から fms 形式へのファイルコンバータを使えるからである．この使用
法（Usage）を調べるのに，OF 専用端末[*8] で，

```
$ surfaceFeatureEdges -help
```

とコマンド入力すれば，

[*6] デフォルトでそうなっているというだけで，特定のケースファイルからコピーすることもできる（後述）．

[*7] FreeCAD モデルから stl 形式を出力するにはいくつかの方法がある（4.3.1 項参照）が，ここでは DEXCS ツールバーの，△
（STL ファイル作成マクロ）と同じやり方であり，この内容は，図 5.12 で紹介したオープン CAE 勉強会＠関西の講習会資料中の
「講習に使う python マクロ（export.py）」を参考に改変させていただいたものである．

[*8] OF 専用端末は Dock ランチャーの上から 6 番面のアイコン ▽ をクリックすると起動する．

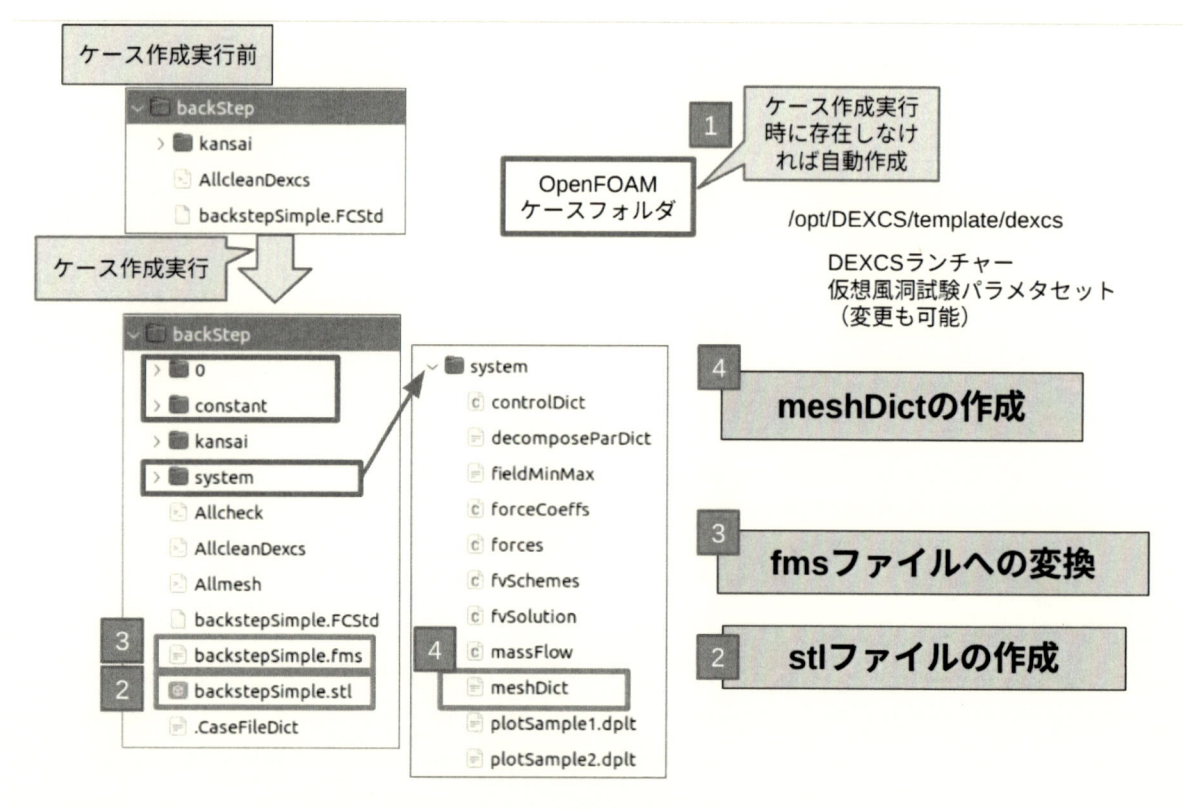

図 5.17　ExportDict（cfMesh 用設定ファイルの作成）

```
Usage:  surfaceFeatureEdges [OPTIONS] <input surface file> <output surface file>
Options:
-angle feature angle (degrees)
-case Specify case directory to use (instead of the cwd)
```

という出力が返ってくる．つまり，<input sur-
face file> に stl 形式を指定して，<output surface
file> に fms 形式を指定すれば変換が行われる．こ
こで，オプションの -angle feature angle　という
のは，隣り合う面の交接角度を見てその値が設定
値以上であれば，交接線を feature（特徴線，輪郭
線）として付加出力することを意味している．つ
まり，fms 形式は，stl データだけでなく，feature
データも含有したファイル形式ということである．

　本例では，単純な形状を取り扱っており，具体
的なファイル内容も確認しやすくなっているので，
実際に確認してみよう．ファイルマネージャー上
でファイルをダブルクリックすれば，テキストエ
ディタが立ち上がって内容を確認できる．図 5.18，
図 5.19 に，内容を確認する際の留意点を示す．

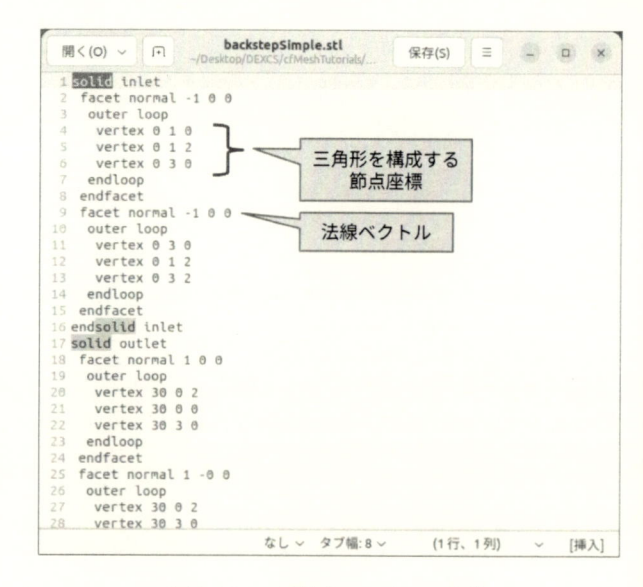

図 5.18　stl 形式ファイルの実体

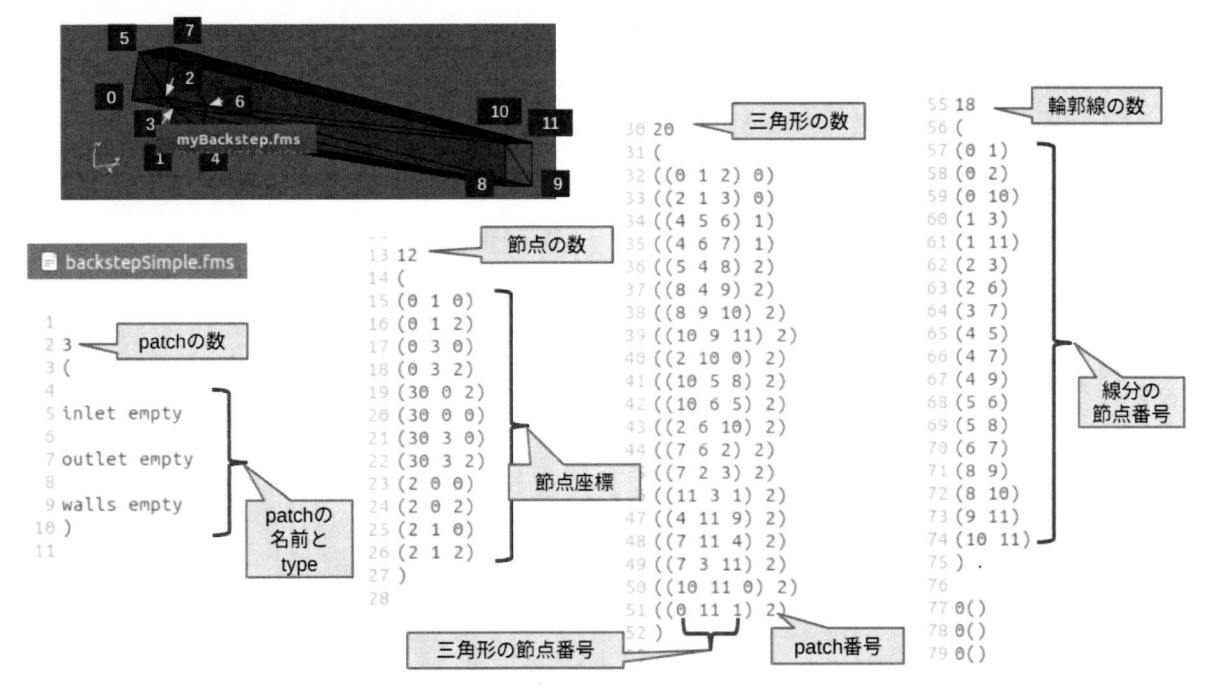

図 5.19 fms 形式ファイルの実体

　次に「meshDict」ファイルであるが, これもテキストファイルなので, 内容を確認することができる. 本例では約 270 行もの内容があって, 初めて見る人にはどこに何が記述されているのか理解が困難かもしれない. 行数が長いのは, 基本的に cfMesh 作成用のパラメタがほとんどすべて内包されているからで, ほとんどはデフォルト, もしくは特別に使う場合にのみ有意義なパラメタはコメントアウト行 (行頭に//のある行) になっている. ケースファイル情報と FreeCAD データに基づいて作成した GUI 画面の表示パラメタとその変更箇所だけが, 「meshDict」の該当部分を変更する仕組みとなっている.

　本例の場合は, 単純にデフォルトのまま ExportDict したので, 変更箇所はごくわずかであった. 具体的な変更箇所を, 図 5.20 に示しておく.

　図 5.20 の中央下あたりにおいて「メッシュ細分化タスク画面」を表示しているが, これは何も指定しないデフォルトの状態を示しており, 本例ではまだこのコンテナを使用していないので, この画面状態が適用されるとしてよい. ②〜④の破線で囲った部分において, () だけで何も内容が指定されていないのはこれに起因する.

　① maxCellSize はメッシュ作成の際に基本となるセルサイズのことで, 0.31 という中途半端な数字になっているのは, モデルのサイズを読み取って, 図 5.21 に示す方法で計算しているからである[9]. もちろんこの数字は GUI 画面上で変更可能になっており, 変更すればその値が反映される.

　まずは, メッシュ作成タスク画面で設定可能な基本パラメタ

- 基本セルサイズ
- 特徴角 (度)

について, 具体的に値を変更して, メッシュがどう変化するかを調べてみよう. なお, 特徴角 (度) よりも下

---

[9] maxCell サイズとして, 3 辺の和を一定にするよりも, 3 辺の積を一定にしたほうがよいのではないかというご意見をいただいた. ごもっともなので DEXCS2021 から変更した.

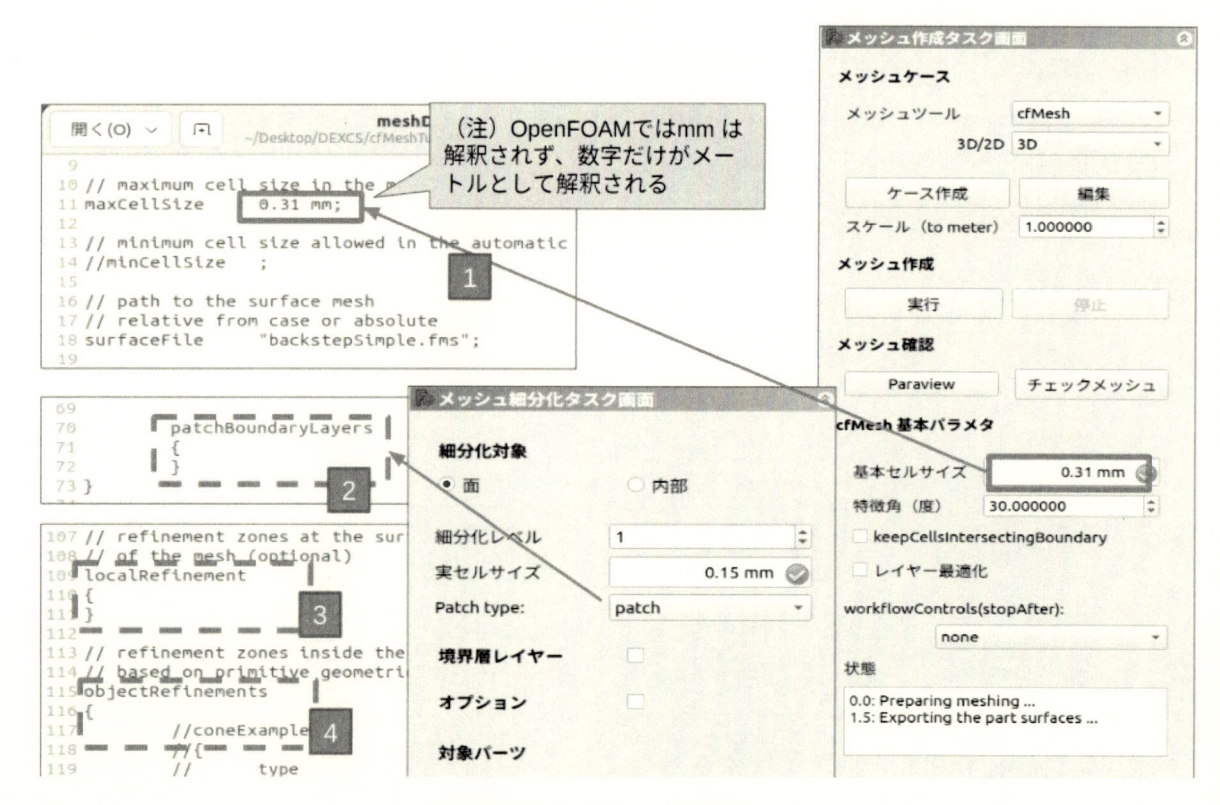

図 5.20　meshDict 変更箇所

のパラメタ（keepCell..., ...）については後述する.

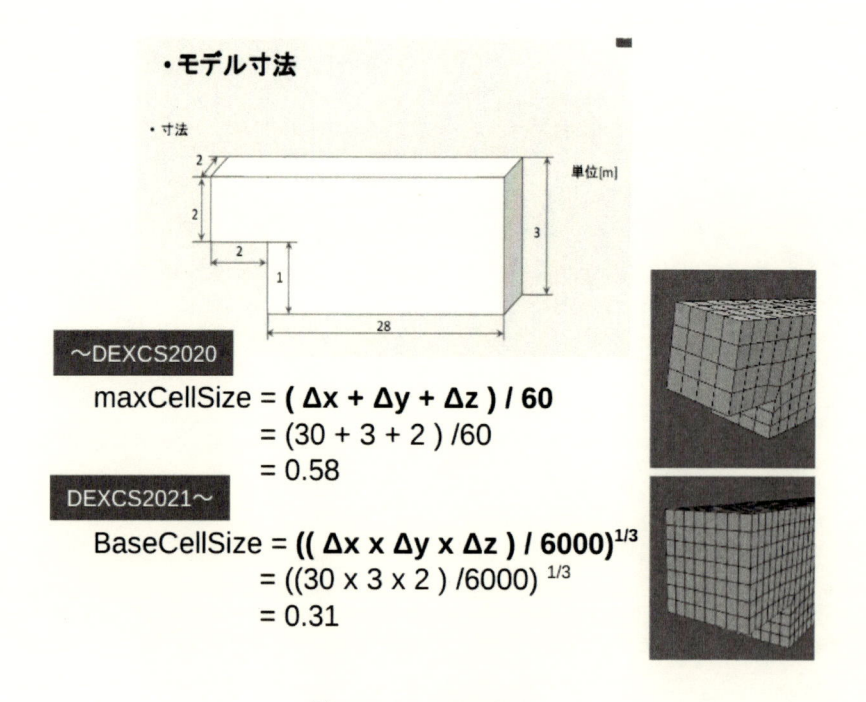

図 5.21　maxCellSize

(1) 基本セルサイズ

基本セルサイズを「0.2」に変更した例を，図 5.22 に示す.

1で値を変更し，2「ケース作成」から3「実行」4「Paraview」の手順は，図 5.14～5.15 で説明したのと同じである．結果はメッシュの主要外観図だけを掲載した（以下のケーススタディでも同様）．ほぼ狙い通りの寸法で一様にメッシュが細分化されている．またすべてのセルの寸法が等しくなってはいない点も読み取れよう.

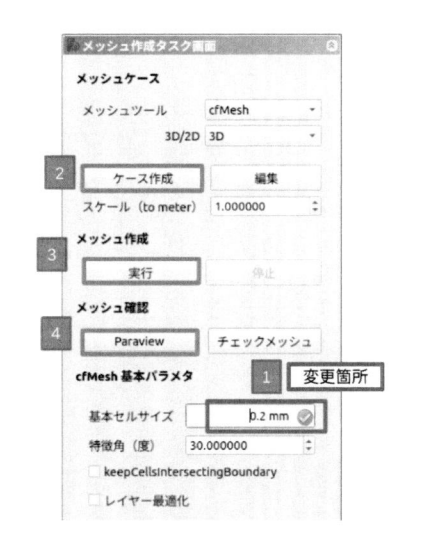
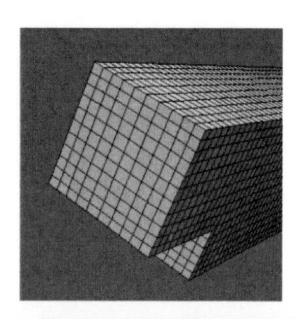
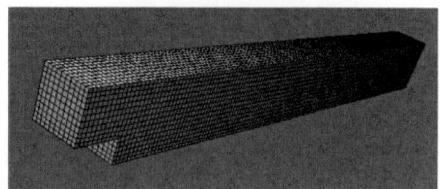

図 5.22 基本セルサイズの変更例

(2) 特徴角

特徴角を「95」（単位は deg）に変更したものが，図 5.23 である.

1で値を変更し，2～4をクリックした．特徴角というのは，隣り合う面の交接角度を見て，その値が設定値以上であれば，交接線を feature（特徴線，輪郭線）とするものであった．本例では walls というパッチが，外周

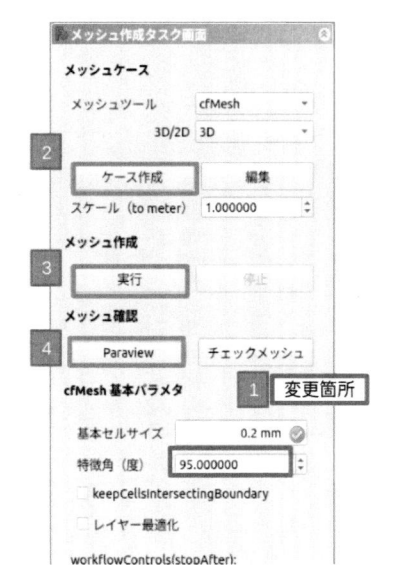
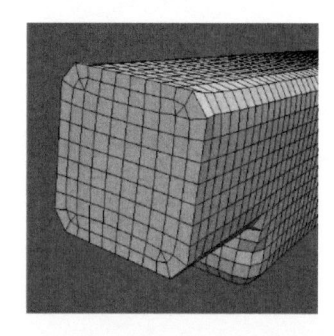
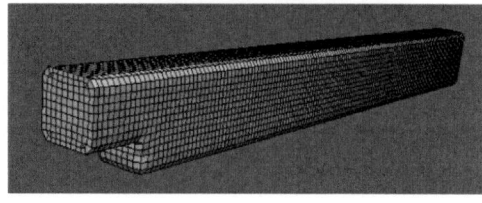

図 5.23 特徴角変更例

壁全体を表す一枚もので，基本 90 deg で折れ曲がった面になっていた．特徴角がデフォルトの「30」であったときはこの折れ曲がり部が feature（特徴線，輪郭線）と認識されていたが，「95」とすることで認識されなくなり，角部が丸まってしまったということである.

(3) 境界層レイヤー

　次に，特徴角を「90」より小さい値（本例では「85」）に戻し，図5.24の 1 〜 2 の手順で「メッシュ細分化タスク画面」を起動して，境界層レイヤーについて調べてみよう．

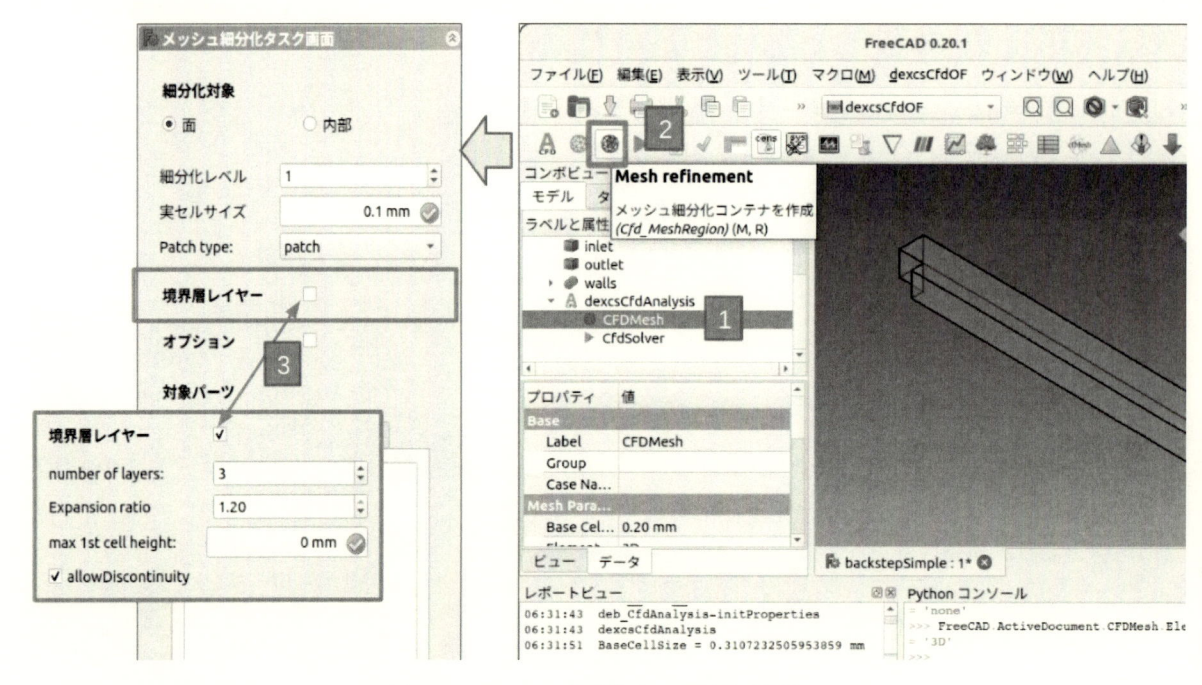

図5.24　メッシュ細分化タスク画面の起動

　メッシュタスク画面の「境界層レイヤー」の右側にあるチェックボックスを 3 クリックすると，4つのオプションパラメタが表示される．もう一度クリックしてチェックを外せば表示されなくなるが，境界層レイヤーを付与する際には，これらオプションパラメタがあって，デフォルトではこれらの値が採用されるということである．

　ただし，境界層レイヤーを付与するには，対象パーツを指定する必要がある．通常は静止壁面（本例ではwall）を対象とし，流体が通過する面（本例では，inlet, outlet）には付与しない．対象パーツの指定方法は，図5.25を参照されたい．

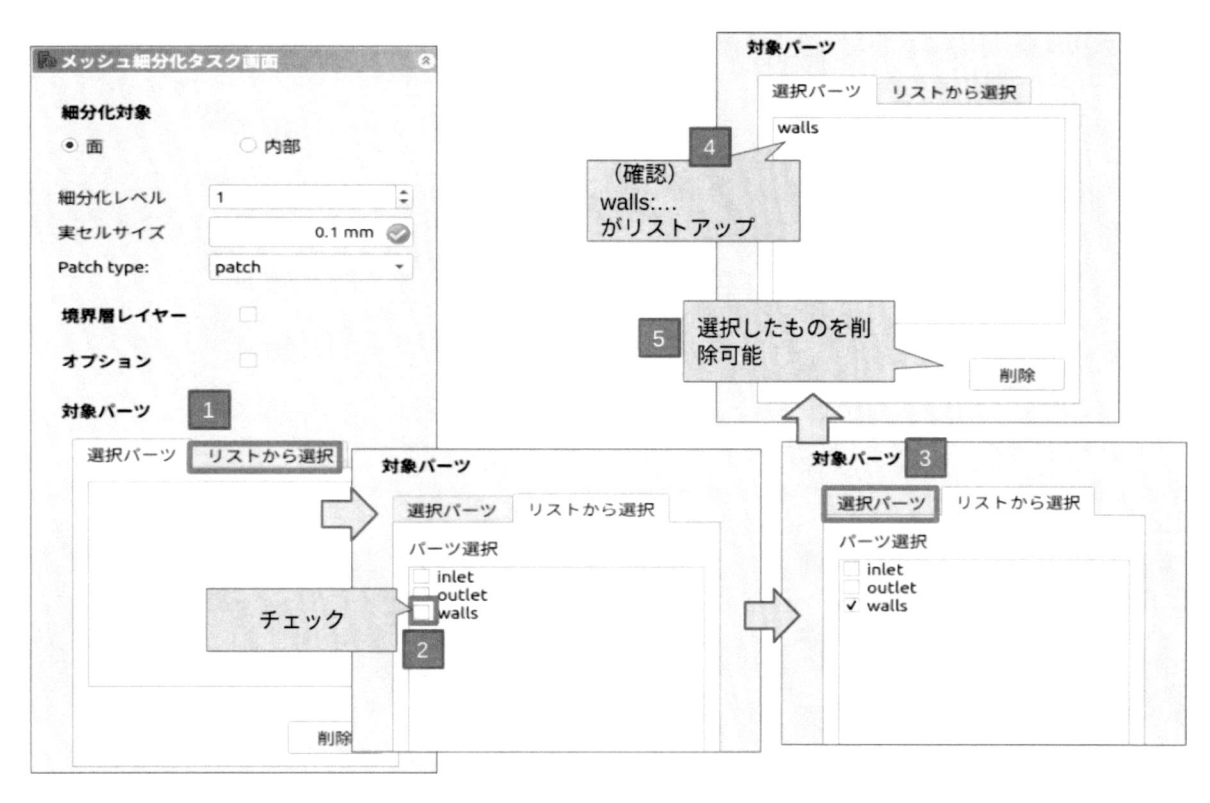

図 5.25　対象パーツの指定方法

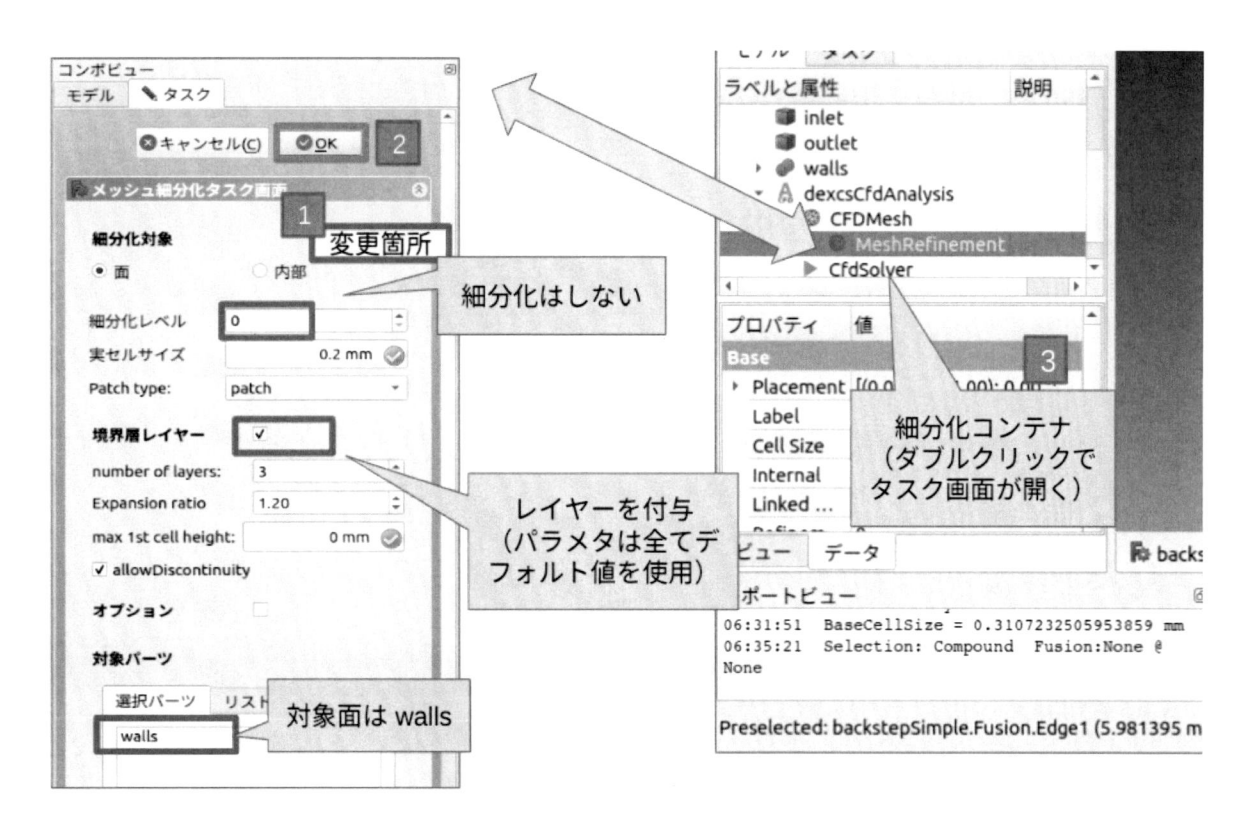

図 5.26　メッシュ細分化タスク画面の設定例

　設定が終わって$\boxed{2}$「OK」ボタンを押せばタスク画面が閉じる（図 5.26）．コンボビュー画面は「モデル」タグに切り替わり，コンポーネントの階層表示状態になる．ここで$\boxed{3}$（MeshRefinement）コンテナをダブルクリックすれば，改めて「メッシュ細分化タスク画面」が起動されるので，設定をやり直すこともできる．

　メッシュ作成は，$\boxed{1}$（CFDMesh）コンテナをダブルクリックし，現れた「メッシュ作成タスク画面」上で，改めて$\boxed{2}$「ケース作成」ボタンを押す必要がある点には注意されたい（図 5.27）．これを押さずに$\boxed{3}$「実行」ボタンを押しても設定変更は反映されない．

　本例で作成されたレイヤーの詳細をわかりやすくするため，流入口からみた正面拡大図を図 5.28 の中央に示す．

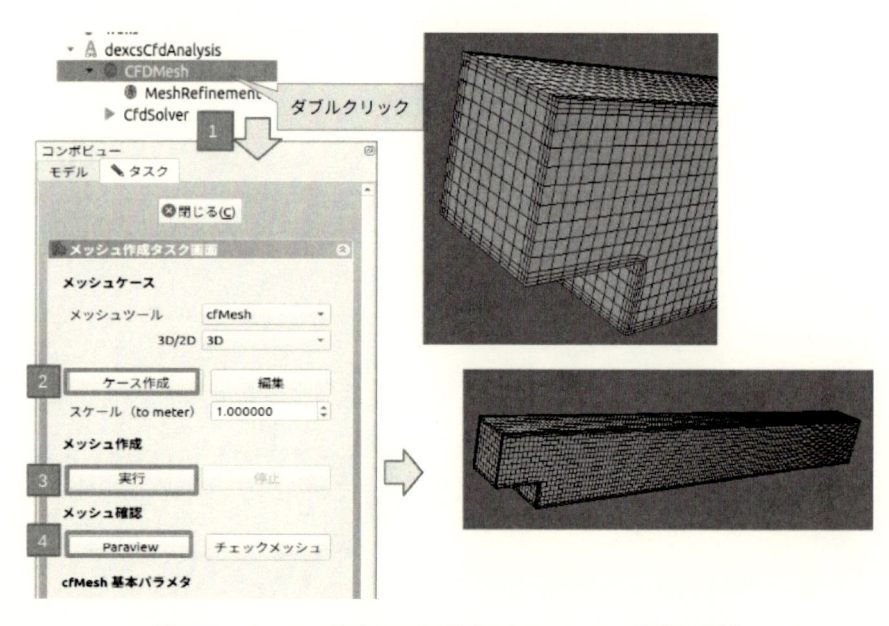

図 5.27　メッシュ作成タスク画面によるメッシュ作成と確認

　ここで，レイヤー指定をしなかった場合（図 5.28 左）と，他のレイヤーオプション（number of layers=9）で作成した図 5.28 右を見比べることによって，以下の点をご理解いただけよう．

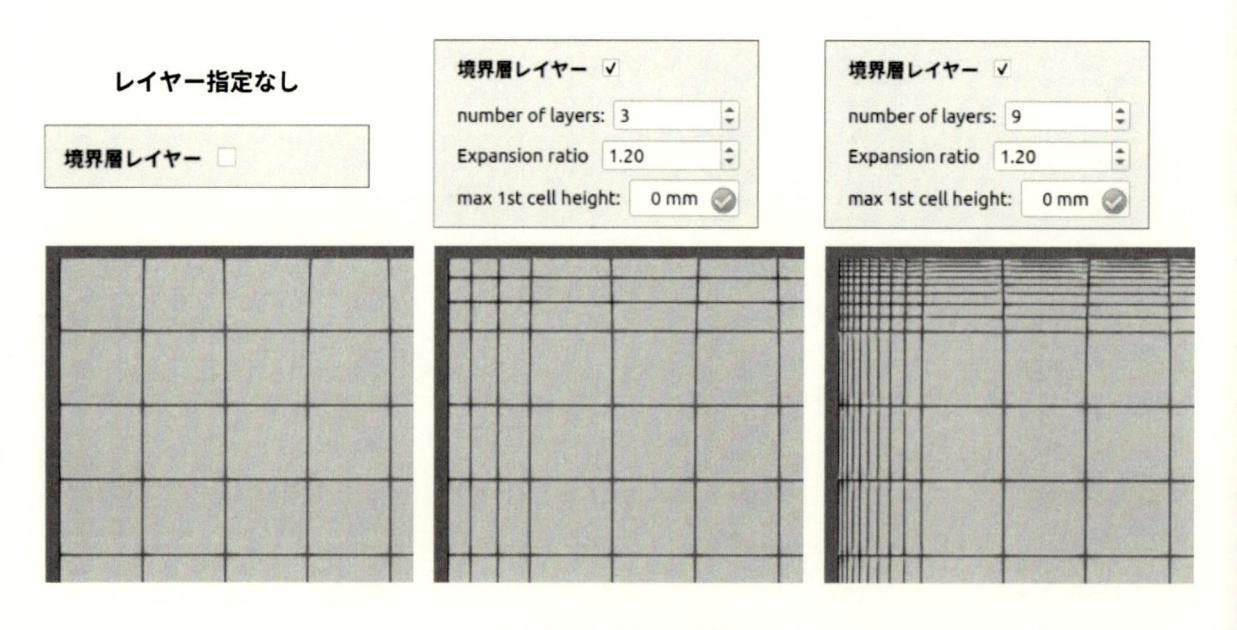

図 5.28　レイヤーの詳細

1. レイヤーは壁面に隣接したセルを，（number of layers）で指定した数に層分割して作成される
2. （Expansion ratio）は，隣接層との厚さの比率

とくに，（1.）が cfMesh の特徴点で，OpenFOAM 標準の snappyHexMesh と大きく異なっている．複雑な形状に対して snappyHexMesh ではレイヤーの欠損が生じることが多いのに対して，cfMesh でまず生じないのは，この作成原理に由来するものと考えられる．

なお，本例では，壁面に隣接したセル全体を指定 Expansion ratio になるように分割しているが，境界層レイヤーの壁面第 1 層の厚みを指定することも可能であり，その場合はオプションの（max 1st cell height）を使う．デフォルトでは「0 mm」となっているが，これを指定の値にすれば良い．ただし，デフォルトで作成されるレイヤーの厚さより大きな値を指定しても有効にはならない（図 5.29）．

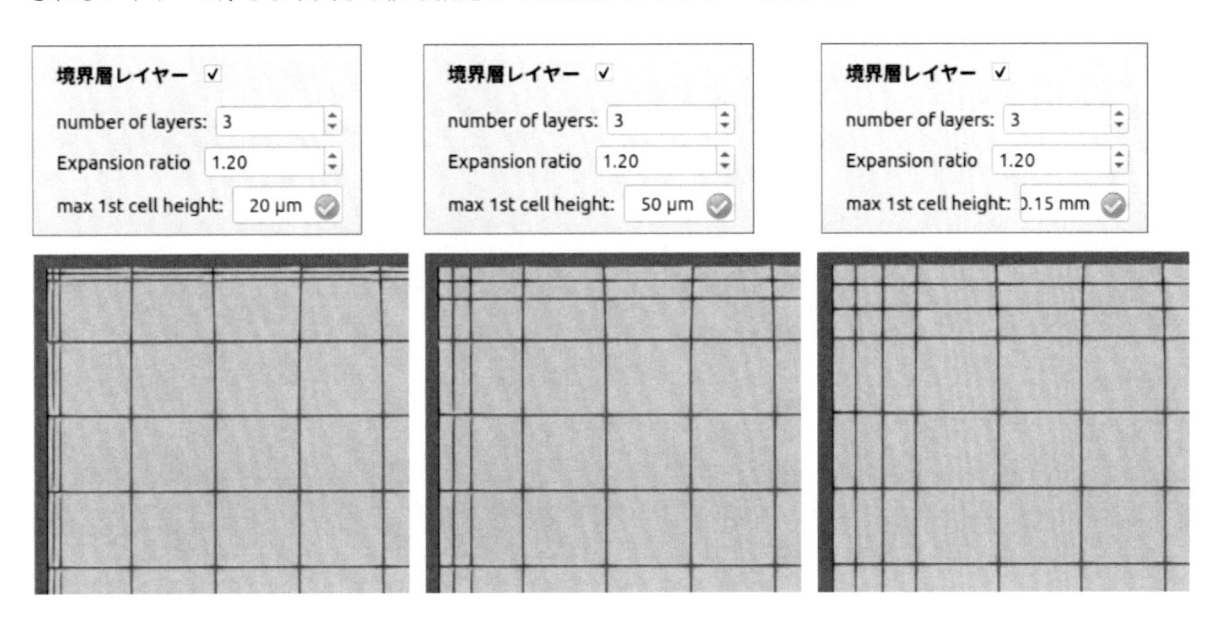

図 5.29　境界層レイヤーオプション（max 1st cell height）

なお，境界層レイヤーのオプションパラメタとして，もう一つ（allowDiscontinuity）があるが，これはもう少し後（p.112）で説明する．

(4) 細分化レベル（実セルサイズ）

基本セルサイズを「0.5」，wall を対象に細分化レベルを「2」に変更した例を図 5.30 に示す．

この例題の狙いは，walls 近辺のメッシュを細分化するものであった．その際に，基本セルサイズも変更した．流路の中央断面（サイズは 2×3）におけるメッシュ図を眺めれば断面中心あたりのセルサイズがおおよそ基本セルサイズ（= 0.5）になっていることを読み取りやすくするためであった．壁面（walls）の細分化レベルを「2」としたので，そのサイズは基本セルサイズの半分の半分で 0.125 ということになる．図 5.30 で $\boxed{4}$ 細分化レベルを変更した際に，その値と連動して，実セルサイズも変化することを確認できたはずである[10]．

---

[10] 図 5.30 中，0.13 と表示されているのは，0.125 を切り上げた数字である．

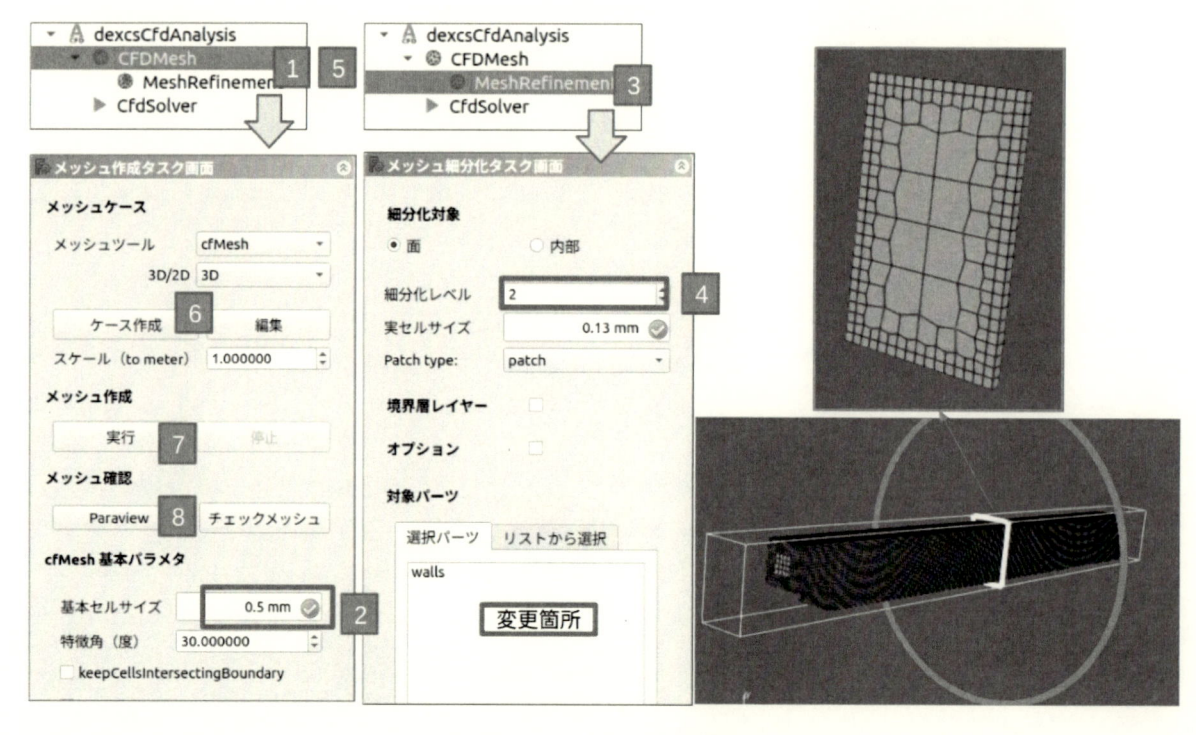

図 5.30　セルサイズの変更例

一方，この（実セルサイズ）の数値は，独立して変更も可能である（図 5.31）.

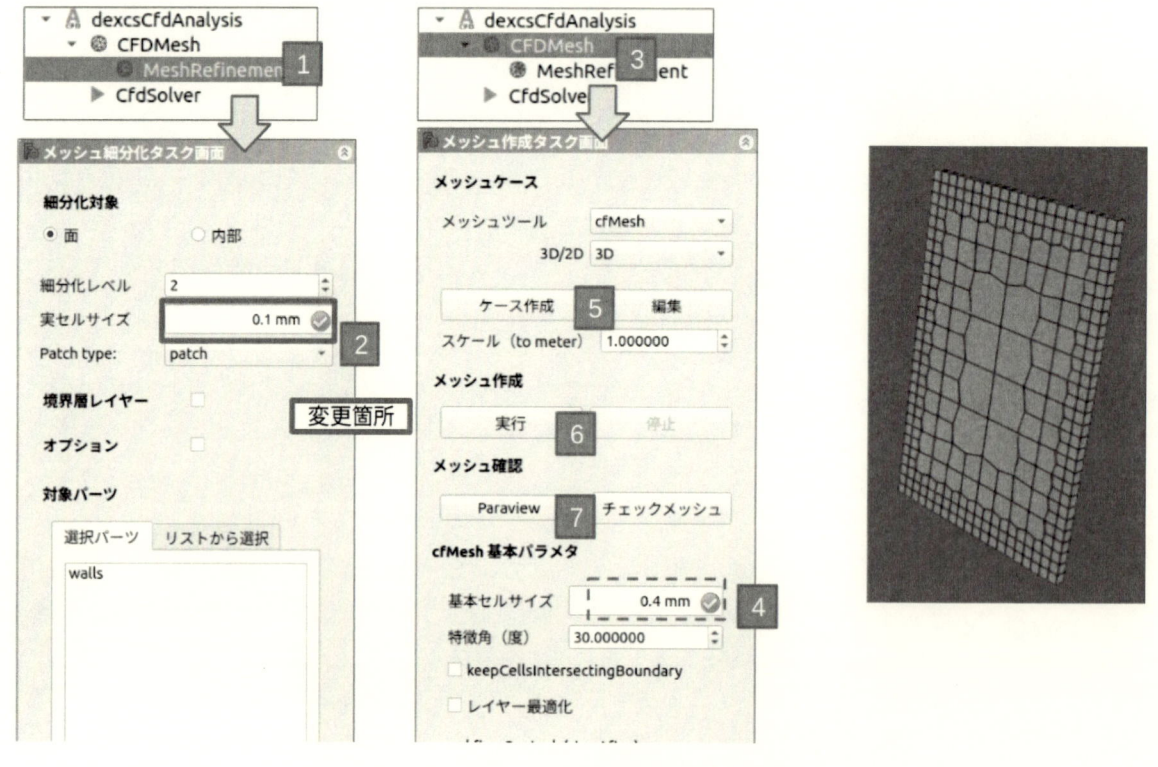

図 5.31　実セルサイズを基準にした変更例

ここでは，実セルサイズを，[2]「0.1 mm」に変更した．このタスク画面を閉じて，[3]（CFDMesh）コン

テナをダブルクリックして「メッシュ作成タスク画面」を開くと，基本セルサイズが 4 「0.4 mm」に変更されているはずである．このように，特定のパッチにおけるセルサイズを指定するという使い方もできる．

以上，壁面を単一名（walls）の壁として取り扱った．単一のパッチで（特徴角（度））の設定によってパッチが異なったものになっているが，設定が一箇所なのでレイヤーは全壁面で同一になってしまった．

単一名でなく，個別に面の名前を変えればこの問題はなくなる．本チュートリアルの原本資料（脚注*4 参照）では，図 5.13 の右側のモデル「backstep.fcstd」を使っていたので，これを使った作成例を図 5.32 に掲載しておく．

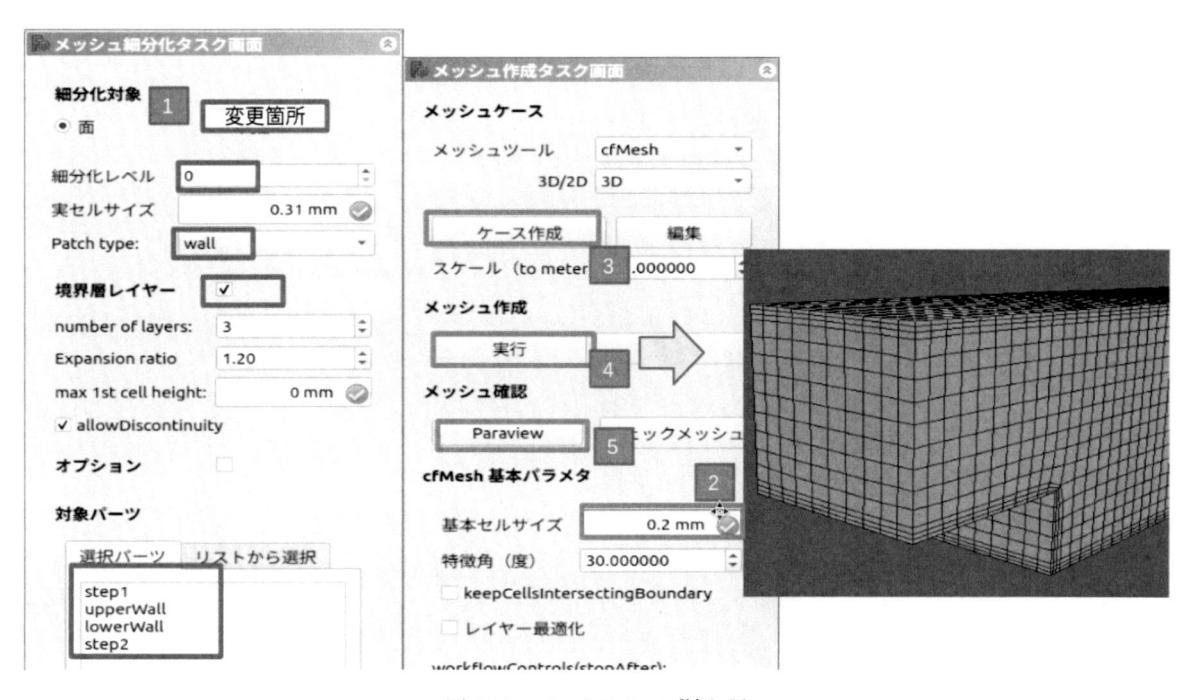

図 5.32 バックステップ流れ用

ちなみに，このでき上がり例はオープン CAE 勉強会@関西の講習会資料（脚注*4 参照）で説明されているもの（HELYX-OS / snappyHexMesh にて作成）とほぼ同一のメッシュ規模になっている．さらに，本例には同講習会資料で説明されている流れ解析用のパラメタセットも同梱してあるので，マクロ画面を終了して，DEXCS ランチャーからただちに計算実行できるようになっている（図 5.33）．講習会資料は，HELYX-OS を使った解析手順の説明書になっているが，本方法の手順のほうが格段に少なく済んでいることを理解いただけると思う．

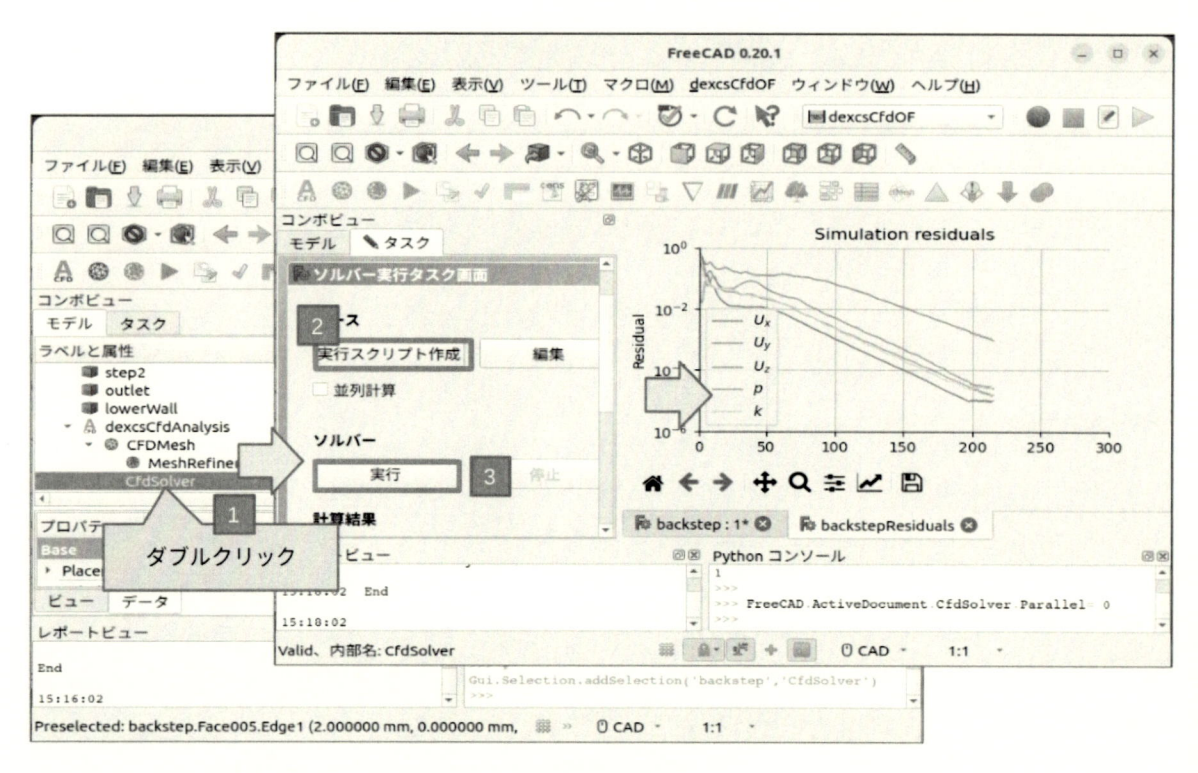

図 5.33　計算実行

(5)　allowDiscontinuity

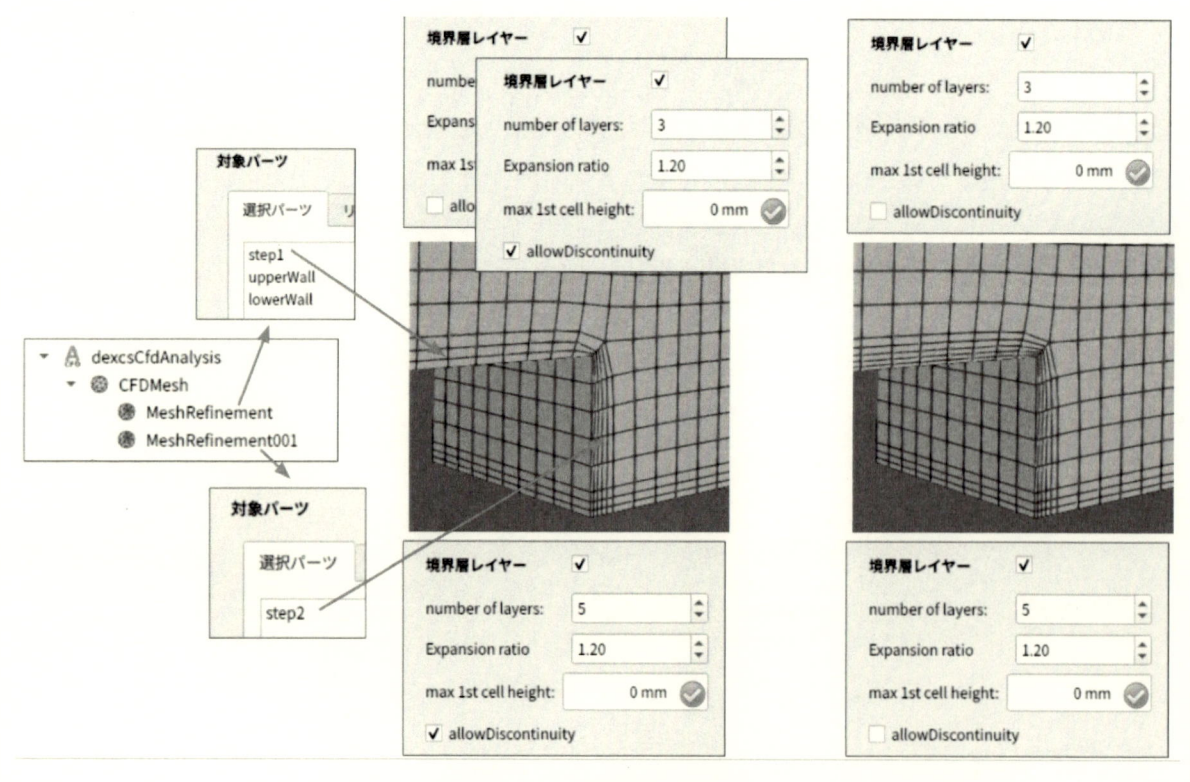

図 5.34　allowDiscontinuity

　これまでは，すべてのパッチで境界層レイヤーの数が同一として調べてきたが，ここでは異なる場合のオプション（allowDiscontinuity）の使い方について説明する．図 5.34 に示すように，先に作成した細分化コンテナ（MeshRefinement）の対象パーツから「step2」を削除する．細分化コンテナをもう一つ追加（MeshRefinement001）して，こちらでは「step2」を対象にレイヤー数を「5」として設定する．このときに，（allowDiscontinuity）のチェック状態に応じてメッシュがどう変化するのかをとりまとめたものである．「step1」と「step2」のつなぎ目（凹部の角点）で境界層レイヤーの不連続を許容するかどうかであり，隣接するパッチの両者でチェックを外して許容しないとすれば，レイヤー数指定が無効になるということである．ただし，「step2」と「lowerWall」のつなぎ目（凸部の角点）については関係ないことは，図を見れば理解いただけるであろう．

5.6　チュートリアルケース 1:heatSink

　まずは，cfMesh チュートリアルケース中の「heatSink」フォルダに同梱した FreeCAD モデルを確認されたい（図 5.35）．これは，電子機器冷却用のヒートシンクを長方形のダクト中に配して，ヒートシンク下面に発熱体があり，ダクトに冷却風が流れるときの，ヒートシンクの冷却性能試験（熱抵抗，圧力損失の測定）を想定したものである．ヒートシンクは実際に市販されているもので，形状の CAD データも公開されているもの（図 5.36）をインポートした．ヒートシンクのダクト試験の方法も公開[11] されており，ダクト形状はこれに準じて作成したものである．

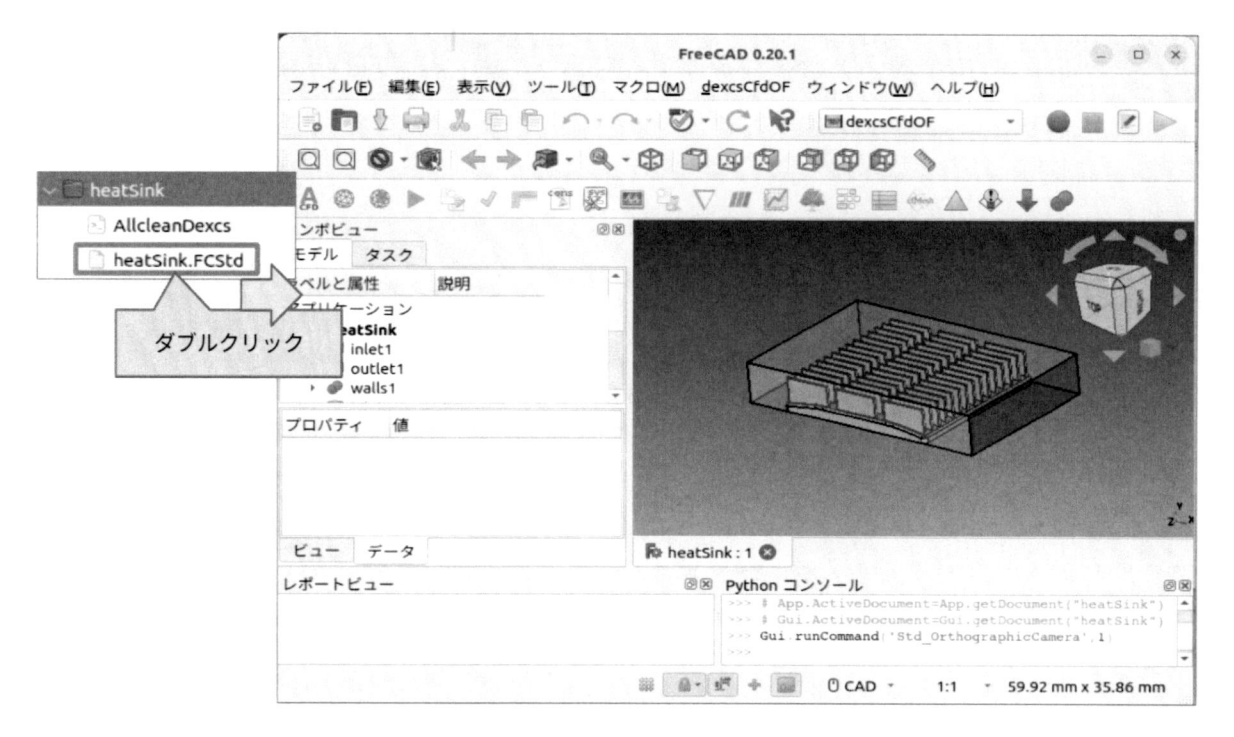

図 5.35　ヒートシンクの解析モデル

---

[11]　**パッシブヒートシンクの測定装置および条件，**`https://www.micforg.co.jp/jp/c_ref3.html`

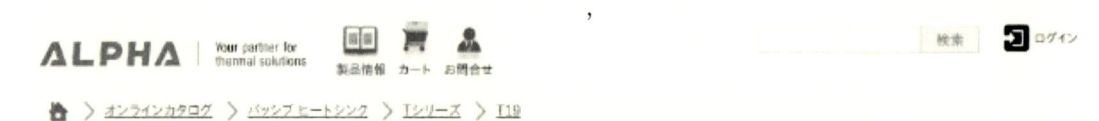

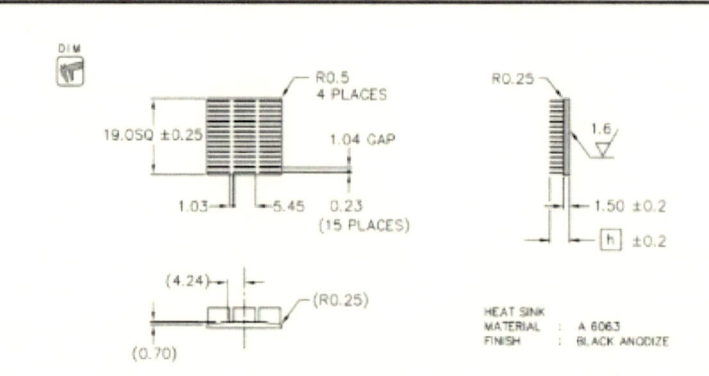

T19 SPECIFICATION & THERMAL DATA

	規格名	全高 h (mm)	ベース厚 (mm)	重量 (g)	ダウンロード			納期 / 見積 / 購入		オプション
○	T19-3B	3		1.6	DATA SHEET	STEP	IGES	数量 − +	納期確認	取付方法選択
○	T19-4B	4		1.7	CAD	STEP	IGES		見積依頼	
○	T19-5B	5	1.5	1.8	RoHS	STEP	IGES			
○	T19-6B	6		1.9	REACH	STEP	IGES		購入	

図 5.36　ヒートシンクの形状データ / ALPHA オンラインカタログ[13]　より引用

　OpenFOAM では，ヒートシンクの冷却性能試験（熱抵抗，圧力損失の測定）を想定した場合，chtMultiRegion 系のソルバーを使って，固体側の伝熱計算と，流体側の熱流動計算を連成して解くことになる．その際，OpenFOAM の標準チュートリアルケースでは固体部分と流体部分を併せてメッシュを作成した後で，固体側と流体側とにメッシュを分割する．つまりメッシュ作成法としてマルチリージョンに対応した作成方法が必要になり，通常のメッシュ作成ソフトや OpenFOAM の snappyHexMesh ではこれに対応できているが，残念ながら cfMesh では未対応である[14]．しかしながら，ソルバーの計算原理を考えれば，固体側と流体側とで個別に作成しても何ら問題はない[15]．わざわざ同時作成して，その後で分割する必要がないとも言えるのである．本例ではこの方法で個別にメッシュ作成する．ただし，チュートリアル例題として実施するには，図 5.35 のモデルをそのまま使ったのでは，メッシュ規模が大きくなりすぎて取り扱いにくい．図 5.37 に示すように解析領域全体も 1/3 カットモデルも同梱してあるので，そちらを使うことにする．

---

[13]　ALPHA オンラインカタログ，https://www.micforg.co.jp/jp/c_t19.html
[14]　cfMesh の商用版（CF-MESH+）では，Ver.3.0 以降，マルチリージョン対応可能となった．
[15]　界面を構成する節点が同一面内にあればよい．厳密に同一であるかどうかの判断は難しいが，ある程度の誤差は許容される．経験的には cfMesh で個別作成したメッシュは問題ないが，snappyHexMesh で個別作成したモデルでは問題が生じる場合があった．

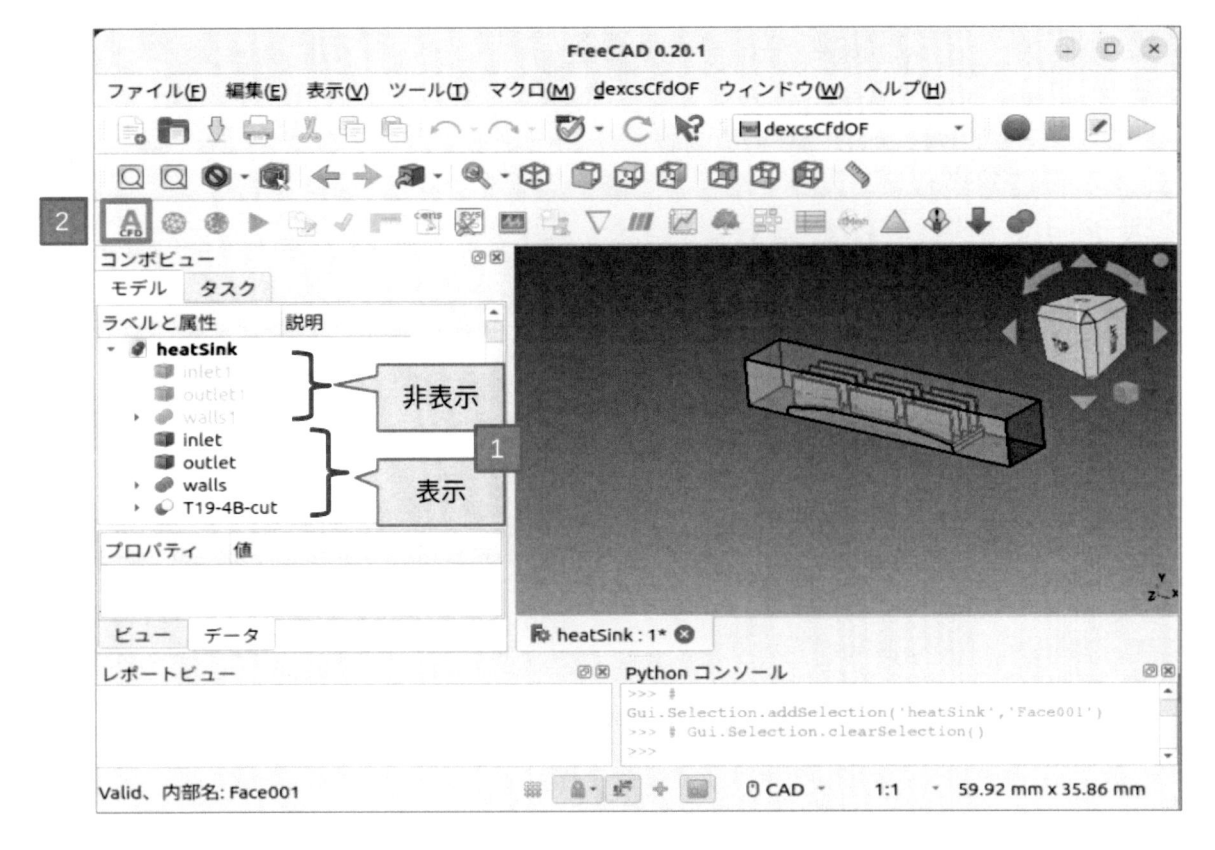

図 5.37　ヒートシンク解析演習用 1/3 モデル

コンボビューの「モデル」タグ，コンポーネントごとのツリー表示画面で，個別にコンポーネントを選択してスペースキーを押すと，3D 画面上での表示/非表示が切り替わる（1）ので，表示状態になったら 2「ファイル保存」しておこう．ちなみにこのモデルは流体領域と個体領域の両方を含んだモデルとなっている．複数の領域がある場合，cfMesh はたいていは容積の大きな領域のメッシュを作成する．したがって，このモデルでは流体領域のメッシュが作成されるはずである．しかし容積が近い場合には，意に反して容積の小さいほうの領域のメッシュが作成されてしまうことがあり，その場合にはメッシュ作成パラメタの調整を行うか，それでだめなら，閉じた領域が流体領域だけのモデルを作成する[*16] 必要がある．

まずは図 5.38 1〜4 の手順でメッシュ作成してみよう．メッシュ細分化パラメタ変更箇所の要点としては，フィンの厚みが 0.23 なので，フィンまわりを解像するべく「0.1」とし，基本セルサイズも「0.8」としたので，細分化レベル ＝ 3 相当がここでそのまま適用される値とした．作成したメッシュを図 5.39 に示すが，意図したサイズ通りのメッシュになっていることが見てとれる．

[*16]　**本例では，ヒートシンク底面に穴を開ける，もしくは底面だけを削除するなど．**

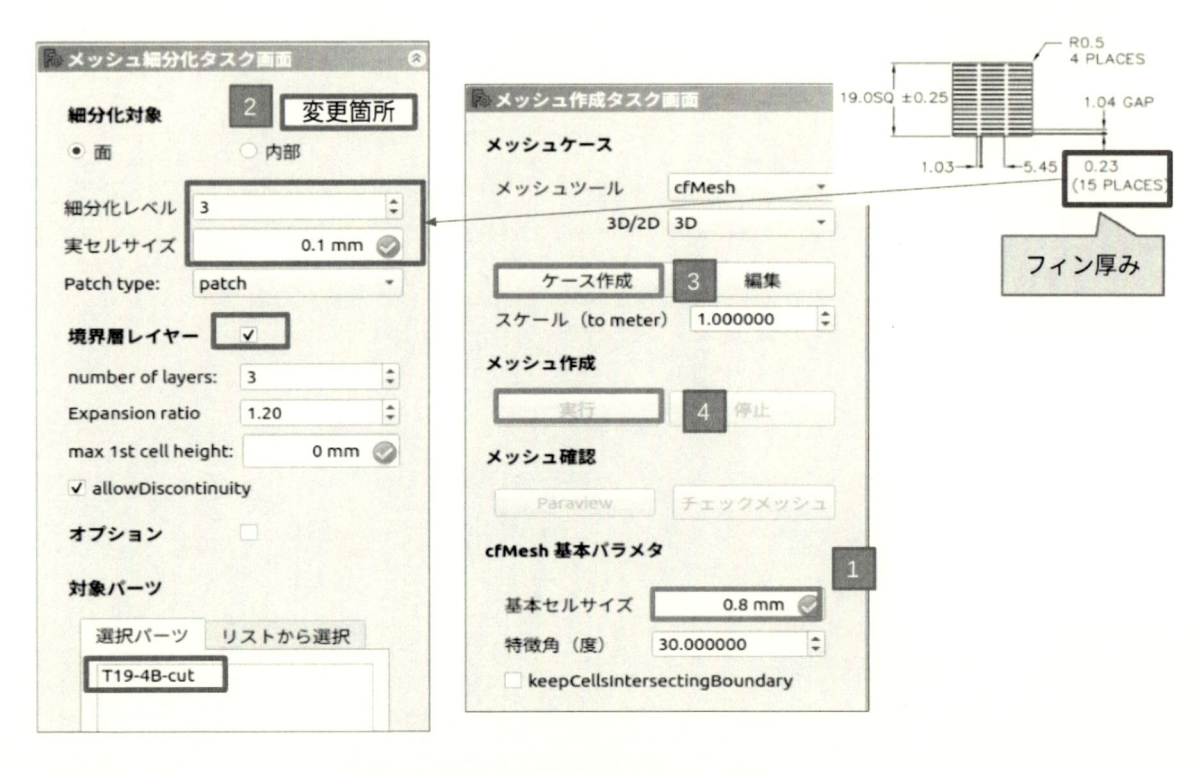

図 5.38　流体領域のメッシュ設定

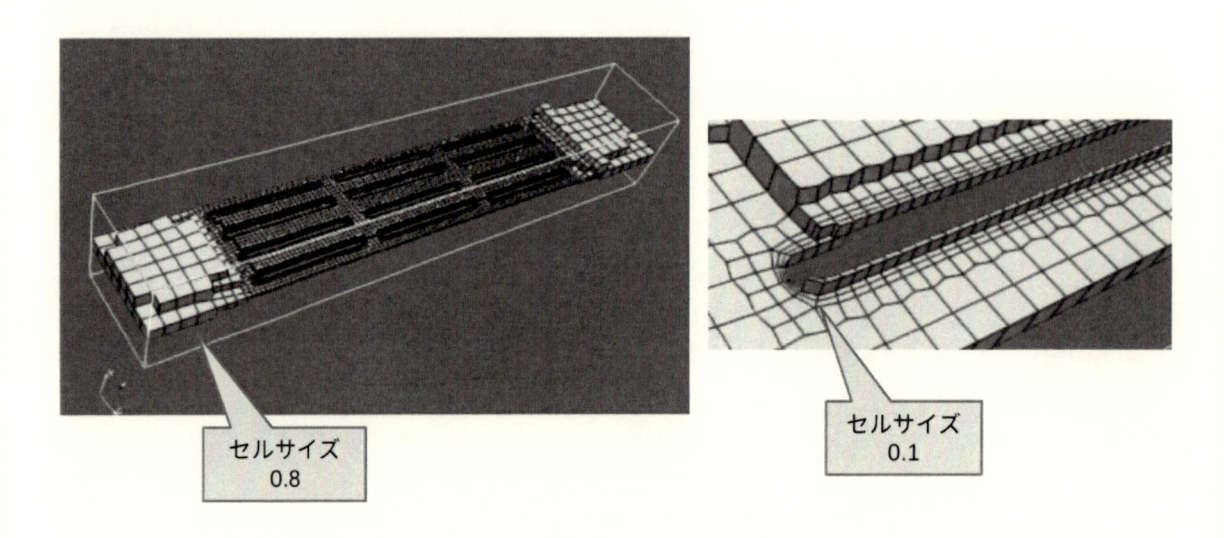

図 5.39　流体領域のメッシュ作成例 1

　ちなみにこの断面カット表示は，1.2.5 の図 1.13 でやったのと同じ方法であるが，念のためここにも掲載しておく（図 5.40）.

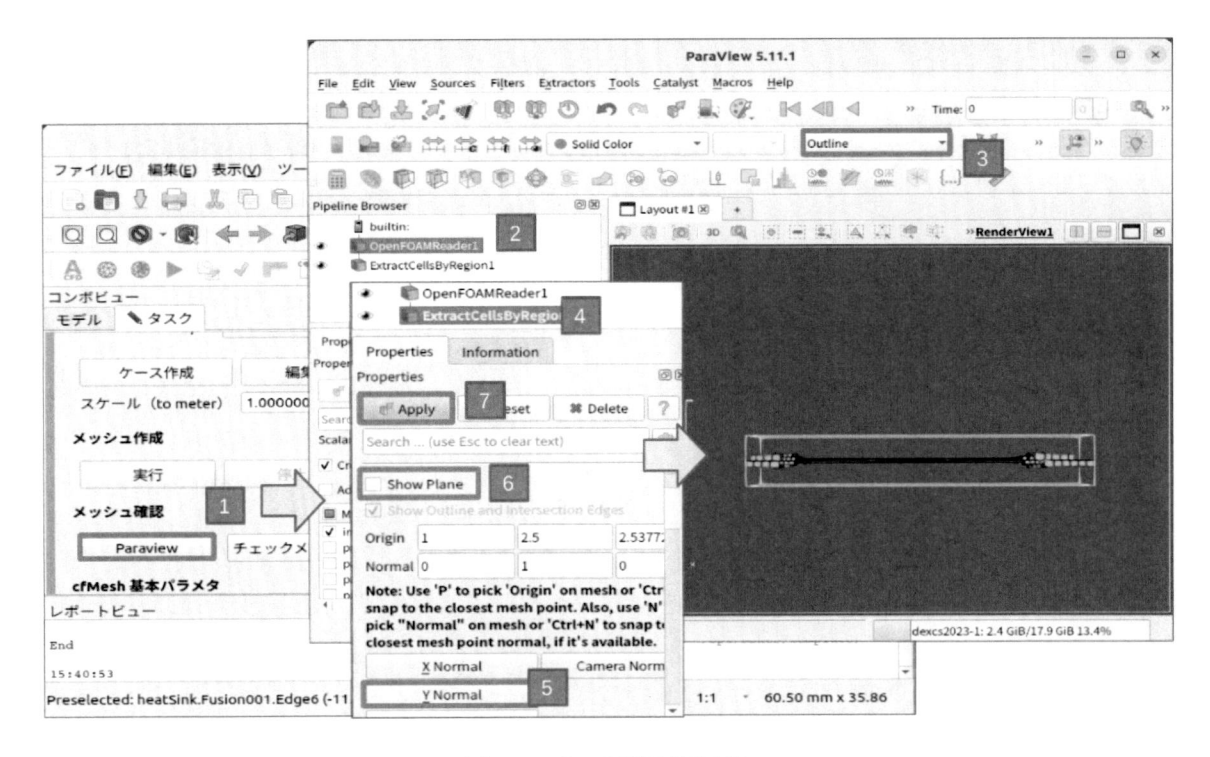

図 5.40　カット断面表示方法

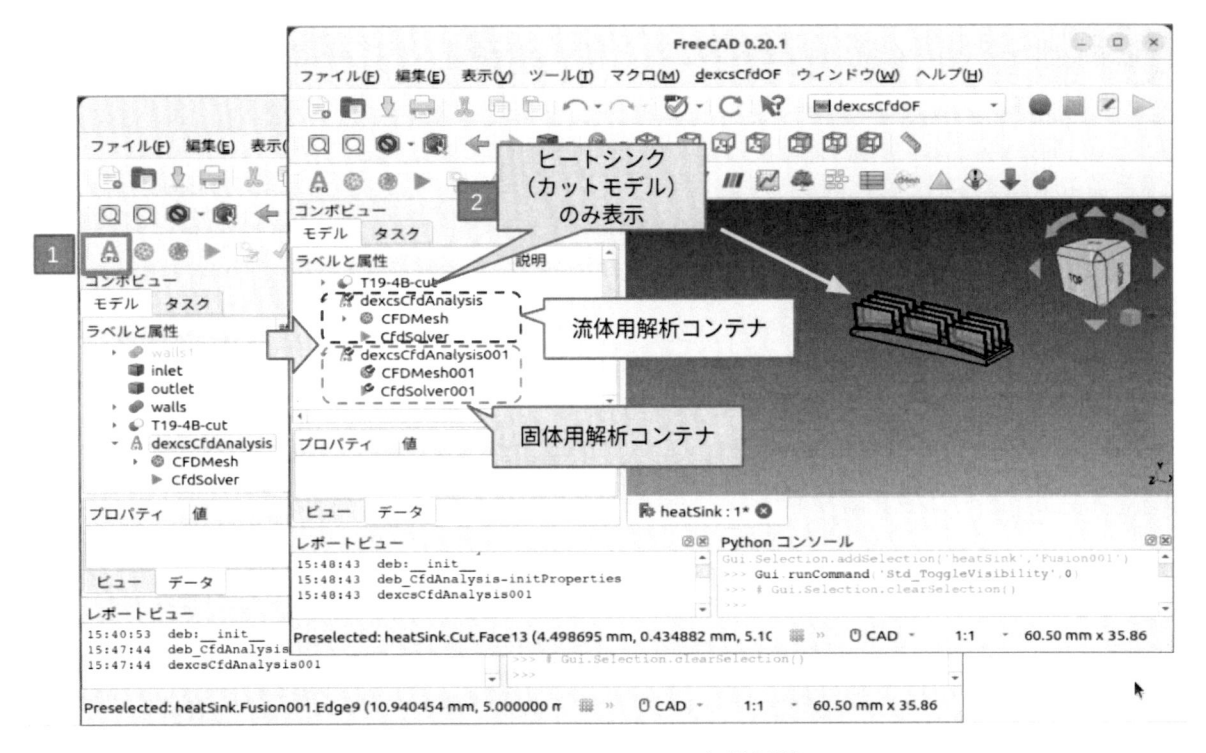

図 5.41　ヒートシンクモデル（固体領域）

以上の手順で，流体領域のメッシュ作成は問題なくできそうであると確認できた．本来であれば，作成した
メッシュを chtMultiRegion ケースの流体領域に収納するところであるが，本チュートリアルではここまでと

する．筆者のホームページでケースファイルを公開している[17] ので興味のある方は挑戦していただきたい．

引き続き，固体領域のメッシュを作成してみよう．まずは FreeCAD モデル（図 5.41）であるが，これはヒートシンクのカットモデル（T19-4B-cut）だけを表示状態にすればよい．メッシュ作成の方案としては，とりあえず流体領域で使ったパラメタをそのまま流用するのが無難であろうとして実施したのが図 5.42 の結果である．

残念ながら，フィンの一部が再現されただけで，残りは欠損してしまった．これは，フィンの厚み 0.23 に対して，セルサイズ 0.1 というのが，解像限界ギリギリの設定になっていたということを意味する．単純にセルサイズを小さくするのが一つの解決策であることは間違いないが，これではメッシュサイズが大きくなってしまうことを避けられず，後のステップを考えれば，メッシュ数は極力抑えたい．このような場合に，（keepCellsIntersecting-Boundary）のオプションパラメタを試していただきたい（図 5.43）．⬜1 （keep-

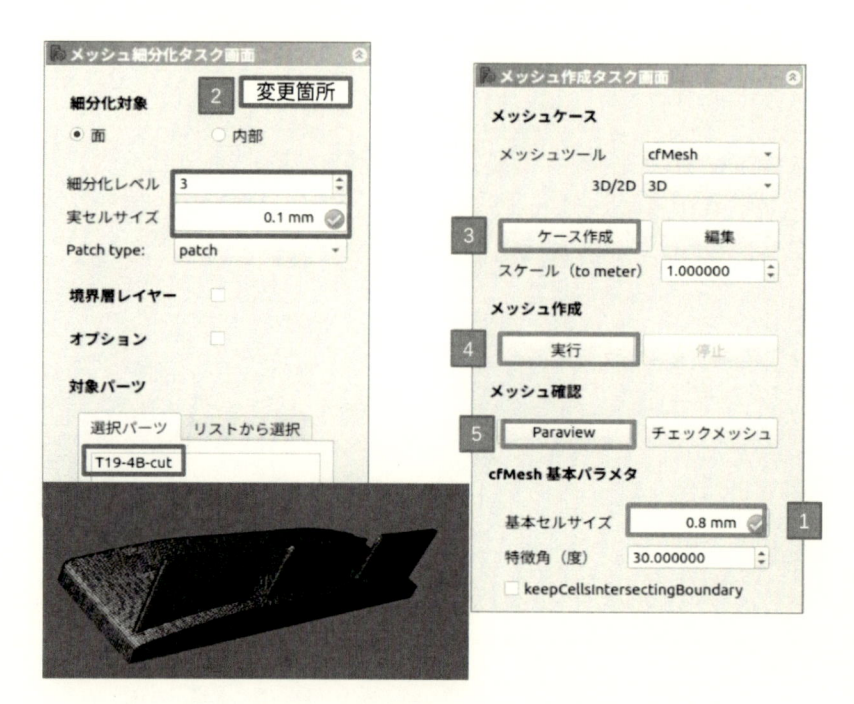

図 5.42　個体領域のメッシュ作成例 1

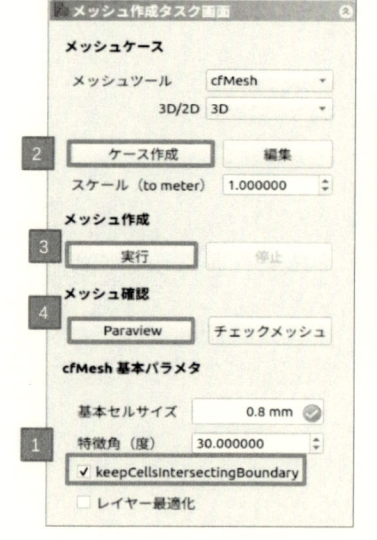

図 5.43　個体領域のメッシュ作成例 2

CellsIntersectingBoundary）のオプションを有効にするだけで，フィンのメッシュが再現できるようになった．

このパラメタの意味は，マニュアルによれば，

> keepCellsIntersectingBoundary is a global option which ensures that all cells in the template which are intersected by the boundary remain part of the template. By default, all meshing workflows

keep only cells in the template which are completely inside the geometry.

（Google 翻訳）keepCellsIntersectingBoundary は，境界と交差するテンプレート内のすべてのセルがテンプレートの一部のままであることを保証するグローバル オプションです．デフォルトでは，すべてのメッシュ ワークフローは，完全にジオメトリの内側にあるセルのみをテンプレート内に保持します．

　となっているが，あまりピンと来ない．そこで，メッシュ作成工程に沿って考えてみたい．模式図を図 5.44 に，メッシュ作成工程の workflowControls を図 5.45[18] に載せておいたので参考とされたい．ただし，メッシュ作成工程の詳細をソースコードレベルで調べたわけではないので，説明には少なからず推測が含まれていることをおことわりしておく．

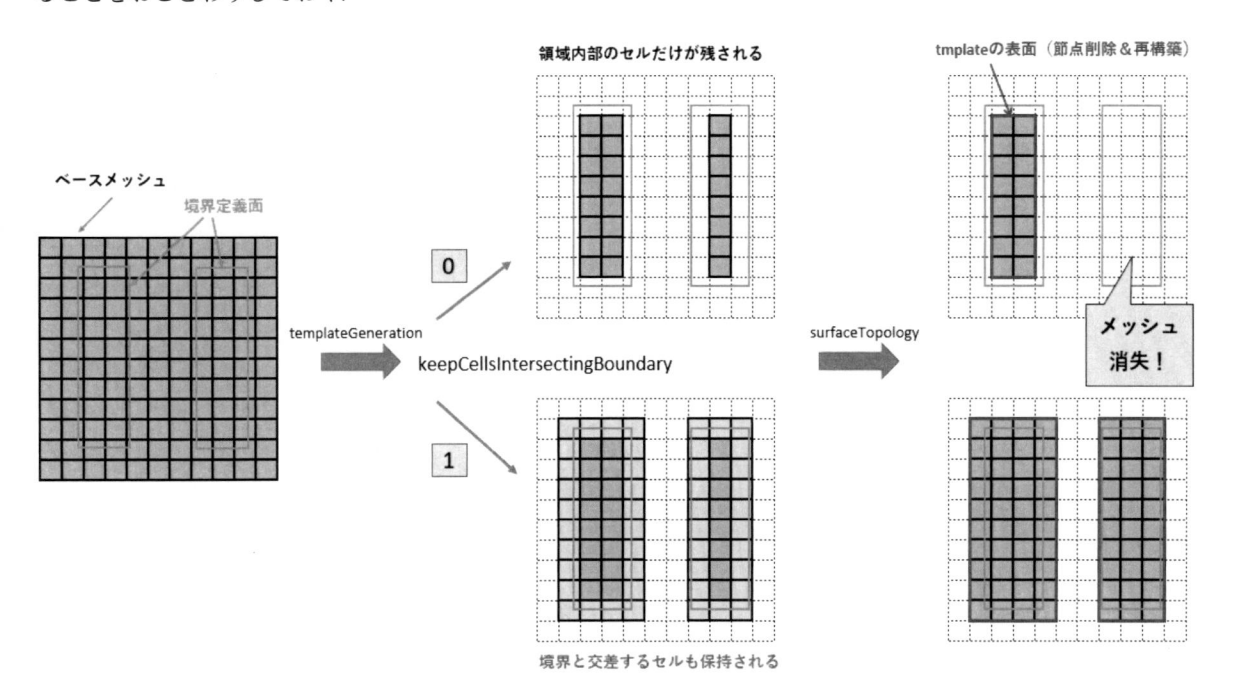

図 5.44　keepCellsIntersectingBoundary の役割

　まず，説明の前提となるベースメッシュと template の定義について触れておく．ベースメッシュとは領域全体を囲む範囲を，指定したサイズで分割した立方体セルの集合体のことである．また，template とは，境界に適合したメッシュを作成する元となるベースメッシュの部分集合体のことであり，この定義を踏まえてメッシュ作成工程を見て行こう．template は第一ステップの templateGeneration で作成されるが，デフォルトでは領域に完全に含まれるセルの集合となる．第 2 ステップの surfaceTopology では，内部節点を足掛かりに template が再構築される．このとき，1 層しかセルがない箇所では，セル再構築の足掛かりがなくなってしまい[19]，メッシュが消失する．

　ここで登場するのが keepCellsIntersectingBoundary オプションである．これを有効にした場合は境界面と交差するセルも template に含められるようになる．したがって，領域内に含まれるセルが 1 層であっても template は 3 層となり内部節点が存在するので，メッシュの作成が可能となる．これに続き，template 表面

---

[18]　図 5.45 は，図 5.43 1 「ケース作成」ボタン右隣の「編集」ボタンを押して表示されるファイルマネージャー画面から、system フォルダ下の meshDict ファイルをダブルクリックしたときに表示されるエディター画面で，最下行の少し前あたりにて確認できる．

[19]　5.5-(3) 境界層レイヤーの作成原理を考えると，セルが 2 層以上でないとレイヤーが作成できない．

の領域定義面へのフィッティング，レイヤーの挿入などの工程があるが，メッシュが作成されるかどうかについ
ては第 2 ステップで template にセルが残るかどうかが鍵となっている.

```
workflowControls
{
        //        1.templateGeneration
        //        2.surfaceTopology
        //        3.surfaceProjection
        //        4.patchAssignment
        //        5.edgeExtraction
        //        6.boundaryLayerGeneration
        //        7.meshOptimisation
        //        8.boundaryLayerRefinement

        //        stopAfter           edgeExtraction;

        // reads the mesh from disk and
        // restarts the meshing process after the latest step
        // please use binary instead of ascii
        //        restartFromLatestStep    1;
}
```

図 5.45   meshDict ファイルの workflowControls

　ただし，内部セルが 1 層だけでもメッシュを作成できるとはいえ，経験上はメッシュサイズを隙間の半分未
満としないときれいなメッシュはできない. このあたりはメッシュサイズをいろいろ変えて試してみていただ
きたい. また，ここではメッシュ作成工程の最初の 2 ステップについて考えたが，図 5.45 に示す方法にて続く
各ステップでメッシュがどのように加工されていくかについても確認してみることをおすすめする（図 5.48）.
　以上の説明を本例にあてはめると，メッシュサイズが 0.1 であり，形状定義面の幅が 0.23 であるので，形状
定義面の中に完全にセルが 2 層包含される場合とそうでない場合が生じ，完全に 2 層包含される場合にはメッ
シュが作成され，そうでない場合は keepCellsIntersectingBoundary オプションで制御でき，デフォルト（＝
0）では作成しないが，オプション指定（＝ 1）すれば作成してくれるということになる.
　流体領域のメッシュ作成において，このオプションを指定した場合の結果を図 5.46 に示す. 本例では，空
隙となるべき固体領域までメッシュができてしまうことがわかる. したがって，このオプションはケースバイ
ケースで使い分けるしかないことをご理解いただけよう. なお，このメッシュ作成タスク画面で設定するオプ
ションはグローバルオプションで，モデル全体に適用されるものである. 一方，モデルのパーツごとに本オプ
ションを設定することも可能であり，これにはメッシュ細分化タスク画面にて（オプション）のチェックマー
クをオンにする. そうすると，図 5.47 に示すように（keepCellsIntersectingBoundary）のオプションが現れ
るのでこれにチェックを入れればよい.

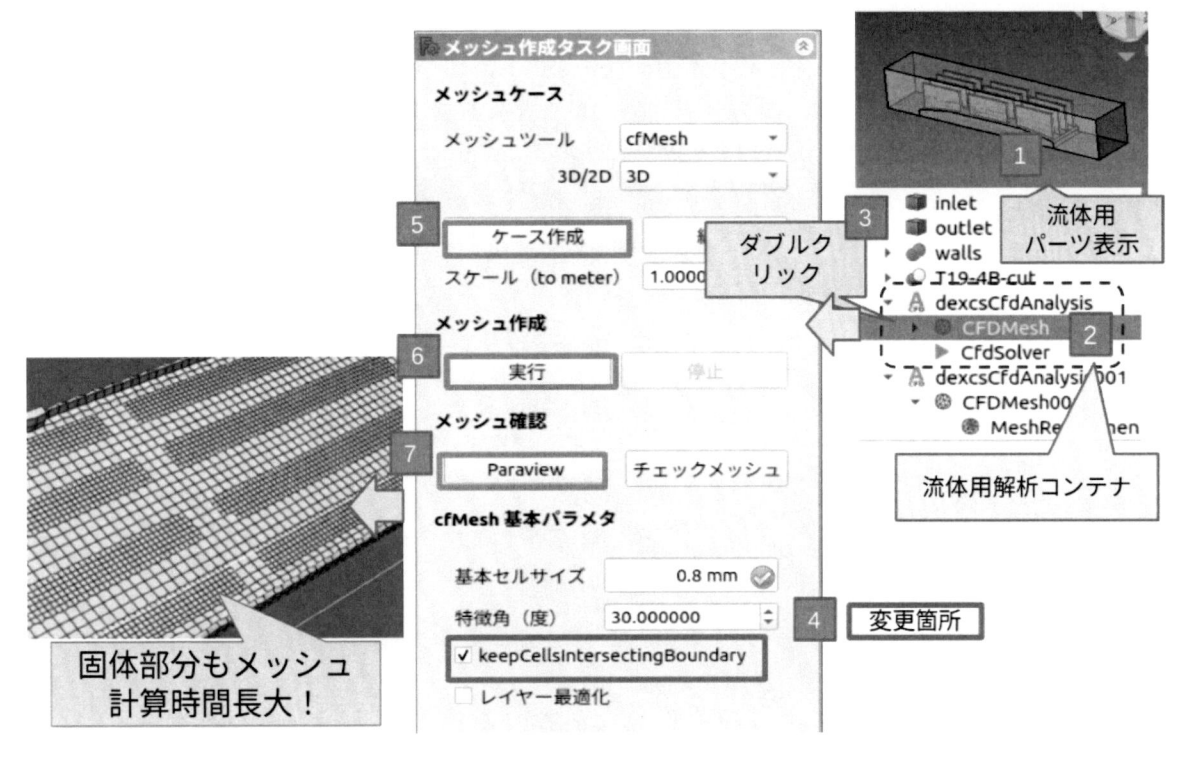

図 5.46　流体領域のメッシュ作成例 2

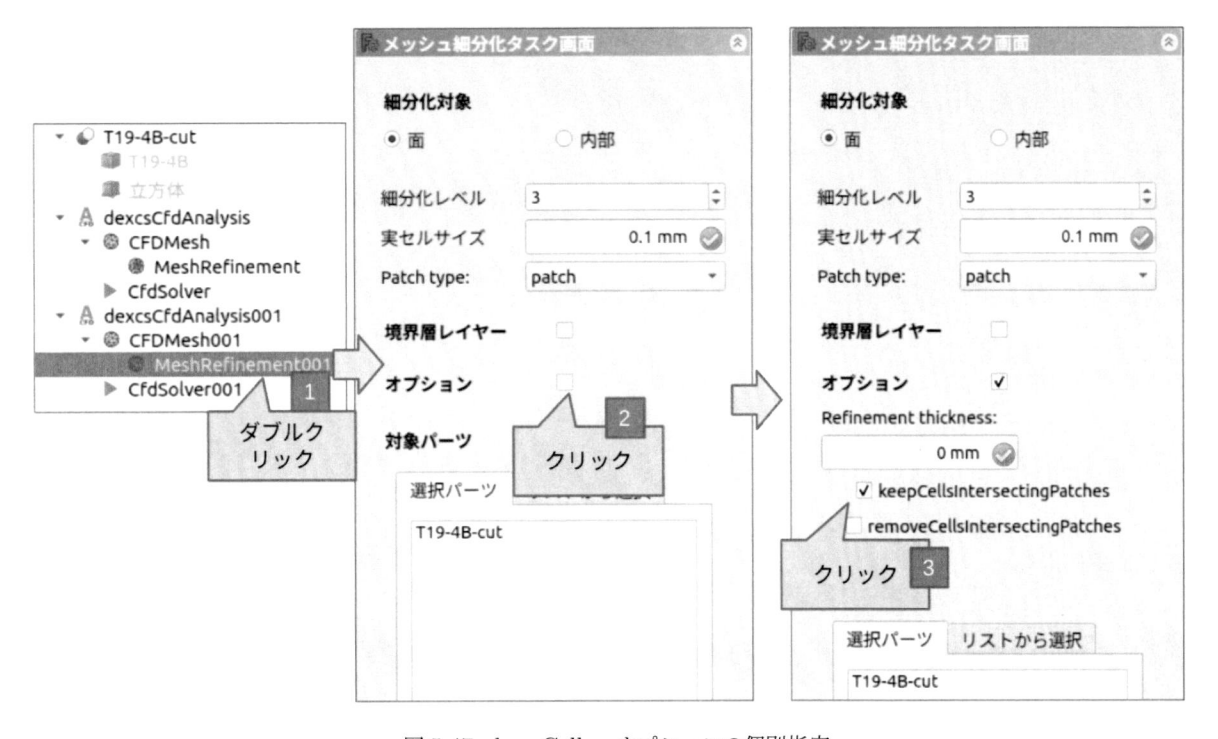

図 5.47　keepCells…オプションの個別指定

また，このオプションが不適切で，結果的にメッシュを作成すべき箇所とすべきでない箇所が混在してしまう場合があり，そういう場合のメッシュ作成には異常に長時間かかってしまうことがある．

　このような場合に使っていただきたいオプションが（workflowControl（stopAfter））である（図 5.48）．これは図 5.45 に示したメッシュ作成の任意の段階で計算を停止する．指定した段階でメッシュ状態を確認し，所望の状態になっていなければ，メッシュ分割方策をやり直す必要があると，いち早く判断し，無駄な計算時間を費やさないで済むということである．5.5 節の流体領域の作成例（図 5.39）で「容積が近い場合には，意に反して容積の小さいほうの領域のメッシュが作成されてしまうことがあり，その場合にはメッシュ作成パラメタの調整を行う……必要がある」と記したが，このオプションを活用すれば，調整を効率的に行える．

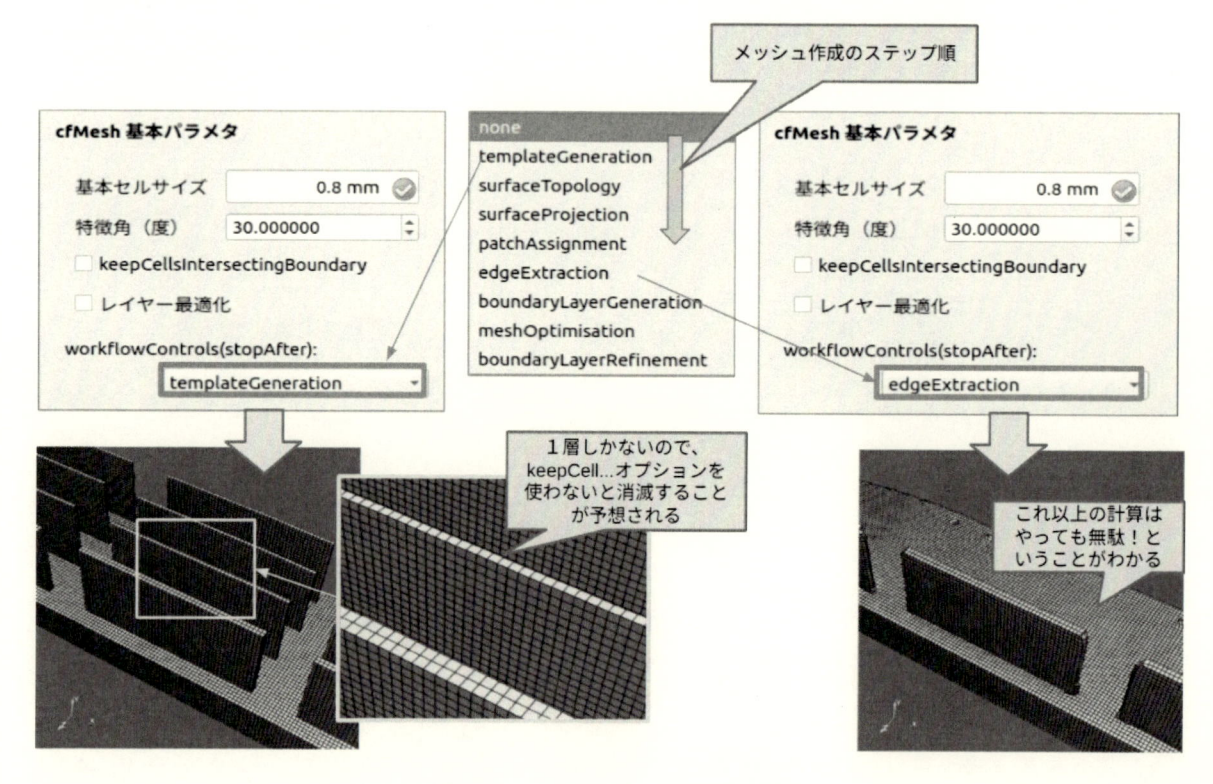

図 5.48　workflowControl の設定例

5.7　チュートリアルケース 1:sphere

　最後のチュートリアルケースは，球のまわりの流れ解析である．後述する 6.1〜6.2 節において DEXCS 標準チュートリアルの解析対象を球に変更したが，抗力係数の実測値との乖離が大きかった．ここでは，この改良を試みた際に使用したモデルとケースファイルを同梱した．まずは，解析モデルとケースファイルを確認されたい（図 5.49）．

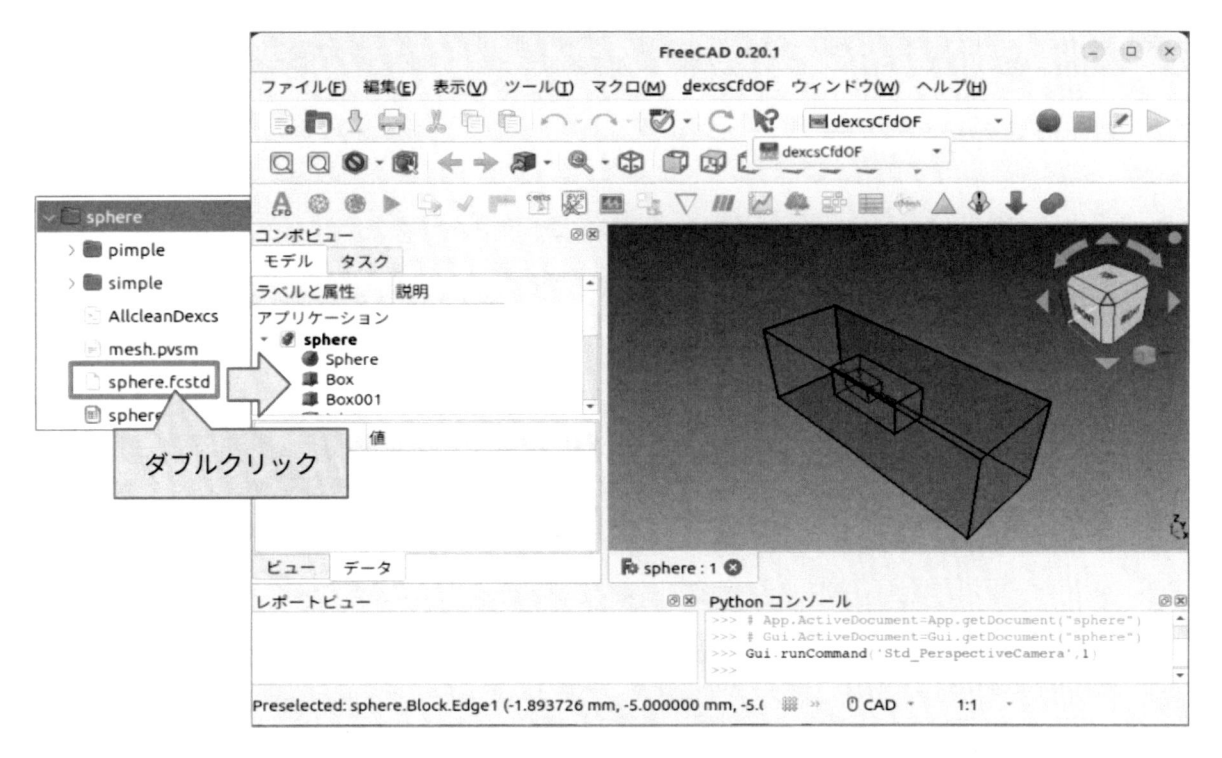

図 5.49 チュートリアルケース sphere

解析モデルは，6.1 節にて作成したものと比べると，球の大きさは同じであるが（図 5.50），球に対する風洞の相対的な寸法を大きくとってある点と，球のまわりでメッシュを細分化する領域を 2 段階に設けている点が異なる．これらが改善のための考慮点であった（図 5.51）．

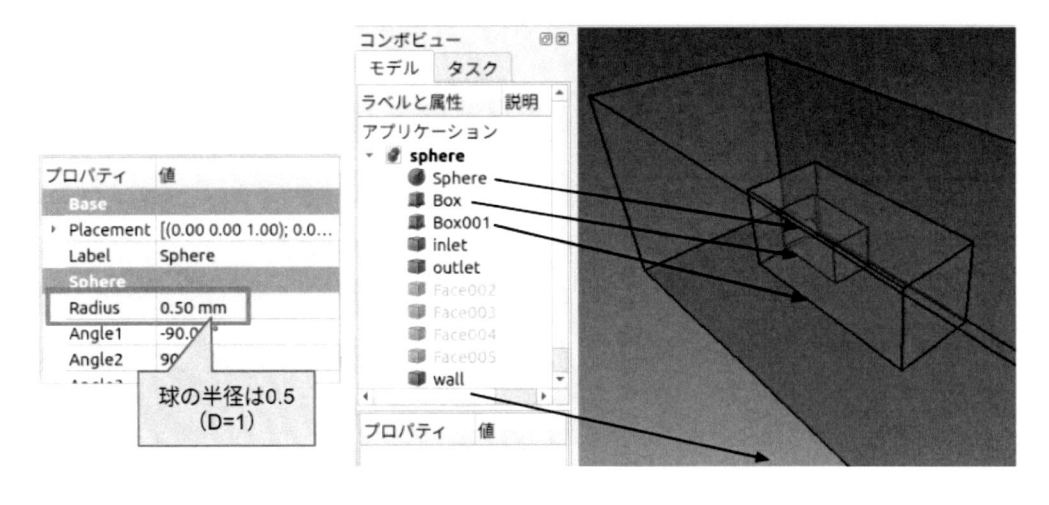

図 5.50 解析モデル確認 1

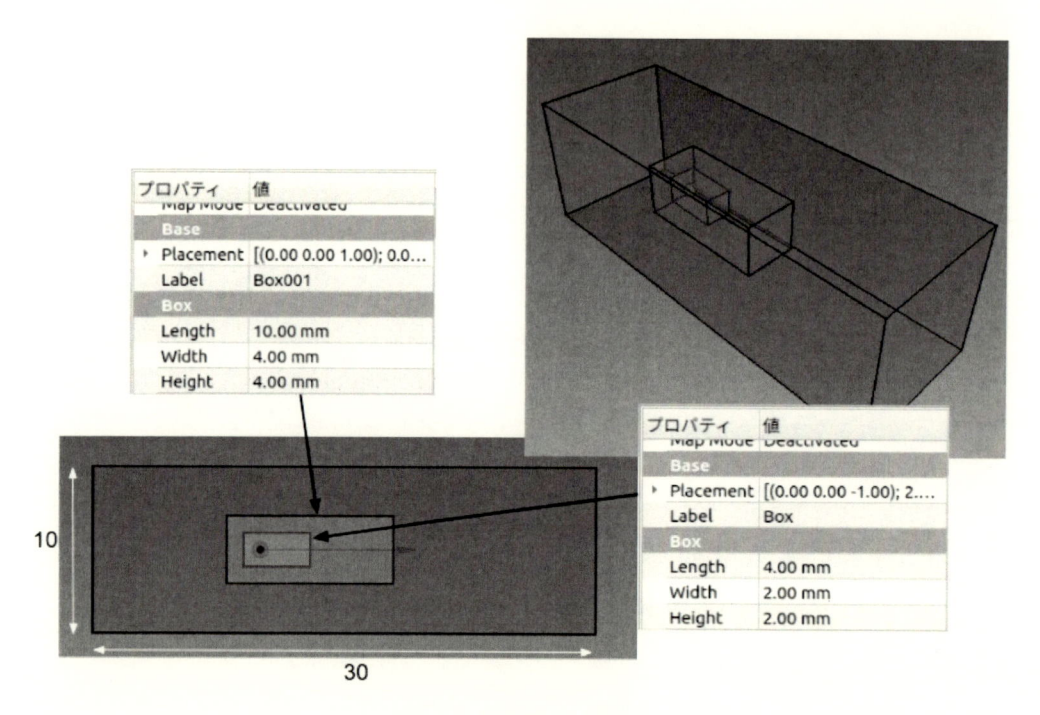

図 5.51 解析モデル確認 2

このモデルを使ってメッシュを作成する際に，解析コンテナを作成するのはこれまで見てきたのと同じである（図 5.52）．

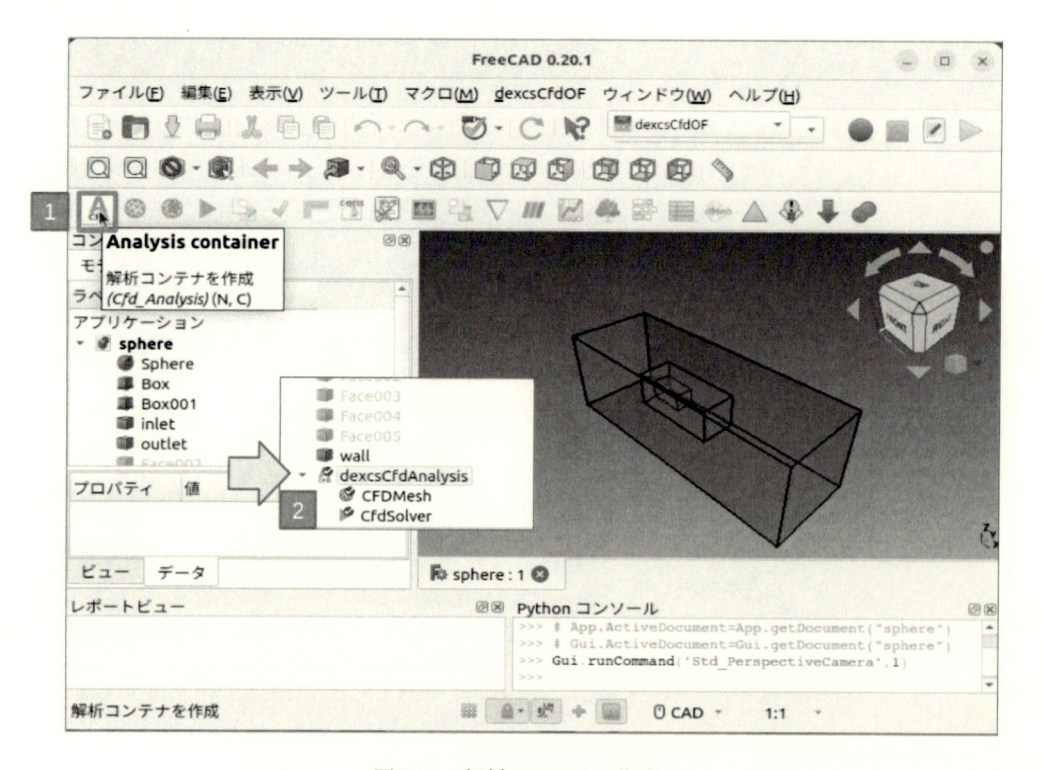

図 5.52 解析コンテナの作成

ここではあらかじめ計算用のケースファイルが 2 種類用意してあるので，図 5.53 に示すように，$\boxed{1}$解析コ

ンテナを選択して，プロパティー画面上の，$\boxed{2}$（Output Path）を選択する．値を表示する欄の右端の $\boxed{3}$「...」をクリックすると，ディレクトリの選択画面が現れるので，「simple」というケースフォルダにすれば定常計算（simpleFoam）が，「pimple」というケースフォルダにすれば非定常計算（pimpleFoam）ができるようになっている．

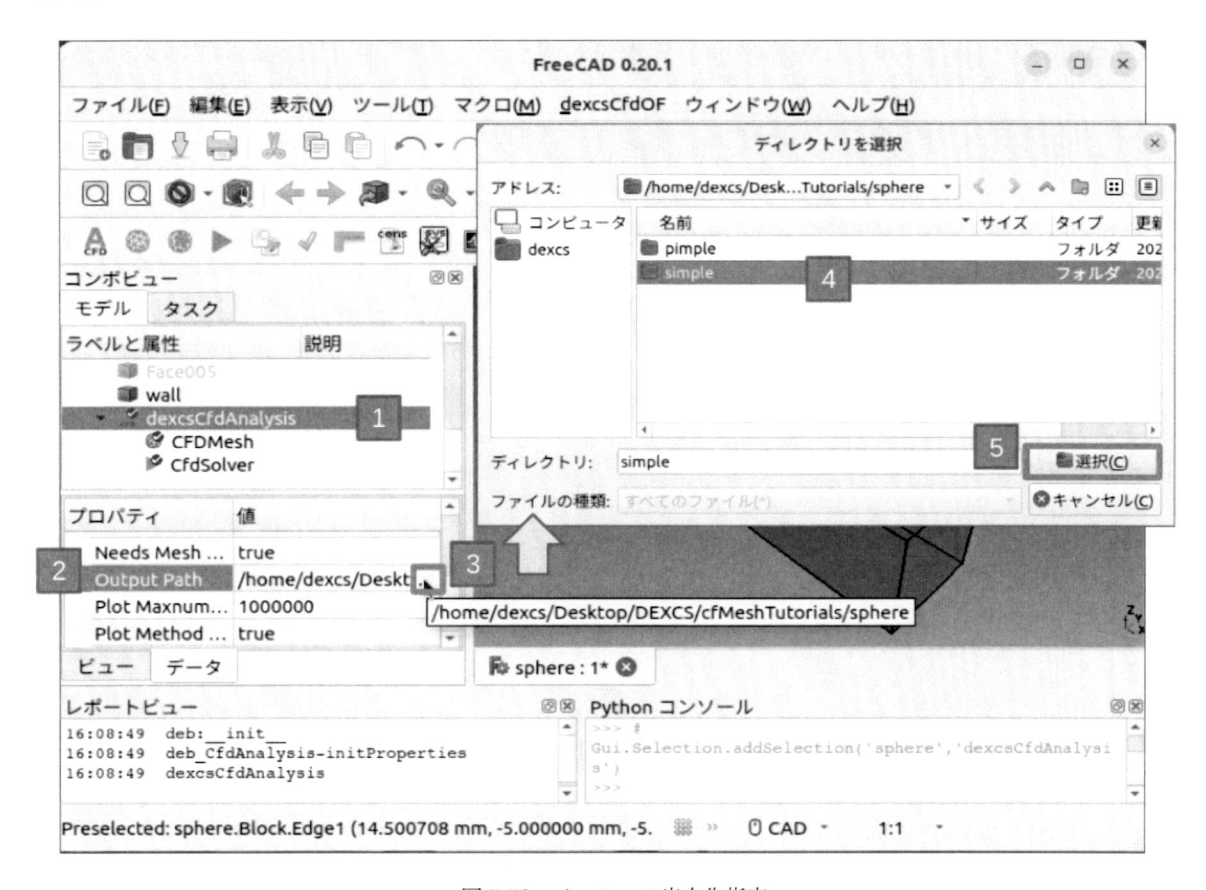

図 5.53 メッシュの出力先指定

図 5.49 の左端に示すファイル一覧中，その他の同梱ファイルとして，「AllcleanDexcs」はケースを初期化するスクリプト（右クリックメニュー⇒「プログラムとして実行」で動く），「sphere.ods」は，実測値の回帰曲線と計算された抗力係数をグラフ上でプロット比較できるようにした表計算シートである．

まずは，図 5.54〜5.56 の手順にてメッシュを作成し確認してみよう．

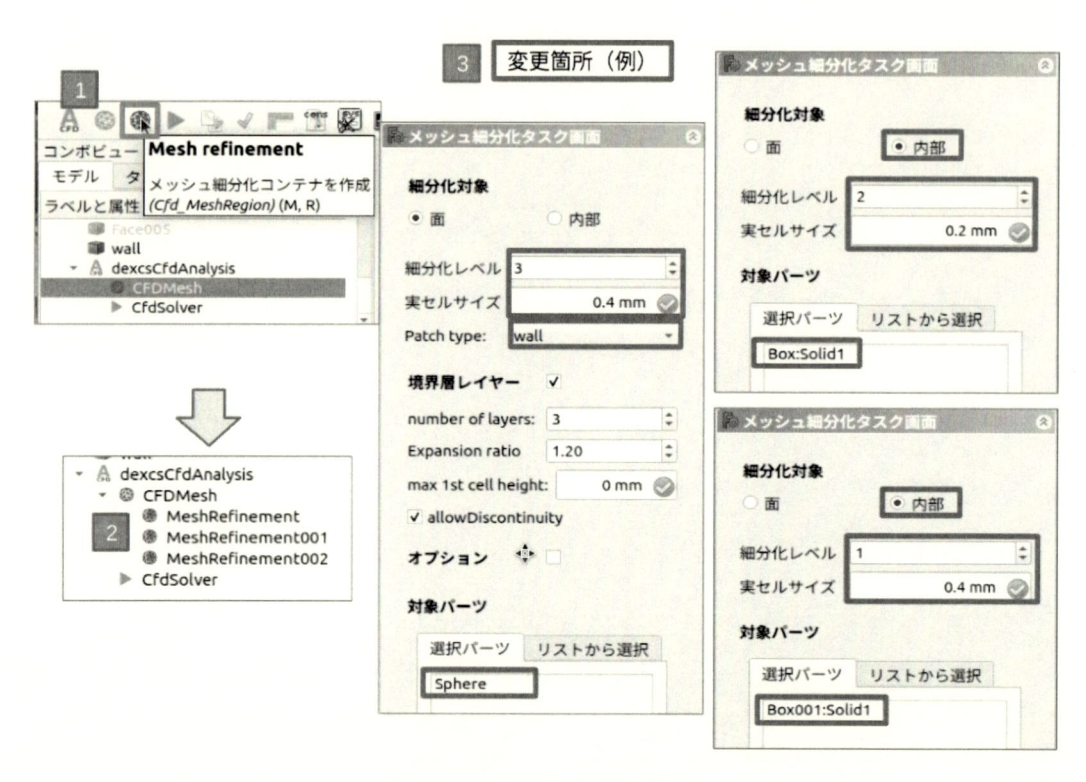

図 5.54　メッシュ細分化設定例

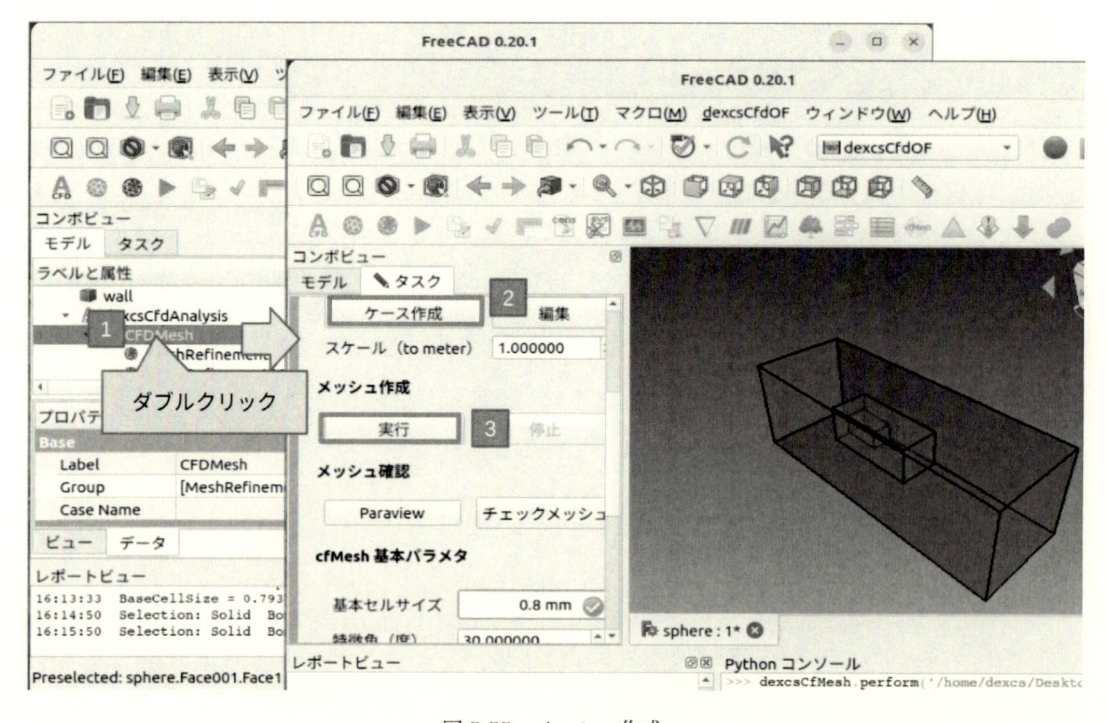

図 5.55　メッシュ作成

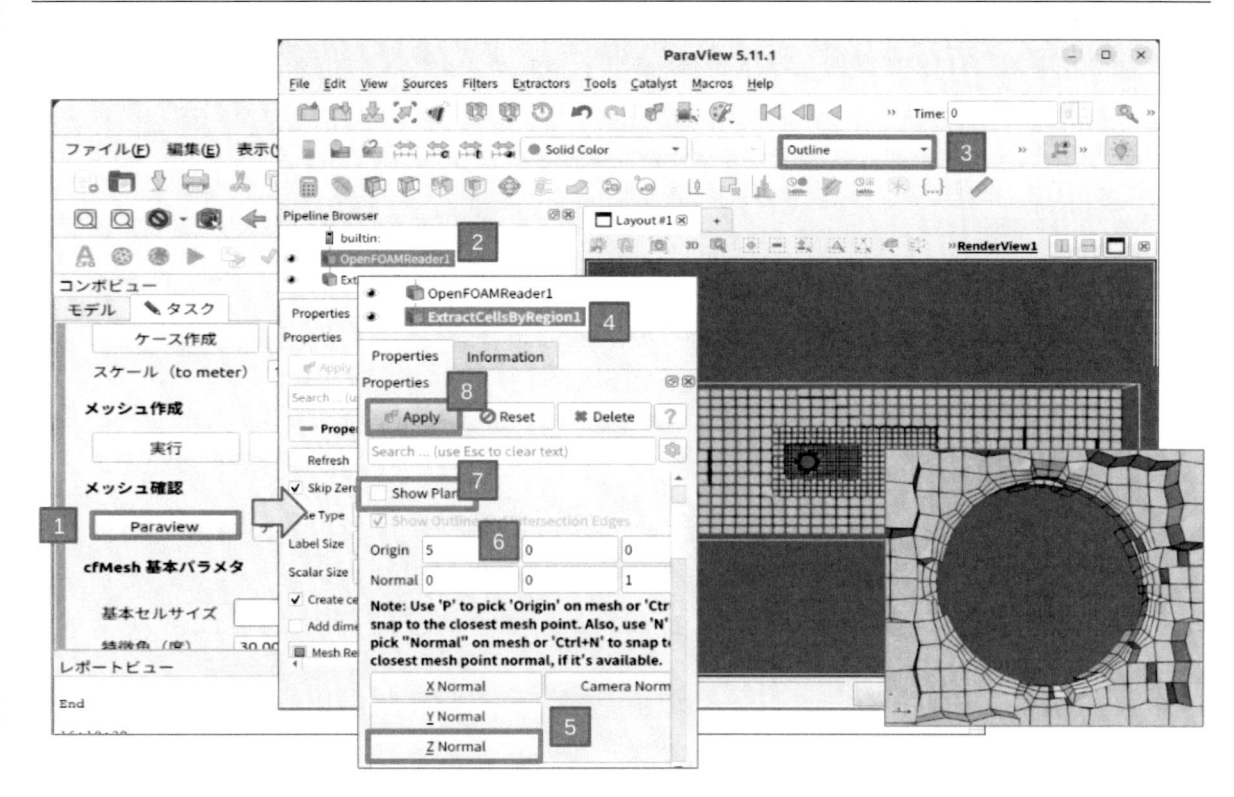

図 5.56 メッシュ確認

　ここで注目したいのは，球のまわりのレイヤーである．指定した通りの 3 層が形成されてはいるものの，円周を時計板に見立てて 1〜2 時の方向や，10〜11 時の方向では，ベースメッシュの対角方向におけるレイヤーが一様な厚みでなくノコギリ屋根状，台形になってしまっている．

　実は，cfMesh のデフォルト設定ではこうなるが，これを改善するオプションが存在する．それが，「レイヤー最適化」オプションであり，これを使えば上述の問題はなくなる（図 5.57）．

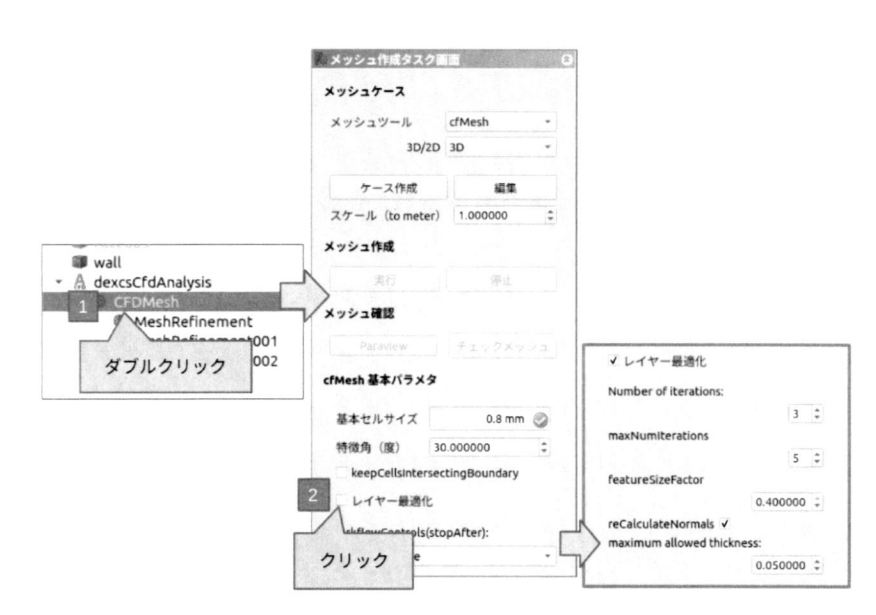

図 5.57 「レイヤー最適化」オプション

　これを 2 クリックしてチェックマークを入れると，さらなる追加パラメタ値が表示される．これらのパラメタの意味は英文を読む感覚である程度理解できると思われるが，実際にこれらの値を変更して確かめてみていただきたい．

　オプションの有無とパラメタの値よるメッシュの違いを比較したのが図 5.58 である．このオプションを付加しても解が改善されるとは限らず，むしろ悪化する場合もあるということがわかる．レイヤーだけに着目すればメッシュが改善されたと言えるのであるが，最外層やその外側セルとの関係において接続性が悪化する場合がありえるということである．

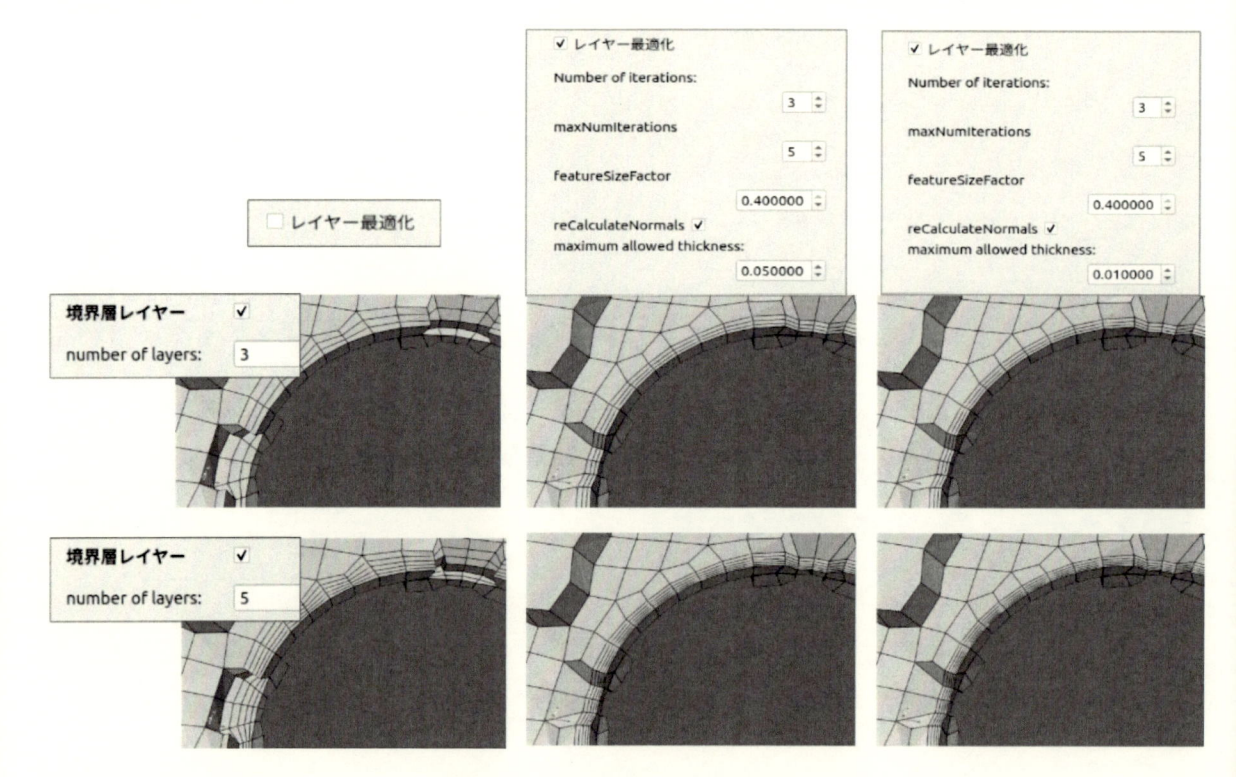

図 5.58　optimizeLayer オプション

　DEXCS-OF に同梱した pdf 資料「DEXCS における推奨メッシュ生成法」（p.43 の図 2.2 参照）の pp.106〜116 には，これらのメッシュを使った具体的な計算結果例が掲載してあるのでご確認いただくとともに，この資料中のより高精度なメッシュ作成方案にも挑戦していただきたい．

5.8　cfMesh に係る補足事項

　これまで OpenFOAM 標準の snappyHexMesh（SHM）についてあまり言及してこなかった．ここで改めて SHM と比べた場合の得失をまとめておく．その際，どういう観点で比較するかによるので，いくつかの観点ごとに整理した．ただし，あくまで筆者の経験と感覚なので，異論はあるかもしれない点はおことわりしておく．また，DEXCS ランチャーの標準モデルを対象として，cfMesh と SHM で，ほぼ同等のパラメタ設定にて作成した場合のメッシュ詳細図とメッシュ作成時間，checkMesh を実行した際の代表的な結果の値を図 5.59 中に併記したので，これらのデータも参考にしながら斟酌してほしい．なお，cfMesh についてはマルチスレッド処理にてランダム要因が生じるため，よほどシンプルなメッシュでない限り結果が毎回異なる．ここでは 2 回分の結果を掲載したのと，SHM の ClockTime については，並列分割と再結合に要する時間は含んでいない点は留意されたい．

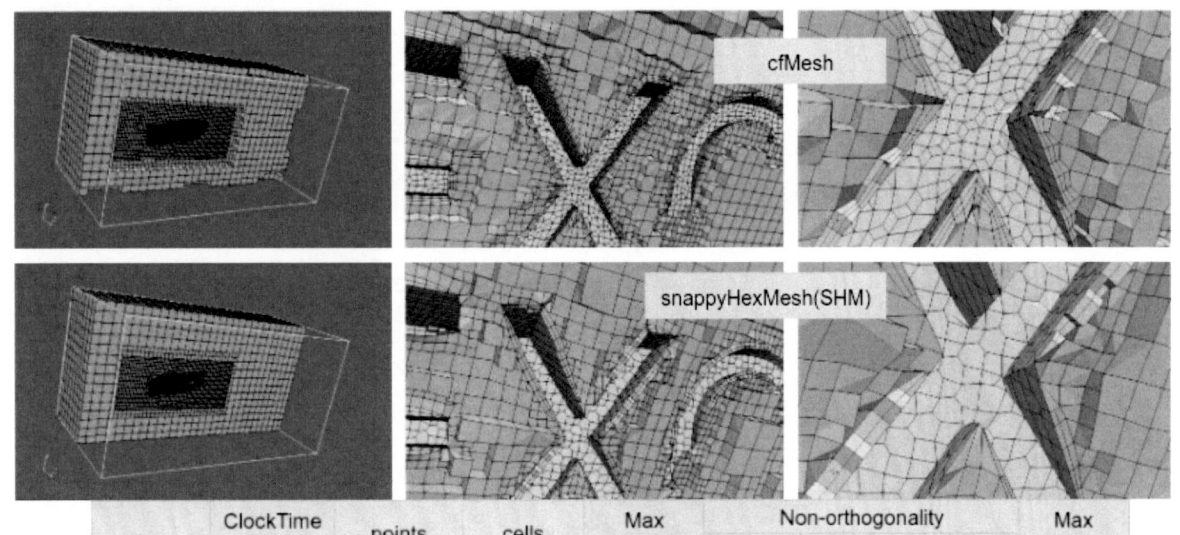

	ClockTime (Np=4)	points	cells	Max aspect ratio	Non-orthogonality			Max skewness
					Max	average	(> 70 deg)	
cfMesh	24	238,092	223,122	10.7798	77.1706	11.7289	14	3.90078
	24	238,092	223,122	12.6552	77.2283	11.7272	12	3.83333
SHM	22.47	144,756	115,214	13.2529	64.8933	12.6536	0	5.08446

図 5.59　cfMesh と snappyHexMesh（SHM）の比較

- レイヤー

  圧倒的に cfMesh が優れている．SHM では多くの箇所で欠損があるのに対し，cfMesh ではほとんど見つからない．ただし cfMesh では，ベースメッシュに対し斜め方向に傾いた面で山形の波状になってしまう点は残念である．5.7 節で説明したように，これをフラットにするオプションも存在するが，反動で他のメッシュ品質が悪くなることもあるのでデフォルトでは使っていない．

- 生成メッシュ数

  細分化レベルの指定を同一に設定した場合に cfMesh のほうが 2〜5 割程度多くなる．

- メッシュ品質

  SHM のほうが良い．ただし，品質悪化部のレイヤーを欠損させることでこれを実現している．欠損させない設定では，cfMesh のほうがまだ良い．

- メッシュ生成時間

  DEXCS ランチャーの例では，細分化レベルの指定を同一に設定してほぼ同じであったが，でき上がりメッシュ数の基準で考えれば，cfMesh のほうが速い．またマルチコアのマシンでは，自動的にマルチスレッド計算をしてくれるので，SHM の領域分割の手間が不要．ただし，cfMesh で結果的に境界面がつぶれたりするような不適切な設定においては，異常に計算時間が長くなってしまう．

- 設定パラメタの数

  cfMesh のほうが少ない．これを長所と考えるか短所と考えるかはなんとも言えない面がある．初・中級者には分かりやすくてよいが，上級者には SHM のようなきめ細かな設定ができないのは残念というところか．

- マルチリージョン

  cfMesh ではできない（本章の脚注*14 参照）．

- バッフルメッシュ

空間中に配置される板厚のない境界面であるが，cfMesh ではどうしても隅がつぶれたり，単純壁との接点でメッシュがつぶれたりするので，ほとんど困難．有限の厚みの板としてモデル化すれば大丈夫だが，板厚相当の要素サイズでメッシュ作成することになり，メッシュ数の増大は免れない．SHM では取り立てて問題は生じない．これについては，slideshare にて調査資料を公開している[20] ので，興味のある方は参照されたい．

- 同一平面内のパッチ区分

  建築モデルで，壁面に窓をモデル化する場合など，一般的には同一平面内で窓相当部分を区切るだけである．cfMesh の場合，そうすると窓の隅が丸まってしまうことが多い．やむなくこれも窓枠相当の凹みをモデル化するなりで対処することとなり，やはりメッシュ数の増加が免れない．これも SHM では取り立てて問題は生じない．

- パラメタの制御異常

  cfMesh で，minCellSize, optimizeLayer オプションを設定した際，想定外の結果を生じることがある（図 5.60）．

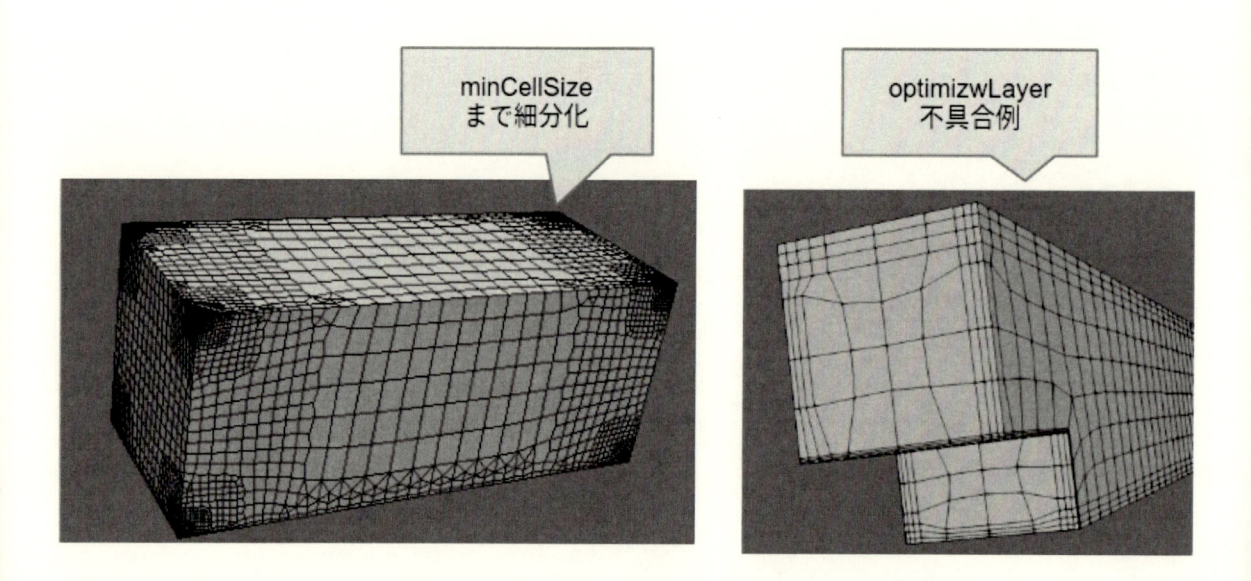

図 5.60　オプションパラメタの制御異常例

第6章

DEXCS ランチャーの使い方 2

6.1 モデル変更方法

　ここでは図 6.1 に示すように，仮想風洞試験における解析対象を変更して解析する手順について解説するが，FreeCAD の操作説明が主体になるので，FreeCAD を使った経験がない人は，先に 4.1 節を読んでおくことを推奨する.

　本例では 1.2 節と同じソルバー（定常非圧縮性乱流ソルバー:simpleFoam）を使うので，基本的なやり方としては，単に解析モデルを変更して 1.2 節と同じ手順でやるの

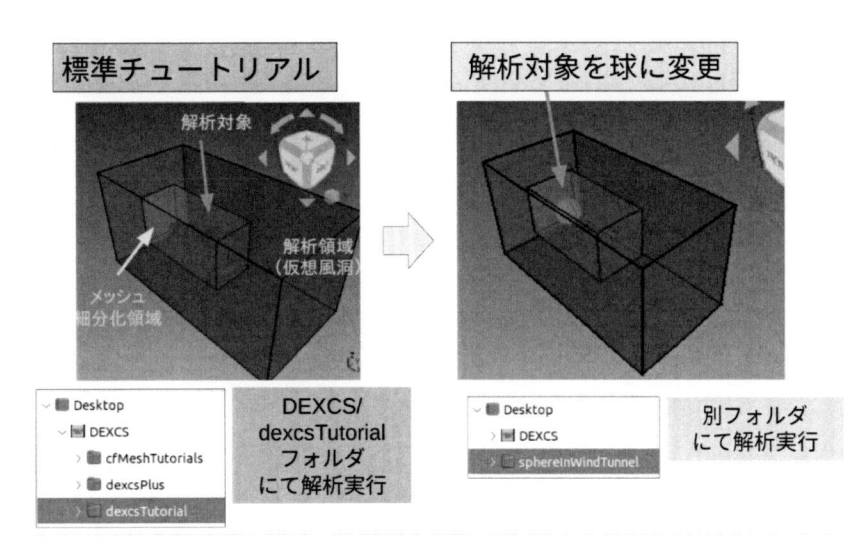

図 6.1　解析モデル（対象）の変更

が一番簡単である. とくに，1.2 節で解析対象とした DEXCS フォントであるが，新しい解析対象（ここでは球体）でもその名前を Dexcs としておけば，全く同一の手順でできる. しかし解析モデルを変更した以上，解析対象の名前も変更するのが合理的であろうから，この名前変更に対するケースファイルの適合作業をいかに効率良く実施するかがポイントになる.

6.1.1　解析形状（FreeCAD）モデルの変更

　まずは 1.2 節で使った FreeCAD モデル「dexcsInWindTunnel.fcstd」を開いて，これを別のフォルダ（デスクトップ上の「sphereInWindTunnel」というフォルダ）に，名前を変え「sphereInWindTunnel.fcstd」として収納しておこう. この作業は，ファイルマネージャーを使って実施してもよい. また，フォルダの名前とその在所やファイルの名前もこの通りである必要はない.

　図 6.2 に示すように，左画面のモデルツリー上で，仮想風洞試験における解析対象（Dexcs）を選択してキーボードの「Delete キー」を押してみよう 1. 解析対象がなくなって，かわりに（C.stl, D.stl,…）といった 5 つのパーツに分解される. これら 5 つのパーツをまとめて（shift キーを押しながら）選択して，再度「Delete

キー」を押せば 2 ，解析対象の存在しない，仮想風洞と細分割領域だけのモデルになる．

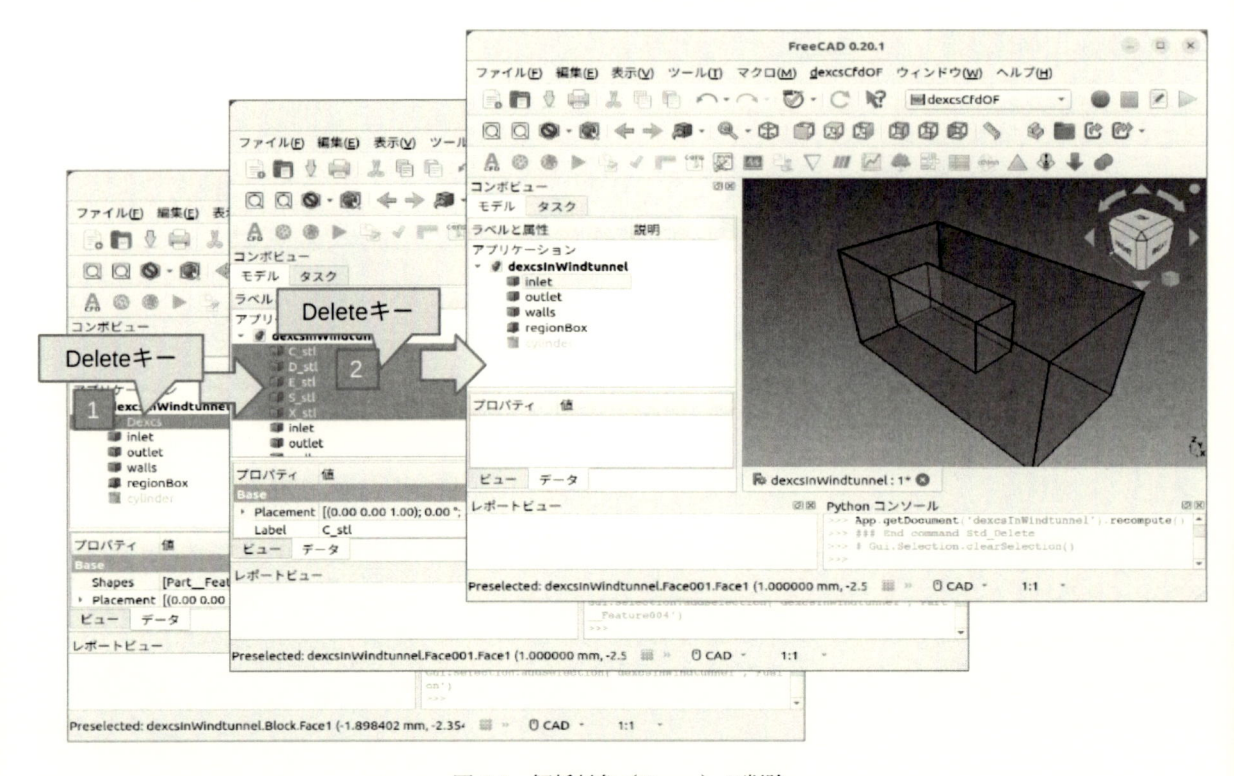

図 6.2　解析対象（Dexcs）の削除

　ここに，新たに解析対象を配置してやればよいのであるが，FreeCAD を立ち上げた直後のワークベンチは「dexcsCfdOF ワークベンチ」になっており，このワークベンチではモデル作成の作業ができない．ここでは球体を配置したい．球体を作成する方法は何通りもあるが，もっとも簡単にできる「Part ワークベンチ」に切り替えておく．

　球体を作成する前に，仮想風洞のサイズを確認しておこう．サイズを測るには，「表示ツールバー」の「距離を測定」アイコン ✎ を使えばよい．これをクリックすると 3D 画面上でマウスポインタの形状が変わって，モデル上で動かすと，ポインターの位置に応じて，頂点や辺，面の色が変わる．測定したい箇所の表示色が変わったらクリック，その箇所に

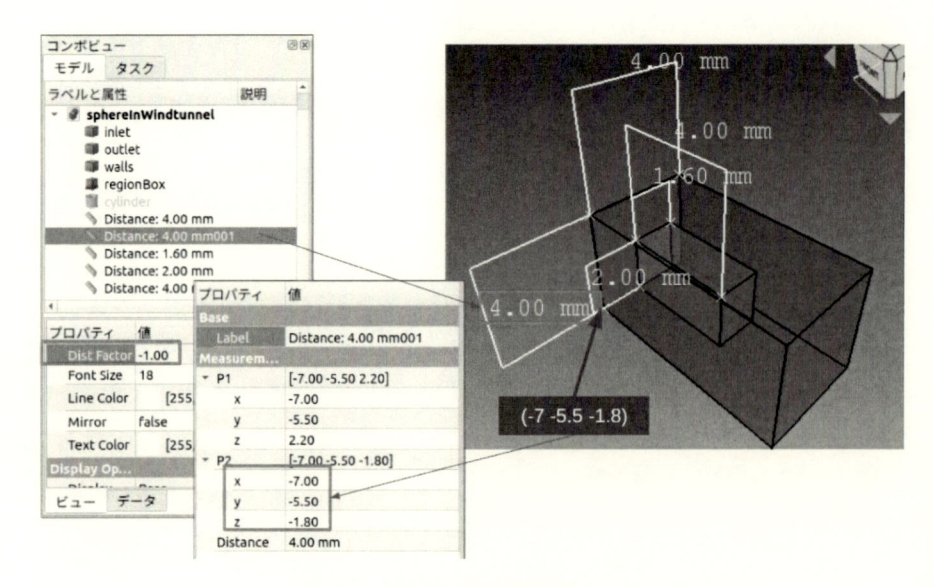

図 6.3　寸法確認例

「×」マークが表示される．対となる箇所で同じようにクリックすれば，2 点間の寸法が表示される．

具体的に測定した例を図 6.3 に示すが，いくつか要点を述べておこう．

1. 測定に応じて，モデルツリー上に，（🗡Distance …）というコンポーネントが作られる．
2. モデルツリー上で（🗡コンポーネント）を選択して「プロパティー/データ」画面で，選択した点の座標値を調べることができるとともに，この座標値を直接編集して，選択箇所を変更することも可能である．とくに頂点をうまく選択できなかった場合には，選択をやり直すよりも，これで修正したほうが楽である．
3. 3 D 画面上で寸法の表示位置を変更したい場合は，「プロパティー/ビュー」画面で（Dist Factor）の値を変更すればよい．
4. 寸法は mm（ミリメートル）で表記されているが，OpenFOAM ではメートルで解釈される．

なお，このようにして寸法確認はできるのであるが，ここで作成された（🗡コンポーネント）が表示状態で存在すると，あとのメッシュ作成プロセスでエラーになってしまうので，（🗡コンポーネント）は寸法確認が終わったら削除（選択して「Delete」キーを押せばよい）または非表示パーツにして（コンポーネントを選択してスペースキーを押す）おく．

解析対象を球体にしたいので，1 Part ワークベンチに変更，ソリッドツールバーから，2 アイコン🔵「球体のソリッドを作成」をクリックすれば，図 6.4 の状態になるはずである．

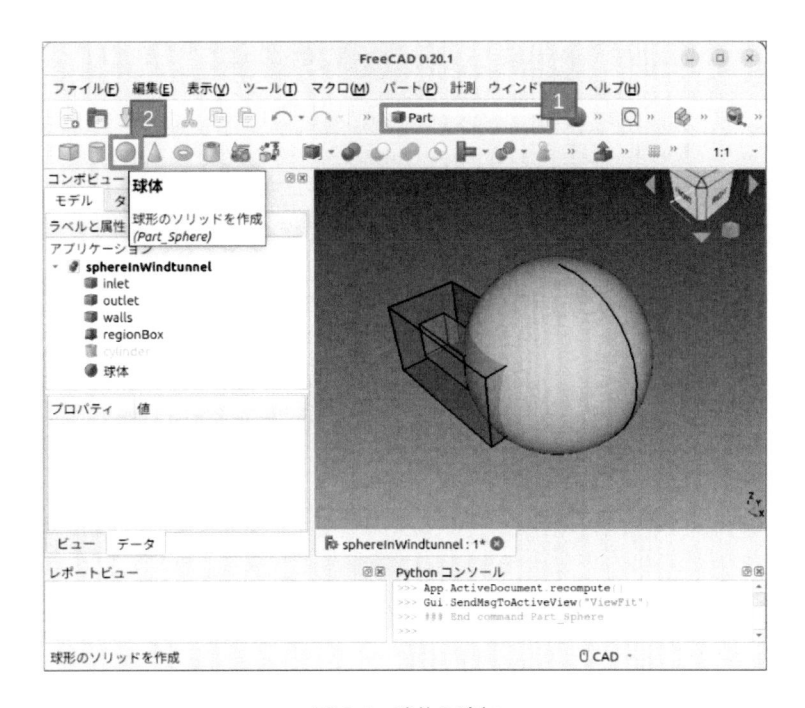

図 6.4 球体を追加

モデルツリー上で，球体を選択して，「プロパティー／ビュー」画面で調べると，図 6.5 の左側の状態になっているので，1（Radius）（球の半径）の値を変更すればよいことは容易に想像できるであろう．注意点としては，(Label) の名前を「球体」から 2「sphere」（sphere でなく他の名前でも OK）に変更している点である．この変更の理由は，OpenFOAM で日本語（2 バイト文字）の使用は不可で，変更しないとこれもあとのプロセスにおいて問題となる．さて，こ

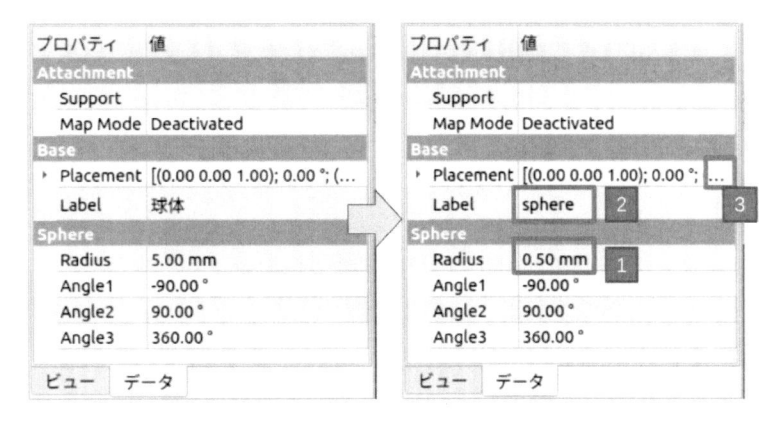

図 6.5 球体プロパティーの変更

のままでは仮想風洞内部に収納されないので位置を変更する必要がある．球のサイズの変更は容易であるが，位置変更は少々やりにくい．（Placement）欄の右端に $\boxed{3}$「…」のアイコンがあるので，これをクリックする．そうすると，コンボビュー画面で「タスク」タグがアクティブになって，図 6.6 の「配置」メニューが使えるようになる（パネルを別ウィンドウにサイズ変更して説明している）．

「配置」変更の方法として，平行移動や回転移動ができることがわかるが，ここでは平行移動のみで，移動量は先に仮想風洞のサイズを測定してあったので，そのサイズに則って $\boxed{1}$ 決めた値を記入，$\boxed{2}$「適用」ボタンを押して，3D 画面上で確認，問題なければ $\boxed{3}$「OK」ボタンを押して，配置変更の完了である．コンボビュー画面は自動的に「タスク」から「モデル」タグに戻る．

上記作業で，球の位置は仮想風洞の流れ方向から見て中心，上流入口から 2 の位置に配されたことになるが，これをデフォルトの視点から見ていただけでは本当に正しく配置されているかわからない．視点

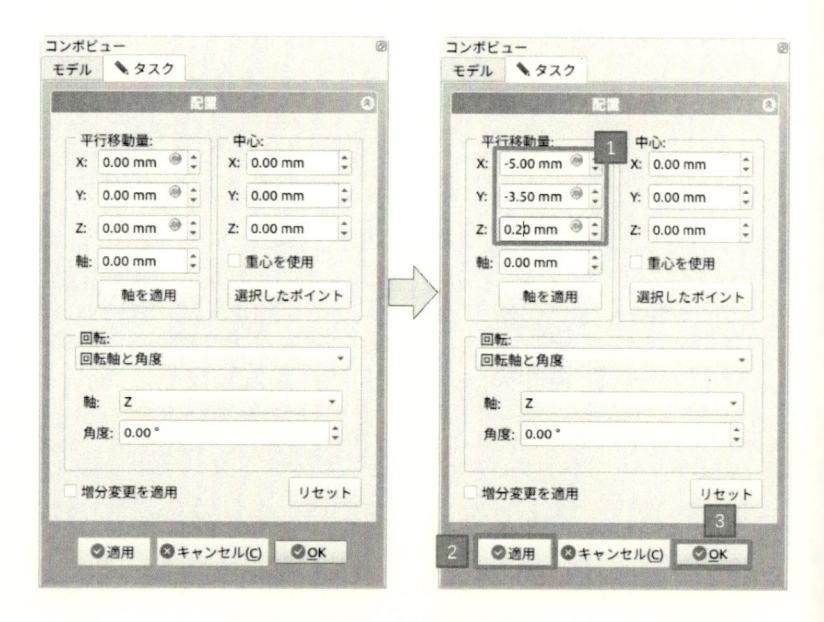

図 6.6　「配置」（配置変更）メニュー

を変えるには，表示ツールバーの前面や上面ビューへの切替アイコンを使えるが，デフォルトの投影法が透視投影法（近くのものが大きく見える）になっているため，これだけでは正確な位置を判断しにくい．投影法を切り替えるには，「表示」メニューから，図 6.7 $\boxed{1}$「正射投影表示」を選択するとよい．図 6.7 では，$\boxed{2}$「右面ビューに設定」アイコン で表示確認したもので，確かに球体は風洞の中心に配置されたことを確認できたが，球体を取り囲む $\boxed{3}$（regionBox）（細分化領域）のサイズが不適切であるので，$\boxed{4}$ でこのサイズを変更している．

以上で，FreeCAD モデルが完成したので，引き続きメッシュ作成に移るが，基本的なやり方は，1.2 節で実施した方法と同じで，（Dexcs）を（sphere）と読み替えて実行するだけでよい．

ただし，境界条件の設定については，gridEditor の使い方と，流体特性パラメタ，計算制御パラメタについての説明が必要であろうと思われるので，以下で補足しておく．

6.1.2　初期・境界条件

メッシュ作成・確認が完了したら，まずは，1.2.7 項（p.22）で実施したのと同じ方法で gridEditor を起動してみよう（図 6.8）．警告のメッセージダイアログが表示されるが，とりあえず $\boxed{4}$「OK」ボタンを押しておこう．

図 6.9 の下から 2 行目，（sphere）の境界条件がすべてブランクになっており，これが警告の意味であった．これは当然であり，今回メッシュは（sphere）というパッチ名で作成したのに対し，各フィールドのパッチ名はデフォルトとして（Dexcs）というパッチ名で作成してあったものを使っているからである．新たに作り直した（sphere）に対して，各フィールドの境界条件を作り直す必要がある．今回はデフォルトの解析対象

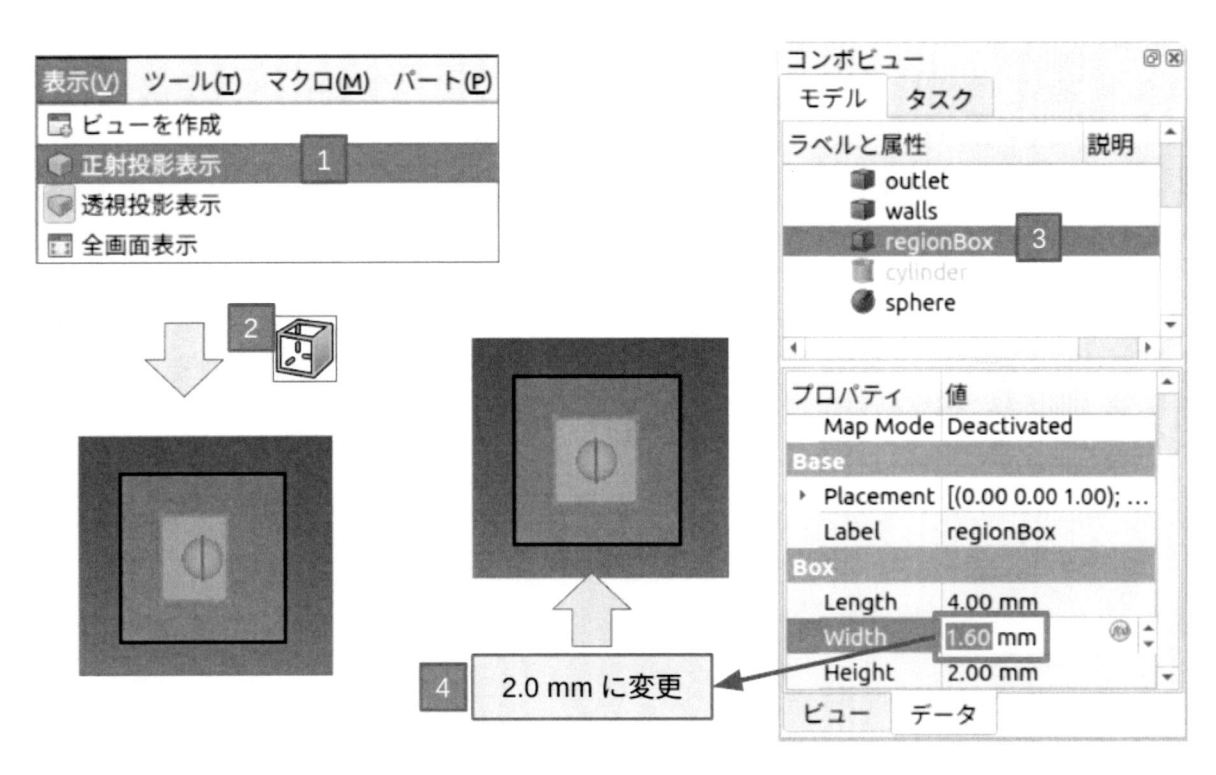

図 6.7 細分化領域の適合

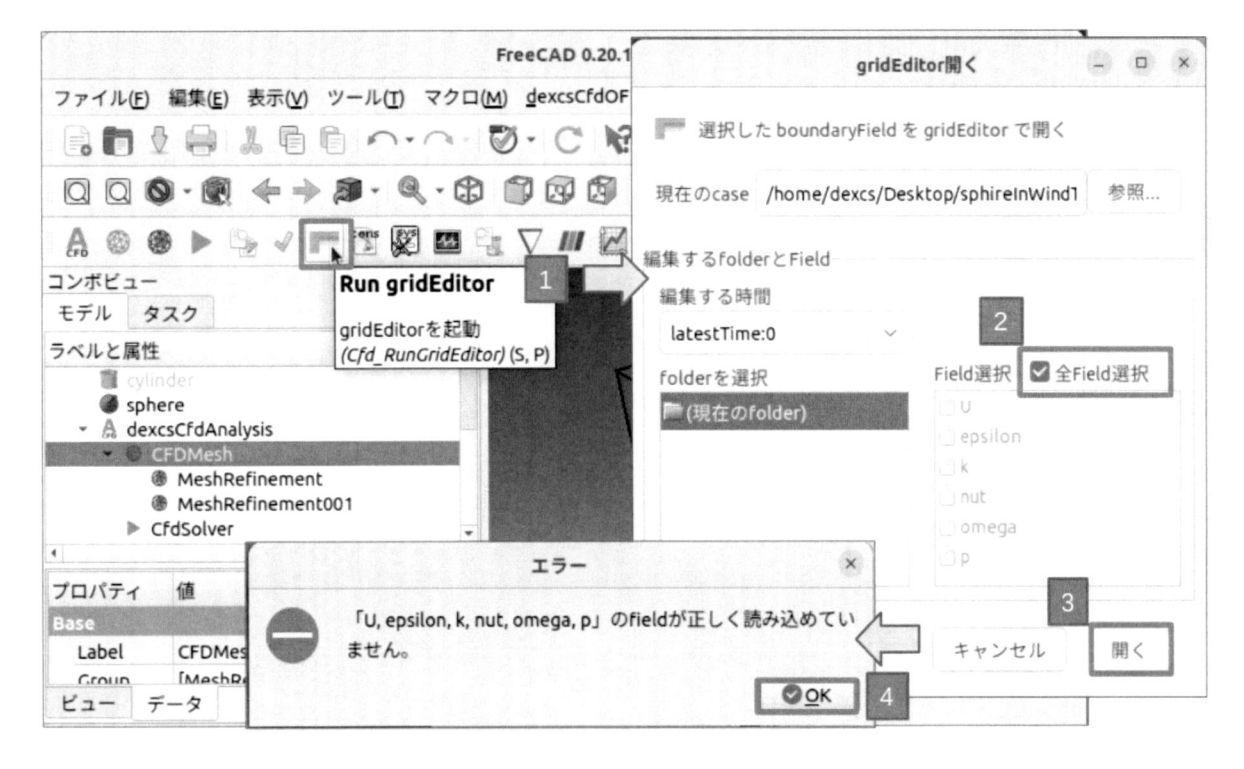

図 6.8 gridEditor の起動

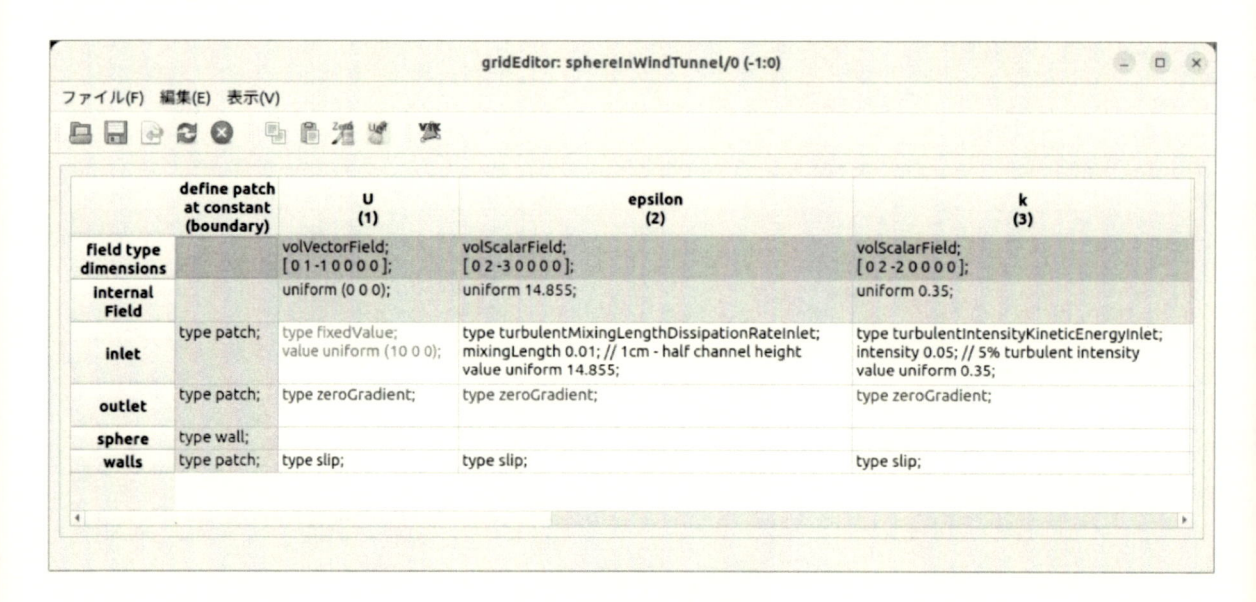

図 6.9　gridEditor 起動画面

（Dexcs）を（sphere）に変更したわけであるが，解析対象の形状と名前は変わっても，境界条件は同一にするのが普通の考え方であろう．

　ならば，図 1.15（p.23）で説明した各フィールド変数ファイルを個別に直接編集〔（Dexcs）を（sphere）に変更〕すればよいのであるが面倒な作業になる．あるいは gridEditor 上の空欄を一つずつ内容を埋めておけばよいのであるが，どういう境界条件で埋めたらよいのか，とくに初心者にはわからない．

　ここでは gridEditor を複数使った効率的な作業方法について説明しておくが，実は DEXCS のテンプレートケース「/opt/DEXCS/template/dexcs」を使う限りにおいて，type wall の境界条件は自動的にすべりなし壁の条件が付与される[*1] ので，空欄のままでも計算ができる（以下の作業をしないでも同じ結果が得られる）という点についてはおことわりしておく．

　まずは図 6.10 1 「ファイル」⇒アイコン 🗁 「開く」をクリックすると，最初に起動したときと同じ選択画面が現れる．ここで今度は，2 「参照」ボタンを押してみよう．そうするとケースファイルの選択画面が現れるので，3 DEXCS 標準チュートリアルケース「dexcsTutorial」を選択，4 「決定」ボタンを押す．再度起動時の選択画面に戻るのであるが，今度は計算結果を含んだ内容が反映されており，編集する時間として「latestTime」が，Field 選択画面も計算結果のみ選択された状態になっているので，これらを変更（5 「startTime:0」と 6 「全 Field 選択」）し，7 「開く」ボタンを押す．

　そうすると，新たに gridEditor 画面が現れるが，これは図 1.17（p.24）に示したものと同じものである．（sphere）を（Dexcs）と同じ境界条件とするのであれば，図 6.11 に示すように，1 参照ケースで開いた gidEditor 画面においてこの参照ケースの 2 （Dexcs）の行全体を選択，3 右クリックして「cell コピー」を選択しておき，最初に開いた gridEditor 画面上の（sphere）行の 5 最左欄を選択，右クリックして 6 「cell 貼付け」を選択すれば，境界条件を一括コピーできる．

　図 6.12 において，1 （sphere）の行全体を見渡して，正しくコピーできたかどうか確認して，間違いなければ 2 🖫 「保存」⇒ 3 ❌ 「終了」をクリックして完了である．

[*1]　具体的には，各フィールド変数ファイル中に #includeEtc "caseDicts/setConstraintTypes" の一文がある．

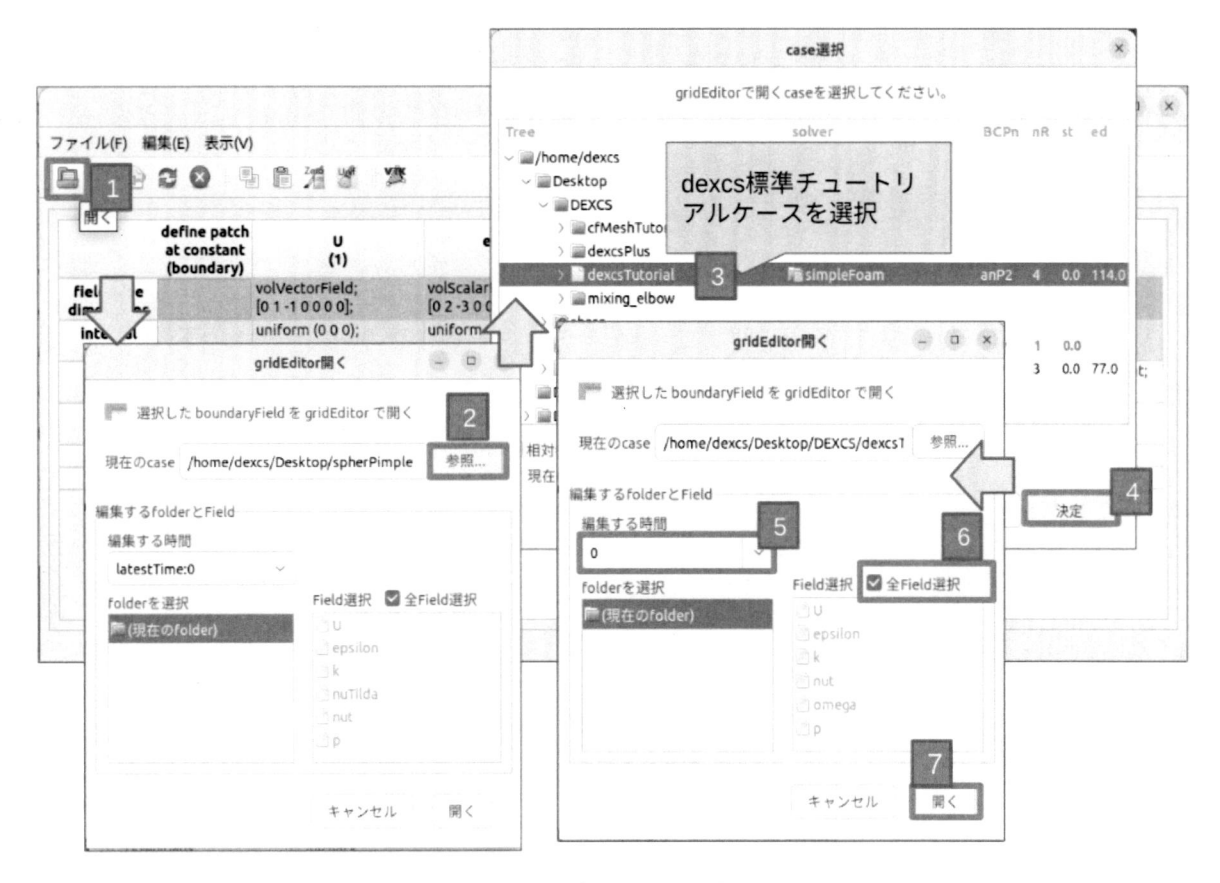

図 6.10　参照ケースを開く

6.1.3　流体特性パラメタ

　1.2.6 項（p.21）では，流体特性パラメタの変更方法について説明したが，パラメタの内容についてはほとんど触れなかった．ここでは「球体」を解析対象とした仮想風洞試験を題材にしているが，いわゆる「球体まわりの流れ解析」ということで，この現象に対しては歴史的に様々な実験が行われてきており，多くの数値計算例もある．一方，DEXCS ランチャーで抗力係数が計算できるということもわかっているので，計算の検証をするには，格好の題材になるのではないかと考えている．

　その際の検証方法としては，個々の実験条件をそのまま計算対象にするのでなく，レイノルズ数（Re）という無次元パラメタで結果を整理するのが工学的に有用である．レイノルズ数（Re）は，

$$Re = \frac{UD}{nu}$$

のように表される．ここで，U[m/s] は代表流速であり，D は代表寸法（本例では球の直径）[m]，nu は動粘性係数 [m2/s] である．

　Re 数を合わせるには，ここまでの設定例では，$U = 10, D = 1$ となっている点を考慮して，nu の値を決めればよい．ただし，nu は物性値であり，参考までに 20 ℃では，空気の場合 $15.01 \times 10^{-6} \mathrm{m^2/s}$，水の場合 $1.004 \times 10^{-6} \mathrm{m^2/s}$ とされているので，こちらを規定して，逆に流速を変更するのでもよい．Re 数が同じとなる条件で計算すれば，同一の結果になることも確認されたい．

　もう 1 点の留意事項は乱流モデルである．一般的に Re 数が数千といったあたりで，層流から乱流に遷移す

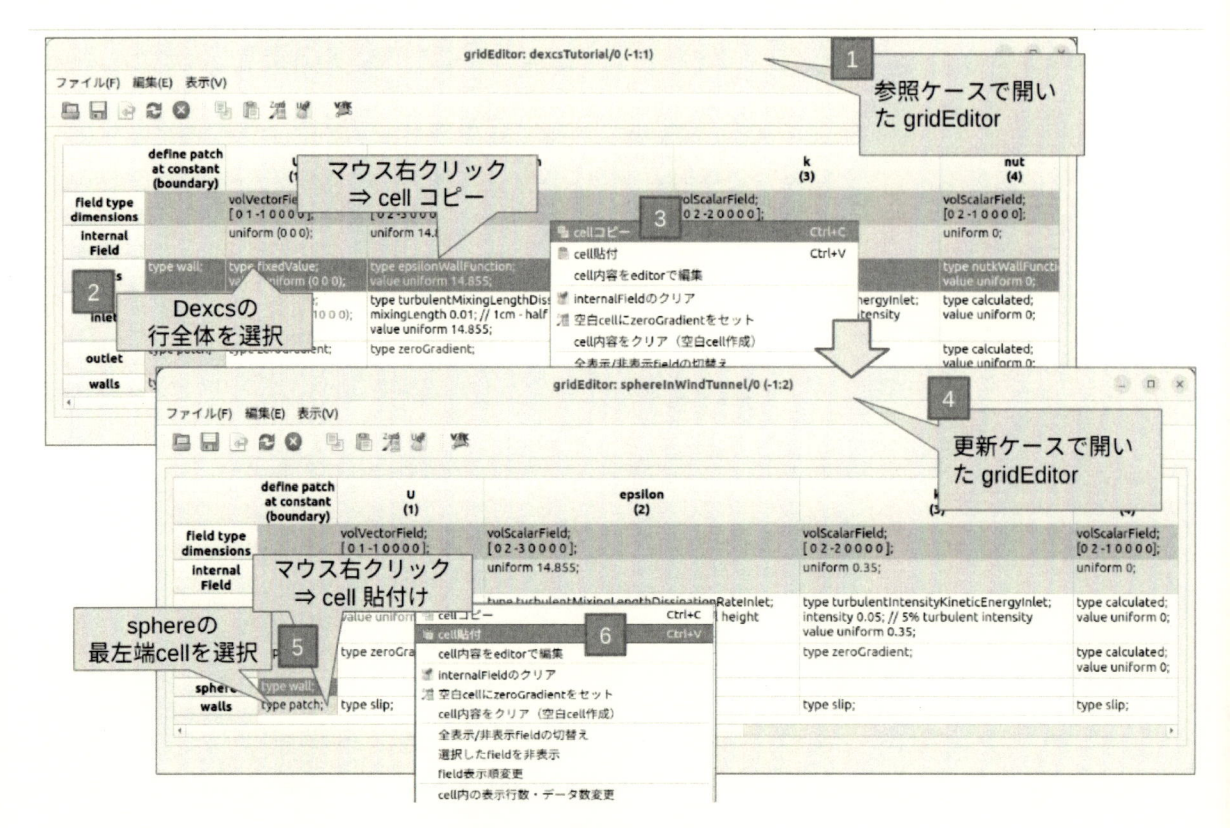

図 6.11　境界条件の一括コピー

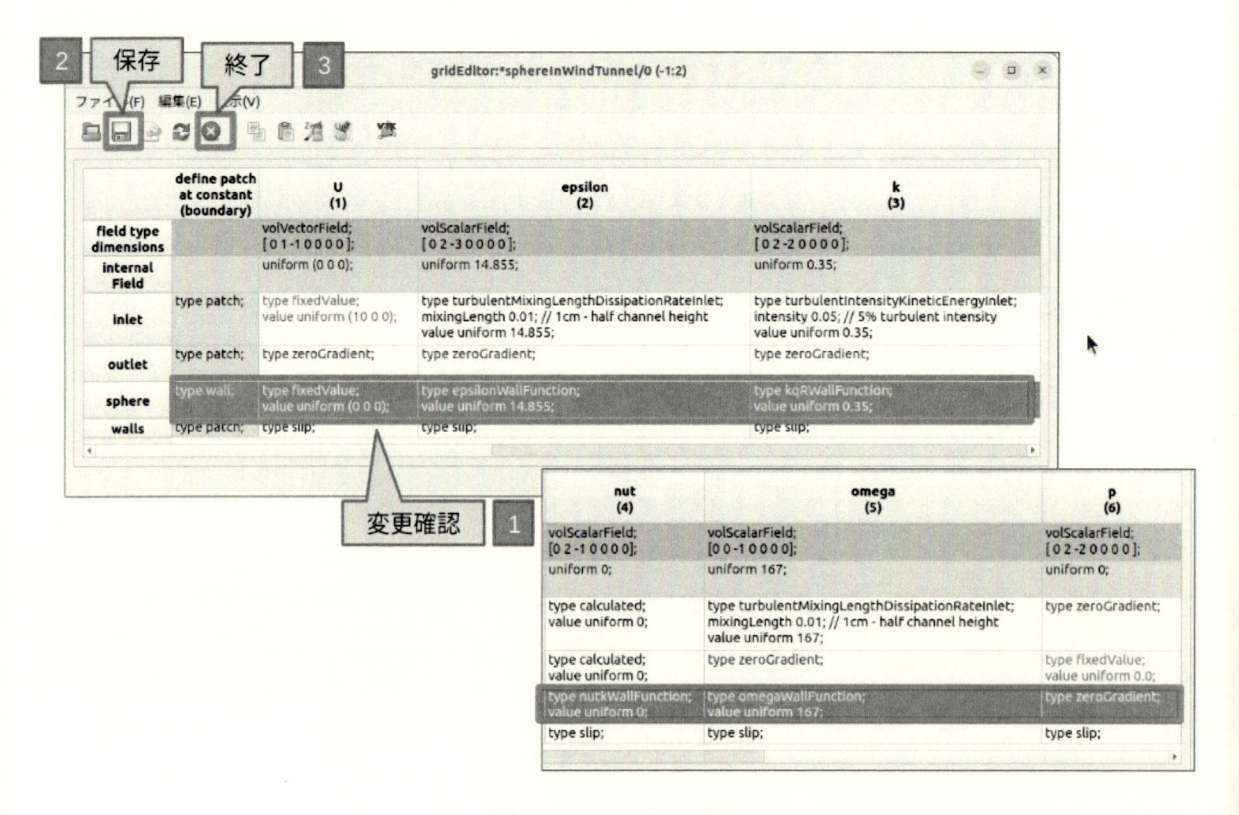

図 6.12　gridEditor 終了

るといわれているが，計算ではこれを自動的には処理してくれない．層流計算とするか乱流計算とするかは解析者が判断しなければならない．さらに乱流計算では，多くの乱流モデルが提案されており，それらの中から適切なものを選択する必要もある．本チュートリアルでも様々な乱流モデルの使用が可能である．実際に計算してみて，違いを自分の目で確認していただきたい．

6.1.4 計算制御パラメタ

ここまで，解析対象の名前を変更し，6.1.3 項では物性値，乱流モデルパラメタの変更スタディを推奨した．これらの変更に伴って，「system」フォルダ下の計算制御パラメタにも変更が必要になる箇所があるので，ここに取りまとめておく．

まずは，流体力「forces」と空力係数「forceCoeffs」を計算するための設定ファイルである．デフォルトでは，解析対象が（Dexcs）であったのに対し，本チュートリアルでは（sphere）であるので，該当箇所を変更する必要がある．

forceCoeffs では，20 行目以降，

```
20  patches       (Dexcs);
21  rho           rhoInf;        // Indicates incompressible
22  rhoInf        1;             // Redundant for incompressible
23  liftDir       (0 0 1);
24  dragDir       (1 0 0);
25  CofR          (0 0 0);       // Axle midpoint on ground
26  pitchAxis     (0 1 0);
27  magUInf       10;
28  lRef          1;             // Wheelbase length
29  Aref          1;             // Estimated
```

となっているが，20 行目の（Dexcs) を (sphere) に変更する．「foreces」にも同様のパラメタがあるので変更が必要である．また，流入条件に応じて magUInf の値を，解析対象のサイズ変更に応じて lRef, Aref の値も変更する必要がある．

もう 1 点，「steamLines」ファイルがある．これはチュートリアルでは説明しなかったが，流跡線を計算するための設定ファイルであり，26 行目を，

```
25  // Names of fields to sample. Should contain above velocity field!
26  fields (p U k);
```

として，フィールド変数（p U k）をサンプリング指定している．デフォルトの計算では問題ないが，前述の乱流モデルを変更し層流計算とした場合には，k（乱流エネルギー）が計算されないので，このままだとエラーとなって計算が実行できなくなる．層流計算の場合は，k を削除するか，そもそも空力係数を検証できればよいというならば，「controlDict」ファイルの 48 行目以下で，#include "streamLines" の行を削除，もしくはコメントアウト（行頭に//）しておくのも方法である．

```
48  functions
49  {
50      #include "forces"
51      #include "forceCoeffs"
52      #include "probes"
53      #include "massFlow"
```

```
54          #include "sampleDict"
55          #include "streamLines"
56  }
```

6.1.5　計算実行

計算実行の手順は，1.2.8（p.25）で説明したのと全く同じである（図 6.13）．

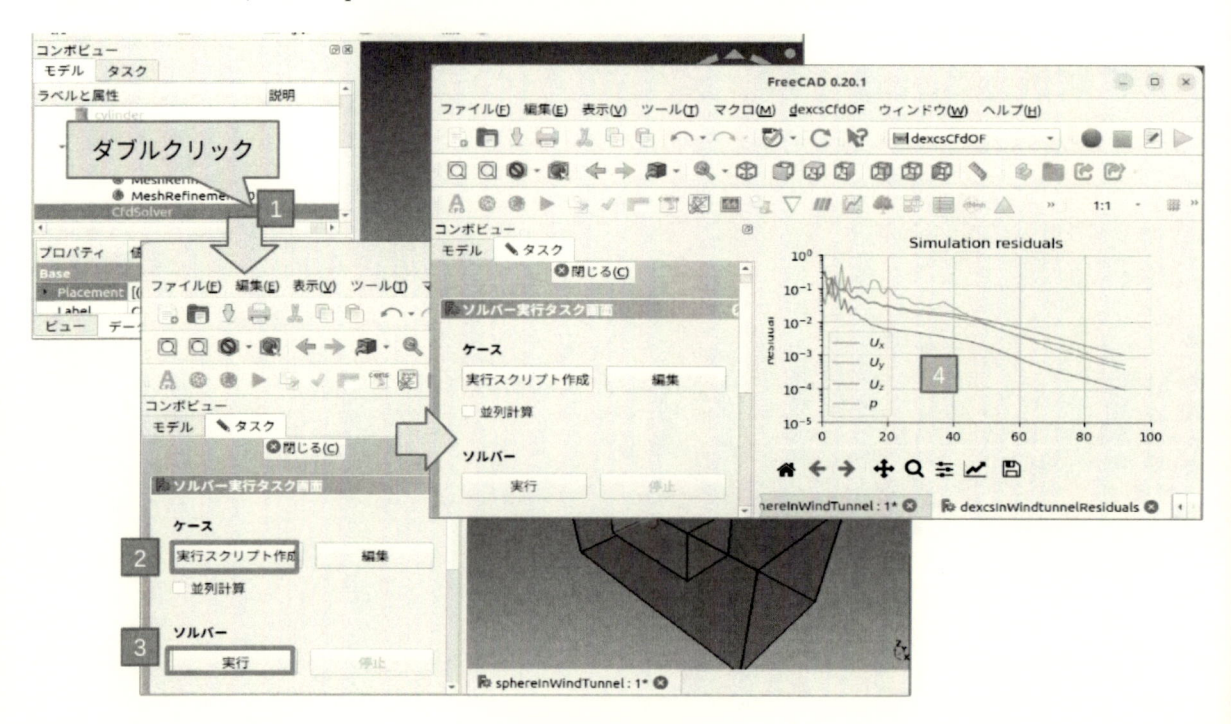

図 6.13　計算実行

6.1.6　結果の可視化 1

ParaView による流れ場の表示も，1.2.9（p.31）で説明したのと全く同じである（図 6.14）．

6.1.7　結果の可視化 2

「postProcessing」データのプロット処理も，1.2.10（p.35）で説明したのと全く同じで相応の結果が得られる（図 6.15）．ただし，6.1.4 でのパラメタ変更が正しく実施できていない場合にはこの限りでない．

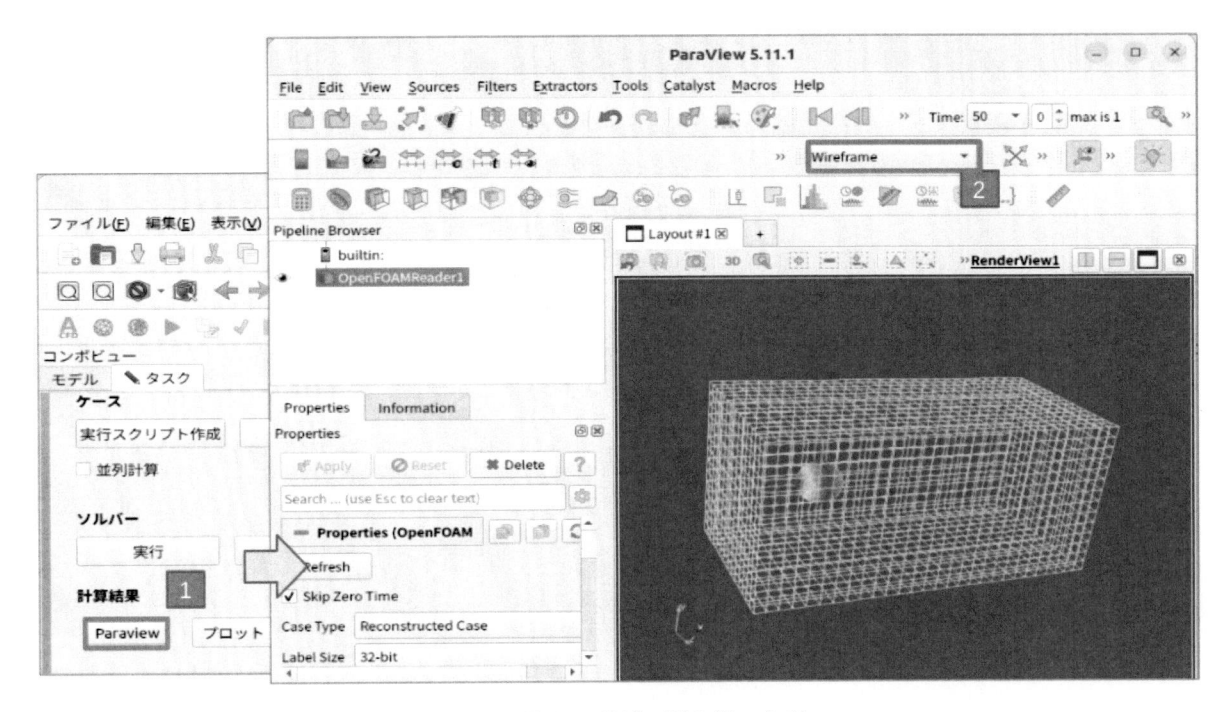

図 6.14　結果の可視化（流れ場の表示）

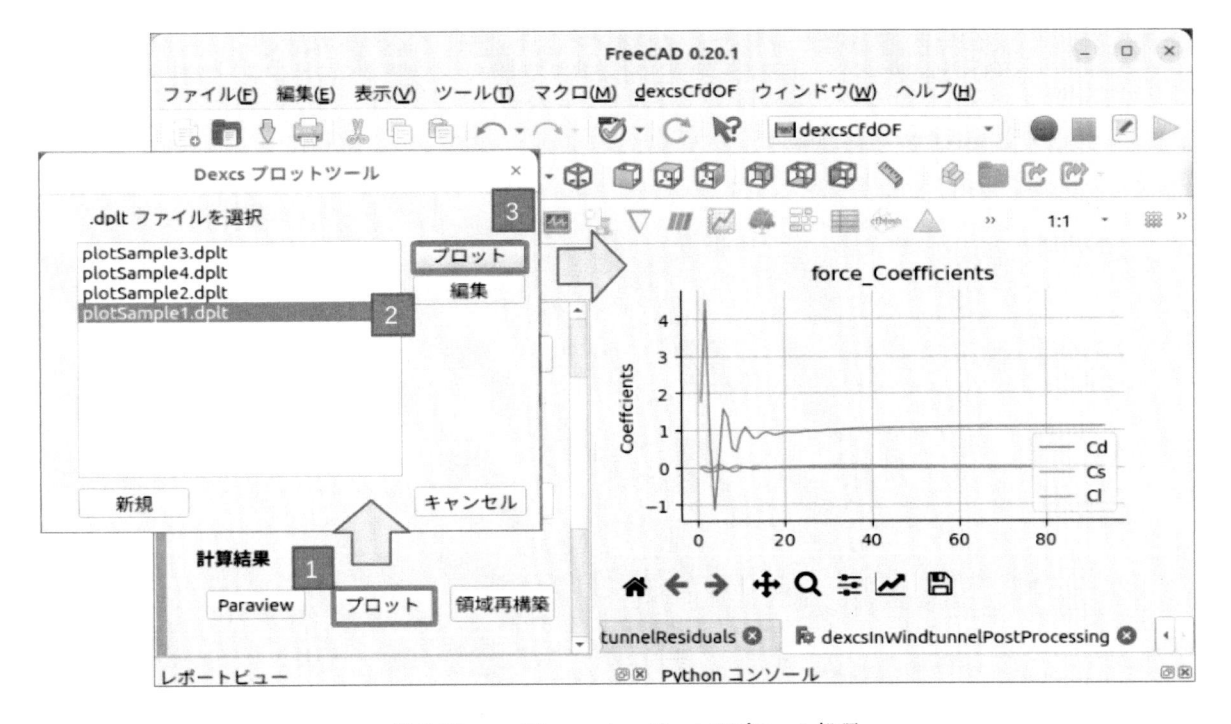

図 6.15　postProcessing データのプロット処理

6.2　ソルバー変更方法

前節（6.1）では，DEXCS 標準
チュートリアルにおける解析対
象モデルを球に変更したが，ソル
バーは定常計算であった．Re 数
を変えた計算を実施すればわかる
と思うが，Re 数によっては，ある
程度収束はするものの初期残差が
振動して定常解とはならないよう
な状況が生まれる．現実の流れ場
においても，球体の後流では剥離
に起因して渦が交番的に生じるな
どして，定常解とは成り得ない．
そこで本節では，変更した解析形
状モデルを用いて，非定常計算す

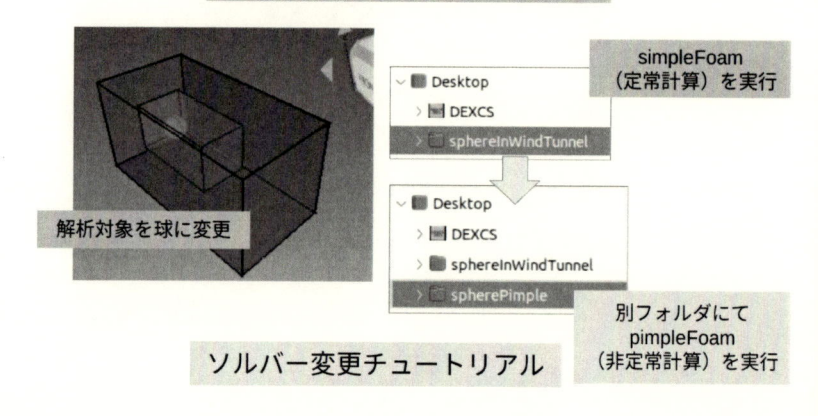

図 6.16　解析ソルバーの変更

ることを試みる．具体的には，図 6.16 に示すように，前節で作成したケースファイル「sphereInWindtuunel」
をベースに，新たに別フォルダで非定常計算用のケースファイルを作成する方法について説明する．

　OpenFOAM の場合，非定常計算するには，ソルバーを変更する必要がある．具体的には，「system」フォ
ルダ下の「controlDict」中で，

```
        application simpleFoam;
```

の行があり，この simpleFoam を変更してやればよい．ここでは，pimpleFoam という非圧縮で乱流計算ので
きるソルバーを使うが，問題は pimpleFoam への変更に伴って，「constant」フォルダ下の物性値ファイルや，
「system」フォルダ下の計算制御ファイルを，変更したソルバー用に適合させる方法である．これらのパラメタ
を熟知した人にとってはさほど困難な作業ではないが，独学の初心者がこの壁を乗り越えるのは難しいだろう．

　しかし，2.2 節（p.39）の「OpenFOAM の実践的活用法」で述べたように，OpenFOAM には非常にたく
さんの標準チュートリアルケースが存在し，これらを雛形にしてメッシュを入れ替えれば，とりあえず計算し
てみるというアプローチができる．

　とはいえ，OpenFOAM の設定ファイルを直接編集する方法では，とりあえず計算が動くまでに何回もの面
倒な作業が必要になる．DEXCS ランチャーでは，OpenFOAM の初級・中級者向けに，こういう使い方を想
定したパラメタ適合において，簡単に GUI で使用できる仕組みを用意した．

　まずは，形状モデルであるが，これは前節で作成した FreeCAD モデルをそのまま使うことにする．作成し
た FreeCAD モデルをダブルクリックして開いたら，次に解析コンテナを追加しよう（図 6.17）．

　前節（6.1）で作成した解析コンテナの下に新たに 2 （dexcsCfdAnalysis001）というコンテナが追加され，
その下にメッシュ作成コンテナ（CFDMesh001），ソルバーコンテナ（CfdSolver001）も同様に追加されるは
ずである．

　新しく追加したコンテナでは，前節とは異なる計算をしたいので，まずは 2 出力先（Output Path）を変更
しよう（図 6.18）．

　ここでは 3 Desktop 上に 4 新規フォルダを作成し，その名前を「spherePimple」として出力先とした．

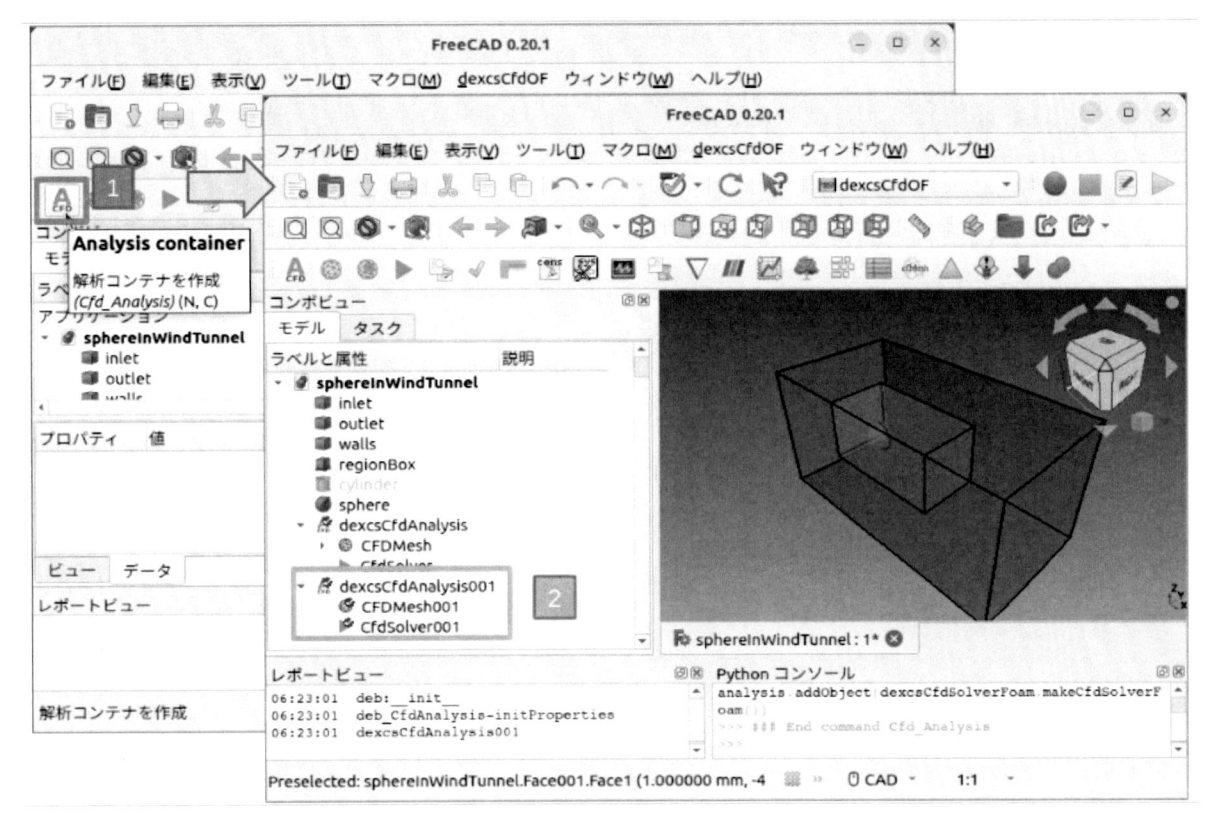

図 6.17 新しい解析コンテナの作成

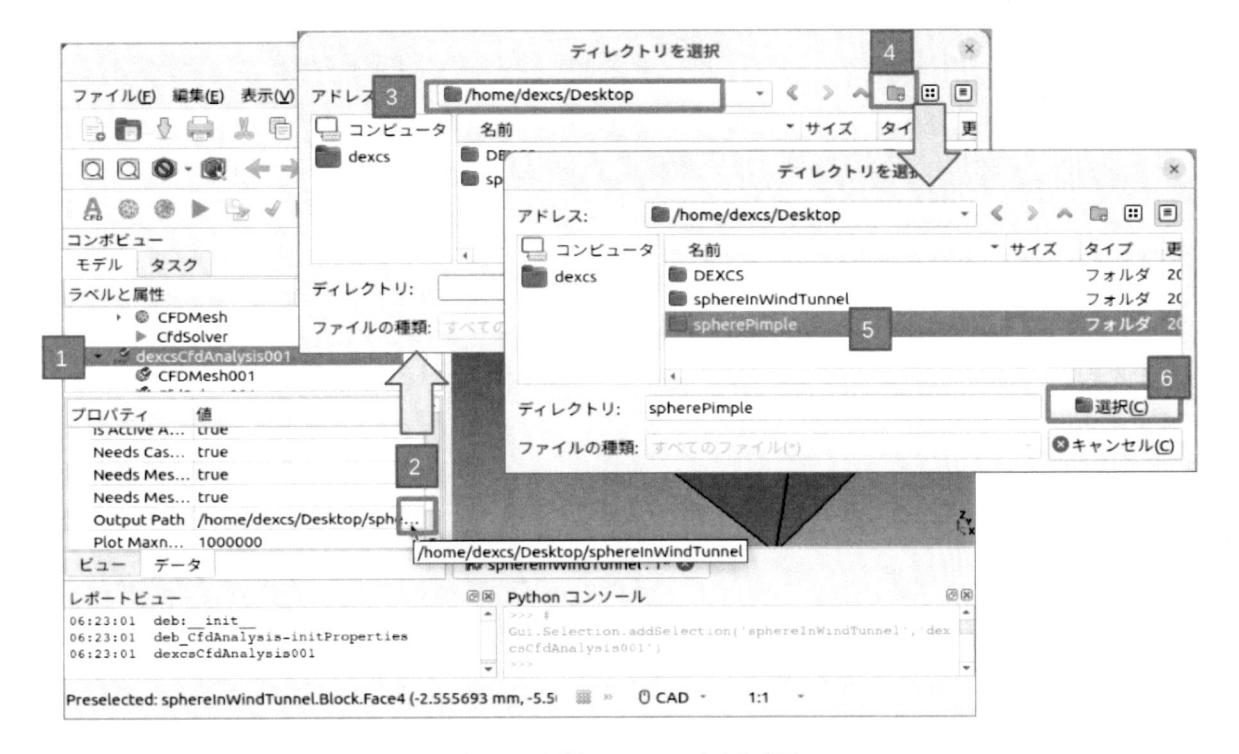

図 6.18 解析コンテナの出力先変更

次にテンプレートを変更する（図 6.19）.

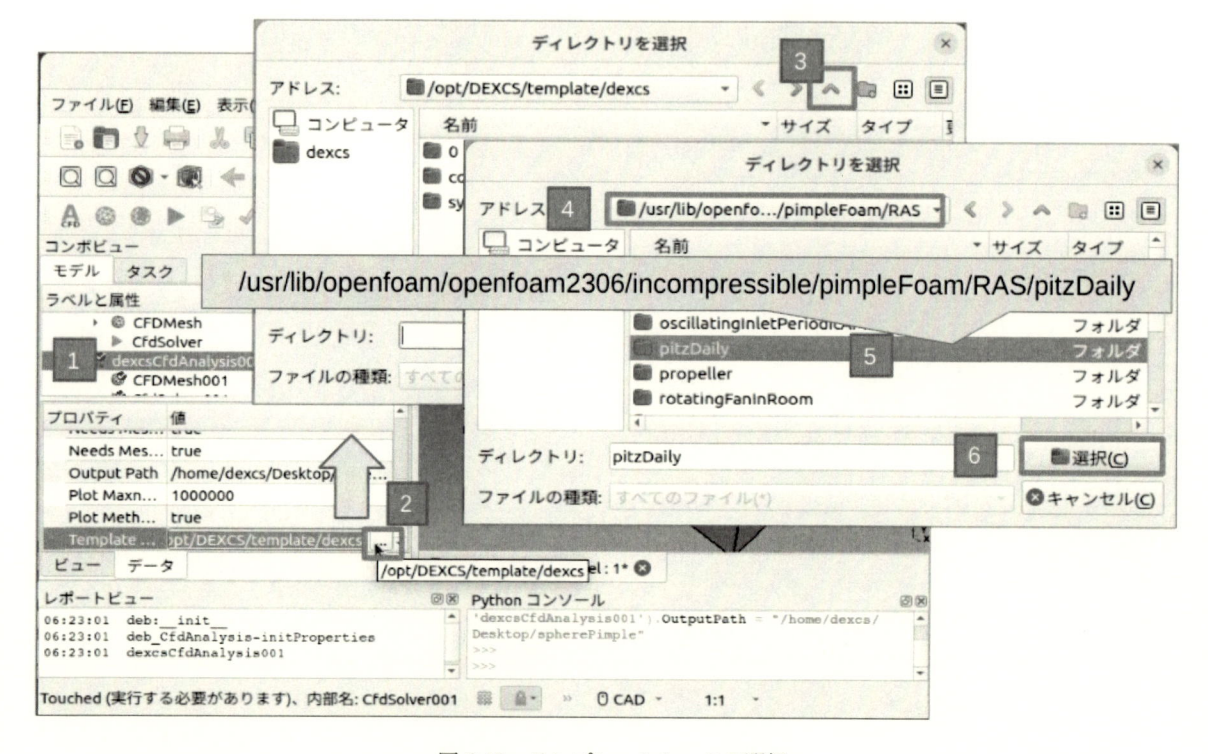

図 6.19　テンプレートケースの選択

ここでは，解析ソルバーを pimpleFoam に変更したいので，標準チュートリアルケースで pimpleFoam をソルバーとして使用するケースの中から，4「/RAS/pitzDaily」を選択している.

あとは前節（6.1）と同様にメッシュ作成しても良いが，ここでは前節（6.1）で作成したメッシュ細分化コンテナをそのまま流用（コピー）するやり方を紹介する（図 6.20）.

前節（6.1）で作成したメッシュ細分化コンテナ（MeshRefinement）を選択して 1 右クリックすると，プルダウンメニューが現れるのでその中から「コピー」を選択する. そうすると「オブジェクト選択」の画面が現れる. ここで 2 （sphere）オブジェクトのチェックマークを外した状態にして 3「OK」ボタンを押す. その後，新たに追加したメッシュ作成コンテナ（CFDMesh001）を 4 選択，右クリックメニューから「貼り付け」を選択. そうすると，メッシュ細分化コンテナ（MeshRefinement002）がその下に追加される. 同様に（MeshRefinement001）をコピーして（CFDMesh001）の下に貼り付ける（MeshRefinement003）.

あとは（CFDMesh001）をダブルクリックして，前節（6.1）でやったのと同様にメッシュ作成する.

以下,

- 境界条件の適合
- 流体特性パラメタ
- 計算制御パラメタ
- 計算実行
- 計算後処理

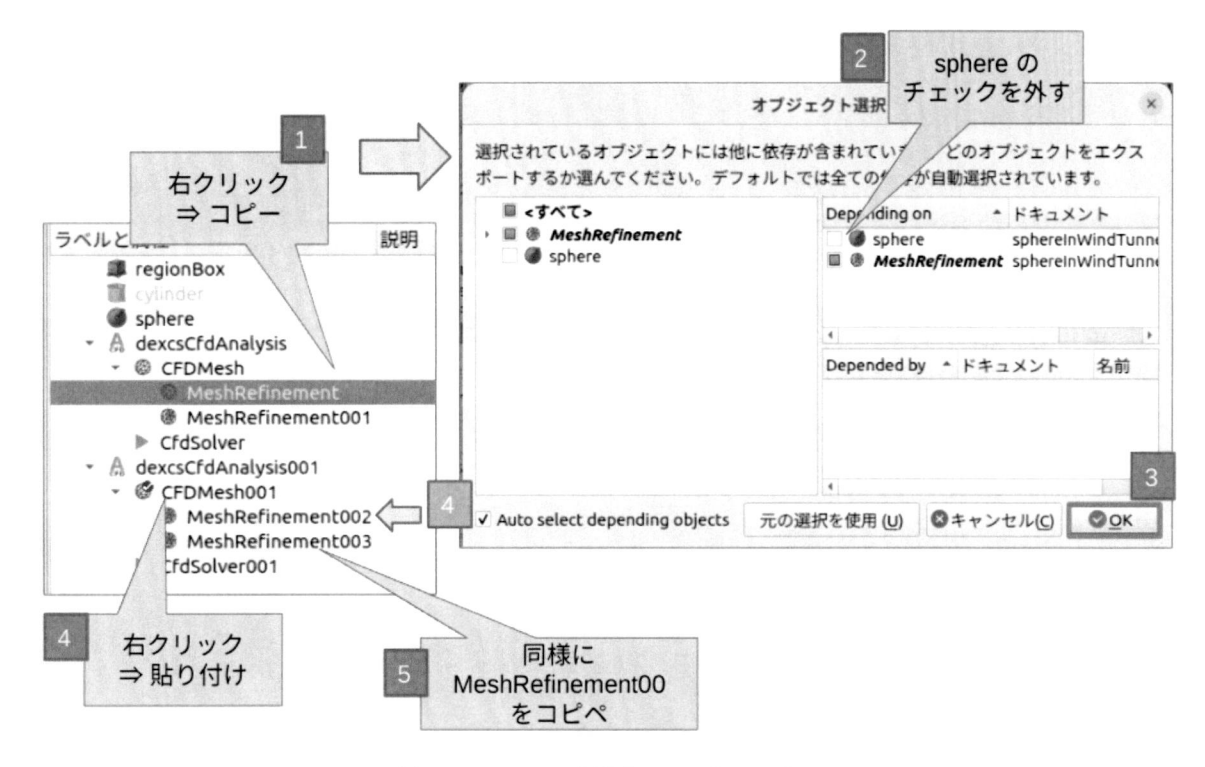

図 6.20 メッシュ細分化コンテナのコピー

と実施していくことになるが，基本的な方法は前節と同じである．ただ境界条件の適合が少々複雑な作業になるので，ここだけは詳しく，その他は要点のみ説明する．

6.2.1 境界条件の適合

まずは，図 6.21DEXCS ツールバーの $\boxed{1}$ アイコン🚩「RungridEditor（gridEditor を起動）」をクリックしてみよう．

6.1.2 項で実施したときと同様に警告メッセージが現れ，図 6.22 のように，起動できたはずである．

6.1.2 項では，（sphere）の列だけが空白となっていたが，ここでは（walls）の行も空白となっている．これはテンプレートとして選択した「pitzDaily」のケースには，（sphere），（walls）という境界名が存在しないからである．

また，6.1.2 項では，DEXCS のテンプレートケースを使っていたので，Type wall; の境界では空白のままで良いとしたが，本例ではそうもいかない．したがって，やはりこれらを適合させる必要がある．適合の方法は先の 6.1.2 項でやったのと同じで，参照ケースの gridEditor を開いてコピーすればよいのであるが，6.1.2 項でやったほど簡単ではないというのが本チュートリアルである．

まずは参照ケースを開いてみよう．開き方は図 6.10 でやったのとほとんど同じである．

図 6.23 において，「ファイル」⇒ $\boxed{1}$ アイコン📂「開く」メニューをクリックして，最初に起動したときと同じ選択画面が現れたら，以下 $\boxed{2}$〜$\boxed{7}$ の順にボタンを押す．異なる点は，参照ケースとして $\boxed{3}$ モデル更新ケースを選択しているが，これは必然の流れであろう．

何はともあれ，ここで開いた 2 つの gridEditor 画面を見比べてみれば，6.1.2 項のチュートリアルとの違いがわかるであろう（図 6.24）．Field 変数が異なるので，

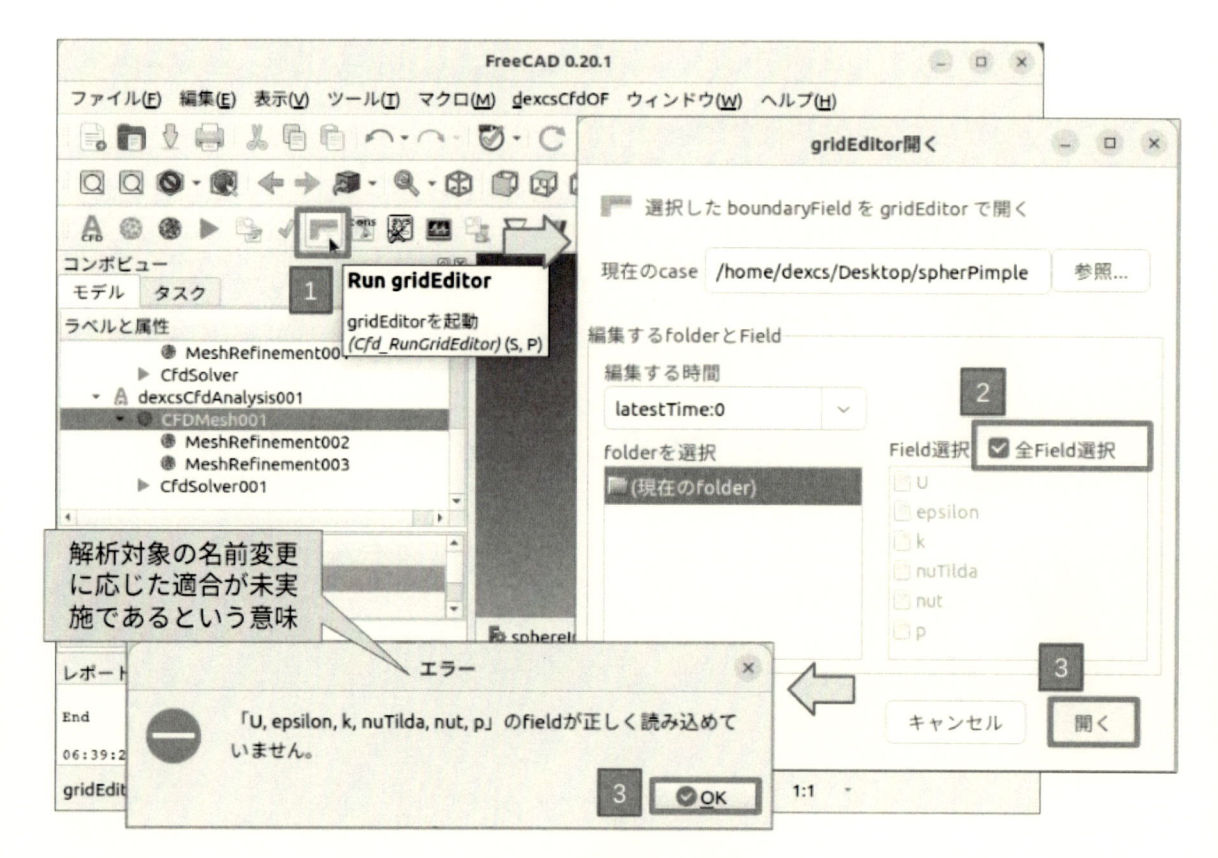

図 6.21　gridEditor の起動

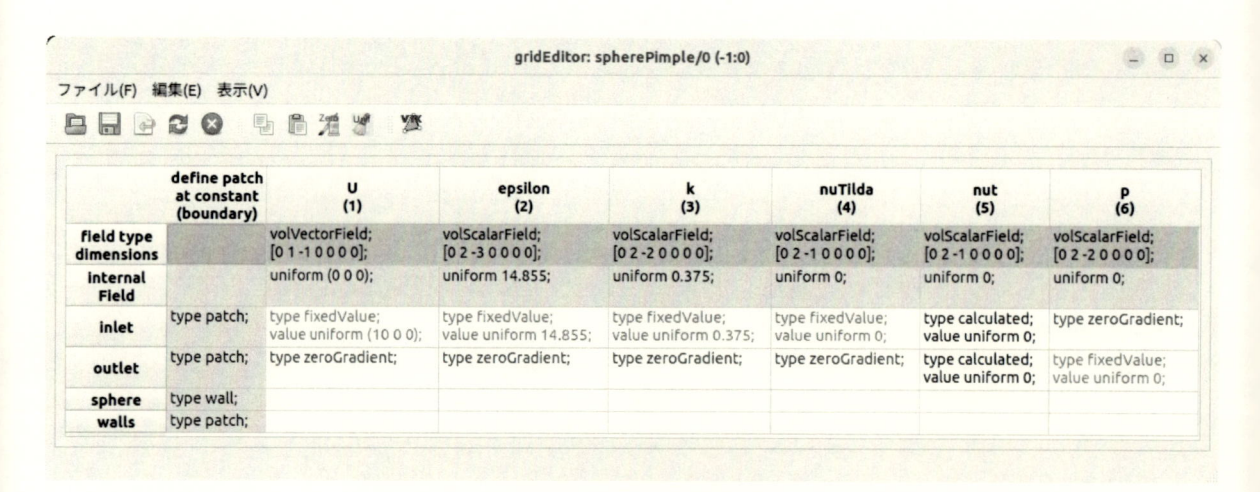

図 6.22　gridEditor 画面

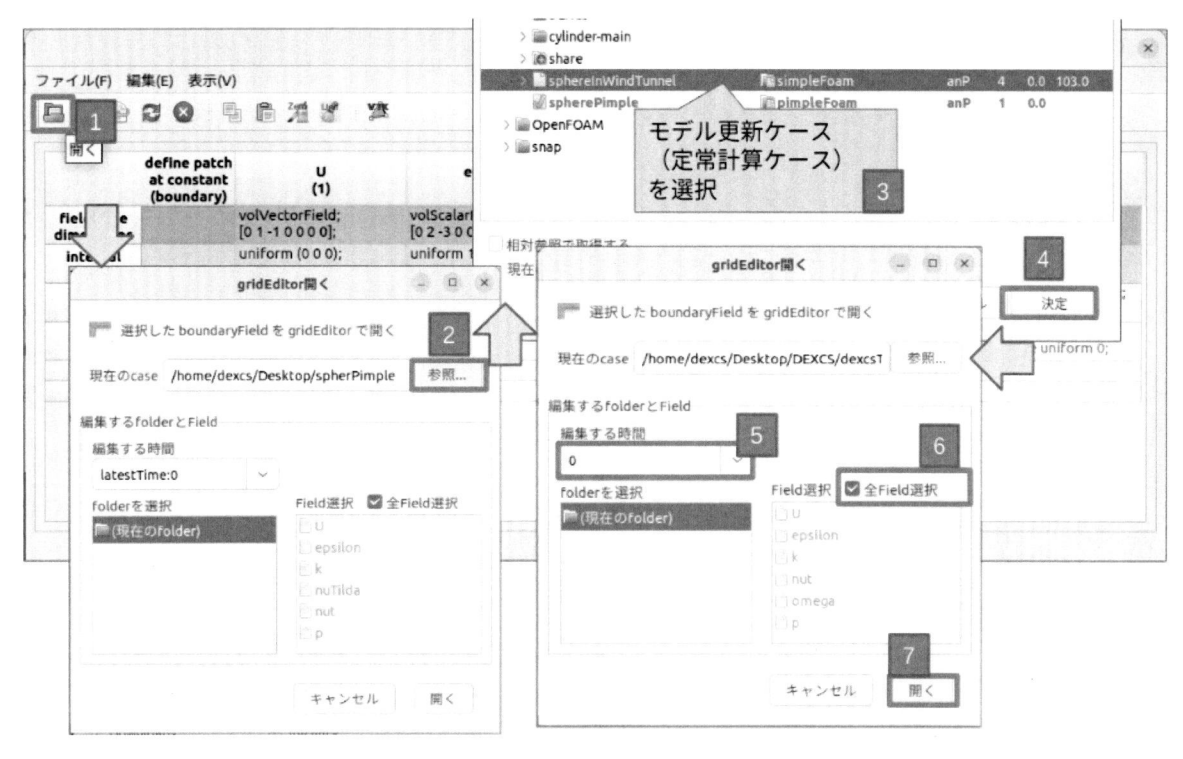

図 6.23　参照ケースを開く

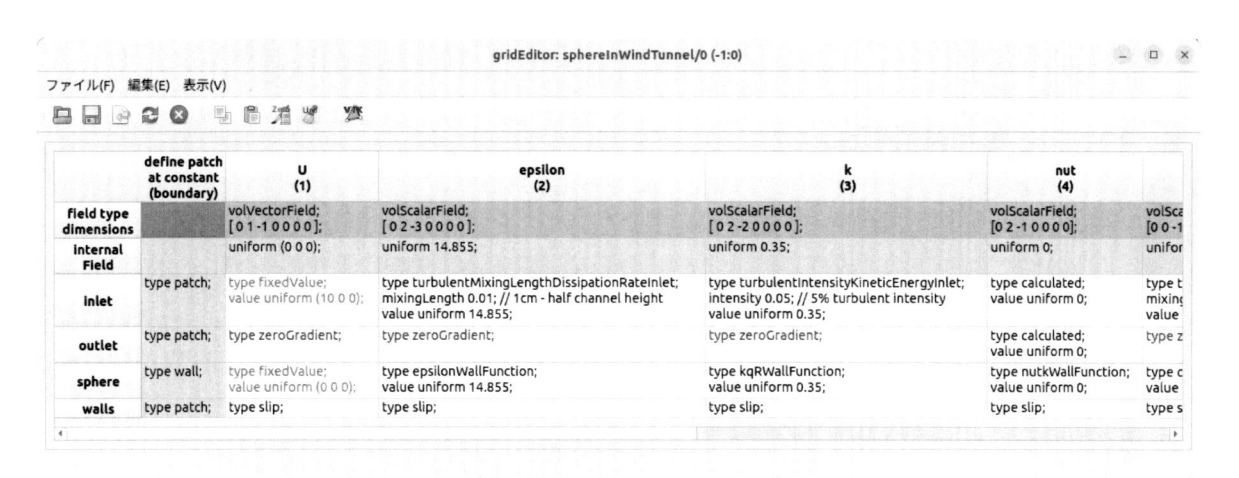

図 6.24　参照ケースの gridEditor 画面

- 行単位でのコピーはできない
- 先のチュートリアルでは存在しなかった Field 変数（この場合は「nuTilda」）がある

という 2 点である．

　前者については，セルあるいは，複数セルごとに選択して，右クリック⇒「cell コピー」，コピー先のセルを選択して右クリック⇒「cell 貼付け」と，少々手間が増えるのは致し方ない．なお，使用しない Field 変数がある場合，不要な Field 変数（本例では「omega」）列の任意のセルを選択して右クリック⇒「選択した Field を非表示」にて表示しないこともできるので，そうすればもう少し作業はやりやすくなるだろう．

　後者については，まずは形態的に決められる部分がある．つまり，

- （inlet）と（outlet）については，標準チュートリアルで使っていた境界条件なので，ほとんどこのままでよいであろう
- ただし（inlet）の「epsillon」「k」については，指定の方法が微妙に異なっており，同一形状での比較という意味で参照ケースの方法を採用するのが無難
- （wall）については，他の変数ですべて（type slip;）としているので，ここもそのまま（type slip;）でよいであろう

といった具合で考えれば，残ったものは（sphere）だけである．

本例では「nuTilda」であるが，それ以外にも見慣れない変数が出てきた場合には調べ（勉強し）てもらうしかないが，Field 変数の物理的意味を理解することが肝要である．「nuTilda」というのは，乱流に起因する動粘性係数のことで，乱流エネルギー「k」と乱流散逸率「epsillon」を使って算出される値であることを考えれば，特別な境界条件でなく，（type zeroGradient;）のままでよいだろうと考えることができる．

なお，これも形態的な調べ方であるが，解析対象（sphere）が「静止壁」であることを考えれば，「nuTilda」の「静止壁」における境界条件はどうなっているのか？という調べ方がある．これは標準チュートリアルケースを調べれば見つかる場合が多い．とくに本例の場合は容易で，雛形とした「pitzDaily/0/nuTilda」中に，

```
upperWall
{
        type            zeroGradient;
}
```

を見つけ出すことができる．

以上の推察により適合した gridEditor 画面を図 6.25 に示す．

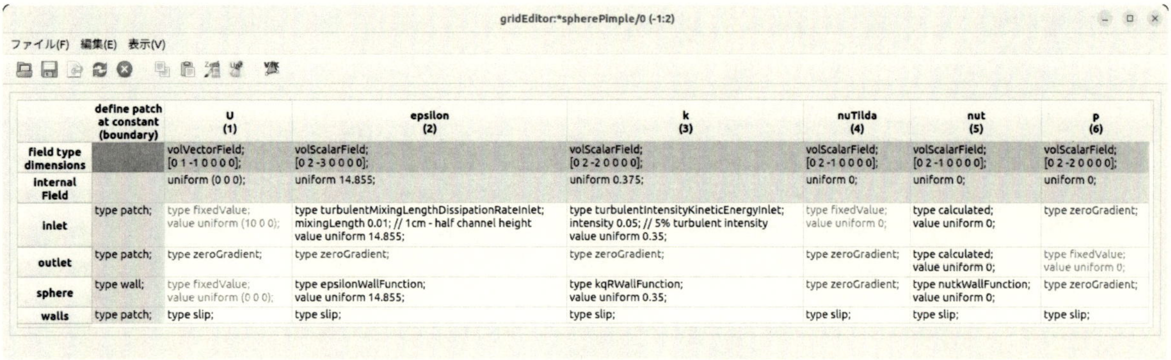

	define patch at constant (boundary)	U (1)	epsilon (2)	k (3)	nuTilda (4)	nut (5)	p (6)
field type dimensions		volVectorField; [0 1 -1 0 0 0 0];	volScalarField; [0 2 -3 0 0 0 0];	volScalarField; [0 2 -2 0 0 0 0];	volScalarField; [0 2 -1 0 0 0 0];	volScalarField; [0 2 -1 0 0 0 0];	volScalarField; [0 2 -2 0 0 0 0];
internal Field		uniform (0 0 0);	uniform 14.855;	uniform 0.375;	uniform 0;	uniform 0;	uniform 0;
inlet	type patch;	type fixedValue; value uniform (10 0 0);	type turbulentMixingLengthDissipationRateInlet; mixingLength 0.01; // 1cm - half channel height value uniform 14.855;	type turbulentIntensityKineticEnergyInlet; intensity 0.05; // 5% turbulent intensity value uniform 0.35;	type fixedValue; value uniform 0;	type calculated; value uniform 0;	type zeroGradient;
outlet	type patch;	type zeroGradient;	type zeroGradient;	type zeroGradient;	type zeroGradient;	type calculated; value uniform 0;	type fixedValue; value uniform 0;
sphere	type wall;	type fixedValue; value uniform (0 0 0);	type epsilonWallFunction; value uniform 14.855;	type kqRWallFunction; value uniform 0.35;	type zeroGradient;	type nutkWallFunction; value uniform 0;	type zeroGradient;
walls	type patch;	type slip;	type slip;	type slip;	type slip;	type slip;	type slip;

図 6.25　適合後の gridEditor 画面

なお，本例の場合，（inlet）と（outlet）については，ほとんど変更する必要がなかった．これは雛形のチュートリアルケース「pittzDaily」において，本ケースと同じパッチ名を有していたためであり，そういう面も考慮して雛形を選定したということである．

6.2.2　計算制御パラメタの適合

計算制御パラメタについても，これまでと同様，DEXCS ツールバーの 1 アイコン「Edit system Folder」をクリックして， 2 3 の手順で「system」フォルダ下のファイルを一括編集しよう（図 6.26）．といっても，「system」フォルダ下にあるのは 4 つのファイルだけで，このうち「blockMeshDict」は不要であ

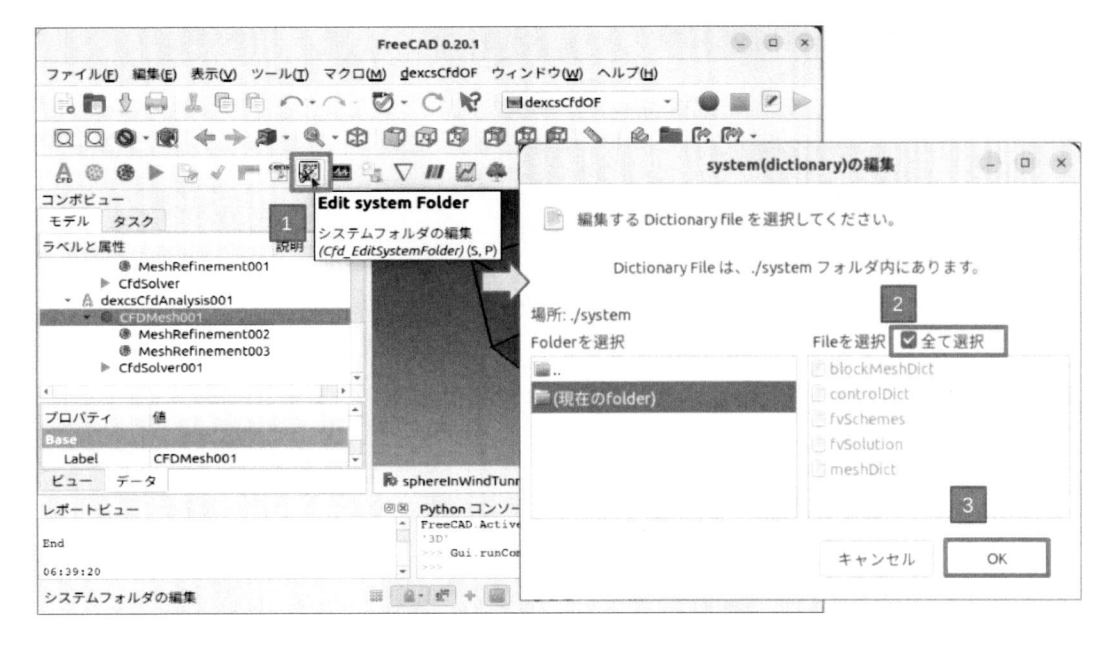

図 6.26 system（dictionary）の編集

り，適合が必要なものは「controlDict」だけである．必要な変更箇所を図 6.27 に示す．

前節（6.1）のチュートリアルまでは，定常計算で，time（時間）はステップ数，あるいは繰返し数と読み替えればよいとしてきたが，本チュートリアルは非定常計算なので，実時間である．endTime（計算終了時間）がデフォルトでは 0.3(s) となっているが，これだと流入速度が 10 m/s なので，3 m しか進まない．

風洞の長さは 88 m であったので，このままではあまりに短すぎる．そこで，ここでは 5(s) とした．writeInterval は，途中計算結果の出力間隔で，5(s) に対して 0.01(s) のままだと，500 もの計算結果を残すことになり，ファイル容量，後処理の面で不安があるため，0.1(s) とした．

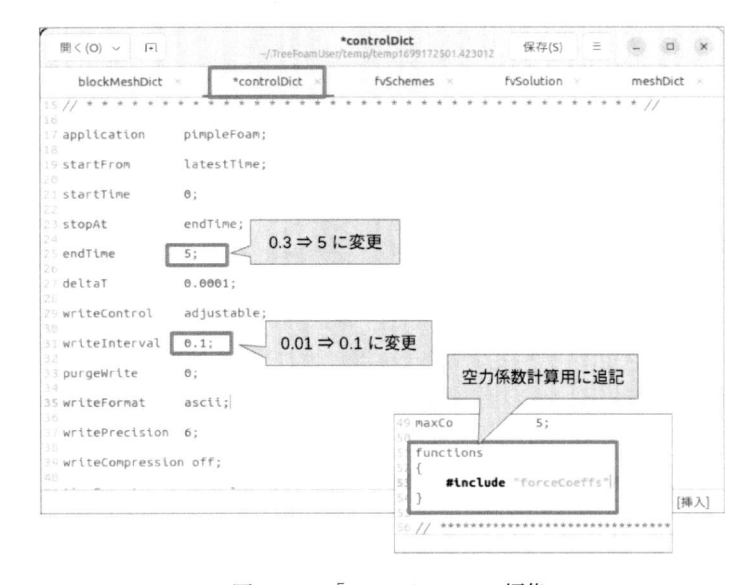

図 6.27 「controlDict」の編集

また，このままでは検証データとなる空力係数が計算できないので，最下行に以下を追加するとともに，実際に「sytem」フォルダ下に「forceCoeffs」のファイルとともに，プロット用の制御ファイルを収納する．

```
functions
{
        #include "forceCoeffs"
}
```

「forceCoeff」，プロット用の制御ファイルは「plotSample1.dplt」として，6.1 節のチュートリアルで使ったものをそのまま使えるので，これらをファイルマネージャーを使ってコピーすればよい．

6.2.3　流体特性パラメタの適合

流体特性パラメタについても，図 6.28〜6.29 にて，Re = 1000, 層流計算を指定した．

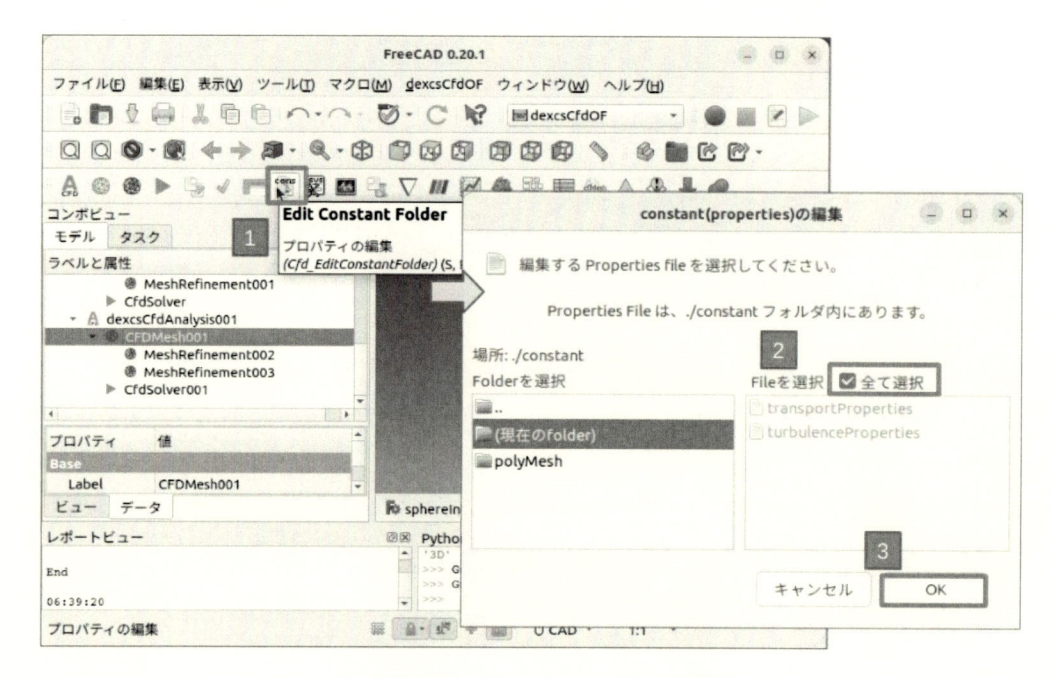

図 6.28　constant（properties）の編集

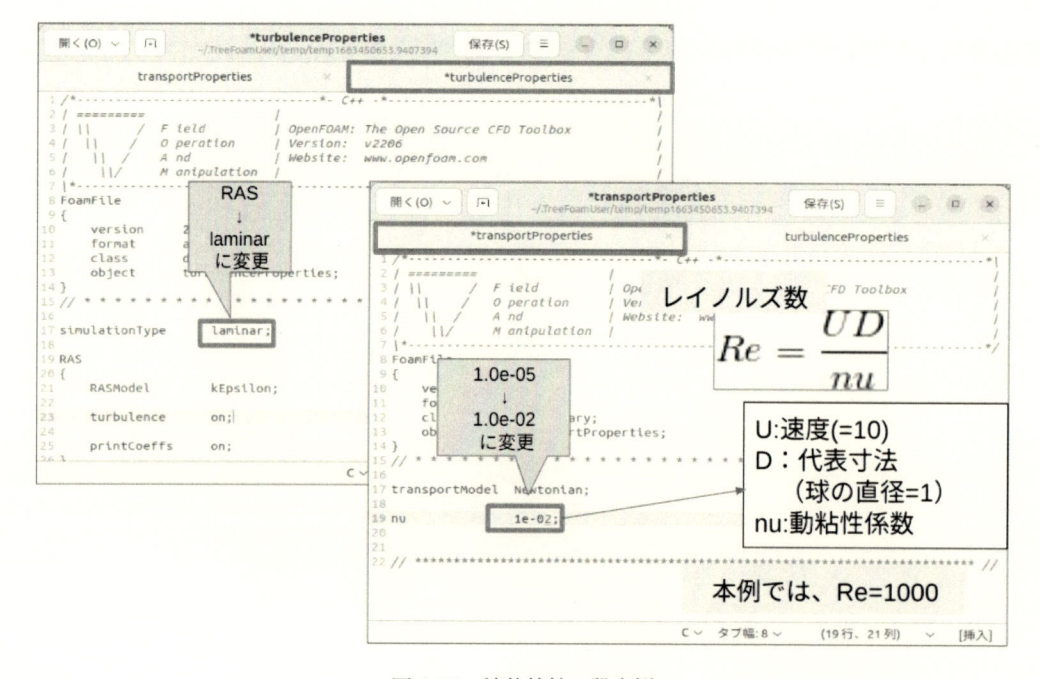

図 6.29　流体特性の設定例

6.2.4 計算実行

計算実行の手順を図 6.30 に，計算終了までの初期残渣の推移状況を図 6.31 に示しておく．

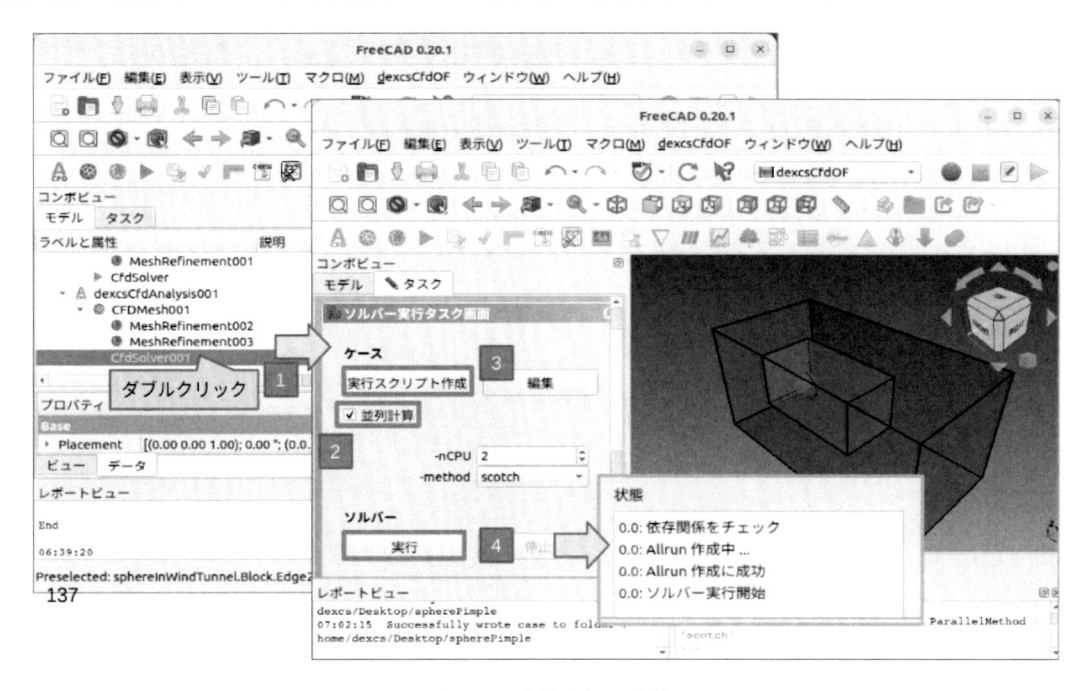

図 6.30 計算実行の手順

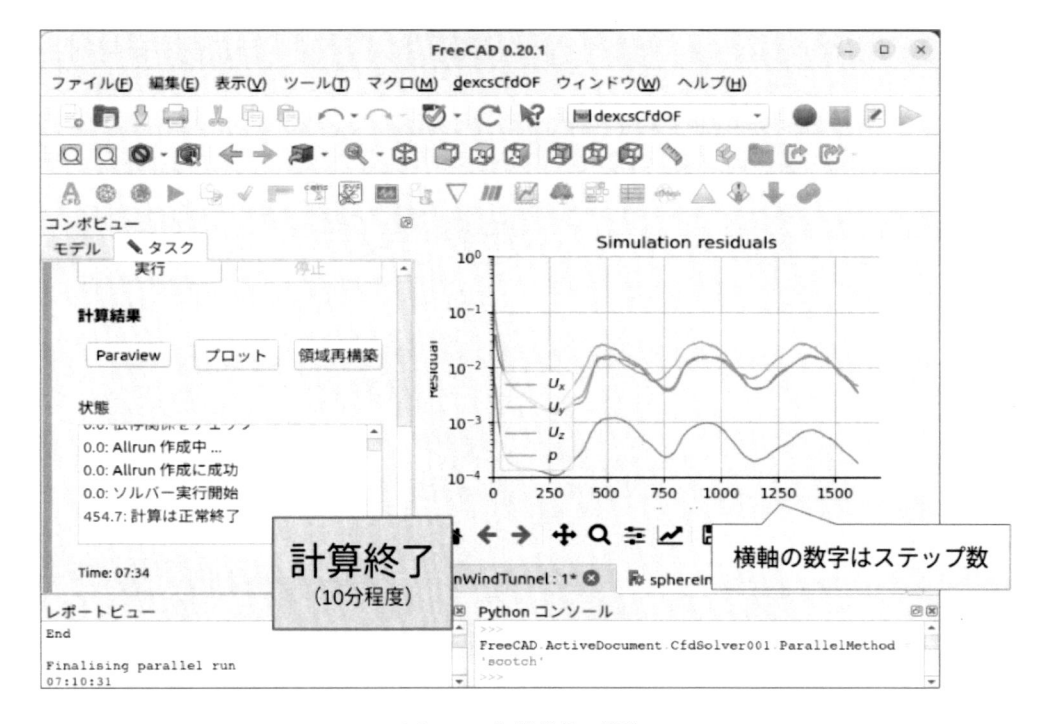

図 6.31 初期残差の推移

初期残渣は収束することなく，振動状況にあることがわかる．また，プロット図の横軸は，計算のステップ

数であり，実際の現象時間でないことには留意されたい．

6.2.5　結果の可視化 1

ParaView による可視化状況を図 6.32～図 6.33 に示しておく．

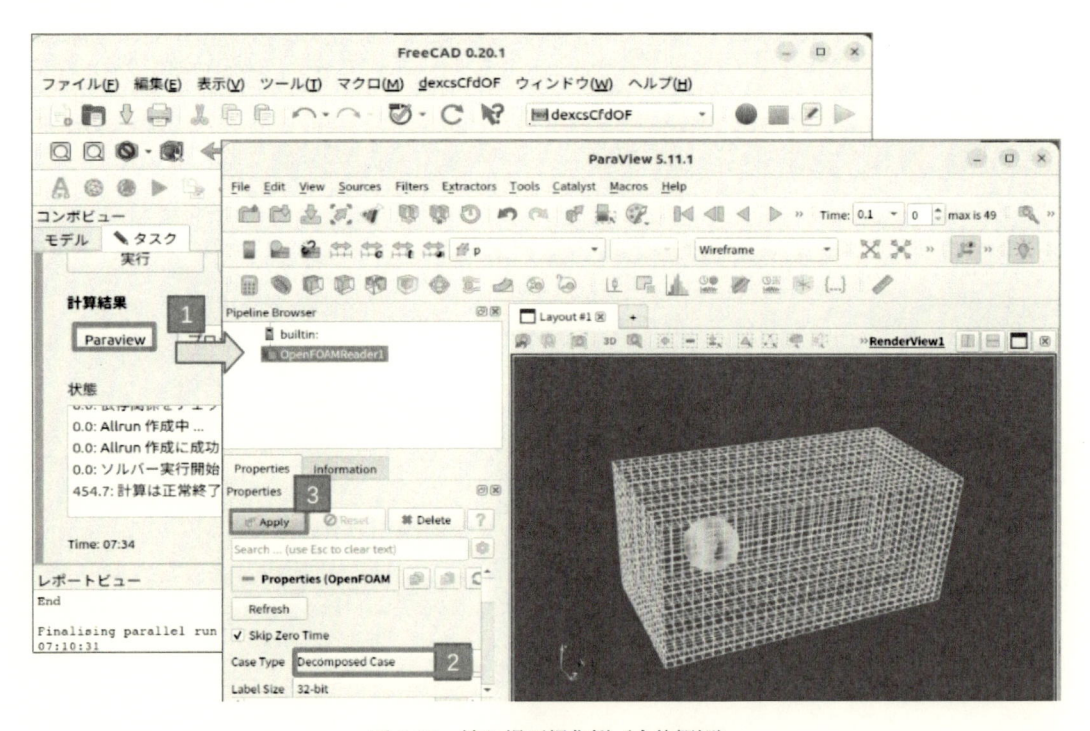

図 6.32　流れ場可視化例（全体概観）

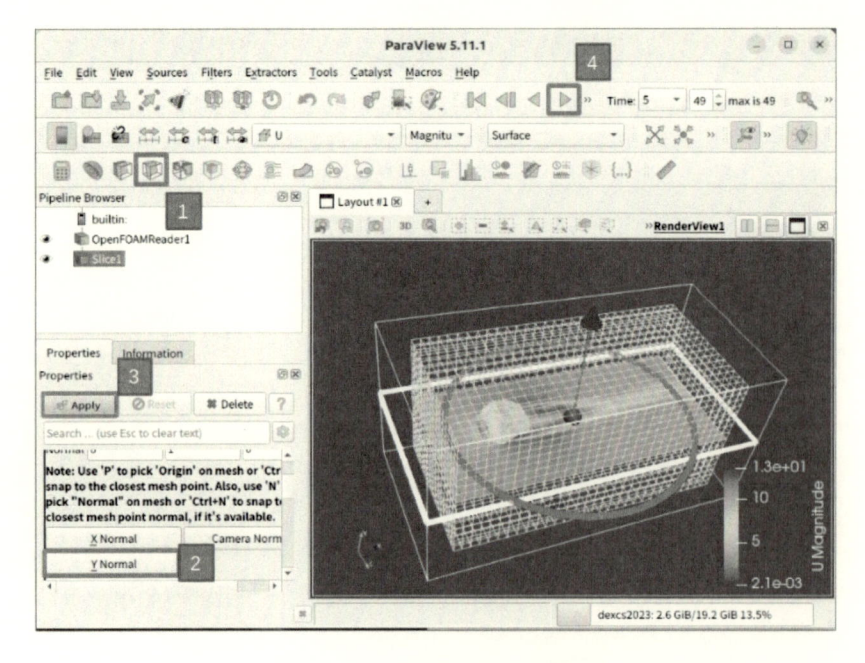

図 6.33　流れ場可視化例（中央断面）

ここで 4 時間進行ボタンを押せば，球体の後流で交番的な剥離渦が生じているのを観察できるはずである．

6.2.6 結果の可視化 2

Dexcs プロットツールによる可視化状況を図 6.34〜図 6.35 に示しておく．

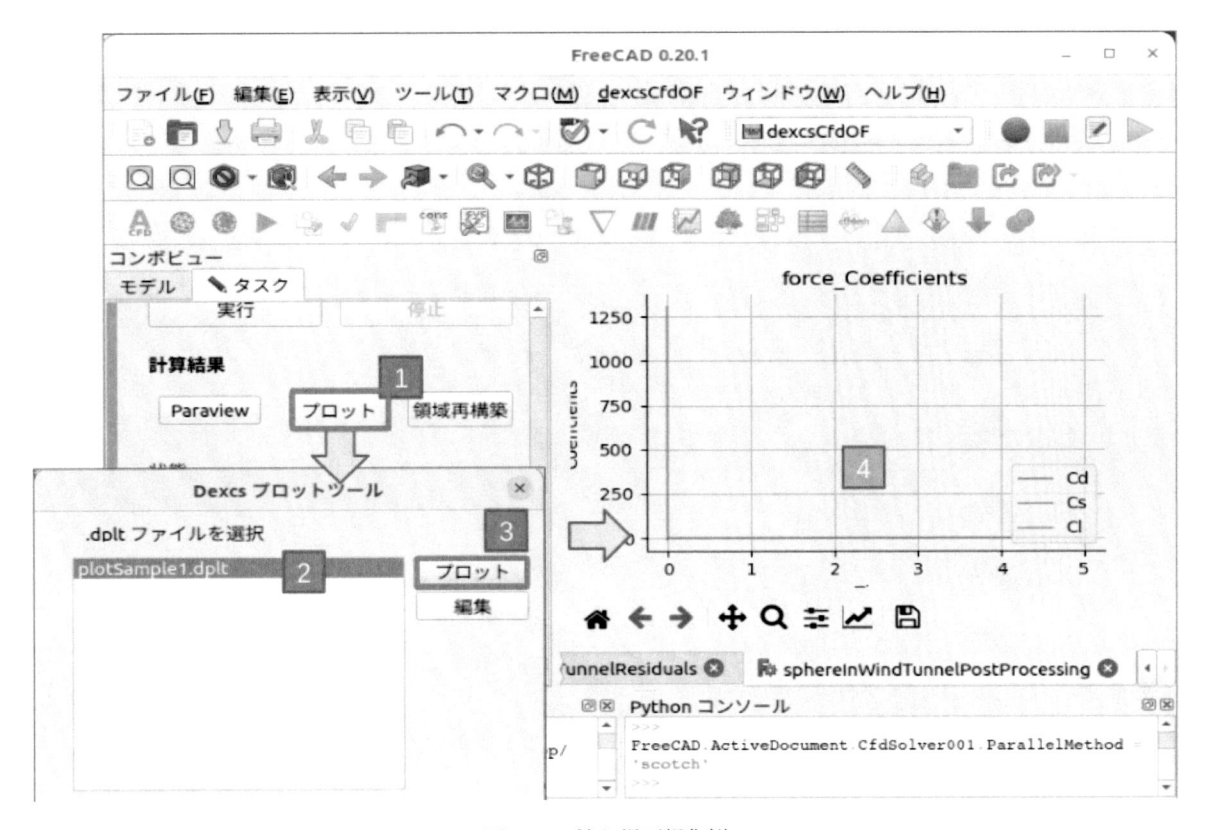

図 6.34　流れ場可視化例

本例の場合，計算初期における攪乱が大きすぎて，このままでは準安定状況での詳細値がわからない．

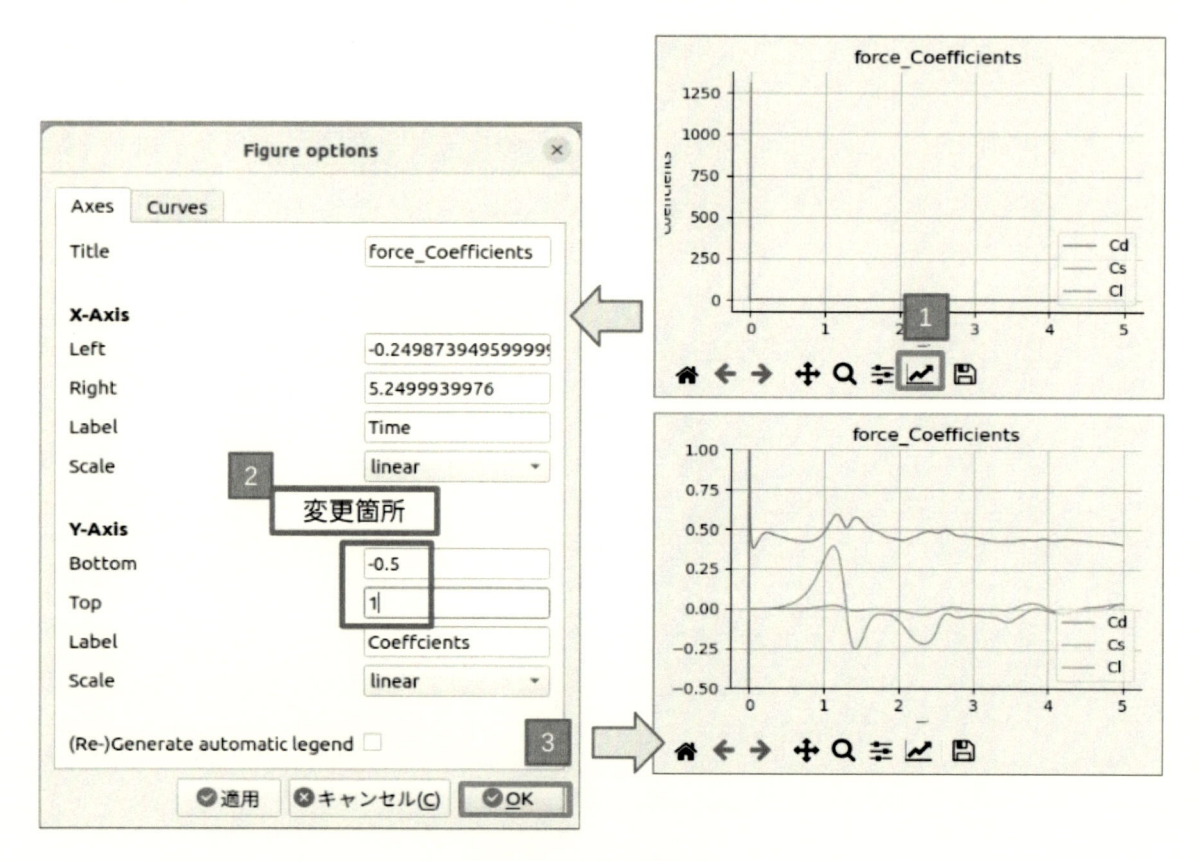

図 6.35　流れ場可視化例

　こういう場合，図 6.35 の 1 「Edit Axis, curve and Image parameters」ボタンを押して現れる「Figures options」画面を使って，軸スケールを変更して表示させることができるようになっているので活用されたい．なお，初期残渣グラフの横軸は「計算ステップ数」であったが，Dexcs プロットツールで表示されるグラフの横軸は計算の「現象時間」である．本来は初期残渣グラフの横軸も「現象時間」としたかったが，ハック元の CfdOF にあったモジュールをそのまま使っているためで，改造にまで手が回らなかったというのが実情である．これがオープン CAE だと思って使ってもらいたい．

6.2.7　計算実行 2/TreeFoam

　前項（6.2.6）にて初期残渣グラフの横軸表示の問題について記したが，もう一つ大きな問題がある．本例のような非定常計算において，現象時間をもっと大きな値にして計算しようとすると，計算ステップ数が 5000 *2 を超えたあたりから，図 6.36 の状態になって，残渣表示グラフの更新は進むけれども，レポートビューに表示されるべき計算ログが表示されなくなったり，さらにステップ数が増えると図 6.37 のように FreeCAD が応答しなくなったりしてしまう．計算の後処理として ParaView による可視化だけができれば良いというのであれば計算を一旦停止して，停止して保存された最終時刻から計算を改めて実行するというのも一つの方法ではある．しかし Dexcs プロットツールの後処理は，かなり面倒な作業になってしまう．

　そこでおすすめは TreeFoam をプラットフォームとして計算を実行することである．そこで図 6.27 で変更した endTime をさらに大きく「50」としたケースを使った図 6.38 で説明する．

---

*2　この数字は，使用する計算環境のリソースに依存して変化する．

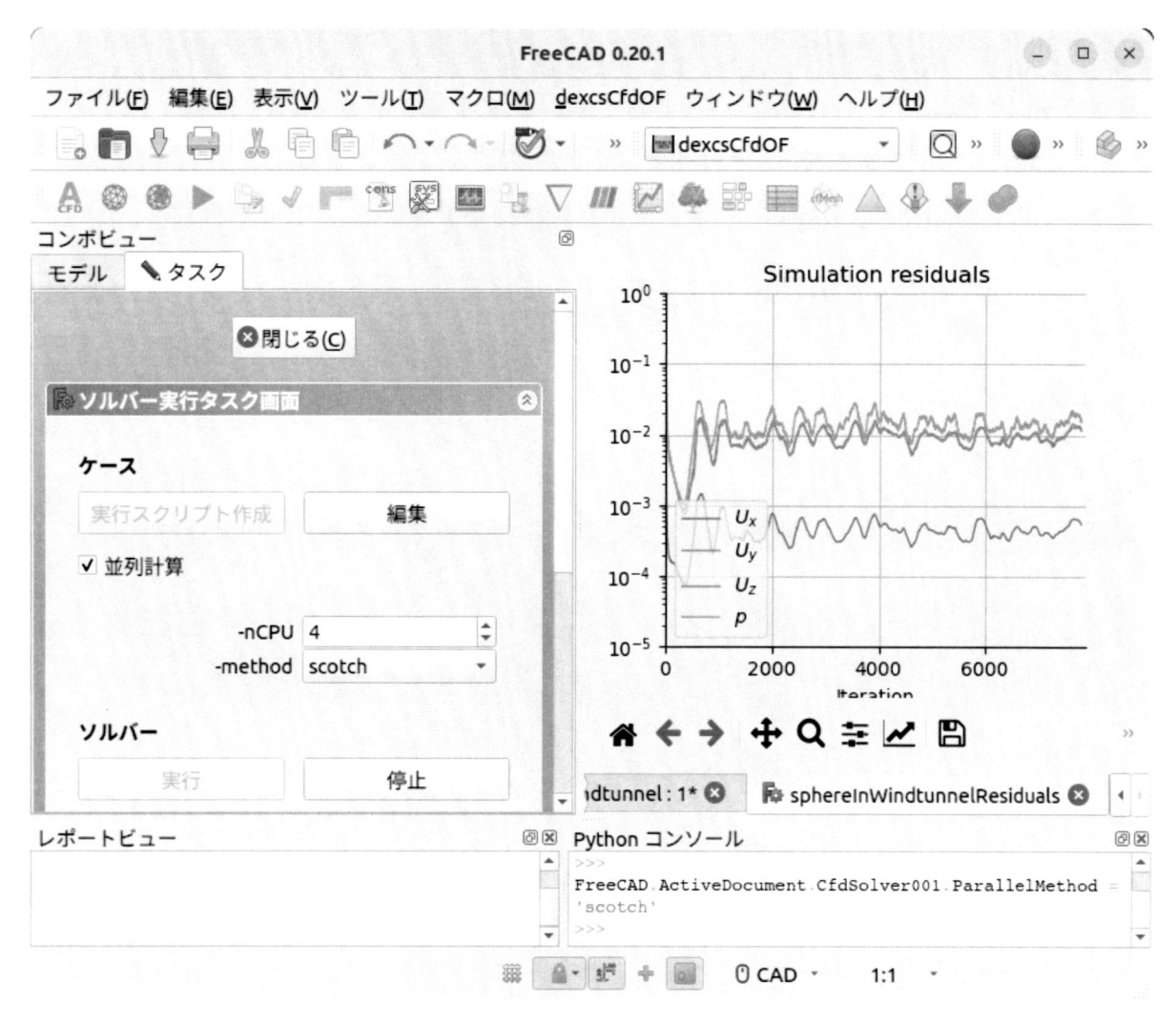

図 6.36　計算ステップ数が大きい（5,000 以上）の場合の問題

　とりあえず計算実行を開始して，計算が発散しそうにない（初期残渣グラフが安定に推移する）と確認できたら，タスク画面の①「閉じる」ボタンを押す．そうすると計算も強制終了し，DEXCS ツールバーが使えるようになるので，②「Run clear case（計算結果を削除）」のボタンを押して case（解析ケース）を初期化しておく．

　本例では解析コンテナが 2 つあって，それぞれ出力先が異なるので，念のため図 6.39 の①〜③で，現在の状態での解析ケースファイルを確認した上で，④アイコン🦠「Run Treefoam（TreeFoam を起動）」をクリックする．

　そうすると，TeeFoam が②で確認したフォルダを⑤解析フォルダとして立ち上がるはず[*3] である．なおこれまでの説明では，解析ケースの初期化を TreeFoam を起動する前に実施したが，TreeFoam が起動したあと

[*3] DEXCS2023 の初期公開版では，そうはならない．DEXCS ワークベンチのソースコードを，
https://github.com/dexcs-of/workbentch　の最新版（v0.24 以降であれば OK）に変更することが必要．
具体的には，ホームディレクトリ下，.local/share/FreeCAD/Mod/dexcsCfdOF/Macro/runTreeFoam.py の 20 行目
envTreeFoam = configDict["TreeFoam"]
を以下のように変更する．
envTreeFoam = "/.TreeFoamUser"

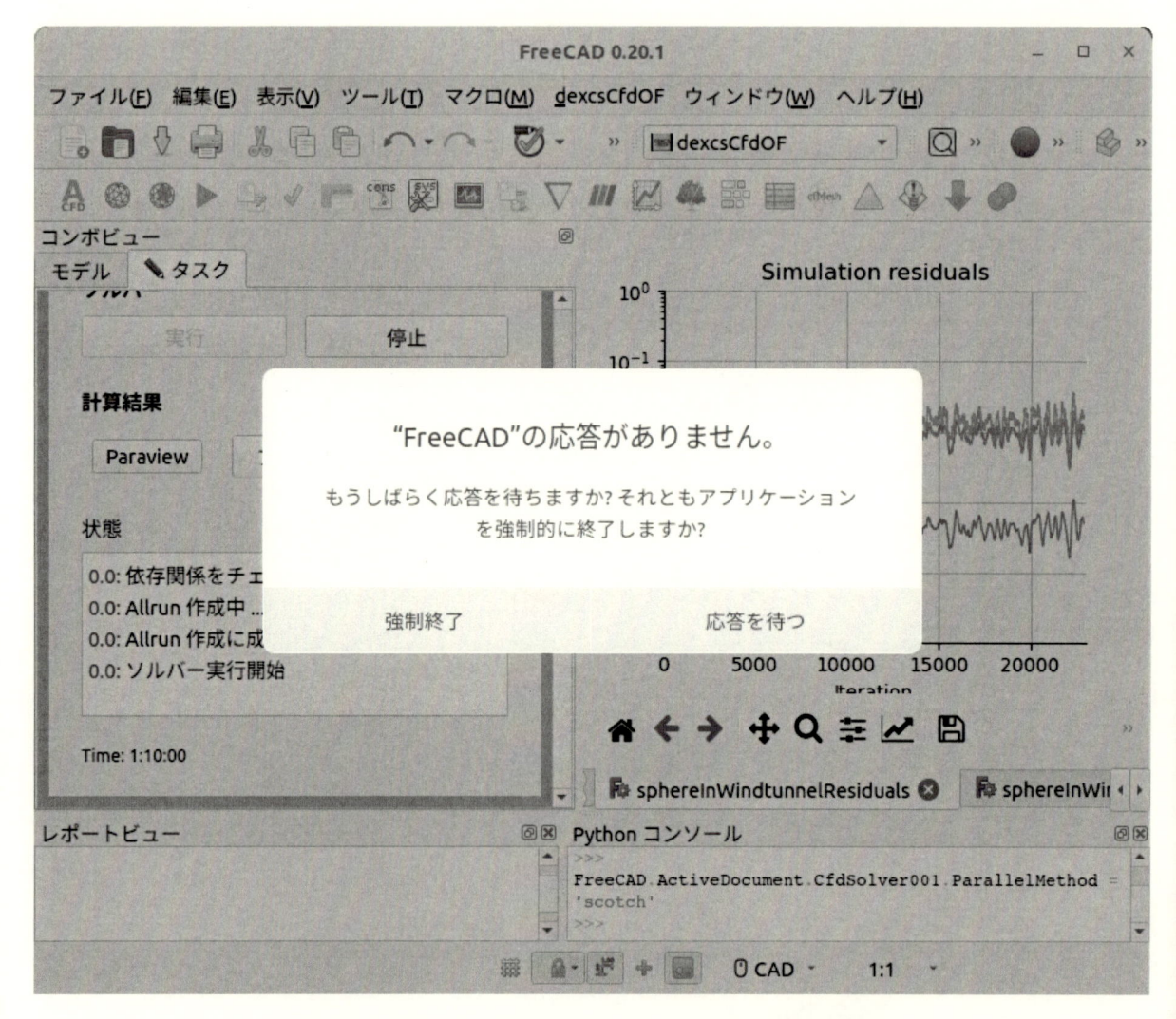

図 6.37　計算ステップ数が大きい（20,000 以上）の場合の問題

で，6 アイコン　「計算結果を削除して case を初期化します」で実施しても良い．

　ここで留意いただきたいのは，初期化の意味で，計算結果を削除するだけで，メッシュデータは削除されないという点である．したがって，この TreeFoam 画面からただちに計算実行が可能になる（図 6.40）．

　具体的には，単一プロセッサによる計算（単体計算）でよければ 1 アイコン ▷「solver を起動」で，並列計算したい場合には 2 アイコン　「並列処理」をクリックして現れる「runParallelDialog.py」のダイアログ画面から 3「mesh 分割」⇒ 4「並列計算開始」ボタンを押せば良い．

　新たに端末が立ち上がり，計算の実行ログが流れるように表示されるはずである．実行ログを眺めているだけでは計算状況がわからないという場合には，図 6.41 に示すように 1 アイコン　「plotWatcher の起動」をクリックすると，新たに 2 端末が立ち上がり，引き続いて 4「Continuity」 4「Residuals」のグラフが計算の進行状況に応じて更新表示される．グラフの横軸は現象時間なので，図は最終時刻（endTime）における状態であるが，計算の途中状態であっても最終時刻までの所要時間もある程度予測できる．

　なお，2 つのグラフが表示されており，これらの画面を閉じるのに，個別に画面右上の「x」ボタンを押してもよいが，2 で現れた端末画面右上の「x」ボタンを押せば，端末画面も併せて同時に閉じることもできる．

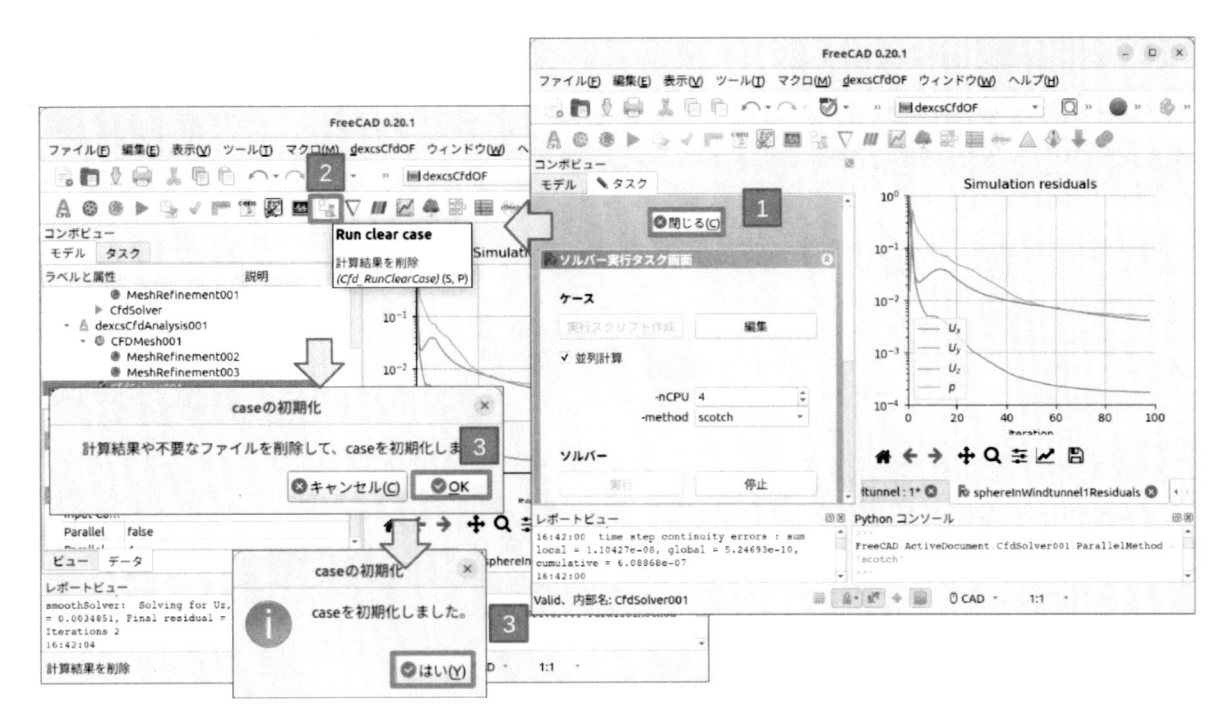

図 6.38　case の初期化

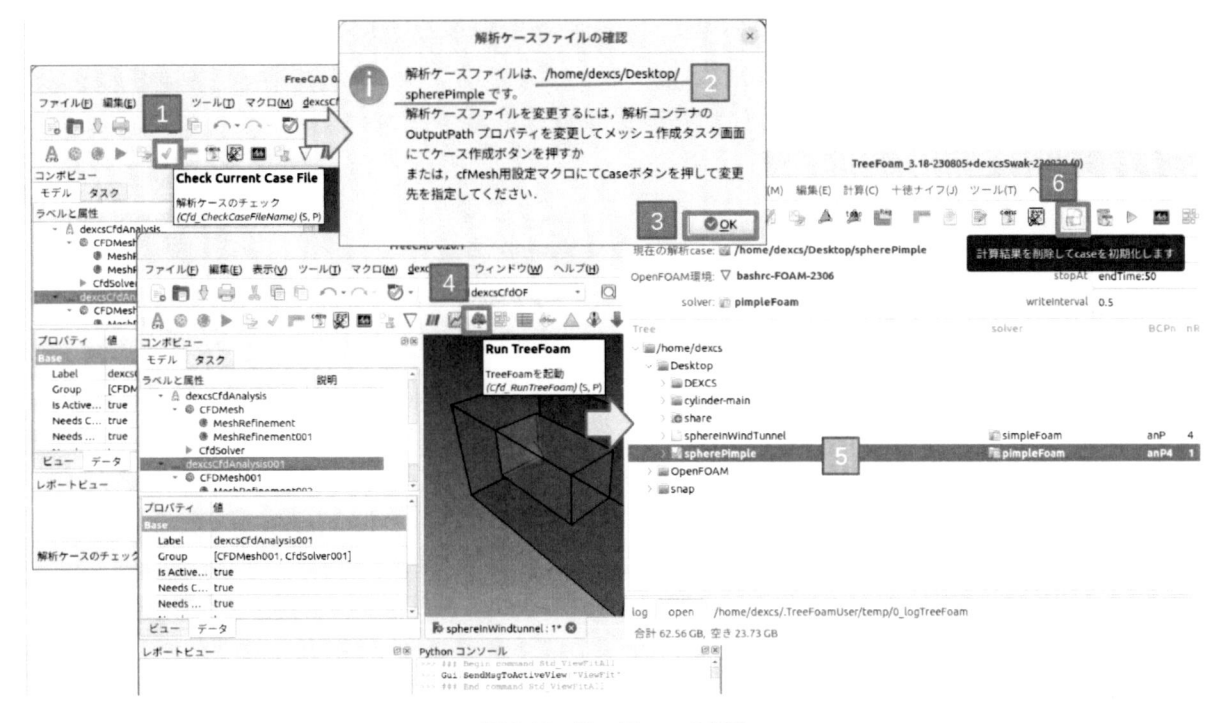

図 6.39　TreeFoam の起動

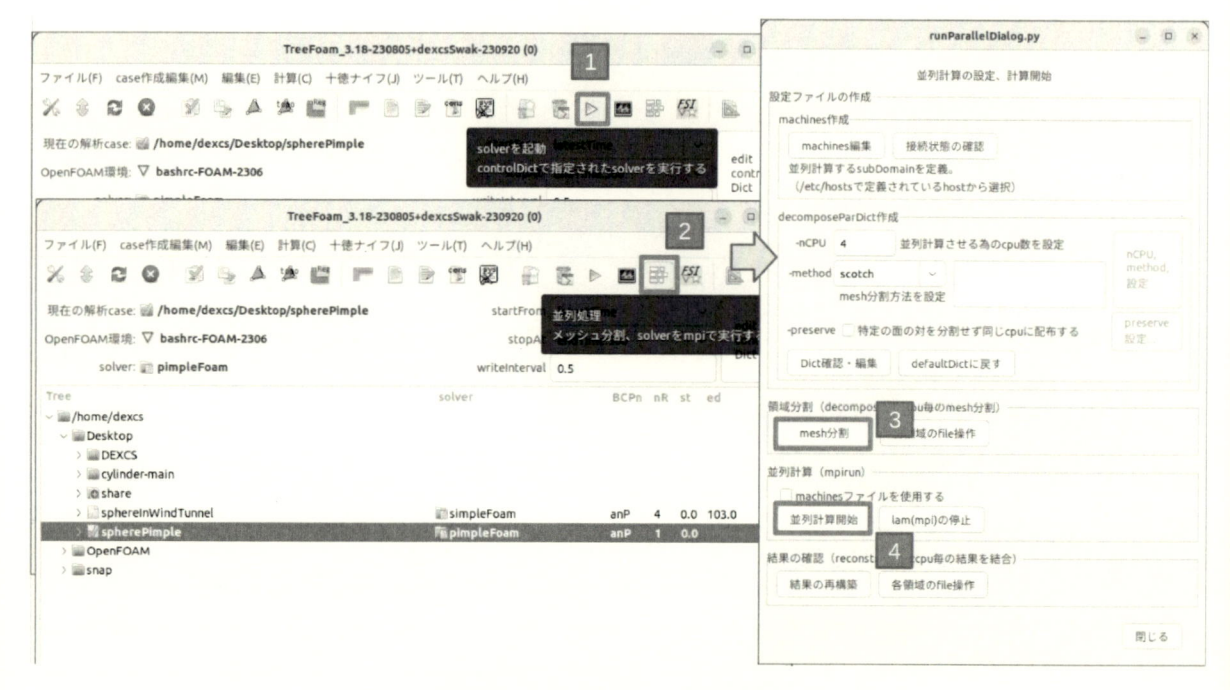

図 6.40　TreeFoam による計算実行

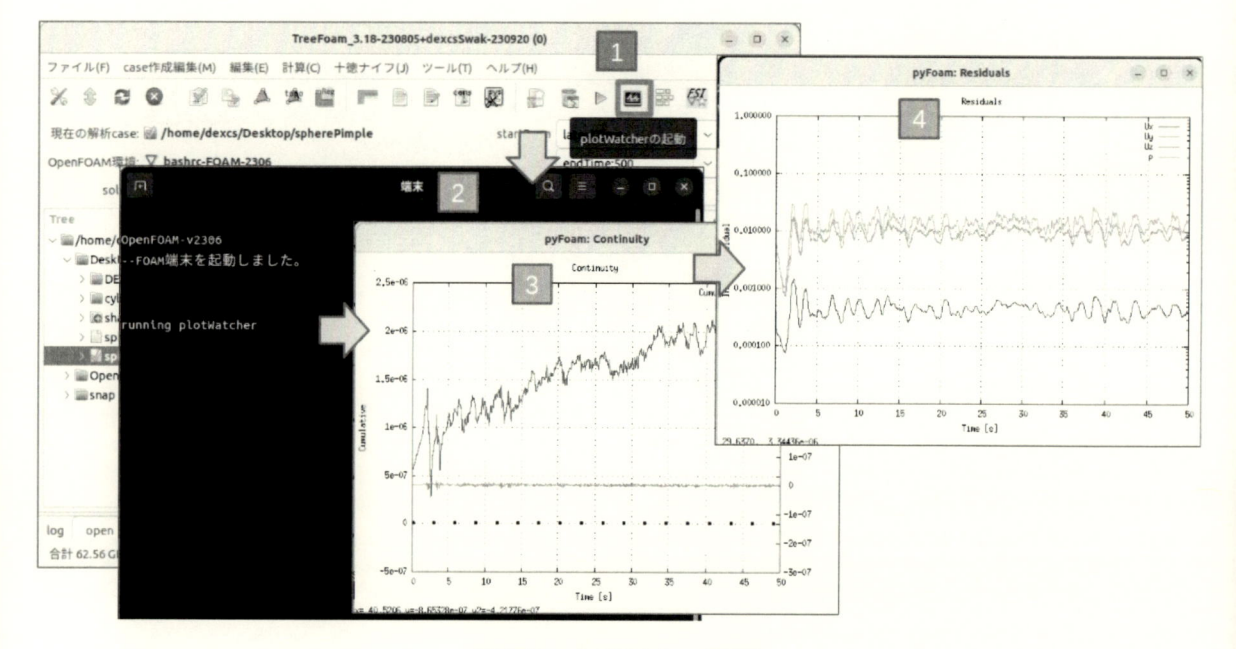

図 6.41　plotWatcher の起動

6.2.8 結果の可視化 3/TreeFoam ⇒ ParaView

計算結果の可視化も，TreeFoam をプラットフォームとしてそのまま実行できる（図 6.42）.

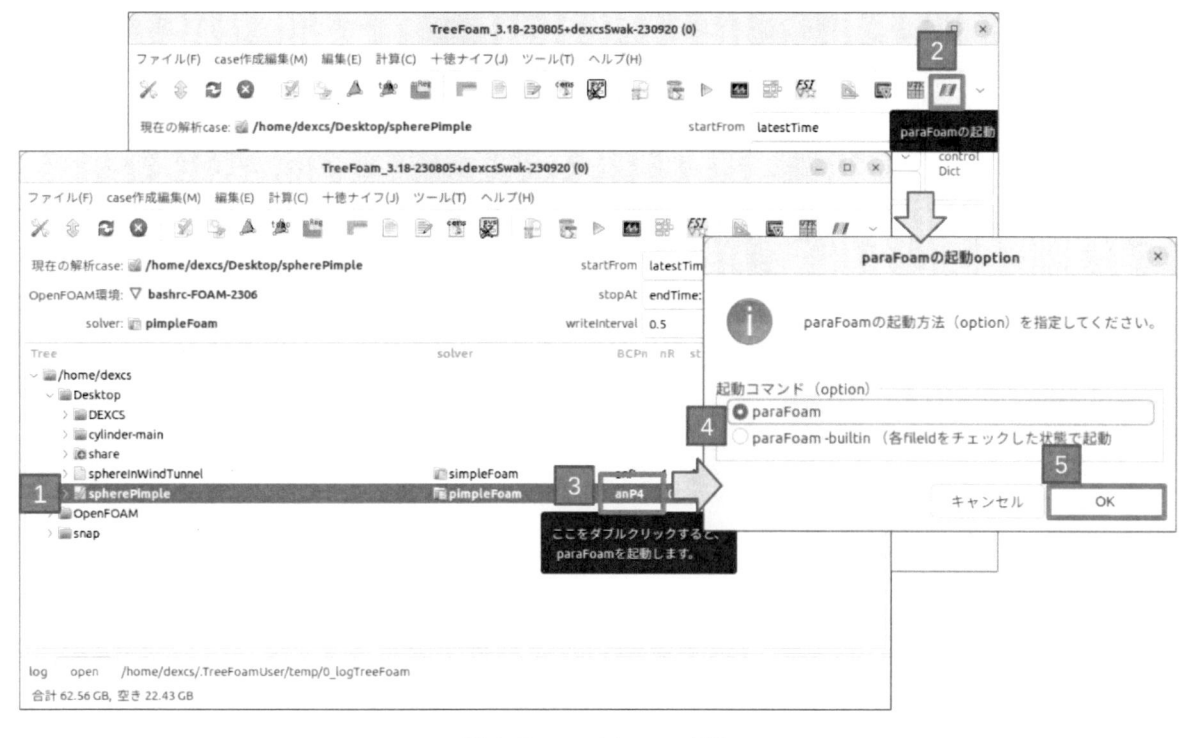

図 6.42 paraFoam の起動

1 ✓ 「解析ケース」であることを確認，2 アイコン ▨ 「pataFoam の起動」をクリック，または 3 の赤枠で囲ったあたりをダブルクリックすると，「paraFoam の起動 option」を選択する画面が現れる. 4 （起動コマンド）はどちらを選んでも構わない[*4]

5 「OK」ボタンを押すだけである. paraView が起動するので, 図 6.43 に示す通り, 1 「decomposedCase」を選択して 2 「Apply」ボタンを押せばよい.

この画面は，図 6.32（p.152）で起動した画面と同じもので，以下図 6.33 と同じ手順で操作すれば良い.

6.2.9 結果の可視化 4/TreeFoam ⇒十徳ナイフ⇒ Dexcs プロットツール

後処理結果をプロットするための Dexcs プロットツールは，図 6.44 に示した手順で起動できる.

1 ✓ 「解析ケース」であることを確認，2 「十徳ナイフ」のプルダウンメニューから 3 「DEXCS プロットツールの起動」を選択すると，「DEXCS プロットツール」のダイアログ画面が現れるので，4 「OK」ボタンを押す. そうすると FreeCAD が立ち上がって「Dexcs プロットツール」を使えるようになる.

[*4] ただし，TreeFoam の設定（「ファイル」⇒「configTreeFoam の編集」）で，paraFoam の起動ファイルが，デフォルト設定の「$TreeFoamUserPath/app/runParaFoam-DEXCS」でなく，「$TreeFoamUserPath/app/runParaFoam-10」となっている場合にはその限りでない.

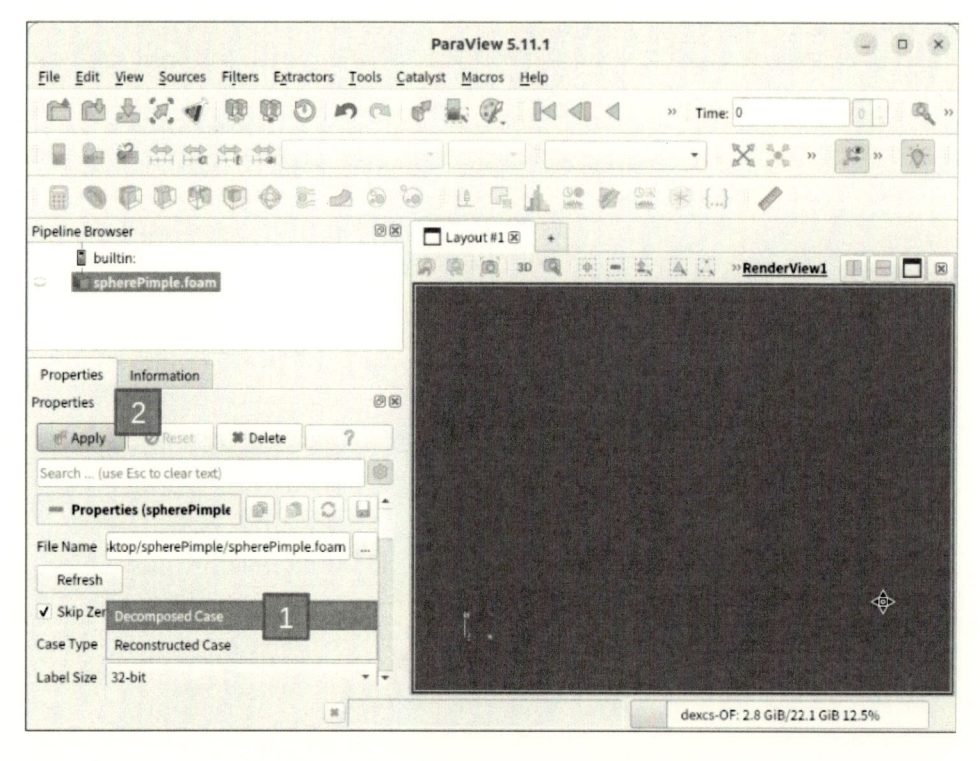

図 6.43　paraView の操作方法（並列計算の場合）

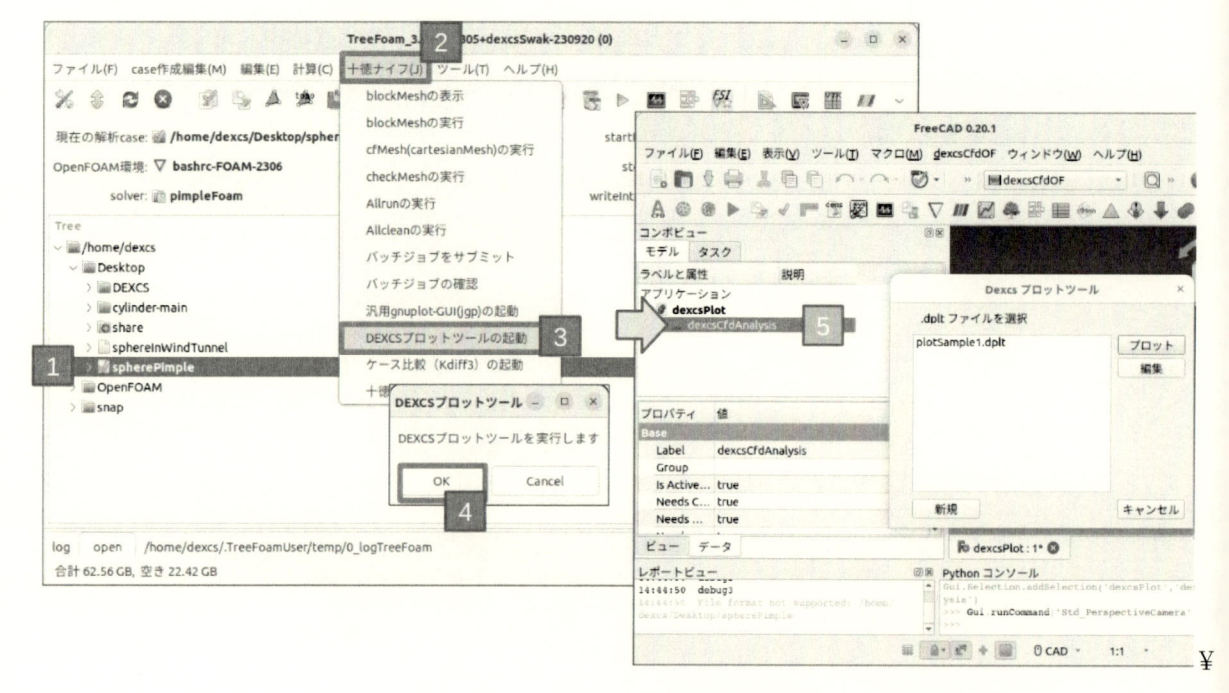

図 6.44　Dexcs プロットツールの起動

　なお，ここで立ち上がる FreeCAD は $\boxed{5}$（dexc-sCfdAnalysis）（解析コンテナ）だけがコンポーネントであり，これが存在しないことには「Dexcs プロットツール」を立ち上げることができないからである．いわば単なるダミーモデルであるので，グラフの作成が終了して FreeCAD も終了する際に，未保存のドキュメントとして保存確認のダイアログ（図 6.45）が現れるが，「保存せずに閉じる」で構わない．

　図 6.46 に示した手順でプロット図が作成される．

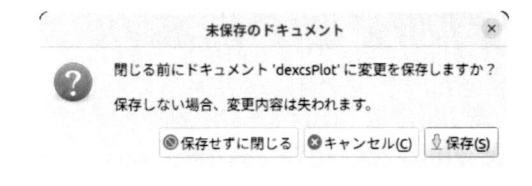

図 6.45　ファイル保存の確認ダイアログ

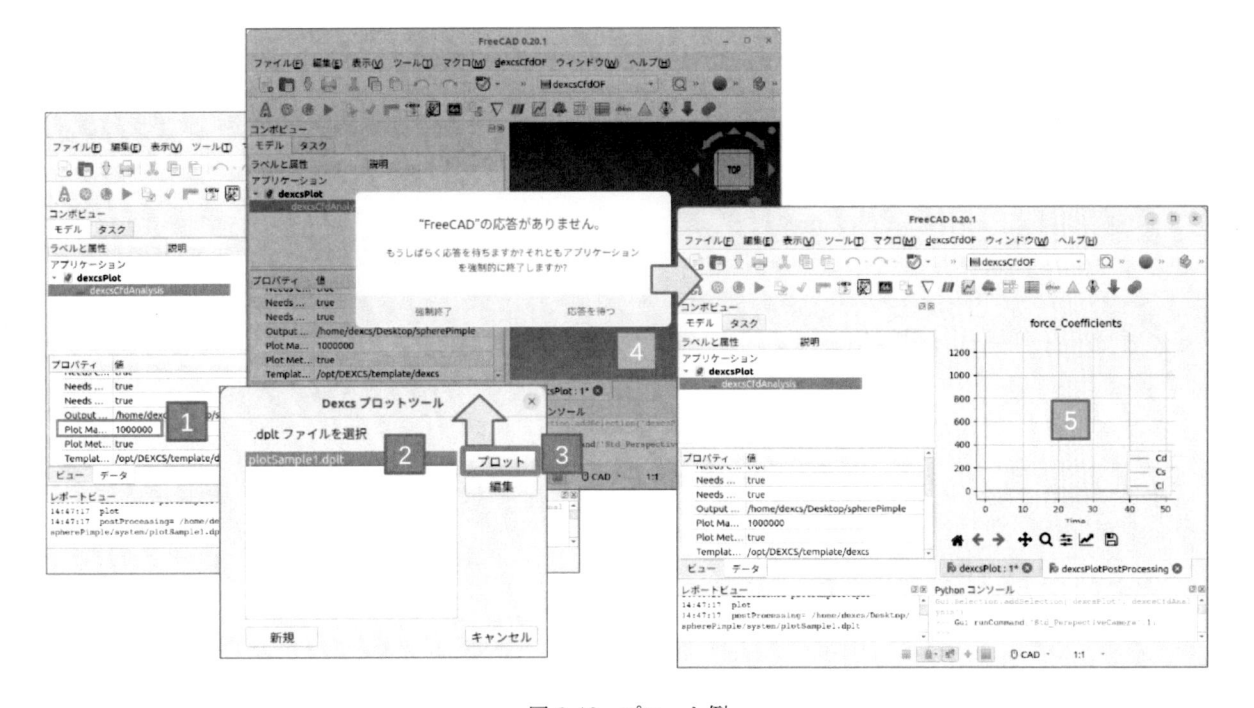

図 6.46　プロット例

　図 6.34 で作成した場合と異なるのは，横軸の現象時間が長いので，表示されるまでの間に FreeCAD が応答しなくなる場面 $\boxed{4}$ のある点である．ただ基本的に作成されたプロット図 $\boxed{5}$ は，図 6.34 で作成した図と同じもので，以下図 6.35 に示したのと同じ手順で詳細表示も可能である．また，この待ち時間を短くしたい場合には図中 $\boxed{1}$（Plot Maxnumber）の値を変更しても良いが，このあたりの使用法は 6.3.6（p.174）で後述する．

　以上で DEXCS ランチャーの使い方をざっくりと紹介した．もちろんこれで簡単に計算できたからといって，そこで解析が完了でないのは言うまでもないことである．たとえば本例では，抗力係数の値が，文献などで知られる値（約 0.5）に比べて 10％強，小さめの値になってしまっている．その理由を考え，モデルやパラメタを変えて計算し直してみることを，是非ともおすすめしたい．

6.3　DEXCS プロットツールについて

　DEXCS2023 ではプロットツールとして，1.2.10（p.35）や，6.2.6，また TreeFoam ⇒ 十徳ナイフから起動する方法として 6.2.9 でも紹介した FreeCAD をプラットフォームとしてプロット図を作成するものと，3.4.10

（p.57）で説明したように，linux の標準的なプロットツールである gnuplot をベースにした GUI ツールが使えるようになっている．本書では，これらを併せて「DEXCS プロットツール」として称することとし，前者を「Dexcs プロットツール」，後者を「jgp」と称して説明する[*5]．

Dexcs プロットツールについてのこれまでの説明は，いずれも設定ファイル「.dplt」の存在が前提の説明であった．本節では，DEXCS 標準チュートリアルに同梱した設定ファイルを題材に，その動作原理とカスタマイズ方法，さらには全く新規に作成したい場合の方法について説明する．また Dexcs プロットツールで長大なプロットデータを取り扱うのは困難として，便宜的にデータ点数を制限（表示処理時間を短縮）してプロットできるようにもしてあるので，その使い方原理についても説明する．

一方，Dexcs プロットツールでは長大なプロットデータをそのまま取り扱うのが困難として，DEXCS2023で搭載を再開した jgp であるが，DEXCS 標準チュートリアルにはこの設定ファイルも同梱してある．しかしこれも過去に使ったことのある人でないと，その使い方も嬉しさもわからないであろうから，この使用方法，動作原理についてもここで説明しておく．

6.3.1　postProcessing のおさらい

ツールの説明に入る前に，OpenFOAM の「postProcessing」フォルダに出力されるファイルの作成原理と作成されたファイルの実体を見ておこう．OpenFOAM での計算結果はメッシュデータと対応した様々なフィールド変数の値以外にも，計算の実行中，あるいは終了後に様々なポスト処理を実行する仕組みがある．DEXCS 標準チュートリアルケースでも代表的なサンプルを組み込んであるので，これらを題材に説明する．

DEXCS 標準チュートリアルケースにおけるポスト処理は，1.2.8 で説明した「controlDict」ファイル中，48行目以下の functions ブロックで指定されており，改めてここに記しておく．

```
48  functions
49  {
50          #include "forces"
51          #include "forceCoeffs"
52          #include "probes"
53          #include "massFlow"
54          #include "fieldMinMax"
55          #include "sampleDict"
56          #include "streamLines"
57  }
```

ここで，50〜56 行目で，#include　として，それぞれ指定されたファイルの内容を取り込んで処理するようになっている．たとえば「forces」について見てみると，

```
9   forces
10  {
11          type        forces;
12
13          libs ( "libforces.so" );
14
15          writeControl    timeStep;
16          timeInterval    1;
17
```

[*5]　6.2.9 でも，「DEXCS プロットツール」と「Dexcs プロットツール」の表記を使い分けて説明しているが，6.2.9 における「DEXCS プロットツール」はここでの説明とは別物（十徳ナイフのメニュー表記名）である．

```
18          log            yes;
19
20          patches        (Dexcs);
21          pName                p;
22          UName                U;
23          rhoName              rhoInf;
24          rho            rhoInf;        // Indicates incompressible
25          rhoInf         1.225;              // Redundant for incompressible
26          CofR           (0.25 0.007 0.125);  // Axle midpoint on ground
27     }
```

となっており，これも詳細な解説は本書のカバー範囲でない（著者にもうまく説明できない）ので省くが，英文を解釈する感覚で，（Dexcs）という patch に加わる「forces」（流体力）の計算方法と出力方法を指定していることが推察されよう．そして，この計算結果は，「postProcessing」フォルダ下に，ポスト処理ファイル中で指定したブロック名（本例では 9 行目の「forces」）フォルダに収納される仕組みになっている．

図 6.47 には具体的にポスト処理指定ファイルと出力フォルダの関係をわかるように説明したイメージ図を掲載しておいたので，確認されたい．「forces」以外のポスト処理指定ファイルの内容は類似の書式のものもあれば，全く異なるものもあるが，いずれも英文を解釈する感覚で，ある程度の内容は推察できると思われるので，自身の目で確かめられたい．「massFlow」と「field-MinMax」では 2 つのブロックが定義されていることも確認できるはずである．

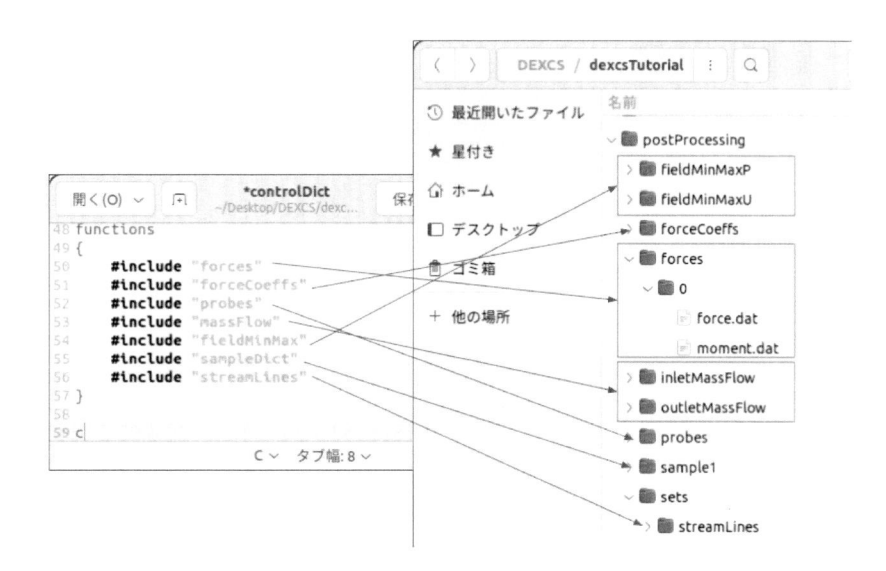

図 6.47 ポスト処理指定ファイルと出力フォルダの関係

指定フォルダの直下には数字のフォルダ（「forces」の場合は「0」）があり，その下にポスト処理結果（「force.dat」，「moment.dat」）が収納される．数字は現象時刻であり，「0」は開始時刻以降のデータが収納されているということで，計算を途中から再開するような場合には，途中の再開時刻のフォルダが生成されその下に収納されるという仕組みになっている．「sampleDict」や「streamlines」では，15 行目に相当する部分が，

```
       writeControl    writeTime;
```

と指定してあるので，フィールド変数の出力時間（50, 100, ..）と同じ時間フォルダが生成されているのも確認できよう．

なお，forces の場合，その名前がファイル名，ブロック名（9 行目），Type 名（11 行目）ですべて同じになっており紛らわしい．Type 名は「forces」とすることが必須であるが，その他は別の名前であっても構わないという点には留意されたい．たとえば複数の物体（patches）の流体力を個別に計算したい場合には，名前を変え

た複数のブロックを定義し patches を区別するなりで対処できるということである．

図 6.48 は，ファイルマネージャー上で，「forces/0/force.dat」をダブルクリックしてテキストエディタで表示した際のイメージ図である．

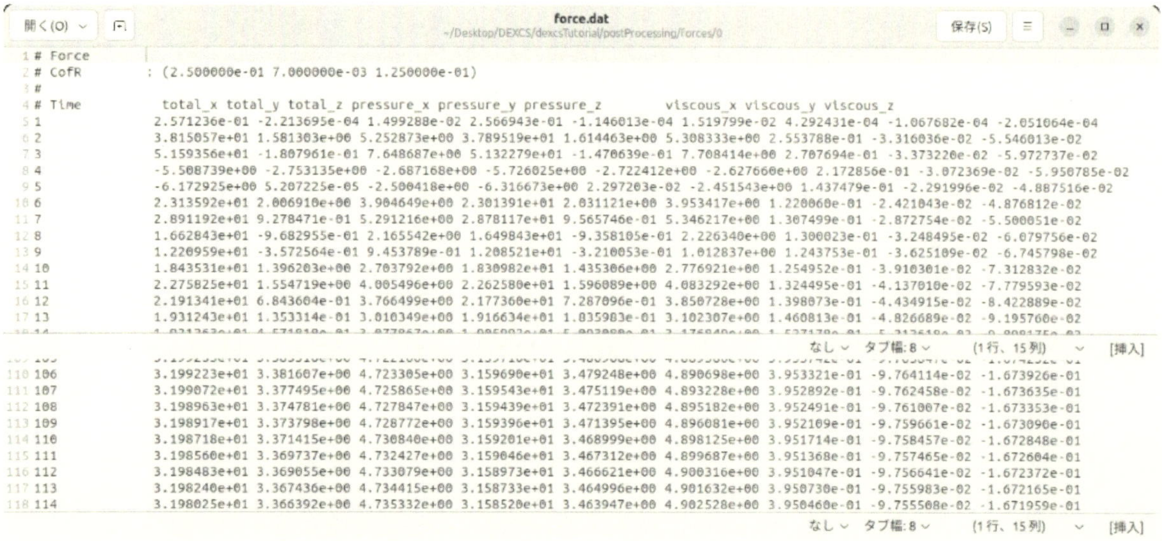

```
force.dat
~/Desktop/DEXCS/dexcsTutorial/postProcessing/Forces/0
1 # Force
2 # CofR        : (2.500000e-01 7.000000e-03 1.250000e-01)
3 #
4 # Time          total_x total_y total_z pressure_x pressure_y pressure_z        viscous_x viscous_y viscous_z
5 1            2.571236e-01 -2.213695e-04 1.499288e-02 2.566943e-01 -1.146013e-04 1.519799e-02 4.292431e-04 -1.067682e-04 -2.051064e-04
6 2            3.815057e+01 1.581303e+00 5.252873e+00 3.789519e+01 1.614463e+00 5.308333e+00 2.553788e-01 -3.316036e-02 -5.546013e-02
7 3            5.159356e+01 -1.807961e-01 7.648687e+00 5.132279e+01 -1.470639e-01 7.708414e+00 2.707694e-01 -3.373220e-02 -5.972737e-02
8 4            -5.508739e+00 -2.753135e+00 -2.687168e+00 -5.726025e+00 -2.722412e+00 -2.627660e+00 2.172856e-01 -3.072369e-02 -5.950785e-02
9 5            -6.172925e+00 5.207225e-05 -2.500418e+00 -6.316673e+00 2.297203e-02 -2.451543e+00 1.437479e-01 -2.291996e-02 -4.887516e-02
10 6           2.313592e+01 2.006910e+00 3.904649e+00 2.301391e+01 2.031121e+00 3.953417e+00 1.220060e-01 -2.421043e-02 -4.876812e-02
11 7           2.891192e+01 9.278471e-01 5.291216e+00 2.878117e+01 9.565746e-01 5.346217e+00 1.307499e-01 -2.872754e-02 -5.500051e-02
12 8           1.662843e+01 -9.682955e-01 2.165542e+00 1.649843e+01 -9.358105e-01 2.226340e+00 1.300023e-01 -3.248495e-02 -6.079756e-02
13 9           1.220959e+01 -3.572564e-01 9.453789e-01 1.208521e+01 -3.210053e-01 1.012837e+00 1.243753e-01 -3.625109e-02 -6.745798e-02
14 10          1.843531e+01 1.396203e+00 2.703792e+00 1.830982e+01 1.435306e+00 2.776921e+00 1.254952e-01 -3.910301e-02 -7.312832e-02
15 11          2.275825e+01 1.554719e+00 4.005496e+00 2.262580e+01 1.596089e+00 4.083292e+00 1.324495e-01 -4.137010e-02 -7.779593e-02
16 12          2.191341e+01 6.843604e-01 3.766499e+00 2.177360e+01 7.287096e-01 3.850728e+00 1.398073e-01 -4.434915e-02 -8.422889e-02
17 13          1.931243e+01 1.353314e-01 3.010349e+00 1.916634e+01 1.835983e-01 3.102307e+00 1.460813e-01 -4.826689e-02 -9.195760e-02
                                                  なし ∨  タブ幅: 8 ∨    (1 行、15 列)  ∨  [挿入]
110 106        3.199223e+01 3.381607e+00 4.723305e+00 3.159690e+01 3.479248e+00 4.890698e+00 3.953321e-01 -9.764114e-02 -1.673926e-01
111 107        3.199072e+01 3.377495e+00 4.725865e+00 3.159543e+01 3.475119e+00 4.893228e+00 3.952892e-01 -9.762458e-02 -1.673635e-01
112 108        3.198963e+01 3.374781e+00 4.727847e+00 3.159439e+01 3.472391e+00 4.895182e+00 3.952491e-01 -9.761007e-02 -1.673353e-01
113 109        3.198917e+01 3.373798e+00 4.728772e+00 3.159396e+01 3.471395e+00 4.896081e+00 3.952109e-01 -9.759661e-02 -1.673090e-01
114 110        3.198718e+01 3.371415e+00 4.730840e+00 3.159201e+01 3.468999e+00 4.898125e+00 3.951714e-01 -9.758457e-02 -1.672848e-01
115 111        3.198560e+01 3.369737e+00 4.732427e+00 3.159046e+01 3.467312e+00 4.899687e+00 3.951368e-01 -9.757465e-02 -1.672604e-01
116 112        3.198483e+01 3.369055e+00 4.733079e+00 3.158973e+01 3.466621e+00 4.900316e+00 3.951047e-01 -9.756641e-02 -1.672372e-01
117 113        3.198240e+01 3.367436e+00 4.734415e+00 3.158733e+01 3.464996e+00 4.901632e+00 3.950730e-01 -9.755983e-02 -1.672165e-01
118 114        3.198025e+01 3.366392e+00 4.735332e+00 3.158520e+01 3.463947e+00 4.902528e+00 3.950460e-01 -9.755508e-02 -1.671959e-01
                                                  なし ∨  タブ幅: 8 ∨    (1 行、15 列)  ∨  [挿入]
```

図 6.48　ポスト処理出力ファイルの例「force.dat」

行頭に#があるのはコメント行で，5 行目以降がポスト処理結果であるが，4 行目に変数名の並び順が記してあるので，

```
# Time          total_x total_y total_z pressure_x pressure_y pressure_z
                                        viscous_x ....
```

これを頼りに数字の意味を解釈せよ，ということである．流体力は圧力（pressure）項と粘性（viscous）項とから成り（total = pressure + viscous），それぞれ x, y, z 方向があるので，各々の成分（全 9 成分）が Time（現象時間，本例ではステップ数）に応じて出力されているとわかる．

「forces」以外のポスト処理結果の内容はそれぞれ異なるが，いずれもテキストファイルであり内容確認すれば同様に解釈は可能であるので確認されたい．

なお本例の場合，Time の初期段階でいずれの成分も大きく変動しているが，収束の直前あたりでほとんど一定値になっていることは読み取れよう．したがって流体力を求めたいという目的に対しては，これらの数字を見るだけでプロット図にするまでもないかもしれないが，非定常計算の場合や，定常計算であっても，初期残渣の打ち切り誤差が大きい場合などには横軸を Time としたグラフ化が有効になる．これを如何に簡単に作成するかがポイントであった（3.4.11-(7)，p.59）．

6.3.2 Dexcs プロットツールの動作原理

Dexcs プロットツールについては，これまでにも何度も使用例の説明箇所があった．しかしツール自体の起動方法が異なる説明になっていたので混乱があったかもしれないので，ここに取りまとめておく（図 6.49）が，いずれの方法で起動しても同じ「Dexcs プロットツール」としては同一のダイアログ画面が現れる．

このうち，1 と 3 の方法は，計算を実行中に使用することもできるが，2 の方法は，解析コンテナが存在

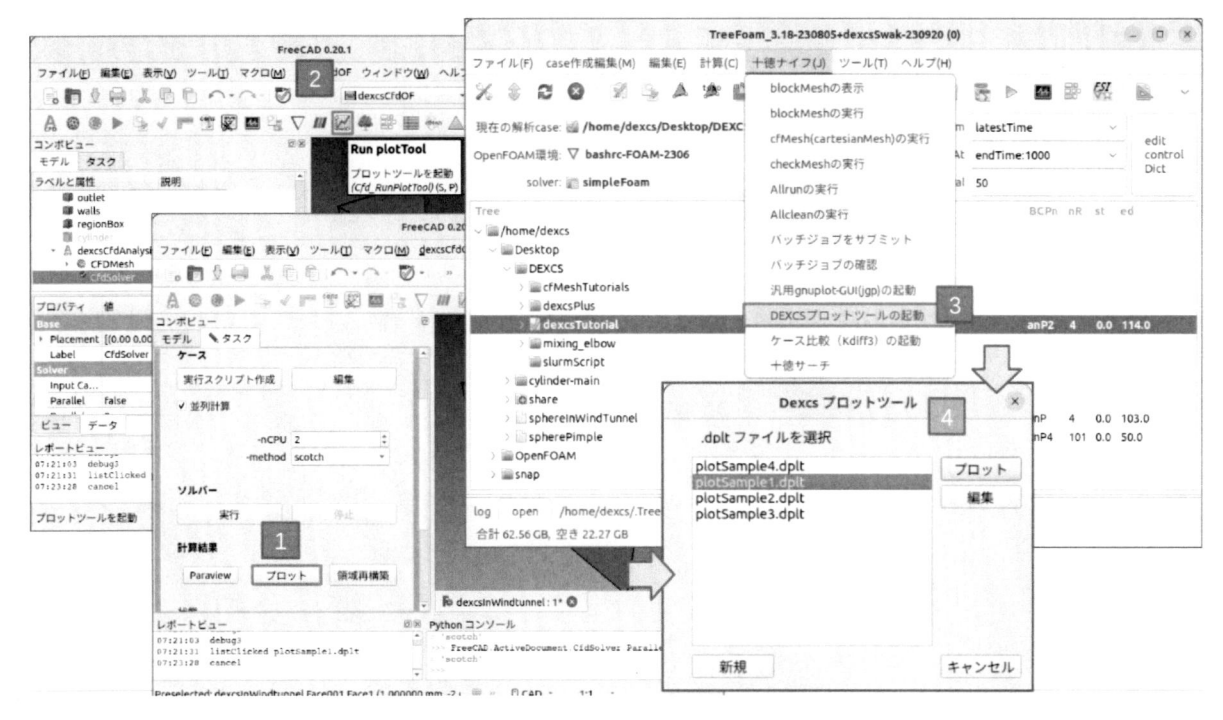

図 6.49 Dexcs プロットツール / 3つの起動方法)

し，かつタスク画面が閉じた（計算は停止した）状態でしか使えない[*6] という違いはある．また，③ の方法では，FreeCAD も別途立ち上がるがプロット図の描画プラットフォームとして使用するためのもので，モデルそのものはロードされない．

いずれの方法で起動するにせよ，解析ケース（✔）の「system」フォルダ下に，拡張子が「.dplt」というファイルが存在すれば，④ の白色テキスト欄にそれらがリストアップされるようになっている．この設定ファイル「.dplt」が所定の書式で正しく記述されており，その中で参照するポスト処理データが存在すれば，それを選択して「プロット」ボタンを押せば新しく FreeCAD の画面が作成されプロット図が作成されるようになっている．

この新しい画面作成は，FreeCAD の拡張モジュールである Plot モジュールが担っており，その詳細な描画や表示の仕組みは不明であるが，Plot モジュールに対して，どういう形でデータセットを渡してやれば良いのかは解っていた[*7] ので，受け渡しに必要なデータセットを作成するためのインデックス情報を設定ファイル「.dplt」に記述し，これを元に Plot モジュールに引き渡すデータセットを作成するようにしたのが Dexcs プロットツールである．

6.3.3 Plot モジュールの表示機能のおさらい

作成されたプロット図に対して，6.2.6 の図 6.35 でスケールを変更する方法について紹介したが，それ以外にも様々なユーティリティが備わっている．ほとんど直感的に使用できるので説明するまでないと思うが，ここに簡単に取りまとめておく．Plot モジュールのユーティリティツール（ボタン群）は図 6.50 に示すように

[*6] 計算を解析コンテナ以外（TreeFoam から起動するなり，端末から直接コマンド入力なりで）起動する場合には，計算中でも使用可能．

[*7] DEXCS ワークベンチのハック元である CfdOF のソースコードから解読した．

大きく 2 つのグループがある.

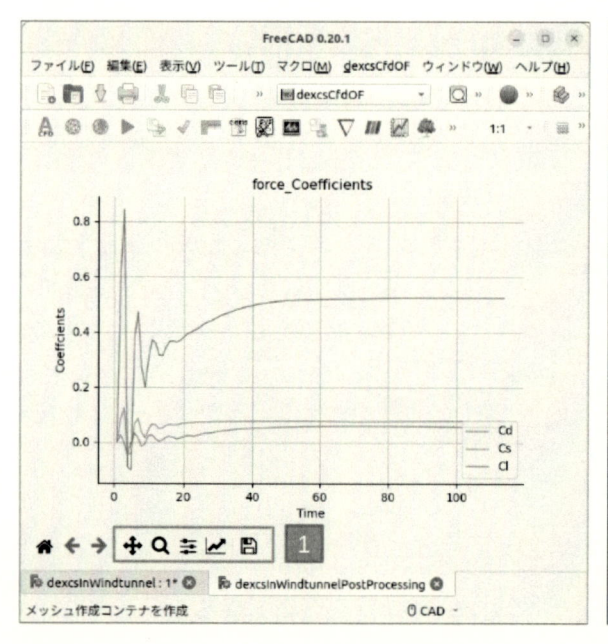
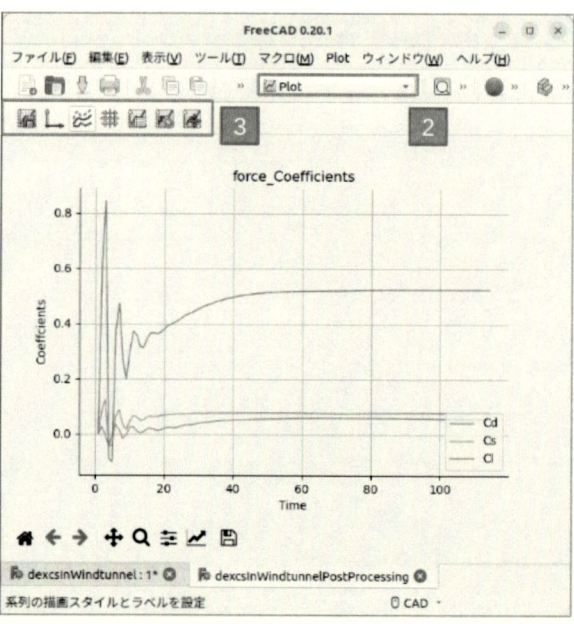

図 6.50　Plot モジュールのユーティリティツール

　ひとつはプロット図表示画面の□1 下段のボタン（アイコン）群であり，もうひとつはワークベンチを□2「Plot モジュール」に変更したときに現れる□3 ツールボタン群である．各々のボタンのアイコンイメージからある程度その機能も推察されると思われるが，マウスカーソルを当てると図 6.51 に示すように簡単な説明が吹き出しで現れ，クリックすれば相応のメニューが現れて実行できるようになっている．ちなみに図 6.51 はどちらも画像ファイルを保存するという同じ機能と思われたかもしれないが，画像形式についてのオプションが異なっていた．これも自身の手で確かめられたい．

　また，ボタンによっては，うまく機能しないボタンもある．Plot モジュールの問題なのか，Dexcs

図 6.51　Plot モジュールのツール Tips

プロットツールが受け渡すパラメタセットに問題があるのかは不明である．これもオープン CAE だと思って使ってもらいたい.

6.3.4　設定ファイル「.dplt」のカスタマイズ方法

　Dexcs プロットツール（図 6.49 の□4）の白色空白部に表示された設定ファイルリストのうち，どれでも任意に選択して「編集」ボタンを押せば，テキストエディタが立ち上がって当該ファイルを直接編集できるようになる．以下，「plotSample1.dplt」を例に設定ファイルの書式について説明しておく．

```
1  # plot sample1 / forcesCoeffs
2  Title    force_Coefficients
3  Y.Label Coeffcients
4  X.Label Time
5
6  X.File   forceCoeffs/0/coefficient.dat
7  X.column         0
8  X.scaleFactor    1
9
10 Y.File   forceCoeffs/0/coefficient.dat
11 Y.column         1
12 Y.scaleFactor    1sec1-2-5-2
13 Y.Legend         Cd
14 Y.Vector         0
15
16 X.File   forceCoeffs/0/coefficient.dat
17 X.column         0
18 X.scaleFactor    1
19
20 Y.File   forceCoeffs/0/coefficient.dat
21 Y.column         4
22 Y.scaleFactor    1
23 Y.Legend         Cs
24 Y.Vector         0
25
26 X.File   forceCoeffs/0/coefficient.dat
27 X.column         0
28 X.scaleFactor    1
29
30 Y.File   forceCoeffs/0/coefficient.dat
31 Y.column         10
32 Y.scaleFactor    1
33 Y.Legend         Cl
34 Y.Vector         0
```

書式を理解するにあたって，要点は以下の通りである．

- 行頭に#のある行はコメント行である（解釈されない）．

- 空白行はいくつあってもよい．

- 空白でない各行は，キーワードとその値の順に解釈され，キーワードと値の間は空白で分離されている．値以降の文字列はあっても解釈されない．

- キーワードはグラフ全体の書式を定義するものが3個，グラフデータセット定義用に8個ある．

- キーワードはここにあげた全11個しかない．それ以外のキーワードではじまる行は解釈されない．

- 2～3行目で，グラフのタイトル（Title），横軸ラベル（X.Label），縦軸ラベル（Y.Label）を指定している．

- 6行目以下の X. ではじまるキーワードは，グラフの横軸系列，Y. のそれはグラフの縦軸系列に関わるパラメタを指定している．

- .File はデータを取得するポスト処理ファイルで，.column はその列番号．ファイルのパス名は，「postProcessing」フォルダから見た相対パス名．

- .scalefactor はその乗数分で表示させることを意味する．

- .Legend　　は表示用の系列の名前.
- .Vector は，その値が「1」の場合，その列からはじまる 3 つのデータをベクトルと解釈しての絶対値を プロットする.
- 横軸と縦軸系列で，ポスト処理ファイルが異なっても良いが，データ数が同一でない場合の動作は保証 されない.
- グラフ系列はいくつあっても良いが，必ず 8 個のキーワードとその値を定義する必要がある.
- 上例では，6～14 行目でグラフの第 1 系列，16～24 行目で第 2 系列，26～34 行目で第 3 系列分のデー タセットの割当方法を定義している.
- 異なるグラフ系列で，横軸のレンジは異なっていても良い.

　実際には，表示されるグラフと設定ファイルの内容，そして設定ファイル中で引用されているポスト出力 ファイルの内容を見比べることで書式の意味を理解できる．図 6.52 に，上記設定ファイルによって描画され るプロット図において，各パラメタの値とグラフの構成要素やプロットデータとの対比がわかるようなイメー ジ図も参考に載せておいたので，これらを足掛かりに自分の目的にあったプロット図にすべくカスタマイズは 可能であろう.

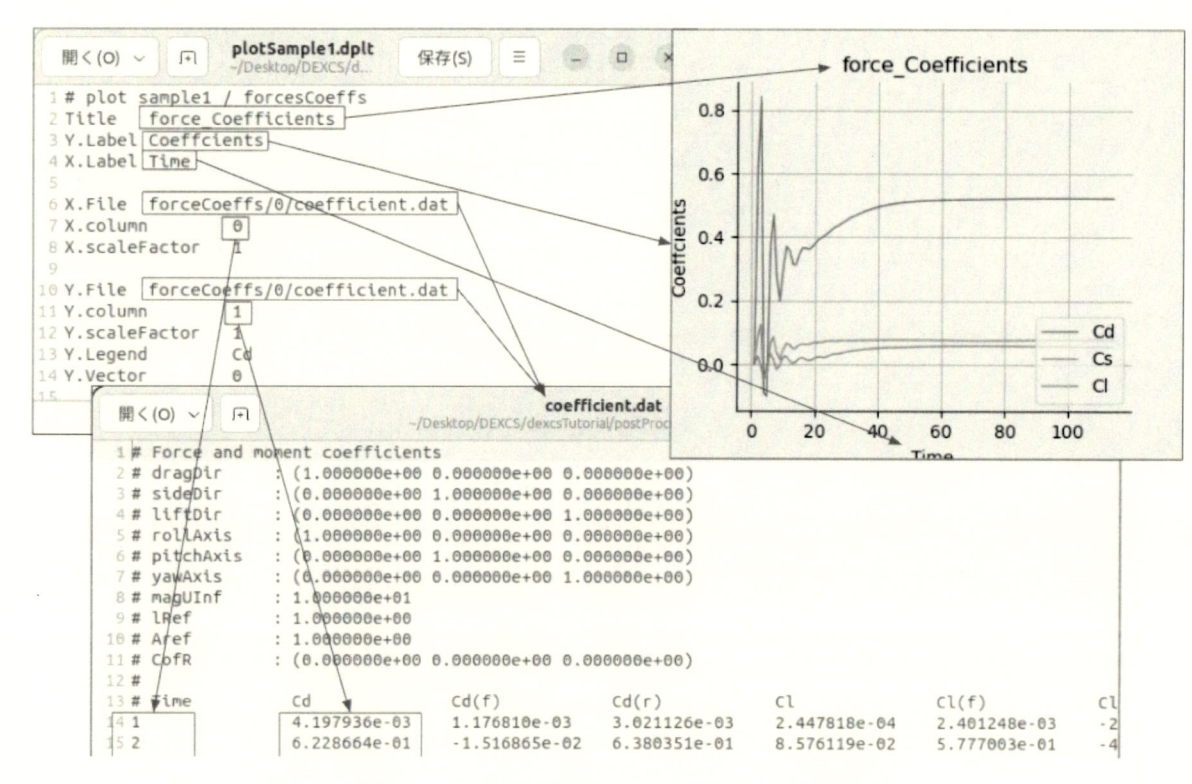

図 6.52　設定ファイル/ポスト処理ファイル/プロット図の相関イメージ

　なお，プログラム的にパラメタの内容はチェックしていないので，間違った内容をセットした場合の動作は 保証されない（多くの場合グラフに何も表示されない）点は留意されたい.

6.3.5　設定ファイル「.dplt」の新規作成方法

　DEXCS 標準チュートリアルには，4 つのプロット設定ファイルが同梱されているが，図 6.47 で説明したす べてのポスト処理ファイルを網羅しているわけではない．たとえば，図 6.48 で説明した「force.dat」に対す

るグラフ化サンプルは同梱していない．もちろん，テキストエディタを使って，ポスト処理ファイルを指定する箇所を「force.dat」に変更して，図 6.48 から必要なカラム番号と系列名を読み取って設定ファイルを変更して使うというのも一つの方法である．

また，6.2 で OpenFOAM の標準チュートリアルを雛形ケースとして解析セットアップ場合には，ポスト処理内容があらかじめわかっていたので，6.2.2 で説明したように標準チュートリアルケースに同梱の設定ファイルをコピーしてそのまま流用できたが，標準チュートリアルによっては，チュートリアルに固有のポスト処理を実施しているケースもあり，それらを自身が作成したメッシュデータで検証したい場合もあるだろう．

このような，未知（といっても内容はテキストエディタにて確認できる）のポスト処理データを対象に新規にグラフを作成したい場合を想定して，Dexcs プロットツールにはもう一つのユーティリティが存在する．このユーティリティは著者が作成したものではなく，DEXCS 有志によるもので Table_GUI という名前が付けられた．Table_GUI を起動するには図 6.53 に示すように 2 つの方法がある．これも標準チュートリアルで，上に述べた「force.dat」をプロットすることを想定して説明する．

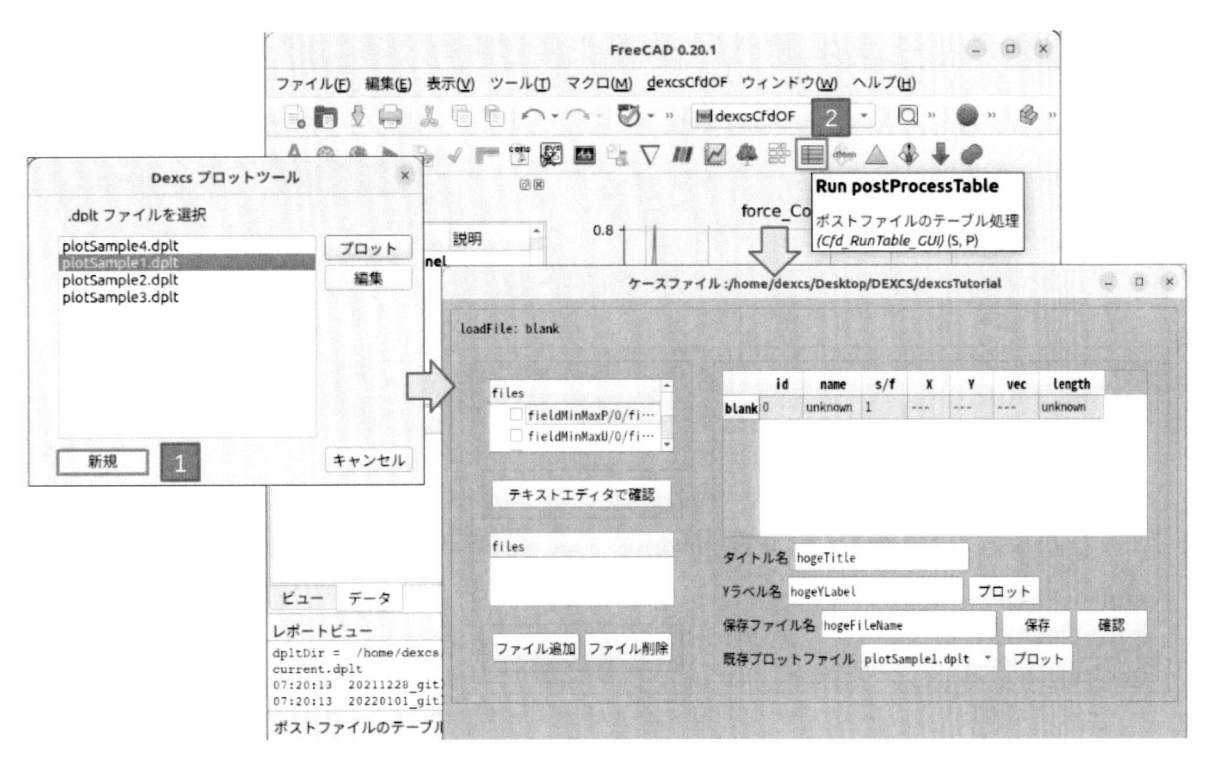

図 6.53　Table_GUI の起動方法

Dexcs プロットツールの 1 「新規」ボタン，あるいは DEXCS ツールバーの 2 アイコン▤「Run postProcessTable」をクリックすると，タイトルバーとして「ケースファイル：/home/dexcs *8 /Desktop/DEXCS/dexcsTutorial」として，解析フォルダを対象として，灰色背景のダイアログ画面が現れる．

起動すると，図 6.54 の 1 の部分に，(files) として，当該解析ケースの postProcessing 中に収納されているファイル名リストが表示されるはずである．ここで 2 「forces/0/force.dat」を選択すると，3 の部分に表データが現れる．これはポスト処理データ「force.dat」を解釈して，数列の id（列番号）とその名前（はコメント行から解釈），また length（行の数）をリストアップしてくれるようになっている．ちなみに 4 「テキストエディタで確認」のボタンを押すと，テキストエディタが起動し，ファイルの実体を図 6.48 に示したイメー

---

*8 dexcs　の部分は，ログインユーザー名として読み替えていただきたい．

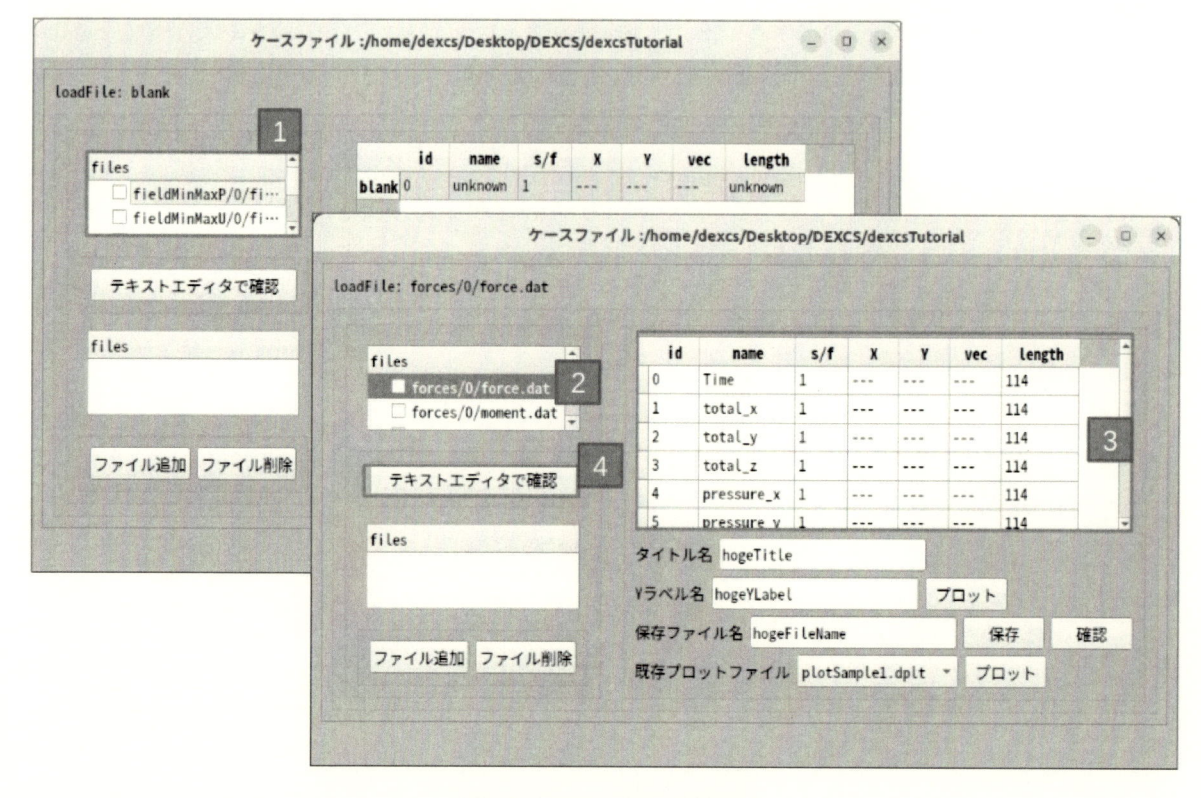

図 6.54　Table_GUI の使用法

ジで閲覧できるので，③ の表データと見比べていただきたい．他のファイルでも同様にその出力内容を確認できる．

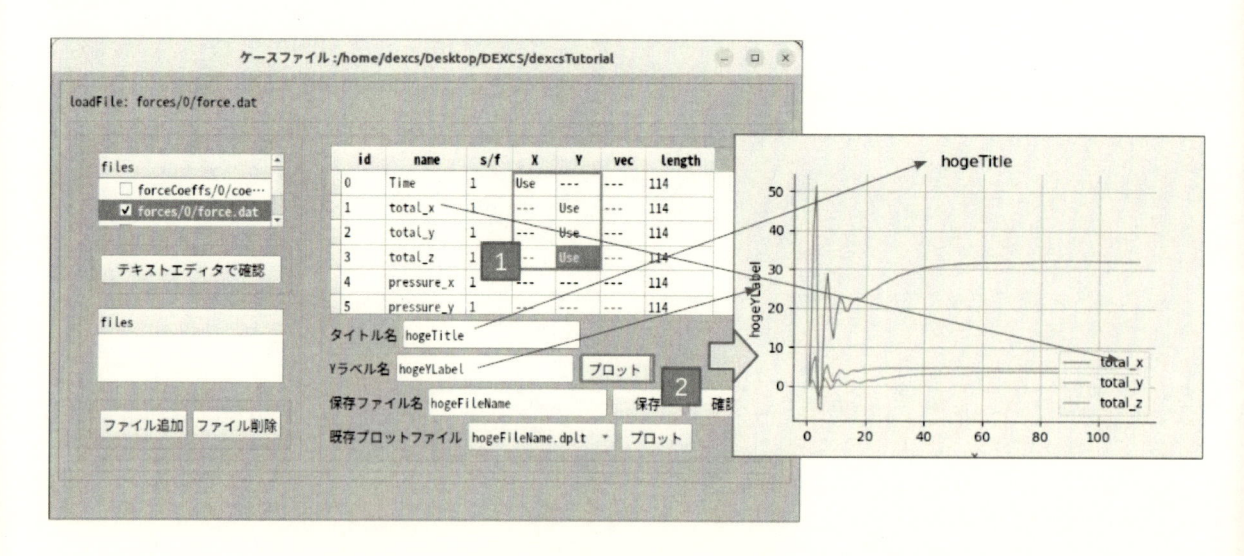

図 6.55　Table_GUI の使用法

　表データ中の「—」が表示されたカラムをクリックすると「Use」に変更になり，もう一度クリックすると「—」に戻る．「Use」の意味は文字通り「使用する」の意味であり，図 6.55 の①の状況であれば，id=0 の列（Time）を横（X）軸に，id=1〜3 列（total_x,y,z）を縦（Y）軸にプロットせよ，という意味になる．この状態

で 2 「プロット」ボタンを押せば，同図右側に示したプロット図が表示されるはずである．グラフのタイトル名やラベル，凡例の名前は何も指定しなければデフォルト値が使われるが，当該カラムのテキスト（プロット図中の表示テキストと対応がわかるよう，矢印で示してある）は自由に変更できるので，変更して 2 「プロット」ボタンを押せば反映されるはずなので確認されたい．

その他表中には，(s/f)(vec) というカラムがあって，これらも変更できるようになっているが，設定ファイル「.dplt」の書式を理解できておれば，凡そ推察できるだろう．つまり，(s/f) の値が.scaleFactor の値として，(vec) が Y.Vector（[Use] であれば「1」）として反映されることになる．ただし，(vec) の使用法については以下補足しておく．

■ベクトルデータの絶対値表示方法

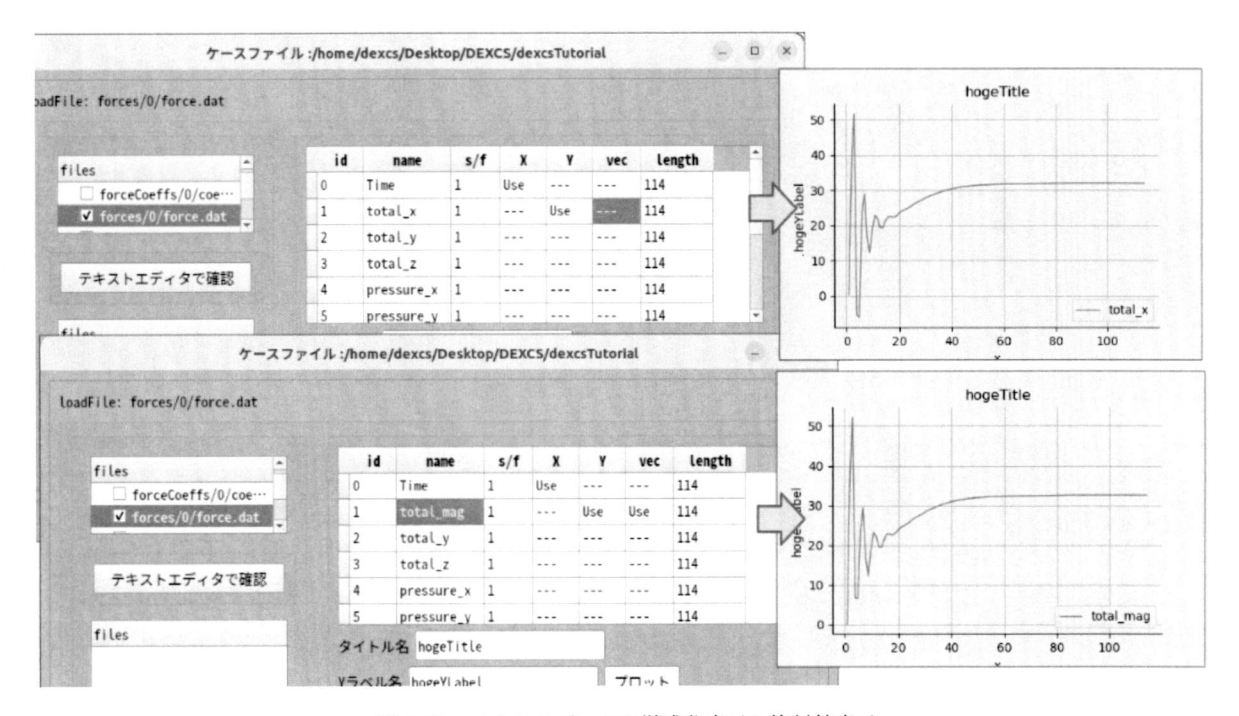

図 6.56　ベクトルデータの単成分表示と絶対値表示

図 6.56 の上段は，total_x（全流体力の x 方向成分），下段は全流体力の絶対値をプロットするようにしたものである．上段の使用法は問題ないとして，ベクトルデータの絶対値表示には下段の方法〔(Y) と (vec) の両方を「Use」とする〕になるということで，下段の表示の際に，凡例名をデフォルト「total_x」から「total_mag」と変更したのは推奨としてわかり易くするためであって必須ではない．本例では x 方向成分が主成分なので，その違いはあまりわからないかもしれないが，計算の初期段階の振動状況でグラフの違いが見てとれるであろう．

一方，ベクトルデータの絶対値表示として，誤った用例を図 6.57 に示しておく．

上段の用法では，何も表示されないので，間違いに気づくであろうが，下段の用法だと，一見問題なさそうに見える．しかし実際には，この絶対値は id=2〜4 の各成分の二乗和の平方根を計算しているだけで，たまたま本例では主成分である total_x と pressure_x の値が同程度なので類似の結果になっているだけである．意味のないグラフになってしまうので，間違えないよう気をつけたい．

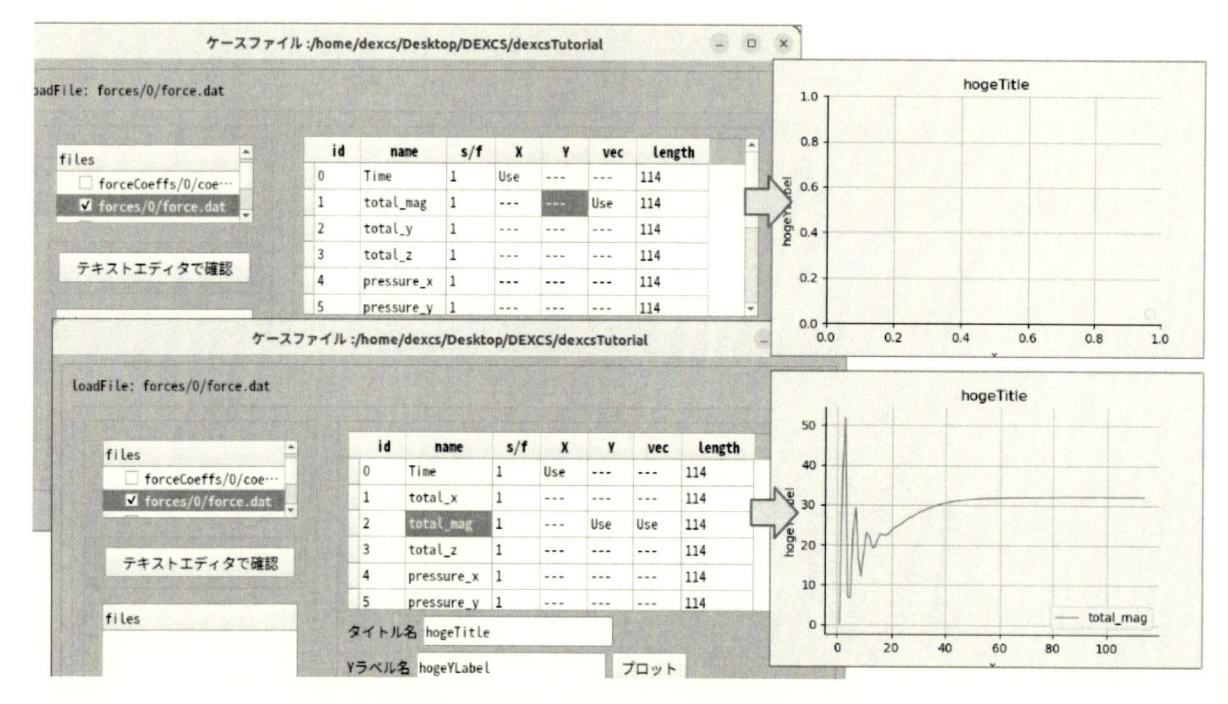

図 6.57　誤ったベクトルデータの絶対値表示例

■「postProcessing」フォルダ以外のデータのプロット方法

　解析対象ケース以外のデータを併せて表示することも可能である（図 6.58）．これは，図 6.56 の下段で作成した流体力の絶対値表示に加え，6.1 で実施した DEXCS フォントの替わりに球で置き換えた計算の結果を比較したものである．

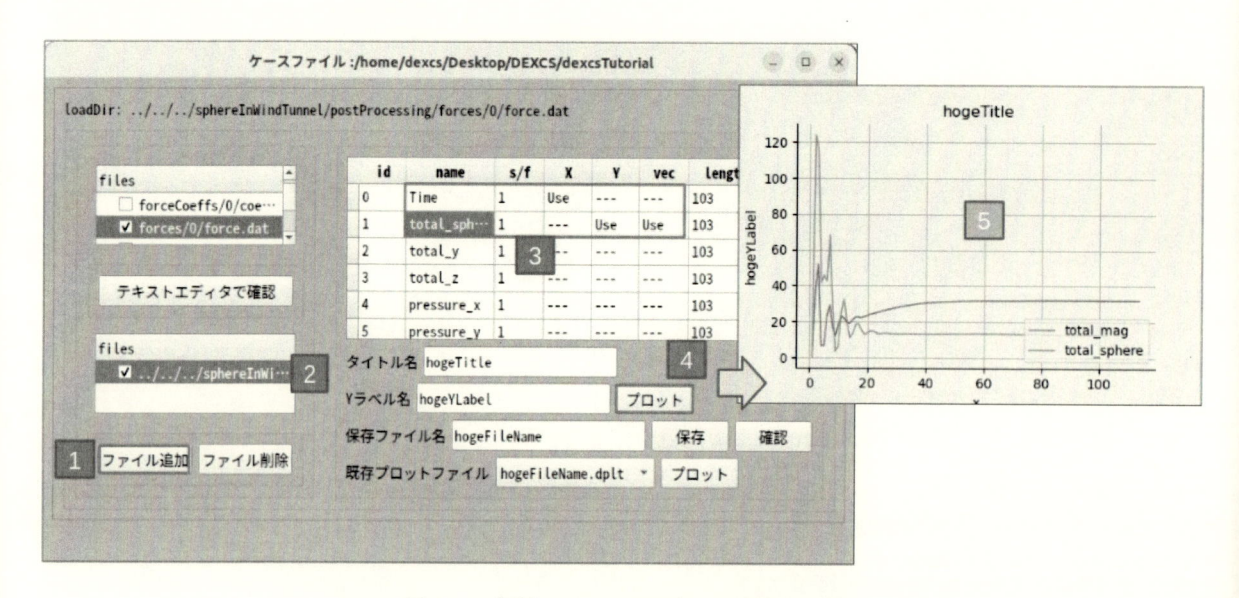

図 6.58　解析ケースによる違いを比較した例

　1 「ファイル追加」ボタンを押すと，ファイル選択ダイアログが現れるので，6.1 で実施したケースに移動して「postProcessing」フォルダ下の同等ポスト処理ファイルを選択すれば 2 にリストアップされる．これを選択すると，中央の表も当該ファイルの内容のそれに変化するので，3 に記したように（Time を横軸に，

force_の絶対値を縦軸に，系列名は「total_sphere」に変更）設定して，$\boxed{4}$「プロット」ボタンを押せば図中右側に示すプロット図$\boxed{5}$が描かれる．本例では「total_sphere」の終端が凡例表示ブロックに隠れて見えないが，「total_mag」とデータ系列の長さの違いもちゃんと反映されている．

　なお，$\boxed{1}$「ファイル追加」ボタンの横に「ファイル削除」ボタンがあって，本来ならリストアップしたファイルリストから選択したファイルを削除できるようにしたかったが，本執筆時点で未完成である．

■files リストのチェックマークについて

　ここまでの説明を，実際に自身の手で操作された人はお気づきであろうが，(files) リスト中にリストアップされたファイルを選択して，中央の表で各カラムに対して編集作業（「—」を「Use」に変更など）すると，ファイルの名前の左側にチェックボックスがあり，これに自動的にチェックマークが入るようになっている．そして中央の表カラムの状態を元に戻せばチェックマークが消えるようにもなっている．本来は中央の表で意味のある選択がなされた状態でチェックマークがつくようにしたかったが，いまのところ未完成で，何らかの変更の有無を見分けるマークとして認識いただきたい．グラフ化したい対象ファイルがたくさんある場合に，チェックマークの有無で再編集や確認の操作対象をわかり易くするものと思ってもらいたい．

■設定ファイルの保存/編集に係る注意事項

　本ツール（Table_GUI）は，これまで見てきたように複数のグラフ系列を描画できるが，基本的に各々のグラフ系列は一つのポスト処理ファイルを対象に作成することを想定している．つまり一つのグラフの横軸と縦軸のデータは同一のポスト処理ファイルのそれを使うものとしているが，Dexcs プロットツールそのものには，6.3.4 で見てきたように，データ数が同一である限り，そういう制限はない．そういった使い方をするには設定ファイル「.dplt」を直接編集するしかないが，Dexcs プロットツールでなく，本ツールで編集する作業もできるようになっている．ただしボタン操作が少々わかりにくいかもしれないので，ここで補足しておく（図6.59）．

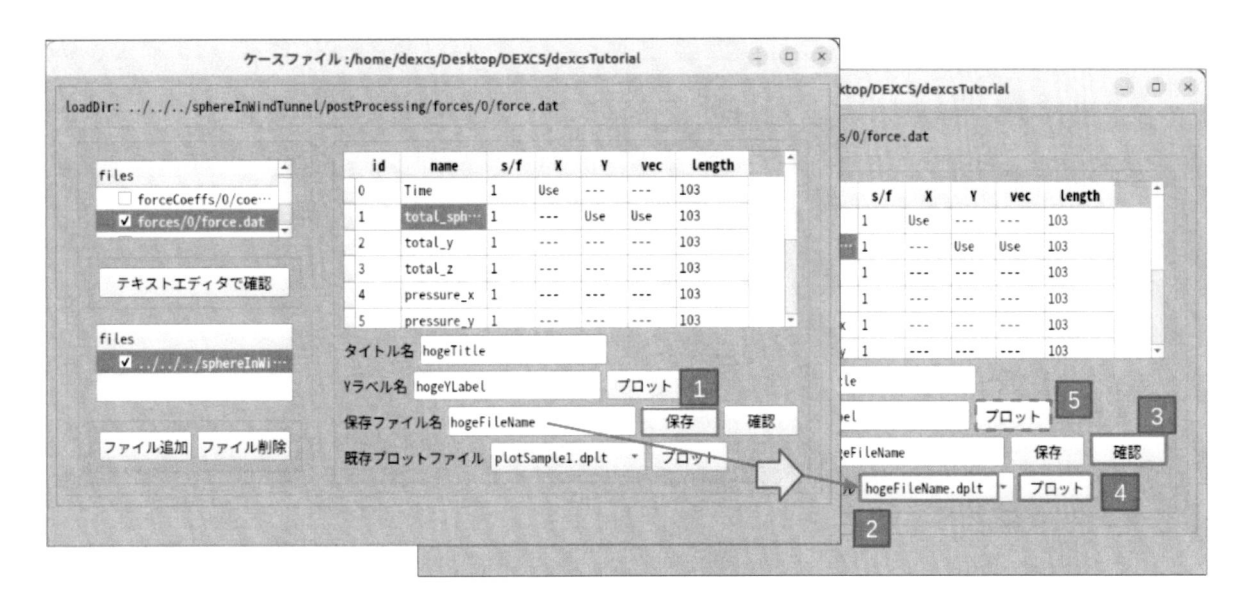

図 6.59　設定ファイルの編集と確認方法

　基本的に編集用のテキストエディタは$\boxed{3}$「確認」ボタンで起動するが，編集対象ファイルは，最下段の「既存プロットファイル」として表示されたファイルがそれである．表カラムを編集してプロット確認できた状態の設定ファイルを編集するには，一旦$\boxed{1}$「保存」ボタンを押す．そうすると「既存プロットファイル」の表示

欄が，自動的に「保存ファイル名」で指定したファイル名に $\boxed{2}$ 変更されるので，これで $\boxed{3}$ 「確認」し，変更作業のあとテキストエディタ上で「保存」． $\boxed{4}$ 「プロット」ボタンを押すという手順になる． $\boxed{5}$ の「プロット」ボタンは，Table_GUI 画面上の状態をプロットするもので編集後の設定ファイルを対象とするものでない点，$\boxed{3}$ 「確認」は Table_GUI 画面上の状態を確認するものでない点など，紛らわしいが留意されたい．いずれ改良は予定している．

6.3.6　Dexcs プロットツールの表示処理時間の短縮方法

6.2 の「ソルバー変更」で見てきたように，非定常計算のステップ数が長大になると，図 6.37 で見たように，FreeCAD が応答しなくなってしまう．これは Plot モジュールが過負荷になっているためであり，Dexcs プロットツールにおいても，プロット数が長大になると同様の状況に陥ることになる．図 6.46 で見たプロット例でも，一部その兆候が現れている．

そこで DEXCS2023 から，これに対処する方法を組み込んだ．本来であれば，Plot モジュールに立ち入って対策したいところではあったが，Plot モジュールに渡すデータの数を制限すれば良いだろうという，DEXCS 的に"つなぎ"の部分で対処した．ただし，データ数を制限するといっても，その数や制限の方法はユーザーカスタマイズできるようにするのは当然である．

制限数は問題ないとして，制限の方法については，大きく2つ考えられた．つまり，

■制限方法

- 「間引き」全体数列から，制限数以下になるよう間引く方法
- 「最新」全体数列から，特定の範囲だけを抽出する方法

であり，後者の「特定の範囲」は，普通に考えれば最新データが表示できれば良いだろうとして「最新」とした．

一方，カスタマイズの方法についても，プロットツールを新規に起動したときのデフォルトと，個別ケースごとのデフォルトを考慮したかった．というのも，ひとくちに制限数と記しているが，使用する計算環境に依存するのは当然として，それ以外にもプロットデータの系列数と併せて考える必要があるのだが，そこまで考慮した制限ロジックを実装することはできなかったので，そこは個別にユーザーにカスタマイズしてもらおうという考え方であった．

具体的に図 6.60 に制限方法を示しておく．

図中，左半面は FreeCAD の「編集」⇒「設定」メニューから現れる「設定」画面で，左欄で「dexcsCfdOF」を選択すると，「DEXCS 設定」のタブ画面となり諸々の設定パラメタを変更できる．最下段に「最大プロット数」の数値入力欄と，上述の「制限方法」を選択するラジオボタンがあり，これらによってデフォルトパラメタ[*9] を規定している．

一方，右半面は解析コンテナを選択した状態で，プロパティー欄に着目されたい．（Plot Maxnumber）と（Plot Method Last）というプロパティーがあり，上述のデフォルトパラメタの値を継承するようになっている[*10]．

この値もカスタマイズできるようになっているが，この値はケースに固有のものとなる．同図の FreeCAD 画面は，「TreeFoam」⇒「DEXCS 十徳ナイフ」から起動したもので形状モデルが存在しないが，形状モデルとそれに付随した解析コンテナが存在するモデルでこのパラメタをカスタマイズして保存しておけば，次にこ

[*9]　DEXCS2023 では「最大プロット数」を 100000（10万）としたが，この数字だと，実際にこれを超える数列のプロットでの待ち時間が長大で現実的でない．1万程度に小さくして使用することを推奨する．DEXCS2024 以降ではそうなる予定．

[*10]　（Plot Method Last）は，制限方法が「最新」の場合「true」，「間引き」の場合「false」となる．

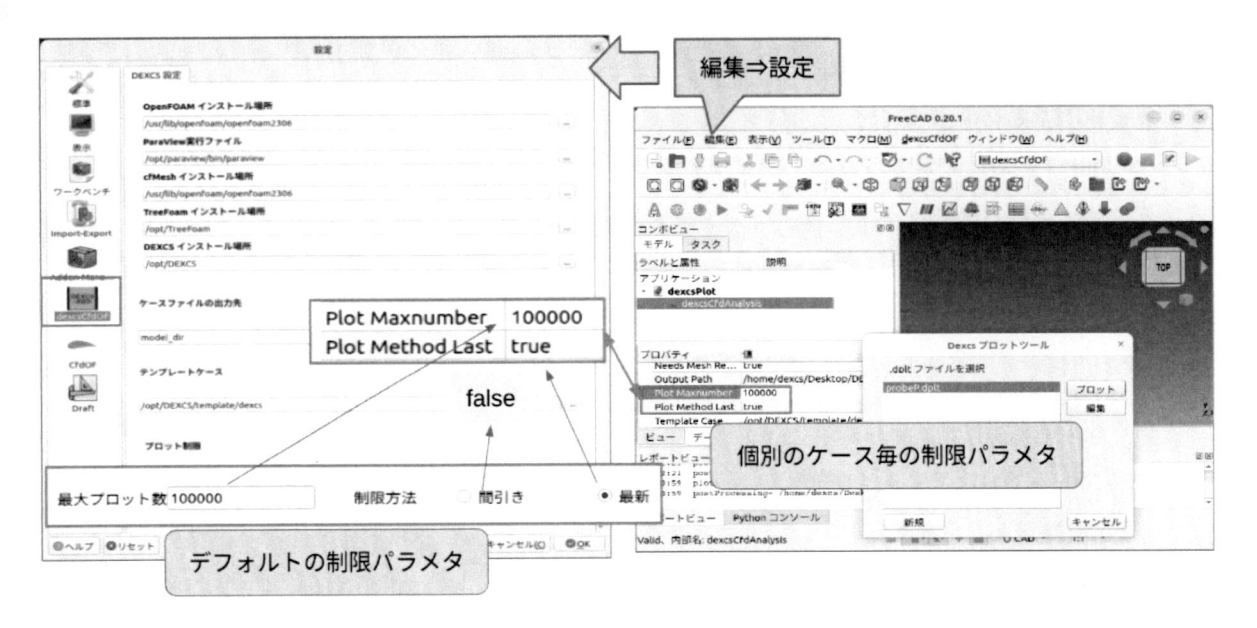

図 6.60 Dexcs プロットツールのプロット制限方法

のモデルを起動したときにケースに依存したカスタマイズ情報として再現できるという仕組みである.

6.3.7　jgp の動作原理

　jgp は，3.4.10 で説明したように，gnuplot のコマンド作成・実行を GUI で補完するツールであり，本ツール単独では図 6.61 に示す手順で起動できる．

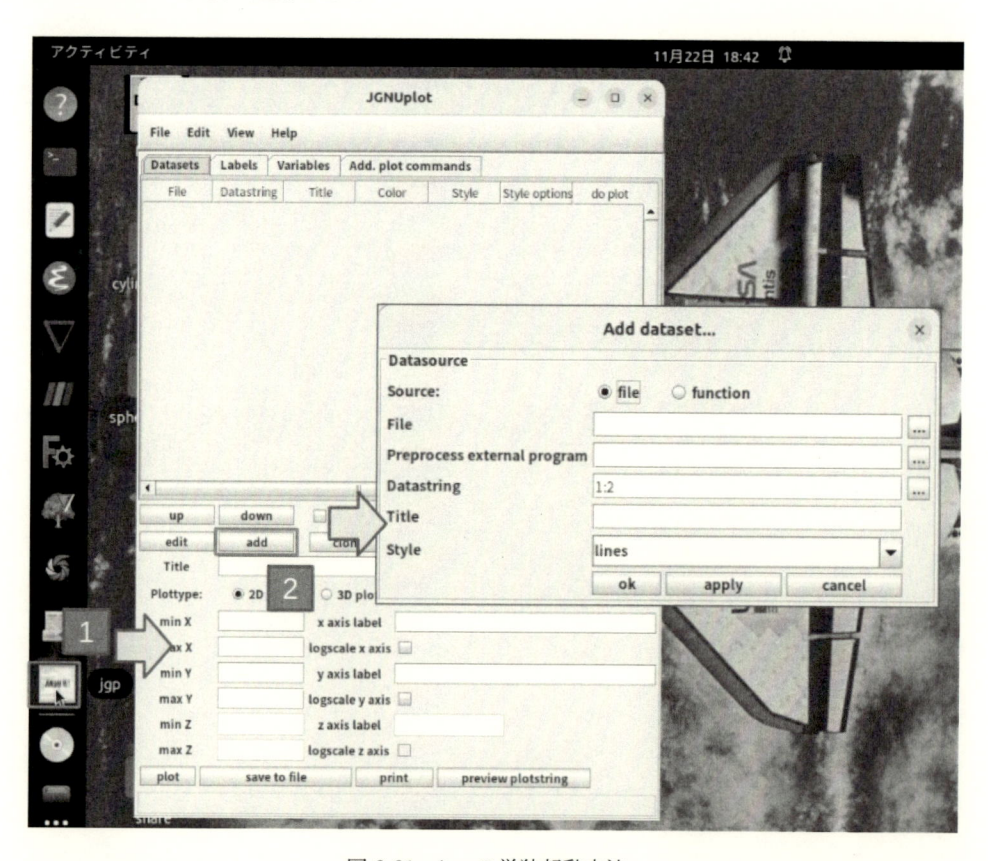

図 6.61　jgp の単独起動方法

　Dock ツールバーの [1]「jgp」をクリックすれば「JGNUplot」という GUI 画面が立ち上がる．基本的な使い方は，[2]「add」ボタンを押すと「Add dataset...」という画面が立ち上がるので，この画面で一つのプロット図をどうやって作成するのか（データファイルや，データ系列のどのカラムをプロット対象にするかなど）を定義する．

　たとえば DEXCS 標準チュートリアルケースの空力係数をプロットしようとすると，まずは図 6.62 に示すようにデータファイルとして [1]〜[10] の手順を経て
[11]「/home/dexcs/Desktop/DEXCS/dexcsTutorial/postProcessing/forceCoeffs/0/coefficient.dat」を割り当てることになる．

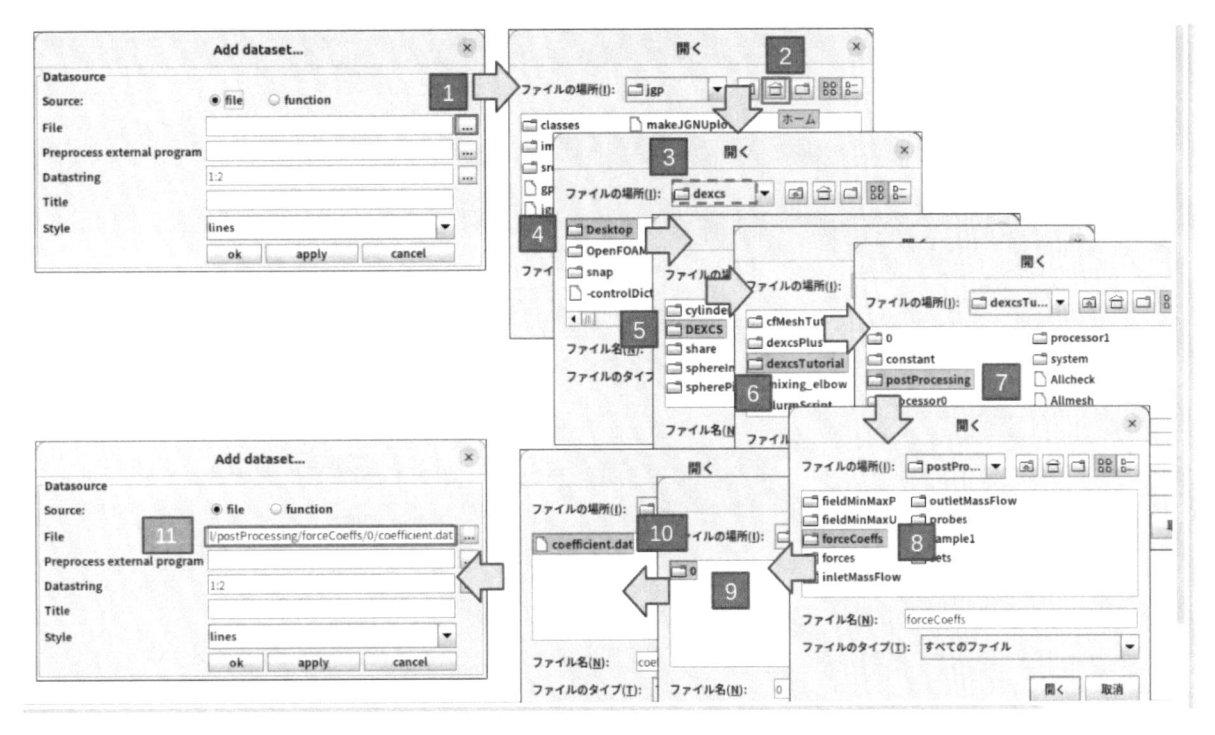

図 6.62　プロット用データファイルの選択方法

（Datastring）のカラムは，デフォルトで「1:2」となっているが，これはデータセットの第 1 列を横軸に，第 2 列を縦軸にプロットするという意味である．「postProcessing」データの実体については，6.3.3 の図 6.48 で「force.dat」について説明したが，本ファイル「coefficient.dat」についても同様に確認されたい．第 1 列が「Time」で第 2 列が「Cd」となっているはずである．ここではそ

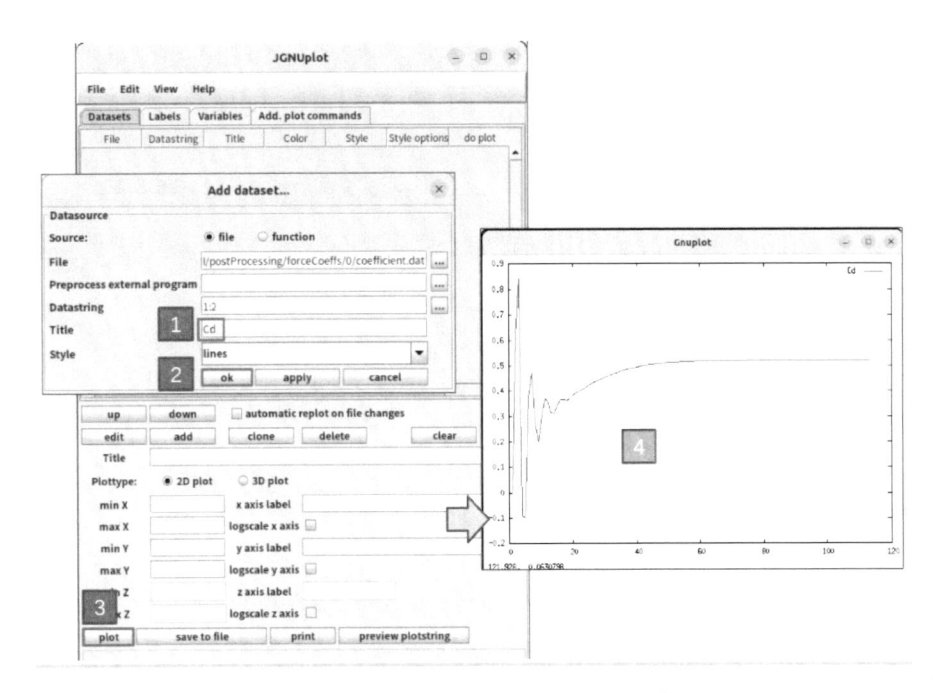

図 6.63　データセットの設定とプロット確認

のまま[*11]採用することとし，その下の（Title）欄（これは凡例の名前になる）がブランクであったので，1「Cd」とし，2「OK」ボタンを押して4プロット図を作成してみた（図 6.63）．

[*11]　列番号の指定は，Dexcs プロットツールでは一番左を「0」としているが，ここでは「1」と指定する．

このようにして「Add」したプロット設定は，図 6.64 の「JGNUplot」画面の $\boxed{1}$ にリストアップされる．引き続き「Add」ボタンを押して同様の操作を実施すれば，この下にプロット設定がもう 1 行追加されることになるが，その際に $\boxed{3}$ あたりのボタン[*12]を活用すると省力化できる．たとえば $\boxed{2}$ この 1 行を選択した状態にて，「clone」ボタンを押

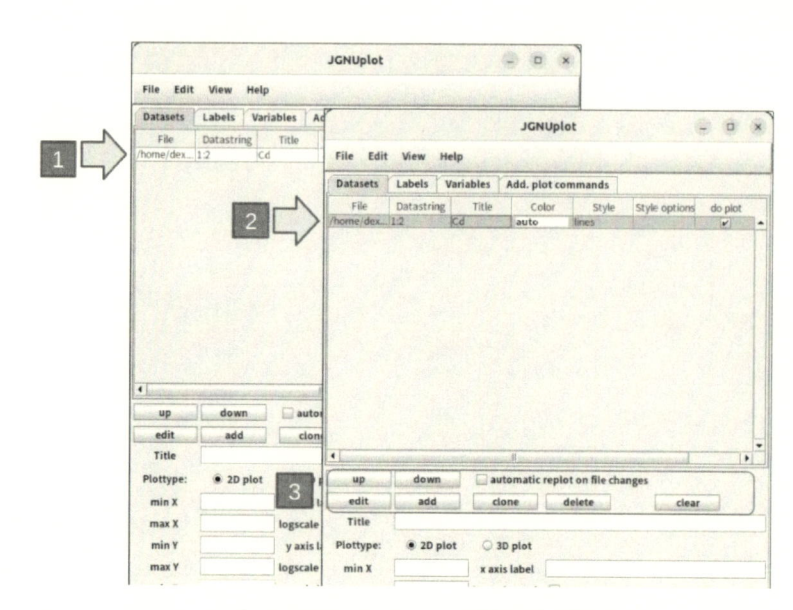

図 6.64 データセットの追加・編集方法

せば同じ内容がそのまま追加されるので，今度はそれを選択して「Edit」ボタンを押して，たとえば，（Datastring）を「1:3」（Title）を「Cs」に変更するといった具合である．とくに（File）を変更する際のディレクトリ間移動の回数（図 6.62 で実施した手間数）は大幅に少なく済む．

[*12] 各ボタンの説明は省略するが，ボタンの名前からある程度推察できると思われるし，実際に押してみれば体感できるであろう．

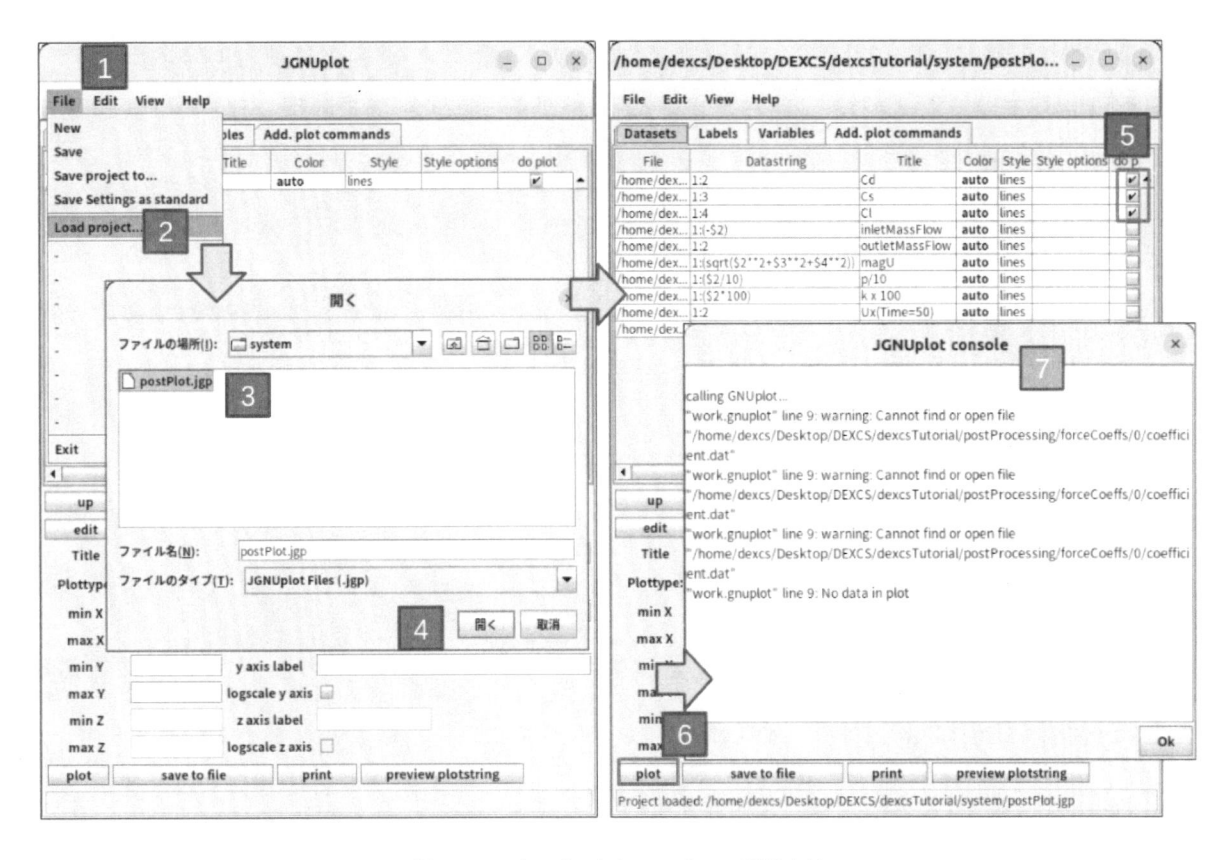

図 6.65　プロジェクトファイルの利用方法

　しかしこれらの手順を都度実施するのはたいへんな手間になる．一旦作成した方法は，プロジェクトファイルとして保存しておく機能も存在するので，次回には，保存したプロジェクトファイルをロードして，これを活用すれば良い……となるのであるが，この際にいくつか問題があった．

　DEXCS 標準チュートリアルにはあらかじめプロジェクトファイルが用意されているので，まずはそれを使って確認してみよう（図 6.65）．

　$\boxed{1}$「File」のプルダウンメニューから$\boxed{2}$「Load Project...」のボタンを押して，$\boxed{3}$プロジェクトファイル「postPlot.jgp」を Load できるが，図 6.62 で実施したときと同じで，ファイルの選択ダイアログの起動時は常に「jgp」[*13] フォルダが対象となるので，保存したプロジェクトファイル（通常は解析ケース内に収納する）にたどりつくのに，何度もフォルダ移動のマウス操作が必要になる．しかもこのマウス操作は Java プログラムによるもので，一般的な GUI 操作に比べると，とくにダブルクリックした際の応答が悪い[*14]．

　サンプルプロジェクトファイルを Load すると，図 6.65 の右半面ように，多くのプロット設定がリストアップされるはずである．画面中央に表形式でリストが表示されているが，一つの行で一つのプロット系列を定義している．表の右端にはチェックボックスがあり，これにチェックを入れたものがプロット対象としてプロット図が表示されることになる．デフォルトでは上から 3 つ$\boxed{5}$チェックマークが入れてある．この状態で$\boxed{6}$「Plot」ボタンを押してみるが良い．たいていの人は$\boxed{7}$のエラーメッセージに遭遇することになろう．グラフがちゃんと表示された人は，計算環境を構築する際にユーザー名を「dexcs」[*15] としているはずである．そうでない人は表示できない．

---

*13　「/opt/jgp」は，プログラムのインストール場所である．
*14　筆者の計算環境に固有の問題かもしれない．
*15　図 6.62 で，$\boxed{2}$「ホーム」ボタンを押したときの$\boxed{3}$移動先の名前がそれになる．

　これはプロジェクトファイル中にプロット対象のファイル名が記録されているが，これが絶対パス名（上例では「/home/dexcs/Desktop/DEXCS/dexcsTutorial/postProcessing/forceCoeffs/0/coefficient.dat」など）で表記されているからである．したがって，ユーザー名が異なると使えないし，解析ケースの名前を変更すると対象ファイルを探せなくなる．また，コピーして別の名前で使用すると，コピー先のデータでなく，コピー元のデータを対象にしてプロット図が作成される……となって用を成さない．

6.3.8　jgp の起動方法（TreeFoam ⇒ 十徳ナイフ）

　DEXCS で jgp を使用するに際し，前項で述べた 2 つの問題に対して解決策として実装したものが「TreeFoam」の「十徳ナイフ」メニューの「汎用 gnuplot-GUI（jgp）の起動」から起動させることであった．とは言うもの，6.3.2 で記した Dexcs プロットツールの起動方法に比べれば煩雑さは否めなく，DEXCS2021, 2023 では搭載を中止していたが，長大プロット数の面で本ツールの優位性は明らかであったので，DEXCS2023 から搭載を再開したものである．

　何はともあれ，DEXCS 標準チュートリアルケースを題材に，この使用方法を説明する（図 6.66）．

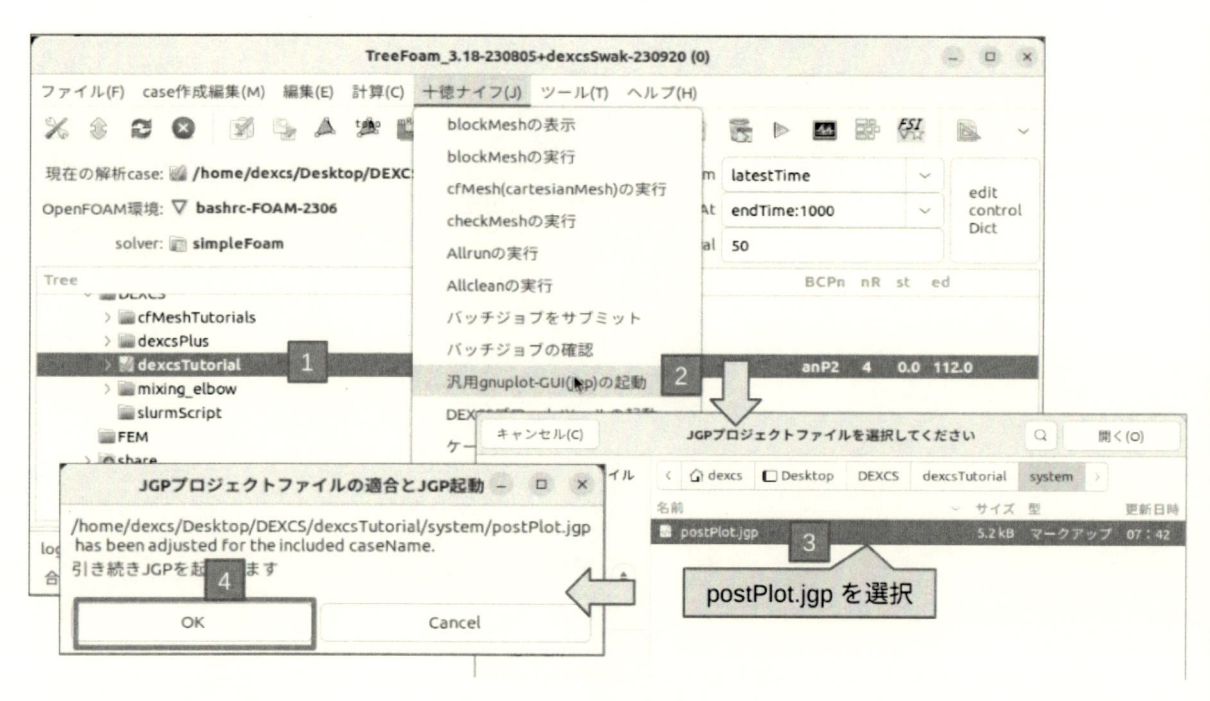

図 6.66　jgp の起動方法（1/2）

　TreeFoam で [1] 解析ケース（✔）を確認した上で，「十徳ナイフ」のプルダウンメニューから [2]「汎用 gnuplot-GUI（jgp）の起動」を選択する．そうすると「JGP プロジェクトファイルを選択してください」というファイル選択ダイアログが現れる．解析ケースの「system」フォルダ下に jpg のプロジェクトファイル「*.jpg」が存在すればリストアップされるので，[3] 選択してダブルクリック，もしくはダイアログ画面上右上部の「開く」ボタンを押せばよい．プロジェクトファイルの内容に問題がなければ，「JGP プロジェクトファイルの適合と JGP 起動」というメッセージ画面が現れるので [4]「OK」ボタンを押す．

　jgp の起動イメージは図 6.61 で実施したものと同じであるが，このあとの使用方法が違う（図 6.67）．

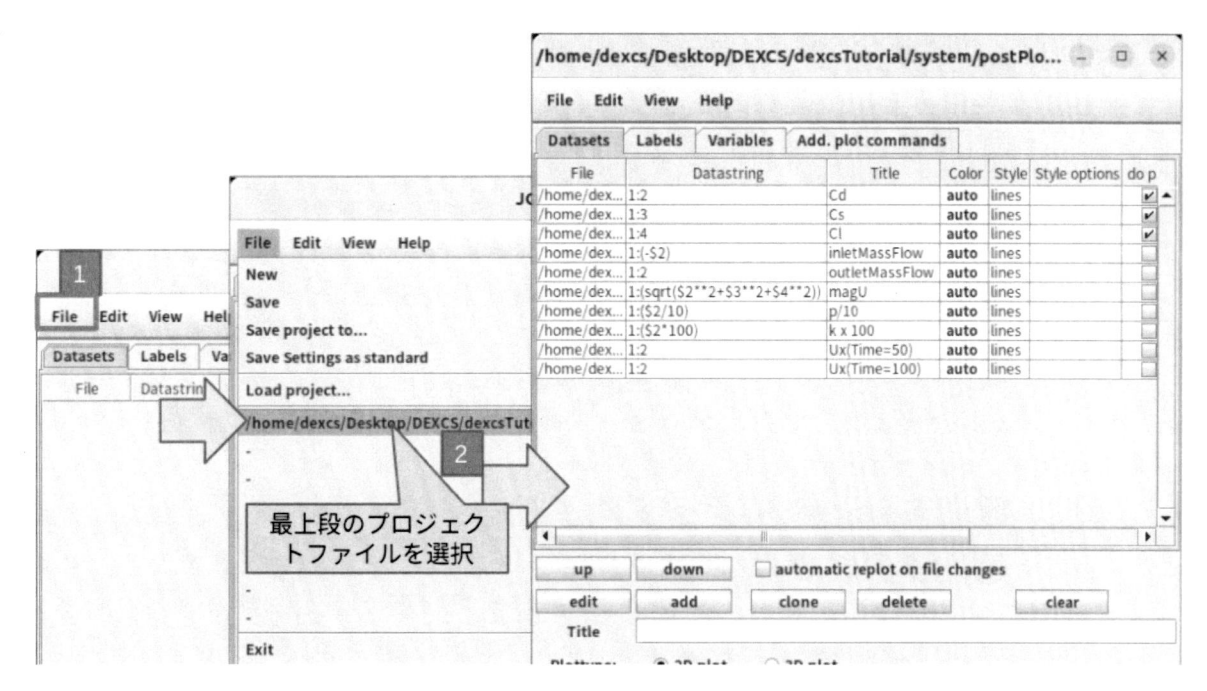

図 6.67　jgp の起動方法（2/2）

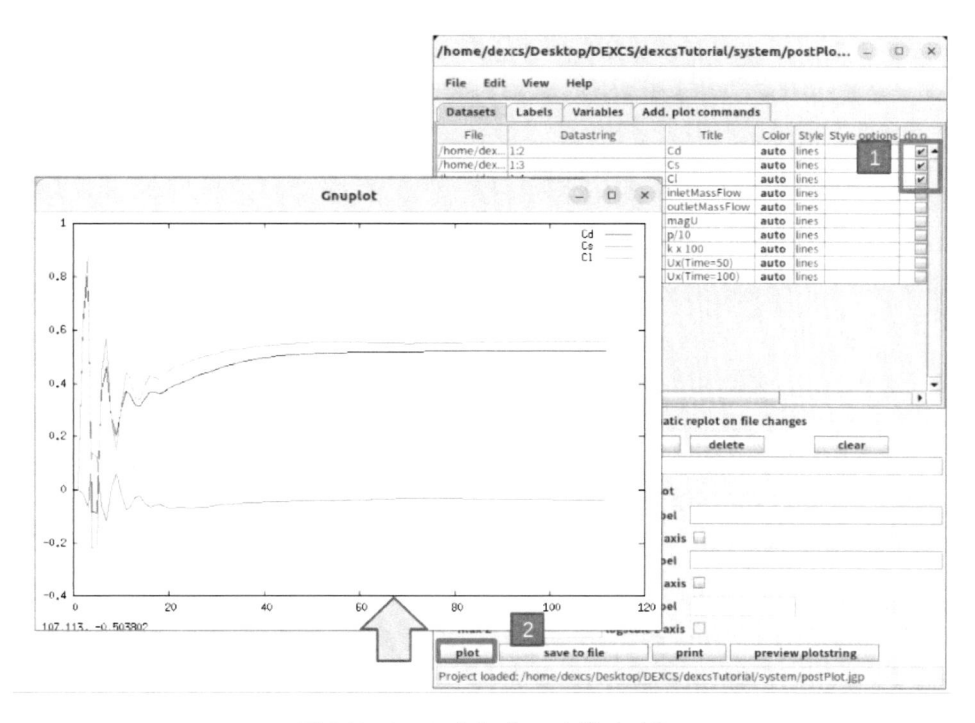

図 6.68　jgp によるプロット例（1/4）

1 「File」の
プルダウンメ
ニューを開くと，
一番下に（Load
project…）とあ
り，プロジェク
トファイルがリ
ストアップされ
る．ここには基
本的にはこれま
で使ったことの
あるプロジェク
トファイルがリ
ストアップされ
る．図 6.67 には
一つしかリスト
アップされてい
ないが，すでに
前項でのハンズ

オンを通して使用した実績があればそれらも含めてリストアップされているはずである．このうちの 2 一番上
にあるプロジェクトファイルを選択せよということである．これだけであらかじめ用意してあったサンプルプ
ロジェクトファイル（「/home/<user> *16 /Desktop/DEXCS/dexcsTutorial/system/postPlot.jgp」）を一

---

*16 <user> の部分はユーザー名が入る．

度にロードできる．jgp の通常の起動方法だと，ルートフォルダからプロジェクトファイルにたどりつくまでに非常に手間がかかってたいへんであることはすでに記した．

次に，図 6.65 でやったのと同じように $\boxed{1}$ 上段 3 つにチェックマークを入れて $\boxed{2}$「Plot」ボタンを押していただきたい（図 6.68）．

今度はユーザー名が「dexcs」でない人であってもプロット図が表示されたはずである．これ以外にも，列の選択を変更したプロット例を図 6.69〜6.71 に示しておく．これらのプロット図を，第 1 章の 1.2.10「Dexcs プロットツール」で作成したプロット例（図 1.26〜1.29）と見比べていただきたい．図 6.71 だけは少し異なるが，他のものは全く同一グラフになっていることがわかるであろう．図 6.71 と，図 1.29 が異なるのは，縦軸の参照列番号が異なっているからであり，図 1.29 が正しい．図 6.71 の設定パラメタ（列番号）は，OpenFOAM の古いバージョンによるポスト出力に対応したものであり，最新バージョンでの適合をしないまま同梱したためである．

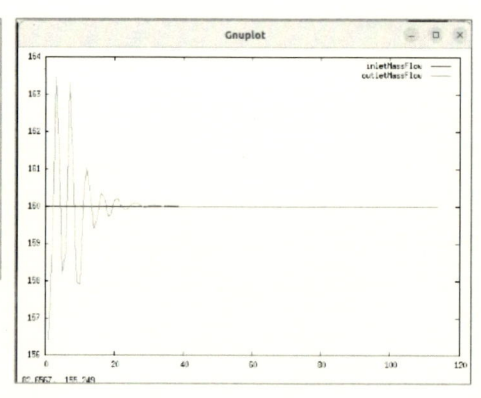

図 6.69　jgp によるプロット例（2/4）

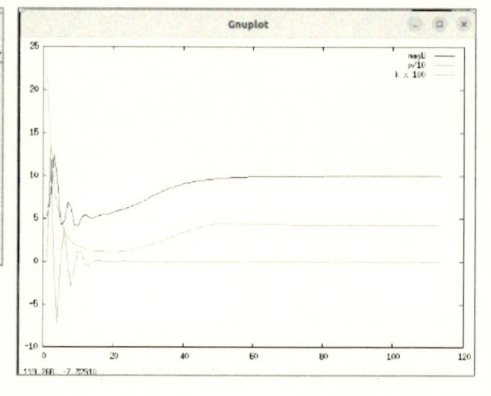

図 6.70　jgp によるプロット例（3/4）

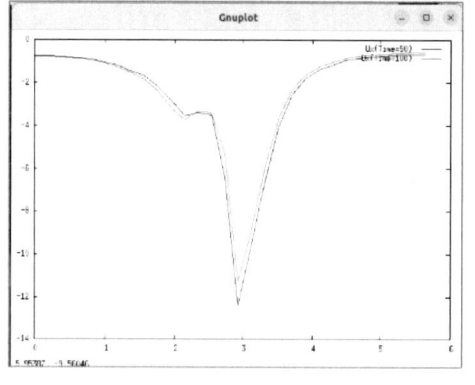

File	Datastring	Title	Color	Style	Style options	do plot
ome/dex...	1:2	Cd	**auto**	lines		
ome/dex...	1:3	Cs	**auto**	lines		
ome/dex...	1:4	Cl	**auto**	lines		
ome/dex...	1:(-$2)	inletMassFlow	**auto**	lines		
ome/dex...	1:2	outletMassFlow	**auto**	lines		
ome/dex...	1:(sqrt($2**2+$3**2+$4**2))	magU	**auto**	lines		
ome/dex...	1:($2/10)	p/10	**auto**	lines		
ome/dex...	1:($2*100)	k x 100	**auto**	lines		
ome/dex...	1:2	Ux(Time=50)	**auto**	lines		✔
ome/dex...	1:2	Ux(Time=100)	**auto**	lines		✔

図 6.71　jgp によるプロット例（4/4）

6.3.9　jgp プロジェクトのカスタマイズ，Tips

　前節まで jgp によるプロット方法とプロットサンプルについて見てきた．これらプロットサンプルから，自身の用途に使えそうなものがあったら，図 6.64 に示した方法で編集作業すれば，自分なりの用途にカスタマイズできそうな感触は得られたのでないかと思われる．ただ様々なボタンや入力カラムがあるがマニュアルの類は存在しないし，公開情報も少ない．図 6.64 の説明でも記したが，ボタンの名称などから凡そ直感的に理解できるので使ってみてその機能を確認するというやり方になるが，著者にも理解できない使い方もある．また（Datastring）や（Preprocess external program）の欄に記述する内容については，初心者には意味不明と映るかもしれない．

　そこで，ここではカスタマイズや jgp の使い方に際して，これまで著者の体得した勘所を取りまとめておくが，ほとんどのエッセンスは，サンプルプロジェクトファイルの上から 6 番目の設定内容に含まれているのでこれを使って説明する（図 6.72）．

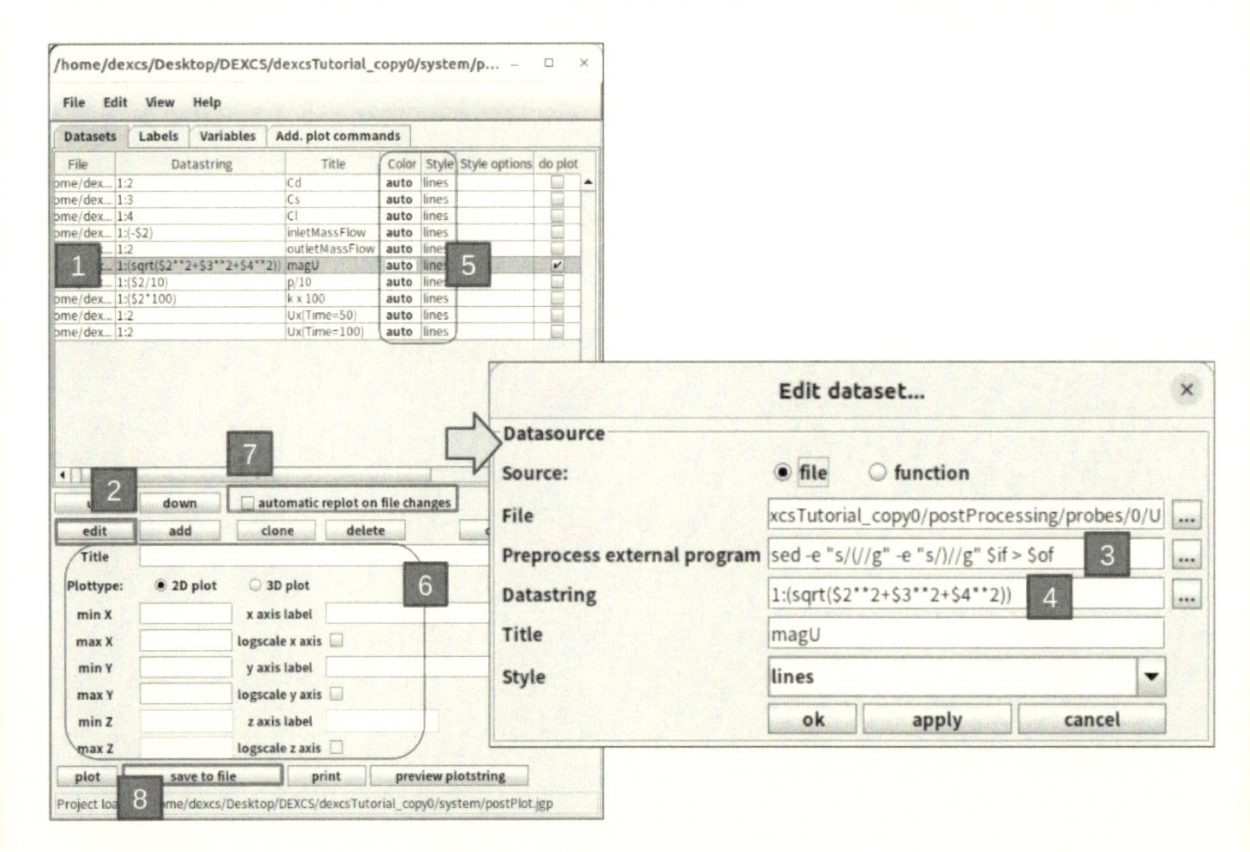

図 6.72　典型的なカスタマイズサンプル

　ちなみに本例でプロット対象となるファイルは，「postProcessing/probes/0/U」つまり指定したプローブ点における速度の値を出力したもので，そのファイル内容の実体は以下のようになっている.

```
1 | # Probe 0 (0 -3.5 0.2)
2 | #        Probe                  0
3 | #         Time
4 | 1              (5.26244 -0.105326 -0.0534256)
5 | 2              (7.26016 -0.253883 -0.0957421)
6 | 3              (12.4034 0.0129575 0.032403)
7 | 4              (9.40264 -0.401562 -0.00935722)
8 |        ....(以下省略)
```

　4 行目以下の数列をプロット処理することになるのであるが，U（速度）はベクトル値であるので，(Ux Uy Uz) という形式で記述されている. 問題はカッコ () と数字の間にスペースがないということである. 一般的なテキスト処理方法では数列に対してスペースやカンマを区切り文字として切り出し，切り出された数字が何列目にあるか判定することになるが，上記のデータではカッコとスペースが分離できないので 2 番目と 4 番目に切り出されるのはカッコ付きの数列となり，このままでは数値として認識できない.

　本ツールでもこのままでは同じことになってしまうので，カッコ部分を取り除いた形で処理する必要がある.

■Preprocess external program

　カッコ部分を取り除くのに，$\boxed{3}$（Preprocess external program）（外部プログラムで前処理）を指定することができる.

```
sed -e "s/(//g" -e "s/)//g" $if > $of
```

　これは，Linux の世界では有名な sed というストリームエディタを使って，() を取り除く処理をしている．出典は記憶にないが，公開情報にあったもので，筆者の力量では処理の内容をわかりやすく正しく説明できないが，同様のベクトルデータを含むファイルに対しては，このままコピー＆ペーストして使えば良いであろう．() 以外のテキスト（たとえば#）を除外したければ，-e "s/#//g" として $if の左側に挿入すれば良い．

■**Datastring**

　6.3.6 において「1:2」は第 1 列を横軸，第 2 列を縦軸にと説明した．:（コロン）で軸を区別し，数字は列番号であった．数字には$を付しても良い．$を付した数字に対しては，その列の数値に対して算術操作を指定することができる．本例 4 では，

```
1:(sqrt($2**2+$3**2+$4**2))
```

　となっており，第 1 列を横軸，縦軸には，第 2,3,4 列のそれぞれの列を二乗したものの総和をとって，その平方根（ベクトル U の絶対値）をプロットしている．

■**編集対象の選択方法について**

　図 6.72 において 1 選択行は，マウスで行のどこかをクリックすれば行の全体が色反転して選択したことがわかるようになっているが，その際に 5 の枠で囲ったあたりをクリックすると，併せて（Color）や（Style）の選択メニューまで現れてしまう．とくに（Color）に相当する部分をクリックすると，色選択画面が現れて，自由に色を選択できるようになる．それはそれなりに使えるが，問題はこれをクリックした以上，必ず何らかの固定色になってしまうということで，デフォルトの「auto」に戻せなくなってしまう．単独でプロットする場合には，さほど問題にならないが，複数の系列を同時にプロットする場合に，固定色と「auto」が混在すると，最悪の場合見分けがつかなくなることもありえるので，「auto」とした系列もその色を確認したり，固定色に変更したりせざるを得なくなる．

　したがって（Color）や（Style）を意図的に変更したい場合はともかく，編集対象の選択という目的のためには，5 の枠で囲ったあたりはクリックしないようにしたい．

■**プロット図の書式**

　図 6.72 において 6 の枠で囲ったあたりで，プロット図の書式をきめ細かく設定できる．それぞれの項目はその名前から説明するまでないだろう．次項で説明するが，ベクター形式の画像ファイルとして出力できるので論文やレポートの掲載図として作成する場合に，これら設定項目が有用になろう．

　その他，3D plot の設定もできるみたいだが，残念ながらその設定ファイルとプロット例を目にしたことはない．

■プロット図の画像出力

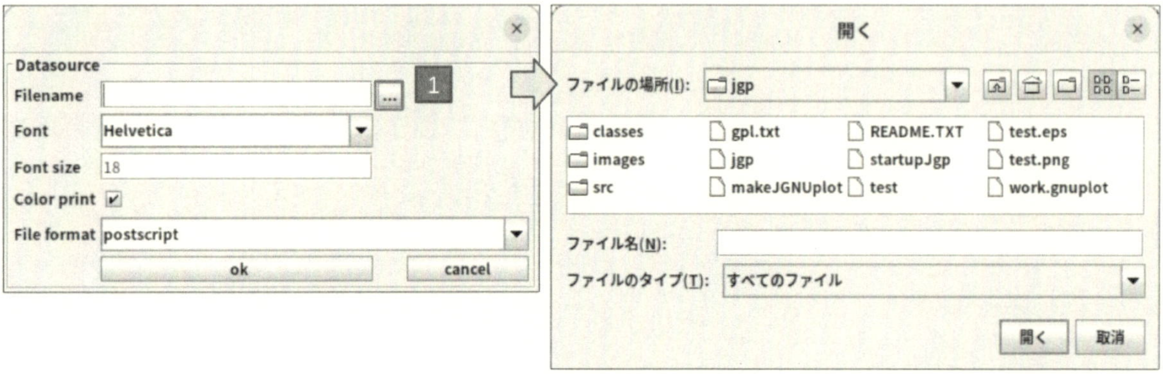

図 6.73　プロット図のファイル出力

図 6.72 の $\boxed{8}$「save to file」のボタンを押せば，図 6.73 の左半面に示すダイアログが現れるが，この使い方も初心者には戸惑うことが多いと思われる．一般的な使い方としては，(Filename) のテキストボックス欄に保存したいファイル名を記入して「ok」ボタンを押せば，ファイルの保存場所を確認するダイアログが現れて……と期待するが，何の反応もなくこのダイアログが閉じてしまう．

実際には指定した名前で「jgp」フォルダ[*17] に出力されているのだが，仮に同じ名前で上書き保存になったとしても，警告メッセージも出ないので尚更である．ただ出力されていることが解ったとしても，その出力先（「jgp」フォルダ）では使い勝手が悪いので，普通には出力先を指定したくなる．そうするには $\boxed{1}$「...」ボタンを押して，図中右半面に現れるファイル選択のダイアログ画面を使って出力場所とファイル名を指定せよ，ということである．それをやろうとすると，図 6.62 で見たように，所定の出力先にたどりつくまで何度もフォルダ移動の操作が必要になるが，そういうものだと思って使うしかなさそうだ．

(Filename) 以外のパラメタは，画像ファイルがベクター形式であることを考えれば，理解は容易であろう．

■automatic replot on file changes

図 6.72 の $\boxed{7}$ (automatic replot on file changes) の意味は文字通り「ファイルが変更されたら自動的にプロットし直す」である．これは jgp の使い方に関する Tips で，こういう使い方もできるということで参考にされたい．

非定常計算や，定常計算であっても収束性の悪いケースなど，計算時間が長時間かかる場合に，一般的には初期残渣グラフを表示させながら計算を実行することが多い．残渣の推移状況を見ながら，このまま待つか，一旦停止してパラメタを変更してやり直すなどの判断をするのに，初期残渣グラフが一つの判断指標になるからである．

もう一つの判断指標として，jgp のこの機能を「オン」（チェックマークをつける）にして使えるということである．たとえば流体力を計算することが解析の主目的であるような場合，流体力のプロット図を，この機能を「オン」にして表示しておけば，判断もしやすくなって無駄な計算をしなくて済むこともあるだろう．

[*17] [*13] **参照**

第7章

標準チュートリアルケースの調べ方

7.1 標準チュートリアルケースとは

　第 2 章の 2.2 節中「OpenFOAM の実践的活用法」において記したように，標準チュートリアルケースは実践活用に際しての最初の足掛かりである．DEXCS2023 の場合，標準チュートリアルケースは，「$HOME/OpenFOAM/OpenFOAM-v2306/tutorials」以下にジャンル/ソルバー別に収納されている（図 7.1）が，その数は 400 を超える．

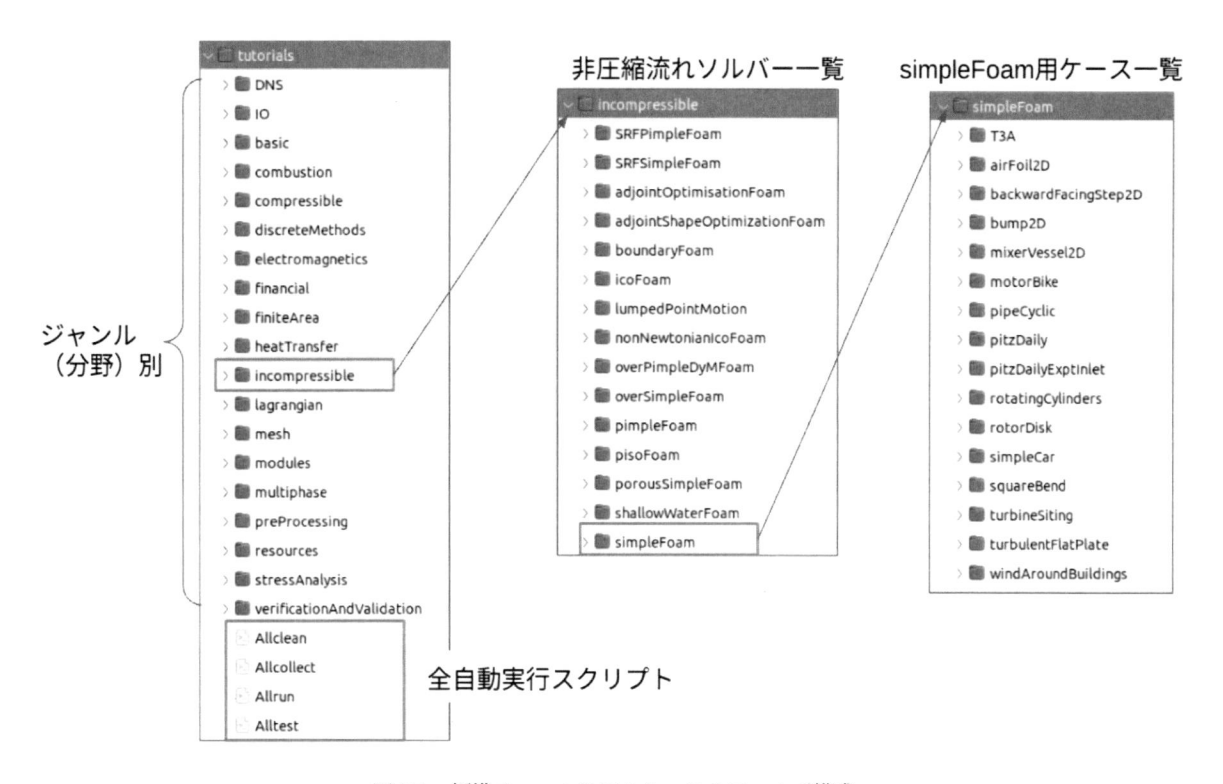

図 7.1　標準チュートリアルケースのフォルダ構成

　ルートディレクトリ「tutorials」には，All ではじまる名前のスクリプトが収納されており，これらのスクリプトを使って，全チュートリアルケースを対象にした処理が可能になっている．たとえば，OpenFOAM 専用端末（Doc ランチャーの ▽ アイコンをクリックして起動）で以下のように入力すれば全チュートリアルケースの自動実行がはじまる．とはいえこれを推奨するものではない．何しろ全部の実行を完了するには，1 ヶ月

にもかかる計算時間と，約 1TB のディスクスペースが必要になるからである．

```
$ run
$ cp -r /usr/lib/openfoam/openfoam2306/tutorials ./
$ ./Allrun
```

「Allrun」でなく，「Alltest」であれば，これはチュートリアルケースを完全に実行するのではなく，メッシュを作成したあとソルバー計算の最初の 1 ステップだけ実行して終了する．これならば数時間で終了するので試してもらっても構わないが，ここでの狙いである「OpenFOAM 活用の足掛かりとして調べる」というのではなく，別途 OpenFOAM を自力で更新作業した場合などに「インストールがちゃんとできているかどうかの確認」を目的に使うのが妥当であろう．

それでは，これだけたくさんのチュートリアルケースがあって，自分がやりたい解析の参考になるようなケースをどうやって探したらよいのであろうか[*1]．

そのひとつは，ジャンル，ソルバー，ケースの名前を調べることであろう．ジャンルの名前に関しては工学知識，ソルバーの名前に関しては加えて数値計算に係る知識がある程度の前提とはなるが，後述の TreeFoam を使うと検索が容易になる．ケースファイルの名前は，図 7.1 に示した例でも，「airFoil2D」「motorBike」……　と具体的な物の名前でイメージが掴めるのでないかと思われる．

もうひとつは公開情報の活用である．幸いなことに現在では，公開事例がたくさん存在する．初心者にはどこから手を付けたらよいのかわからないほどに有りすぎるかもしれない．以下に代表的な公開事例を紹介しておく（2023 年 11 月現在）．

- OpenFOAM 本家チュートリアルガイド
    - https://www.openfoam.com/documentation/tutorial-guide/
    - 簡単な形状を題材とした基本的な事例が 8 つあるだけであるが，説明は詳しい．ただし，英文である．
- チュートリアル（Onion Salad – OpenFOAM チュートリアルドキュメント作成プロジェクト）
    - https://wiki.opencae.or.jp/index.php?title=%E3%83%81%E3%83%A5%E3%83%BC%E3%83%88%E3%83%AA%E3%82%A2%E3%83%AB%E3%82%B1%E3%83%BC%E3%82%B9 &mobileaction=toggle_view_desktop
    - オープン CAE 勉強会@関西の有志メンバー（筆者もその一人）によるまとめ情報の草分け的サイトの情報を移設したもの．
    - 事例数は約 70 ケースあり，解析対象，内容，結果例，主要パラメタ，実行コマンドなどの説明があるが，コンテンツごとに説明レベルのばらつきが大きい．
- Xsim：OpenFOAM 付属チュートリアル一覧
    - https://www.xsim.info/articles/OpenFOAM/Tutorials.html
    - 現時点でもっとも内容が充実したサイトで，約 200 のケースファイルについての解説がある．ただし，OpenFOAM のバージョンは 4.x．

なお，実践活用でチュートリアルケースを足掛かりにするというのは，大きく 2 つの着眼点がある．つまり，

- ・着眼点 1　ソルバーのパラメタセットを流用する
- ・着眼点 2　メッシュの作り方を参考にする

[*1]　市販ソフトであれば，わかりやすい例題集など用意されているのが当然と思われるが，オープン CAE の分野では稀有である．

といったところであろう.

　しかし, 後者の観点で参考ケースを探すのは, 探索範囲が広くなり探す手間が大きくなってたいへんである. しかし, もし見つかった場合には, メッシュはソルバーが違っても基本的に使い回しができるので, メッシュ作成の手間を大幅に短縮できるという点で, 大きなメリットがある. 要は, 効率良く探す工夫が必要ということである.

　以上の手立てで, 仮にケースファイルが見つかったからといって, では実際に本当に動くかどうか？自分がやりたいことができるようにするには, どこをどう変えたらよいのか？……このあたりの一部は上述の参考サイトから情報が得られる場合もあろうが, まずは自身の手で実際に動かしてみるのが一番だと思われる.

　DEXCS-OF では, このあたりのスタディを TreeFoam を使って実施することを推奨している. あとでスタディの手順を説明するが, その前に標準チュートリアルケースを動かす仕組みについて説明しておく. 先にルートフォルダの「Allrun」で全ケースを自動実行できると記したが, 各ケースをどうやって自動実行するのかはケースバイケースであるからだ.

　実はルートフォルダだけでなく, サブフォルダや, ケースファイルそのものの中にも「Allrun」ファイルが随所に存在する. ケースフォルダと「Allrun」ファイルの関係を見比べると, 大きく 3 つのケースに分類できる.

- ・Type1　ケースフォルダ中に「Allrun」ファイルが存在している
- ・Type2　「Allrun」ファイルがケースフォルダ中には存在しないが, ケースフォルダと併存（親フォルダに存在）している
- ・Type3　「Allrun」ファイルがケースフォルダ中に存在せず, 併存もしない

　自動実行の仕組みは, 基本的に上述の優先順位で実行される. すなわち, ケースフォルダ中に「Allrun」ファイルがあればそれを実行する. 「Allrun」ファイルがケースフォルダ中になくても親フォルダ中に存在すれば, そのスクリプト中に記載された手順で実行される. そうでなければ, 標準手番（blockMesh でメッシュ作成しソルバー実行）ということである.

　ややこしいのは, Type2 の方法であるが, 幸いなことにこの仕組みで動くケースは全体の 1 割以下と数は多くない. その他にも Type1 の方法であってもケース単独ではなく, 他のケースやフォルダと連携して動くケースも存在するが, これらについては 7.6 で後述する.

　以上を念頭に置いて, 以下, TreeFoam を使った OpenFOAM 標準チュートリアルケースの調べ方について説明するが, あらかじめデスクトップ上に「OF-Tutorial」というフォルダを作成しておき, その下で調査することを前提とする.

　TreeFoam は Dock ランチャーのアイコン📦「TreeFoam」をクリックすれば起動する（図 7.2）.

　あらかじめ作成した ２「OF-Tutorials」のフォルダを選択し, ３アイコン📋「選択したフォルダを解析 case に設定」をクリックすると, 「OF-Tutorials」のフォルダアイコンにチェックマーク📋が付いて「解析 case に設定」されたことになる.

　チュートリアルケースを探すには, ３アイコン📋の右隣の ４アイコン📄「新規に case 作成」をクリックすると, 「newCase の作成」という画面が現れる（図 7.3）. (source)（コピー元）が「tutorials」になっていることを確認し, １「case 取得」ボタンを押す. そうすると新たにもう一つ「newCase の作成」の画面が現れ, OpenFOAM の標準チュートリアルケースを探索, 選択できるようになる.

　区分[*2] 名は日本語訳が併記され, (solver) 欄で選択したソルバーに応じて, 下段＜ solver の内容＞に簡単な説明が表示されるものもあるので, これらも探索の手掛かりになるだろう.

[*2]　**図 7.1 の説明では「ジャンル」と表記したもの.「カテゴリー」として説明される場合もある.**

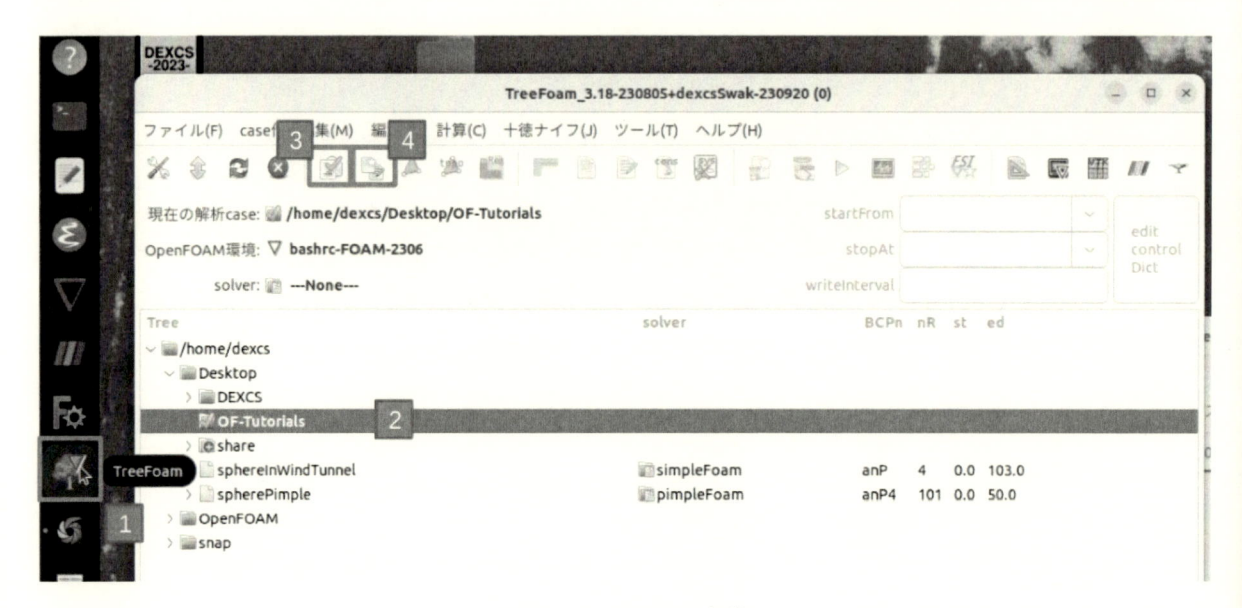

図 7.2 TreeFoam の起動

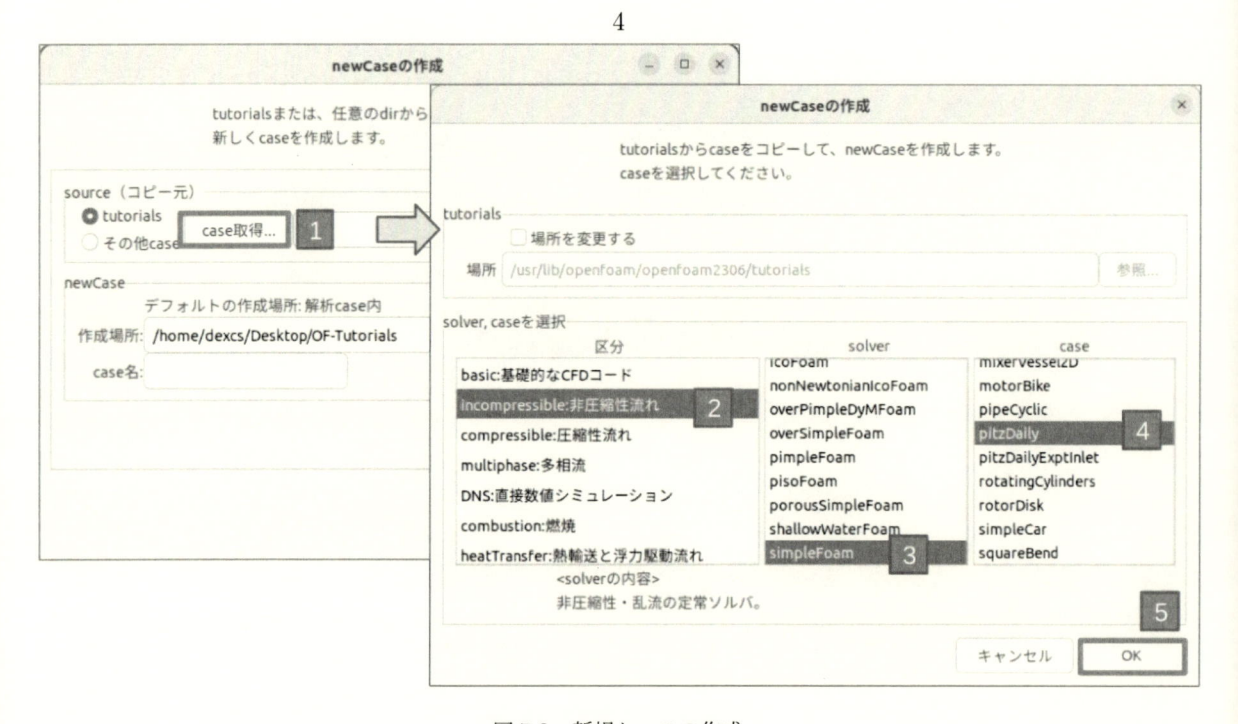

図 7.3 新規ケースの作成

　ここでは，区分として 2 「incompressible: 非圧縮流れ」(solver) として 3 「simpleFoam」(case) は 4 「incompressible/simpleFoam/pitzDaily」を選択している．調査対象ケースが決まったら 5 「OK」ボタンを押す．すると最初の「newCase の作成」画面に戻るので，(case) 名欄に選択したケースファイルの名前を確認，必要であれば名前は変更してもよい．「コピー開始」ボタンを押してコピーが成功すると，確認ダイアログ画面「newCase の作成」が現れるので，「OK」ボタンを押して閉じる．「newCase の作成」タブ画面で「閉じる」ボタンを押せば，TreeFoam の画面に戻るが，コピーしたケースファイルを選択状態で参照できるようになる（図 7.4）．

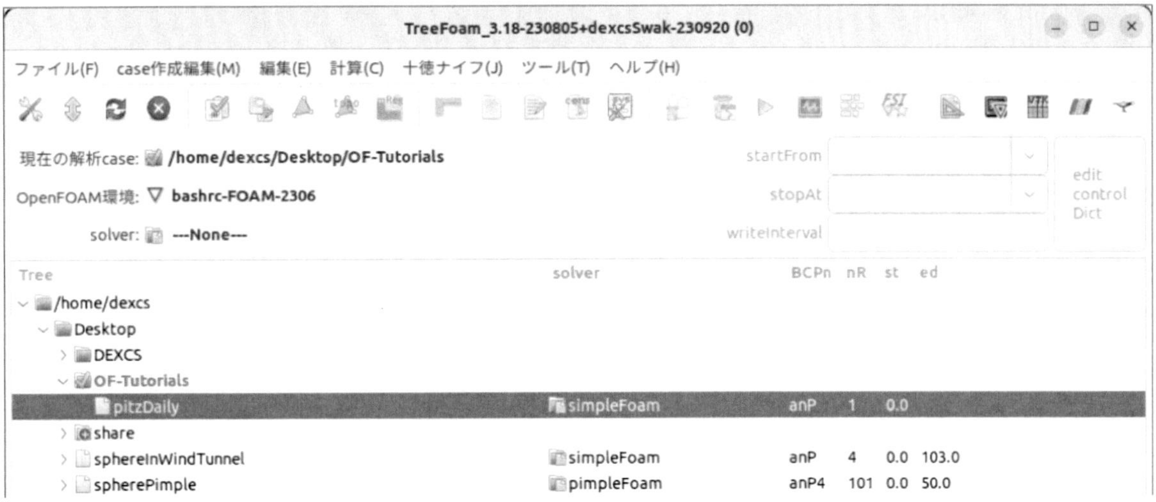

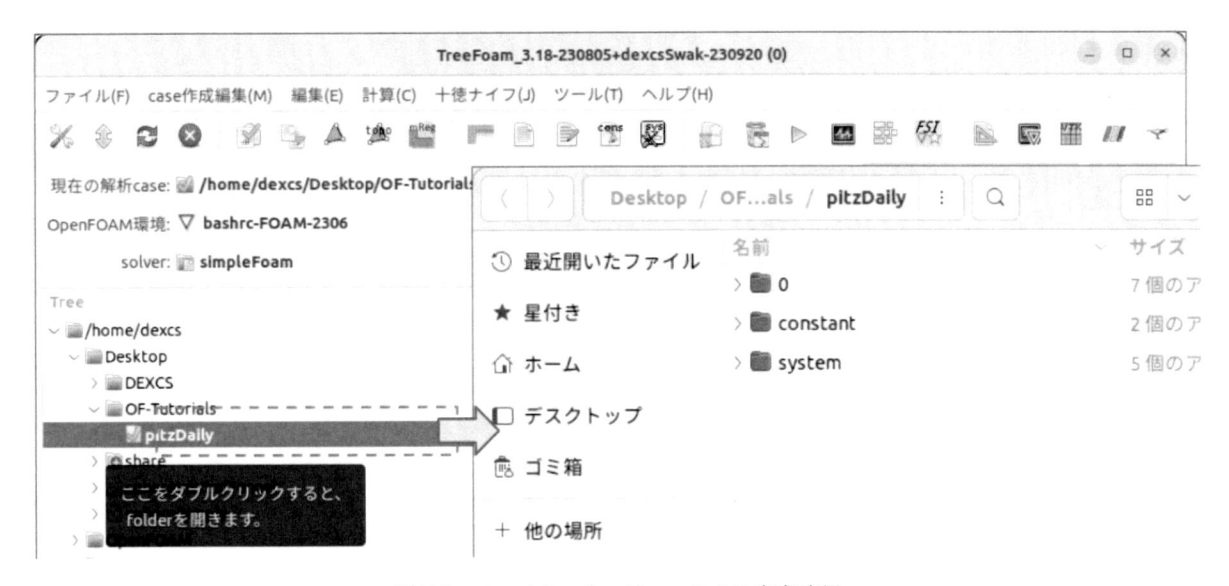

図 7.4　dir の自動再読み込み

　また，このケースフォルダのアイコンは，通常のフォルダアイコン📁でなく📄となっている．これはこのケースフォルダが OpenFOAM のケースファイルであることを示すもので，(solver) 欄に📄「simpleFoam」という表記があり，選択したチュートリアルケースのソルバー名が反映されている点も読み取れる．

　調べたいケースフォルダ「pitsDaily」を選択状態のまま，アイコン📝「選択したフォルダを解析 case に設定」をクリックし，マウスポインタを破線で示したあたりに置いてダブルクリックすると[*3]，ファイルマネージャーが立ち上がってフォルダの中身を確認できる（図 7.5）.

図 7.5　ファイルマネージャーによる内容確認

　ここまでの手順は全チュートリアルケースで共通であるが，これ以降はチュートリアルケースに応じてやり方が異なる．手順の難易度は，チュートリアルケースの説明で記した Type3 ⇒ Type1 ⇒ Type2 の順で難しくなるので，この順番で説明する.

[*3] 破線で示したあたりでクリックすることに注意．それ以外の位置でクリックするとファイルマネージャーが開かないで異なる挙動になる.

7.2　Allrun ファイルがケースフォルダ中に存在せず，併存もしない場合 (Type3)

　これまでに説明してきたチュートリアルケース，「incompressible/simpleFoam/pitzDaily」がこのケースに相当する．ケースフォルダの内容は図 7.5 で見たように「0」「constant」「system」フォルダがあるだけの，いたってシンプルな構成である．このケースでのメッシュは blockMesh でコマンドで作成されることになっているので，blockMesh コマンドを実行し，ソルバーコマンドを実行すれば，ほとんどのケースで現実的な待ち時間の範囲で計算が終了する．

　具体的には以下の 4 つの実行方法がある．

1. TreeFoam のメニュー「十徳ナイフ」→「blockMesh の実行」を選択してメッシュ作成が完了したら，アイコン ▷「ソルバーを起動」をクリックする．
2. TreeFoam のアイコン 🖥️「FOAM 端末の起動」をクリックして現れる端末上で blockMesh, simpleFoam を実行する．
3. Dock ランチャーの ▽「ofv2306」をクリックして現れる端末上で，チュートリアルケースに移動して blockMesh, simpleFoam を実行する．
4. 一般的には通常の端末（Dock ランチャーの 🖥️「端末」をクリックして現れる）を起動して，OpenFOAM 環境をセットし，チュートリアルケースに移動して blockMesh, simpleFoam を実行する．

　番号が小さいほどユーザーの手間が少ない順に並べてあり，1. もしくは 2. の方法で実行することを推奨するが[*4]，やっている実際の内容はすべて同じであり，その内容や DEXCS-OF におけるカスタマイズの仕組みを理解してもらうために記したものである．

　ちなみに，1. の方法が Linux についてほとんど知らない初心者がボタン操作だけで実行できる手段で，実行方法はこれだけでも良かったのであるが，使っているうちに Linux や OpenFOAM のコマンドについての知識が身についてくると，コマンドやスクリプトを端末から実行したほうが効率的に作業できる局面も出てくるので，端末を使った方法もあえてここに記しておくことにした．

　計算が終了したら流れ場の可視化である．これは，図 7.6 [1] アイコン 🖊️「paraFoam の起動」をクリック，または [2] の破線部あたりをダブルクリックすれば，「paraFoam の起動 option」画面が現れ，そのまま [3]「OK」ボタンを押せば，ParaView が立ち上がる．

　ParaView での可視化の手順を図 7.7 に示しておくが，この結果を見れば，本チュートリアルが 2 次元のバックステップ流れを計算していることがわかるであろう．

　ちなみに，この「pitzDaily」というケースファイルの名前は，人名（NASA の Robert W. Pitz and John W. Daily）に由来するもので，彼らの有名な実験[*5] を模擬した検証計算という位置づけである．

　さて，標準チュートリアルを調べる際の着眼点には大きく分けて 2 つあるとしたが，それぞれの着眼点での調べ方についても記しておこう．

[*4]　マウスで選択したケースでなく，解析 case として設定してあるフォルダ（ 📁 または 📁 ）で起動する点には注意が必要である．

[*5]　NASA，https://ntrs.nasa.gov/archive/nasa/casi.ntrs.nasa.gov/19810023603.pdf

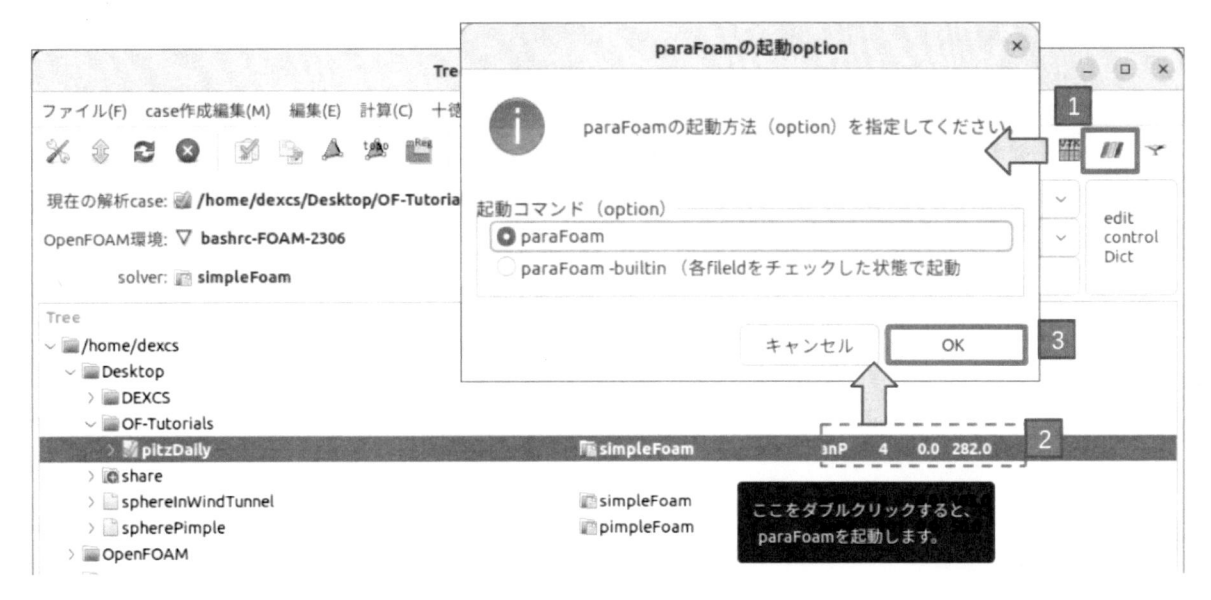

図 7.6　paraFoam の起動方法

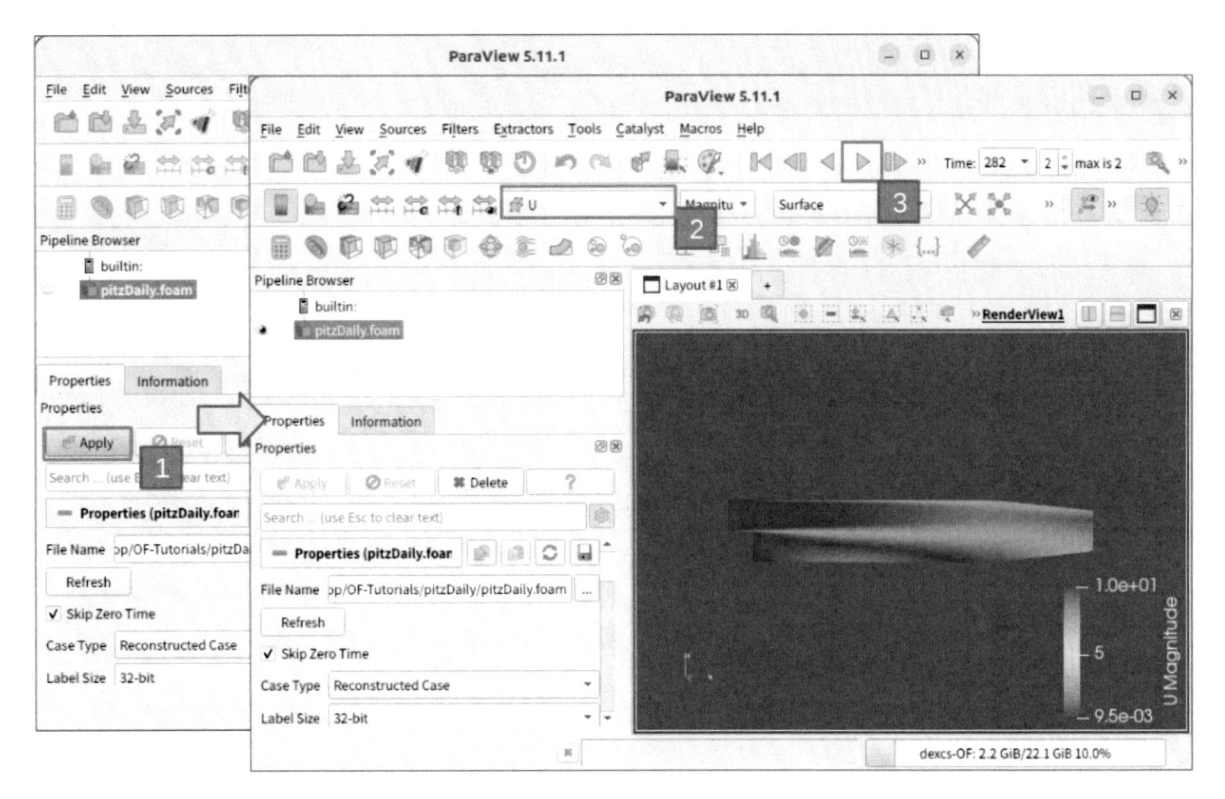

図 7.7　流れ場の可視化例

7.2.1　着眼点 1. ソルバーのパラメタセット

　これらの調べ方は，第 1 章の 1.2.6〜1.2.8 項で記した DEXCS ランチャーの使用方法と全く同一であり，TreeFoam のアイコンをクリックして起動するという点だけが異なる（DEXCS ランチャーのアイコンをクリックして起動するマクロは，TreeFoam のサブモジュールをそのまま利用していたのである）．具体的には以下の手順である.

1. 流体特性パラメタセット⇒アイコン 「Properties の編集」をクリック
2. 計算制御パラメタセット⇒アイコン 「Dict(system) の編集」をクリック
3. 初期・境界条件⇒アイコン 「grideditor 起動」をクリック

　なお，これらのパラメタセットを確認するだけにとどまらず，是非ともパラメタを変更したらどうなるかを自分の眼で確認していただきたい．もちろん闇雲に変更せよといっているわけではなく，パラメタの意味を理解もしくは推定して，パラメタ変更による計算結果の変化を予測しながら実施することが肝要である．こういうスタディに慣れてくると，逆に意味不明のパラメタがあった場合にパラメタ変更の結果の相違を見比べて，パラメタの意味を逆推定できるようなことがあるかもしれない．パラメタ変更して計算をやり直すには，大きく 2 つのやり方があるので，用途に応じて使い分けていただきたい．ひとつは，アイコン 「計算結果のみクリア」をクリックする方法で，もうひとつはアイコン 「計算結果を削除して，case を初期化します」を使う方法である．いずれもクリックした際に現れる確認ダイアログで実行内容が表示される．ダイアログ表示面での違いは「不要なファイル」の有無であるが，本例の場合，ログファイルと「postProcessing」フォルダが該当することになる．また並列計算時には，領域分割ファイル（「processor0」，「processor1」，……）も該当する.
　また，メッシュファイルは削除の対象にはなっていないので，パラメタセットを変更したら，即計算実行も可能である.

7.2.2　着眼点 2. メッシュの作り方

　実際に企業の現場で実施される CFD 解析では，製品形状や現実の構造物を対象にするのがほとんどで，その場合に blockMesh でメッシュ作成するのは現実的でない．しかし，これまでに経験のない解析を実施する際には，解析方法そのものが適切であるかどうかの判断が必要になり，いきなり本番の形状モデルで解析するのは得策ではない．シンプルな形状モデルで実験や計算を行い検証しておいた方が，回り道のような気がするかも知れないが，結果的に早く仕事を片付けることができたりする.
　その際には blockMesh が有効である．blockMesh は単純な形状でないと対応するのが難しいかもしれないが，単純な形状であれば，CAD モデルが不要でテキストエディタさえあれば簡単にメッシュを定義・作成できる．さらに，その定義ファイルである blockMeshDict は，たとえ他の人が作ったものであっても比較的簡単に読解できるであろう．こうした点を考えると blockMesh は基礎研究や教育目的の解析にまさに適したメッシャーであるとご理解いただけると思う．実際，多くの事例で利用されており[6]，本例もまさにこれに該当

---

[6] OpenFOAM の標準チュートリアル中には，全部で 60 種もの blockMesh の作例が存在し，これらの中には用途次第で実際の問題に応用できるものがありそうだ．しかも，スクリプトで作成するタイプのものもあって，サイズや分割数をパラメタで自在に変更もできるので，基本的な検証用途には使えるようになっておきたい.
　また，DEXCS2017 まで同梱されていた，swiftBlock ツールを使えば，実際の形状モデルをベースに，GUI でブロック定義して，

する．

「blockMeshDict」ファイルの記述方法については，OpenFOAM のマニュアル[*7] が詳しいのでそちらを参照されたいが，基本は全体領域を複数の 6 面体ブロックに分割しているだけである．問題は，6 面体の各頂点の座標値や定義順序，エッジ分割の整合性などを間違えないよう，手作業で作らざるを得ない点にある．

DEXCS-OF では，「十徳ナイフ」⇒「blockMesh の表示」メニューを使って，ブロック定義を可視化して表

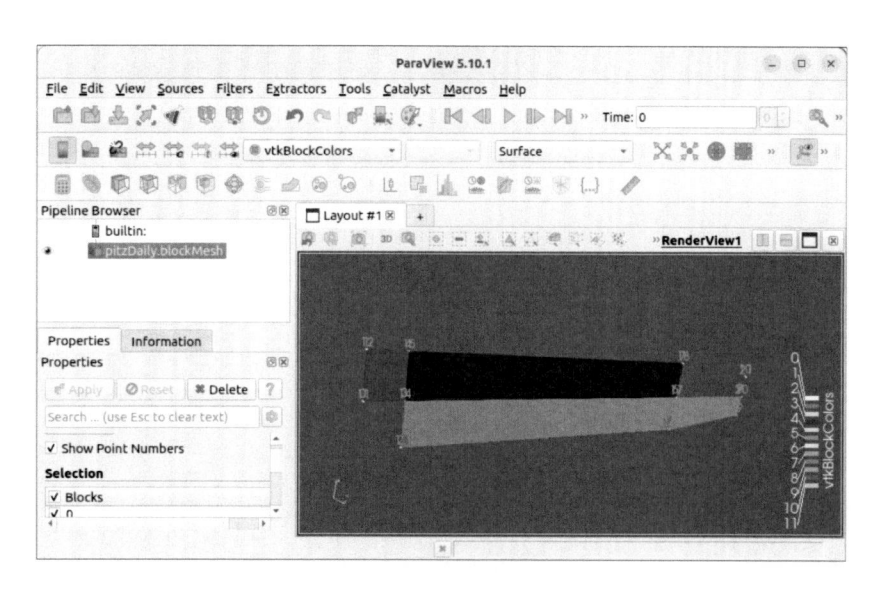

図 7.8 blockMesh の表示

示確認することもできる（図 7.8）ので，「blockMeshDict」ファイルと読み比べながら，「blockMeshDict」ファイルの記述方法について理解を深めていただきたい．ただし，この機能を使用するには，9.4（p.235）で説明する TreeFoam のオプションを変更する必要があり，かつ本例では「system/controlDict」中の，

```
45  functions
46  {
47          //      #includeFunc streamlines
48  }
```

47 行目をコメントアウト（行頭に //）しておく必要がある．

「blockMeshDict」ファイルを自動生成することも可能であった．ただし，CAD は Blender というハードルもあるが……．
[*7] /opt/DEXCS/launcherOpen/doc/UserGuideJa.pdf

7.3　ケースフォルダ中に Allrun ファイルが存在する場合（Type1）

　ここでは例として，図 7.9 から取得できる「multiphase/interFoam/laminar/damBreakWithObstacles」を取り上げることにする．ファイルマネージャーでの表示は図 7.10 に示す通り，「Allrun」を含んだ内容になっている．

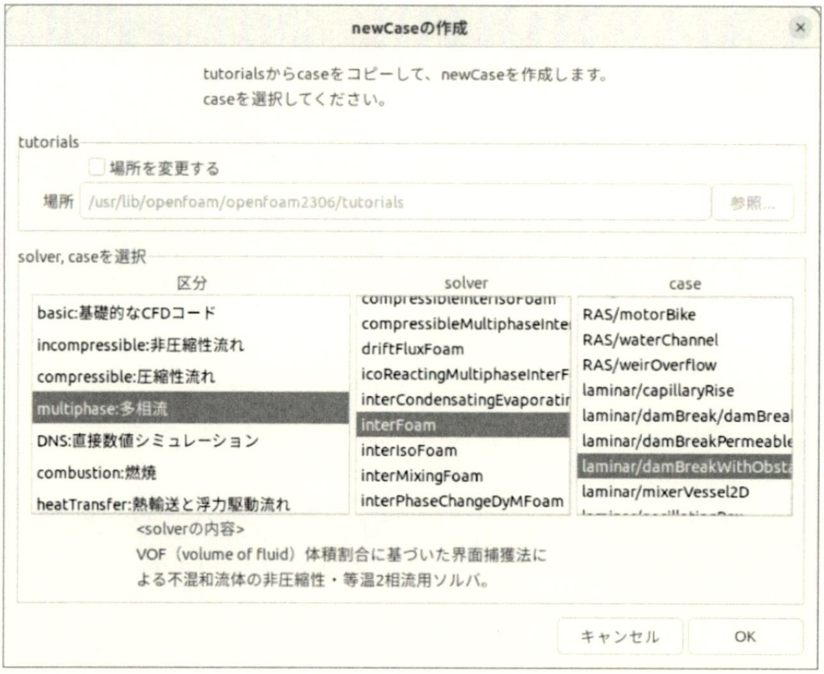

図 7.9　新規ケース「multiphase/interFoam/laminar/damBreakWithObstacles」

図 7.10　ファイルマネージャーでの確認

　「Allrun」ファイルは実行権限が付与されたスクリプトファイルなので，これを選択した際の右クリックメニューに「プログラムとして実行する」が現れるが，これを選択しても何も起こらない．そこで通常端末を起動して，「Allrun」をドラッグ＆ドロップして実行すると，図 7.11 の状況になるはずである．

　これは，このスクリプトがエラーで停止したことを示しており，その理由はこのスクリプトが OpenFOAM

図 7.11　「Allrun」ファイルを通常端末で実行

用にセットされた環境で実行することを前提に作られているからである．ファイルマネージャーから実行した場合は通常の（OpenFOAM 環境がセットされていない）端末で実行していたのと同じことが起きていたからである*8．具体的に右クリックメニューから「テキストエディターで開く」を選択，あるいはダブルクリックして内容を確認してみよう．

---

*8　初心者のことを考えれば，通常の端末を起動する際に自動的に OpenFOAM 環境をセットするよう DEXCS-OF をカスタマイズして，スクリプトを実行できるようにしたほうがよいのではないかとも思ったが，将来的な OpenFOAM のバージョンアップや，他のアプリケーションとの連系を想定すると，結局は都度それぞれに合わせた環境に切り替えて使用しなければならないので，カスタマイズする意味がないと判断し，いわゆる通常の端末は「通常の端末」として，カスタマイズしないでおくことにした．
　それなら，スクリプト中で OpenFOAM 環境をセットすればよいのではないかと思われるかもしれないが，そうしない理由は，OpenFOAM のインストール場所がシステムによって異なるからで，システムに依存しないスクリプトにしたいからである．

図 7.12 の 1〜3 行目は, 名
前が All ではじまるほとん
どのスクリプトで使用され
ている, お決まりのフレーズ
である. とくに 3 行目が重
要で, これを実行することで
5 行目以下で使用するコマン
ドを使えるようにするわけ
だが, そもそも OpenFOAM
環境がセットされていない
ことには, この 3 行目の実行
で失敗する (図 7.11).

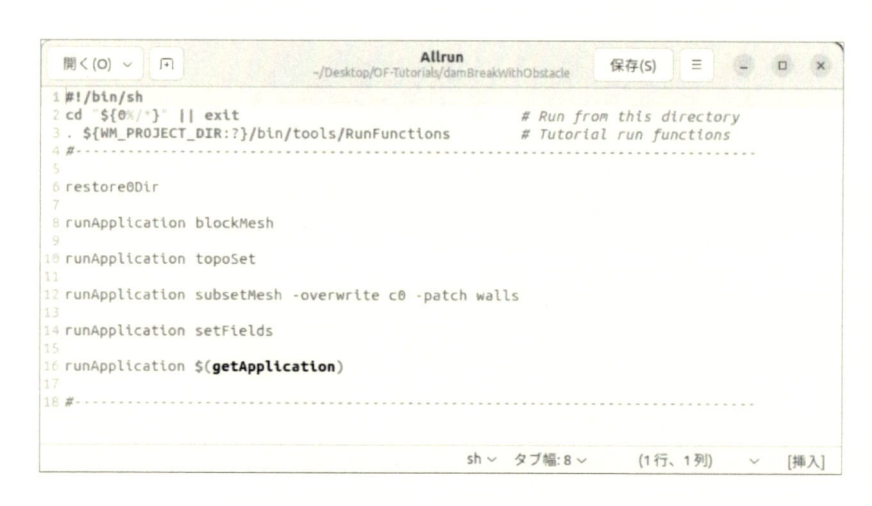

図 7.12　Allrun ファイルの内容例

OpenFOAM 環境がセッ
トされた端末で実行するに
は, 大きく 4 つの方法がある.

1. TreeFoam のメニュー「十徳ナイフ」⇒「Allrun の実行」を選択する.
2. TreeFoam のアイコン ![icon] 「FOAM 端末の起動」をクリックして現れる端末上で「Allrun」を実行する.
3. Dock ランチャーの ∇「ofv2306」をクリックして現れる端末上で, チュートリアルケースに移動して「Allrun」を実行する.
4. 一般的には通常の端末 (Dock ランチャーの ![icon]「端末」をクリックして現れる) を起動して, OpenFOAM 環境をセットし, チュートリアルケースに移動して「Allrun」を実行する.

番号が小さいほどユーザーの手間が少ない順に並べてあり, もちろん 1. もしくは 2. の方法で実行することを推奨するものであり [*8], 前 (7.2) 節で複数のやり方があったのと, ことは同じである.

何はともあれ,「Allrun」を実行して
みよう. 本例の場合は 1 番目の方法で
実行して, 図 7.13 の状態から, 計算終
了まで 2 時間程度かかってしまう. も
ちろんほんの数秒で終了するケースも
あれば, 1 日以上たっても終わらない
ケースも存在する. 本節の冒頭で説明
した公開情報であらかじめ計算時間情
報がわかる場合もあれば, そうでない
場合もあるだろう.

計算の実行状況は, ファイルマネー
ジャーを見ればある程度把握できる.
途中計算結果が出力された時間フォル
ダができているか, または log.[ソルバー

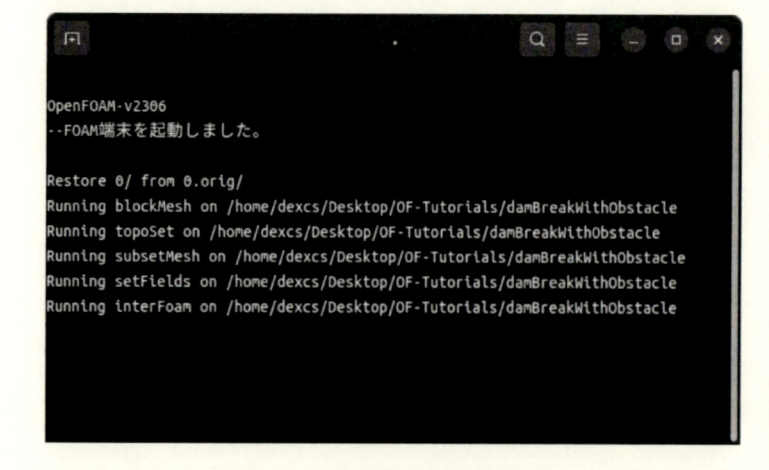

図 7.13　Allrun の起動〜実行中

名] (本例では,「log.interFoam」) というファイルができており, 内容を表示して, しばらくして内容更新の
メッセージが表示されるようであれば, 計算は順調に実行されているものと考えてよい.

また, このログファイルに出力されている Time 値, そのタイムステップ出力のあとに書かれている

ClockTime 値（計算開始からの経過時間），および「system」フォルダ下の「controlDict」にある，

```
endTime 2;
```

　（本例では 26 行目にある）を合わせて考えれば，終了までにかかる計算時間をおおよそ予測できるであろう．
　計算の終了までとても待ちきれない場合は，図 7.13 の端末画面上で，Ctrl+C（Ctrl キーを押しながら C キーを押す）で途中終了してもよい．ある程度の結果が出ていればそれなりに流れ場を見ることはできる（図 7.14）．これを見れば，3 次元の damBreak（ダムの決壊）問題で，領域中央下部に obstacle（障害物）のあるケースを計算していることが読み取れよう．3 次元問題なので，計算時間も相応にかかっているということであった．

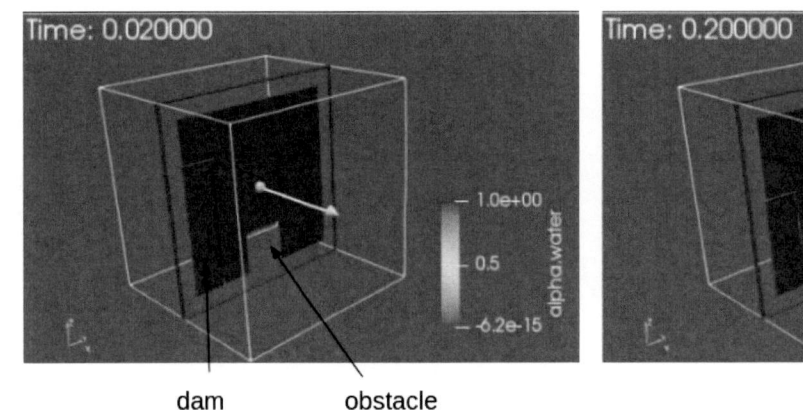
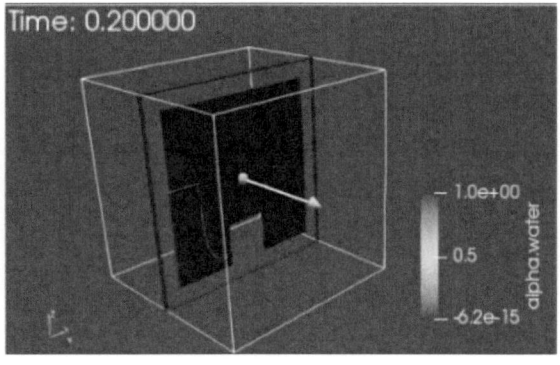

dam　　　obstacle

図 7.14　damBreakWithObstacle/流れ場の可視化例

　結果が出ていなくても，どんなメッシュでどんなパラメタ情報を使っているのかは，7.2 節で見てきたのと同様の方法で調べることはできるであろう．
　重要なのは，「Allrun」の各ステップで何をやっているのかを理解することにある．OpenFOAM はおろか，Linux についても全くの初心者がこの内容を理解するのは容易ではないが，先に述べたお決まりのフレーズやパターンを知っておけば，あとは英語を読む感覚である程度の理解はできると思われる．ここでは本例のスクリプト（図 7.12）について解説しておくので参考にしてもらいたい．
　まずは，お決まりのパターンのようなもの，としては 3 行目の

```
. $WM_PROJECT_DIR/bin/tools/RunFunctions
```

を実行したことにより，以下のコマンドが使えるようになっており，その意味を知っておくと 5 行目以降を理解しやすくなるであろう．

```
restore0Dir
```

　これは文字通り，0 Dir（フォルダ）を restore（復元）する操作を意味する．すなわち本チュートリアルでは，通常のケースフォルダに存在する「0」フォルダが存在しない．そのかわりに「0.orig」が存在するので，これをコピーして「0」フォルダにする，というものである．なぜこのような回りくどい方法になっているのかは，このあとで「0」フォルダの内容がメッシュに依存した形で変更されたあとに計算がスタートする仕組みに

なっているからである．変更された「0」フォルダを残したままメッシュ作成すると，メッシュ作成の方案を変更した際にエラーになってしまう．これを回避するための方法というわけである．

```
runApplication
```

6 行目から最終行まで，runApplication というコマンドで始まって，そのあとでまた別のコマンドが記述され，さらにはオプション（-）の付加されたものもある．これは，runApplication のあとに続くコマンド＋オプションが処理の実体であって，runApplication を介して実行することにより，実行時のログを自動生成してくれることを意味する．

「Allrun」が始まったあとにファイルマネージャーで log. ではじまるファイル「log.[コマンド名]」が生成されていることを確認でき，ダブルクリックしてこの内容も確認できるはずだ．

```
$(getApplication)
```

これは当該ケースフォルダのアプリケーション名を取得してその結果に置き換えるもので，本チュートリアルでは interFoam に置き換えられる．具体的には，「system/controlDict」中，18 行目に，

```
application interFoam;
```

があるので，これを読み取って解釈しているわけである．とくに，runApplication と，getApplication は，ほとんどの「Allrun」スクリプト中で使用されているので覚えておきたい．

また，行頭に#がある 7 行目は，コメント行として解釈され，実行はされない．

以上を念頭に置いて「Allrun」の内容を見直すと，

```
cp -r 0.orig 0     //0.orig を コピーして，0フォルダを作成
blockMesh       // blockMeshを作成（obstacle部分も含む立方体の全体メッシュ）
topoSet     //  obstacle部分を定義
subsetMesh -overwrite c0 -patch walls   //  全体メッシュからobstacle部分を取り除く
setFields    // field（alpha.water分率）の初期値をセット
interFoam     // ソルバーの実行
```

を実行しているだけのことだとわかってくる．また本例では blockMesh を使ってベースを作り，obstacle 部分をコマンドで取り除くという方法でメッシュを作っているが，実際の工業現場の解析でこの方法を使うことはほとんどないであろう．したがって本例の理解として，まずは

```
cp -r 0.orig 0     //0.orig を コピーして，0フォルダを作成
（メッシュ作成）
setFields    // field（alpha.water分率）の初期値をセット
interFoam     // ソルバーの実行
```

という手順で実行されていることがわかればよい．つまり，メッシュの作り方を変えた場合は，こういう手順で実行せよ，ということである．

手順の概要を理解できたら，次は実際にステップごとに実行して，何が起きているのか？　また，計算パラメタを変更して，結果が予想通りに変化してくれるのか？などを自分の眼で確認していただきたい．

　計算を具体的にステップ実行するには，TreeFoam のアイコン■「FOAM 端末の起動」をクリックして現れる端末上で実行（コマンドを入力）すればよい．

　なお，これらのスタディをするには，計算をやり直す（初期化）必要があり，やり直す方法としては，7.2 節 7.2.1 で説明した，アイコン■「計算結果のみクリア」またはアイコン■「計算結果を削除して，case を初期化します」を使う方法があるが，これに加えて「Allclean」スクリプトを使う方法が使える．先の 2 つの方法では，メッシュデータまでは削除されなかったが，「Allclean」スクリプトを使う方法では，メッシュデータも削除されるという違いがあるので，メッシュ作成の詳細手順をスタディしたいのであれば，この方法を使う必要がある．なお，「Allclean」スクリプトを使うには，「Allrun」スクリプトの場合と同様に，4 つの方法があってどれも処理の内容は同じである．

7.4　ケースフォルダと Allrun ファイルが併存する場合（Type2）

　事例として，ここでは，「incompressible/icoFoam/cavity」を取り上げて説明する．

　ただし，通常は選択したケースが Type2 であるかどうかはわかっていない場合が多い（現実問題としてこの場合が総数で十数ケースと数が少ないといっても，これを記憶しておくのは容易ではない）ので，その前提でスタディするとどうなるかを見ておこう．

　これまでと同じように，図 7.2 3 アイコン「新規に case 作成，mesh の入れ替え」をクリックして，上記チュートリアルケースを探すと，「cavity」のフォルダ下に 3 つのチュートリアルケースが見つかる（図

図 7.15　「cavity」チュートリアルケース

7.15）．この 2 番目のケース

　　　　「incompressible/icoFoam/cavity/cavityClipped」

を選択すると，フォルダ内には「Allrun」がないので，7.2 節の手順でメッシュ作成はできるのだが，計算実行すると，図 7.16 のようにエラーで途中終了してしまう．

図 7.16　「Allrun」の実行結果

　こうなった時点で，このチュートリアルケースは 7.2 節のケース（Type3）でなく，本節のケース（Type2）なのだと思い起こし，ファイルマネージャーなどで確認してもらえればよい．

　図 7.17 を見ればわかるように，確かに選択した「cavityClipped」を含む 3 つのケースフォルダに併存して「Allrun」が存在するので，これらはこの「Allrun」で起動されるチュートリアルケースであることがわかる．この上位フォルダとなる「cavity」フォルダをコピーして，「OF-Tutorials」のフォルダ下にコピーし，TreeFoam 上で，🔄「dir の再読込」，🗒「選択したフォルダを解析 case に設定」を実行しておこう．

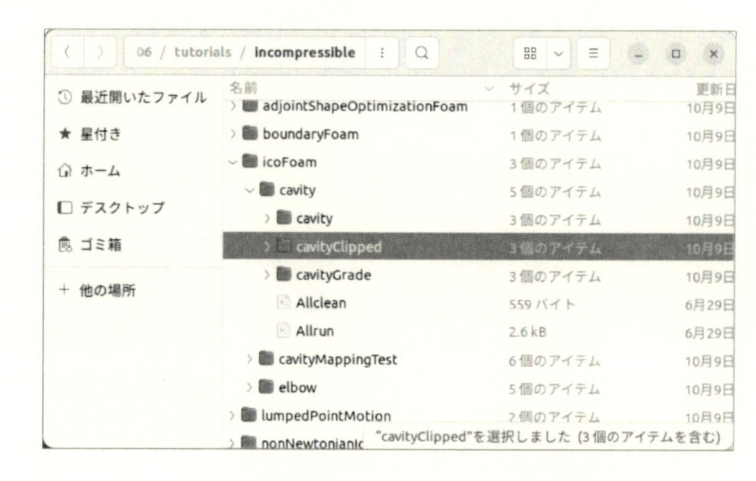

図 7.17　「cavity」チュートリアルの構成

　本項の場合も基本は「Allrun」を実行すればよくて，計算はすぐに終わる（図 7.18）．

　計算が終わったら，改めて TreeFoam 上で，🔄「dir の再読み込み」にて図 7.19 のようになるはずである．

注目すべきは，当初 3 つのケースフォルダが存在していた（図7.17）のに対して，「Allrun」の実行後は 5 つのケースフォルダに増えている点である．つまり本例での「Allrun」スクリプトは，個別のケースの計算方法を指定しているだけでなく，途中の結果を再利用して新たに別のケースを作成するということまでやっている．

実際に「Allrun」スクリプトの中身は，先に 7.3 節で説明したもの比べて，かなり難解な内容になっている．しかし同様に，スタディの着眼点として，メッシュの作り方を不問にするのであれば，でき上がったこれら 5 つのケースの各々でパラメタスタディすればよいのである．

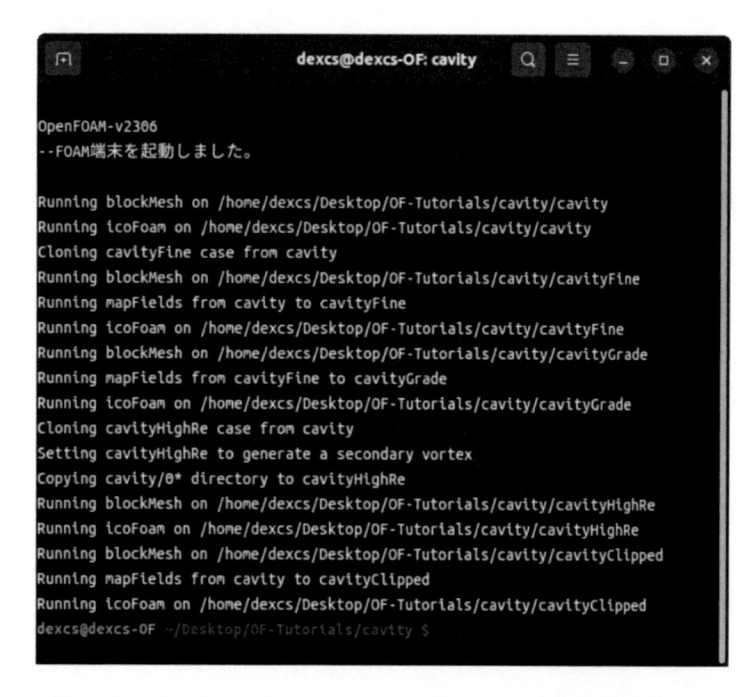

図 7.18 「cavity」チュートリアルの「Allrun」実行結果（方法 2）

一方，メッシュの作り方を着眼点としてスタディしたいのであれば，自動処理の好例にもなり，英語を読む感覚である程度の理解はできると思われるので，興味のある方は解読に挑戦してもらいたい．

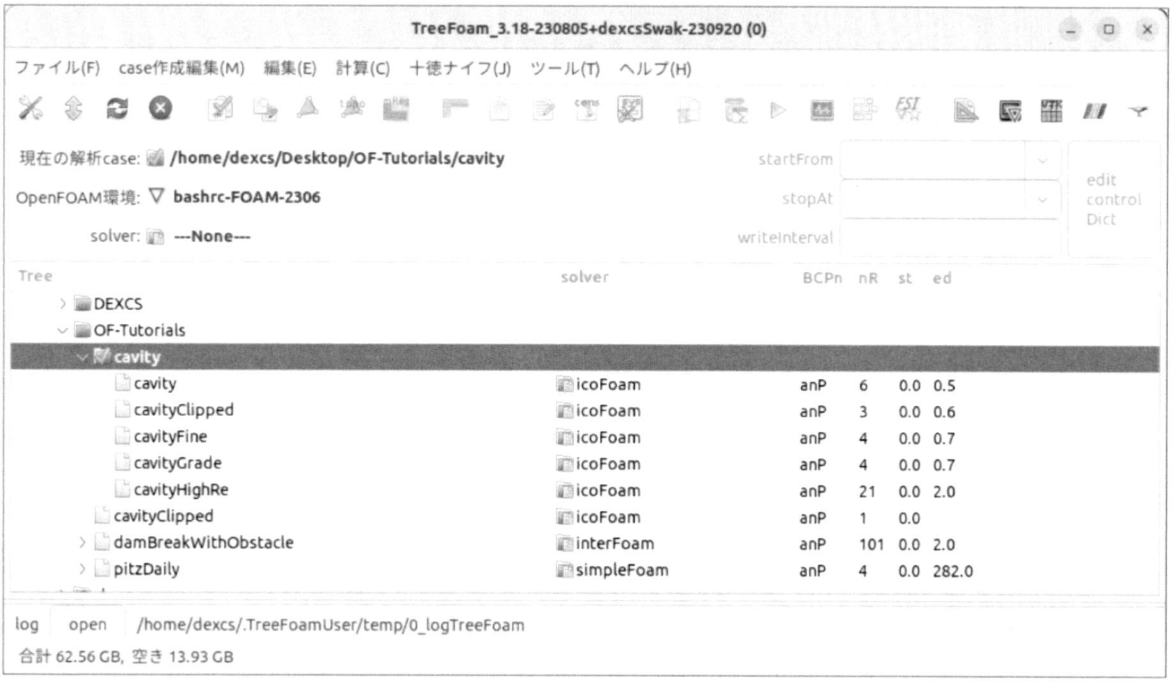

図 7.19 「cavity」チュートリアルの「Allrun」実行後の構成

7.5　類似チュートリアルケースの比較方法

　OpenFOAM の標準チュートリアルケースの中にはソルバーを変えて実施するものがいくつか存在する[*9]．ここでは先にも触れた「pitzDaily」というケースファイルを題材として，ソルバーによって構成ファイルの何が異なるのか（ソルバーを変更した際の要変更箇所）を効率良く調べるためのツールとその使用方法を紹介する．

　推奨ツールは，KDiff3 というツールで，Dock ランチャーの「KDiff3」をクリックすれば起動する（図 7.20）．

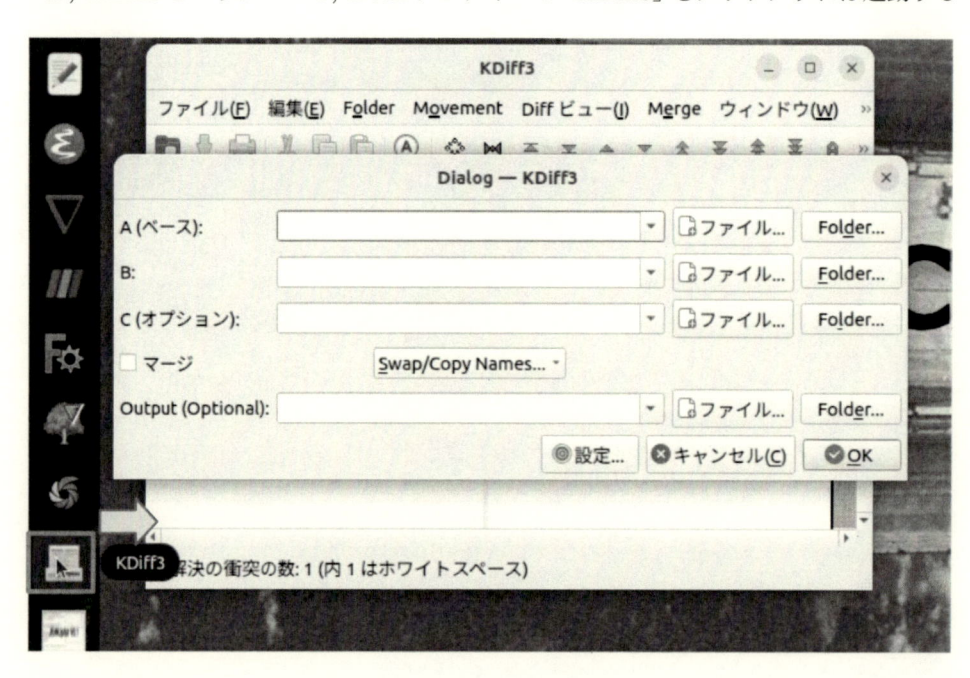

図 7.20　KDiff3 の起動

　起動したら，図 7.21 の 1 「Folder...」ボタンを押して，比較するフォルダを指定する．一例として，以下のフォルダを選択してみよう．

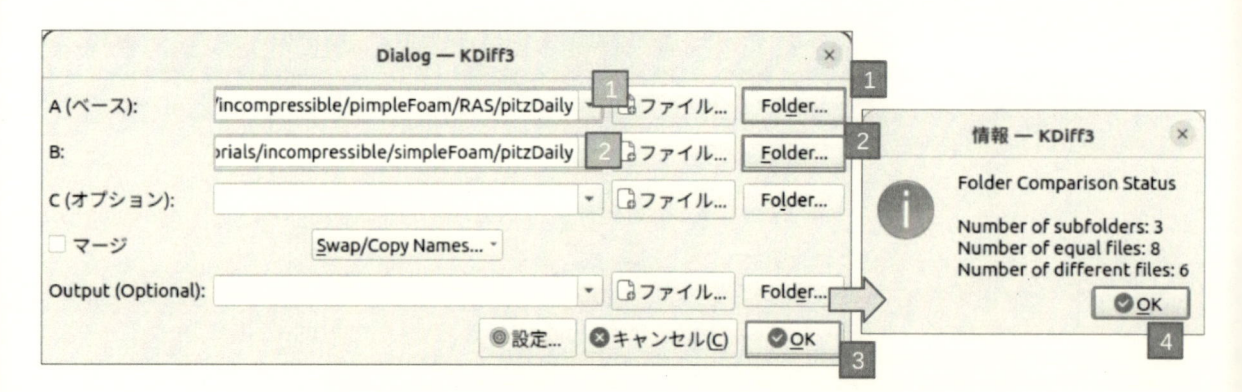

図 7.21　比較するフォルダの指定と情報

[*9]　「pitzDaily」という名前のチュートリアルケースは全部で 8 ケースあり，この他にも「pitzDailyMapped」という名前で，メッシュは全く同一のケースも 2 つ存在する．

- A「incompressible/pimpleFoam/RAS/pitzDaily」
- B「incompressible/simpleFoam/pitzDaily」

　比較したいフォルダのパスが入力されたのを確認して③「OK」ボタンを押す．すると「情報―KDiff3」ダイアログ（図 7.21 の右側）が表示され，サブディレクトリ（フォルダ）の数，一致ファイルの数，不一致ファイルの数を確認できる．確認後④「OK」ボタンを押すと，図 7.22 に示すように「KDiff3」画面にサブフォルダがリスト表示されるので，展開アイコン（左側の小さい三角形）をクリックして展開し，確認したいファイルをダブルクリックすればファイルの内容が画面下側に表示され，相違箇所を確認できる．ファイル構成，違いの有無，相違箇所が一目瞭然である．

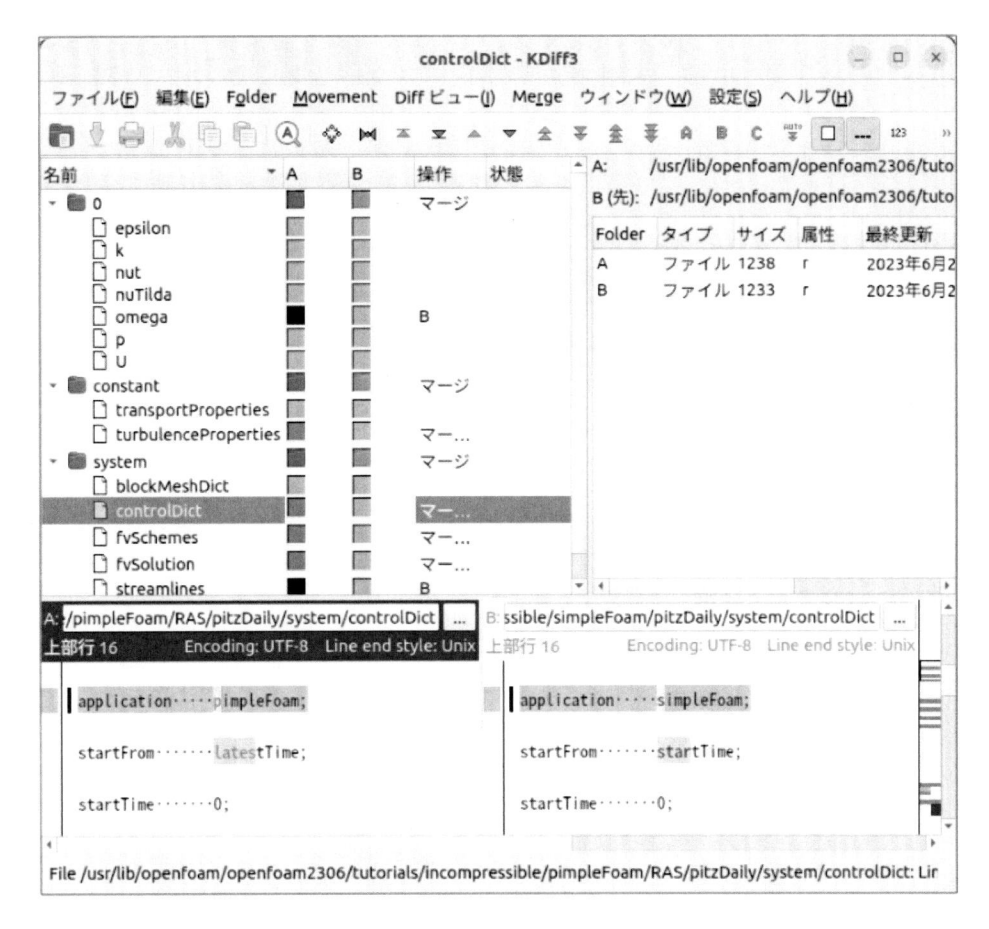

図 7.22　比較結果

7.6　TreeFoam で調査する場合の留意点

　前節までは 400 以上存在する標準チュートリアルケースのうち，特定のケースを任意の場所にコピーして調査する方法を説明した．この方法による問題は，Type2 のケースを選択した場合に不具合が生じることで，7.4 の説明で見た通りである．確率でいえば 1 割以下と数は少ないと記したが，以下に具体的なチュートリアルの名前を記しておく．

1. basic/laplacianFoam/multiWorld1
2. basic/laplacianFoam/multiWorld2

3. basic/overPotentialFoam/cylinder
4. combustion/XiFoam/RAS/moriyoshiHomogeneous
5. compressible/oacousticFoam/obliqueAirJet
6. compressible/overRhoSimpleFoam/hotCylinder
7. compressible/sonicLiquidFoam/decompressionTank
8. incompressible/icoFoam/cavity
9. incompressible/overPimpleDyMFoam/cylinder
10. incompressible/overSimpleFoam/aeroFoil
11. incompressible/pisoFoam/LES/motorBike
12. incompressible/pimpleFoam/RAS/wingMotion
13. incompressible/pimpleFoam/LES/surfaceMountedCube
14. incompressible/pimpleFoam/LES/periodHill
15. incompressible/simpleFoam/bump2D
16. incompressible/simpleFoam/turbulentFlapPlate
17. lagrangian/icoUncoupledKinematicParcelFoam/hopper
18. lagrangian/reactingParcelFoam/airRecirculationRoom
19. mesh/moveDynamicMesh/relativeMotion
20. multiphase/compressibleInterFoam/laminar/waterCooler
21. multiphase/overInterDyMFoam/floatingBody
22. multiphase/overInterDyMFoam/floatingBodyWithSpring
23. multiphase/overInterDyMFoam/rigidBodyHull
24. multiphase/interFoam/RAS/damBreak
25. multiphase/interFoam/laminar/vofToLagrangian
26. multiphase/interFoam/laminar/damBreak

7.4 の図 7.17 で選択したケースは「incompressible/icoFoam/cavityClipped」であった．本来は上記リスト中 8 番目の「incompressible/icoFoam/cavity」としてフォルダ選択すべきであったが，TreeFoam のケース選択ロジックはそこまで考慮できていないということである．他のケースもこれと同様に，本来ケースの一部分だけを選択することになり，ほとんどの場合はエラーで終了することになる．

また 7.1 の説明で Type1 のケースであっても単独のケースとして動かないケースもあると記したが，以下のケースが該当する．

1. ompressible/rhoPorousSimpleFoam/angledDuct/explicit
2. ompressible/rhoPorousSimpleFoam/angledDuct/implicit
3. incompressible/porousSimpleFoam/angledDuct/explicit
4. incompressible/porousSimpleFoam/angledDuct/implicit

さらに記すと，実は TreeFoam のチュートリアルケース選択メニュー上には表示されないケースも以下多く存在する．

1. IO/cavity_parProfiling
2. IO/dictionary
3. IO/fileHandler
4. IO/systemCall
5. incompressible/adjointOptimisationFoam/sensitivityMaps/naca0012/laminar/drag
6. incompressible/adjointOptimisationFoam/sensitivityMaps/naca0012/laminar/lift
7. incompressible/adjointOptimisationFoam/sensitivityMaps/naca0012/laminar/moment
8. incompressible/adjointOptimisationFoam/sensitivityMaps/naca0012/turbulent/liftFullSetup
9. incompressible/adjointOptimisationFoam/sensitivityMaps/naca0012/turbulent/liftMinimumSetup

10. incompressible/adjointOptimisationFoam/sensitivityMaps/sbend/turbulent/highRe
11. incompressible/adjointOptimisationFoam/sensitivityMaps/sbend/turbulent/lowRe/multiPoint
12. incompressible/adjointOptimisationFoam/sensitivityMaps/sbend/turbulent/lowRe/singlePoint
13. incompressible/adjointOptimisationFoam/shapeOptimisation/naca0012/kOmegaSST/lift
14. incompressible/adj……[10]/naca0012/laminar/drag/primalAdjoint
15. incompressible/adj……/naca0012/laminar/lift/opt/constraintProjection
16. incompressible/adj……/naca0012/laminar/moment/primalAdjoint
17. incompressible/adj……/sbend/laminar/opt/constrained/SQP
18. incompressible/adj……/sbend/laminar/opt/unconstrained/losses/BFGS
19. incompressible/adj……/sbend/laminar/opt/unconstrained/losses/BFGS-transformBox
20. incompressible/adj……/sbend/laminar/opt/unconstrained/losses/SD
21. incompressible/adj……/sbend/laminar/opt/unconstrained/uniformityCellZone
22. incompressible/adj……/sbend/laminar/primalAdjoint
23. incompressible/adj……/sbend/turbulent/SA/opt/losses/BFGS/multiPoint
24. incompressible/adj……/sbend/turbulent/SA/opt/losses/BFGS/op1
25. incompressible/adj……/sbend/turbulent/SA/opt/losses/BFGS/op2
26. incompressible/adj……/sbend/turbulent/SA/opt/losses/BFGScontinuation
27. incompressible/adj……/sbend/turbulent/SA/opt/losses/BFGS-oneGo
28. incompressible/adj……/sbend/turbulent/SA/opt/nutSqr
29. incompressible/adj……/sbend/turbulent/SA/opt/powerDissipation
30. incompressible/adj……/sbend/turbulent/SA/primalAdjoint
31. incompressible/adj……/sbend/turbulent/SA/primalAdjointFullSetup
32. incompressible/adj……/sbend/turbulent/kOmegaSST/opt
33. incompressible/lumpedPointMotion/bridge
34. incompressible/lumpedPointMotion/building
35. incompressible/LES/wallMountedHump
36. incompressible/laminar/planarPoiseuille
37. mesh/createPatch/multiRegionHeater_autoPatch
38. mesh/parallel/cavity
39. mesh/parallel/filter
40. preProcessing/PDRsetFields/simplePipeCage
41. preProcessing/createZeroDirectory/cavity
42. preProcessing/createZeroDirectory/motorBike
43. preProcessing/createZeroDirectory/snappyMultiRegionHeater
44. preProcessing/decompositionConstraints/geometric
45. verificationAndValidation/atmosphericModels/atmDownstreamDevelopment
46. verificationAndValidation/atmosphericModels/atmFlatTerrain
47. verificationAndValidation/atmosphericModels/atmForestStability
48. verificationAndValidation/multiphase/StefanProblem
49. verificationAndValidation/schemes/divergenceExample
50. verificationAndValidation/schemes/nonOrthogonalChannel
51. verificationAndValidation/schemes/skewnessCavity
52. verificationAndValidation/schemes/weightedFluxExample
53. verificationAndValidation/turbulenceModels/planeChannel
54. verificationAndValidation/turbulentInflow/oneCellThickPlaneChannel

とくに, 最近使えるようになった adjoin 最適化計算, オーバーセット（重合格子）計算や, lumpedPointMotion

---

[10] 以下, 32. まで, `adjointOptimisationFoam/shapeOptimisation` を省略表記してある.

（集中点の運動）計算を実行するには様々なセットアップが必要で，これをスクリプトで汎用的に自動実行することは容易でない．結果的にケースに特化したスクリプトで記述されている．これらを活用するには高度なスクリプトの知識が必要になるのは否めないが，チュートリアルケーススタディの着眼点として述べてきた

着眼点 1 ソルバーのパラメタセットを流用する
着眼点 2 メッシュの作り方を参考にする

において，着眼点 2 の「メッシュ」を「メッシュとケース」の作り方と読み替えてスタディすれば良い．前節までは特定のケースを任意の場所にコピーして調査する方法を説明したが，ディスクスペースにある程度の余裕があれば，チュートリアルケース一式（約 100MB）をコピーしてスタディすることを推奨する（図 7.23）．

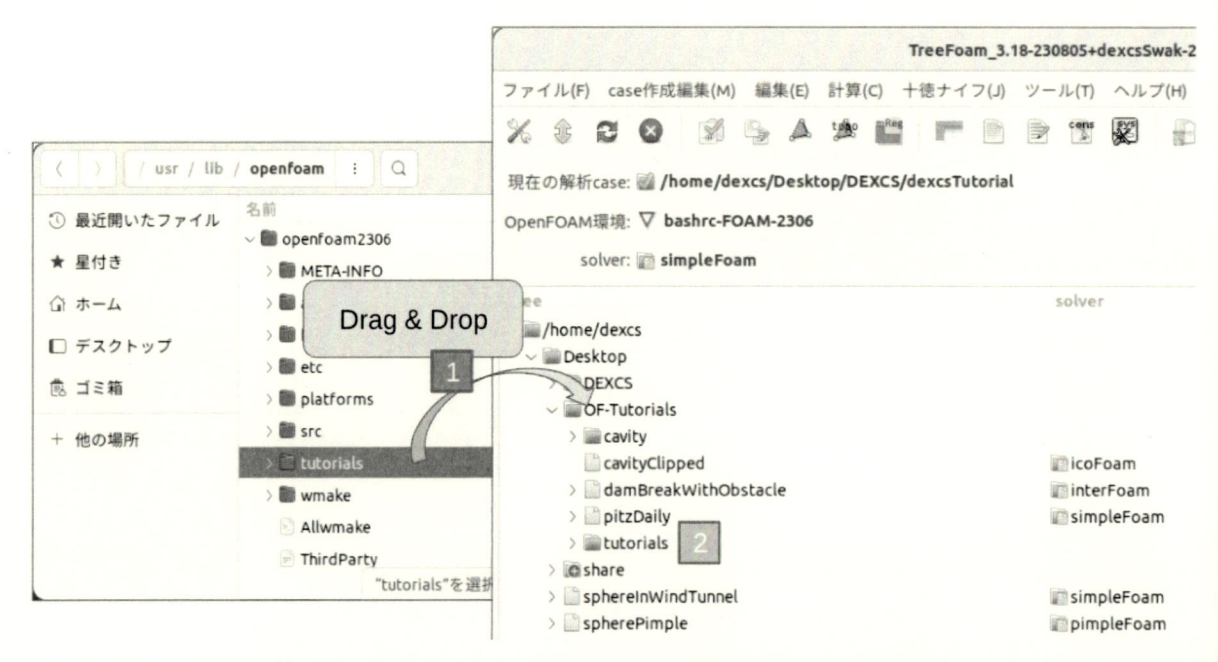

図 7.23　TreeFoam による標準チュートリアルケーススタディ法（2）

　標準のファイルマネージャーと TreeFoam の間でファイルの Drag & Drop やコピー＆ペーストも可能になっている．

　図 7.24 に，7.4 で説明した「cavity」チュートリアルについて，こちらの方法でやり直した手順を示しておく．TreeFoam のケース選択方法に比べると，目的のチュートリアルケース（□1「cavity」）にたどりつくまでの手間が増えることは否めないが，あとは全く同じである．

　本ケースにおいて新たに作成された 2 つのケース（「cavityFine」と「cavityHighRe」）が存在するが，ケースの名前から「cavityFine」はメッシュを細かくしたケースで，「cavityHighRe」は高レイノルズ数での計算であろうと推察できよう．TreeFoam を使ってこれらのケースを各々一旦初期化（）しておいて，実際に原型ケース□A「cavity」，□B「cavityFine」と□C「cavityHighRe」を，前節（7.5）で説明したケース比較ツール「KDiff3」で調べてみたのが図 7.25 である．

　「controlDict」がそれぞれのケースで異なっているのは別として，□A「cavity」と□C「cavityHighRe」の違いは，「constant/transportProperties」だけで，□A「cavity」と□B「cavityFine」の違いは「constan/polyMesh」（メッシュファイル一式）で，「system/blockMeshDict」の違いによるものであろうことが容易に推察できる．つまり，このチュートリアルケースでは，「Allrun」のスクリプトによって，これらパラメタファイル

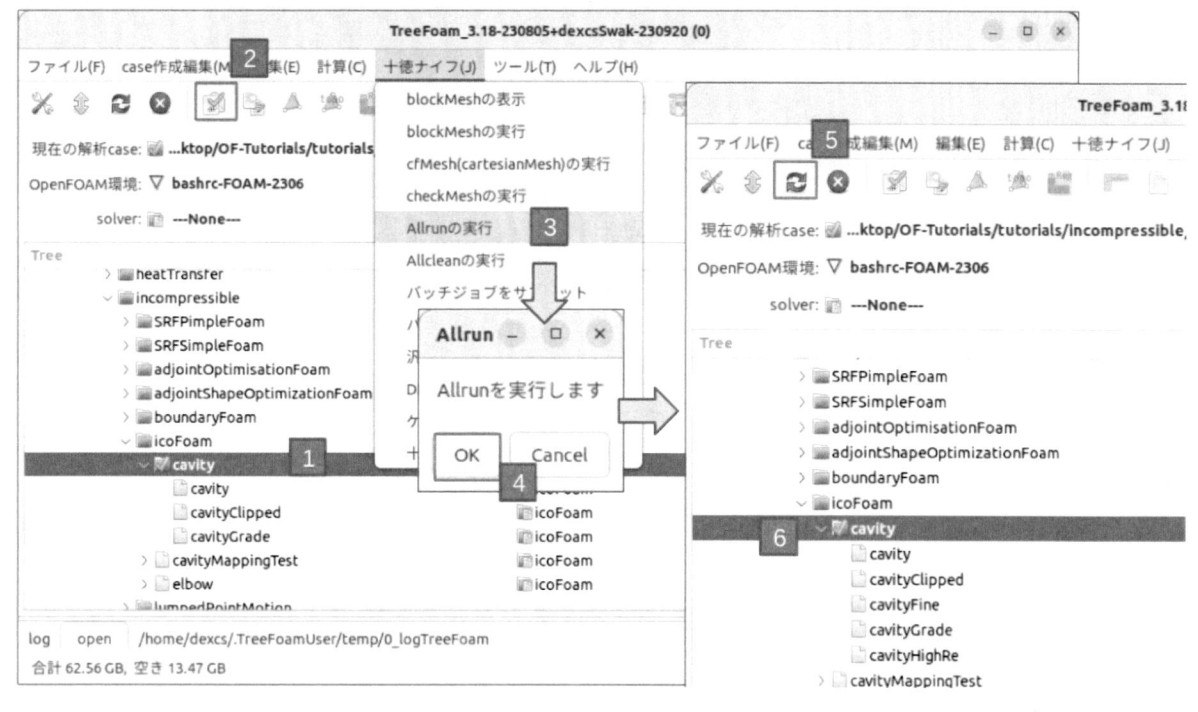

図 7.24　TreeFoam による標準チュートリアルケース Type2 スタディ例

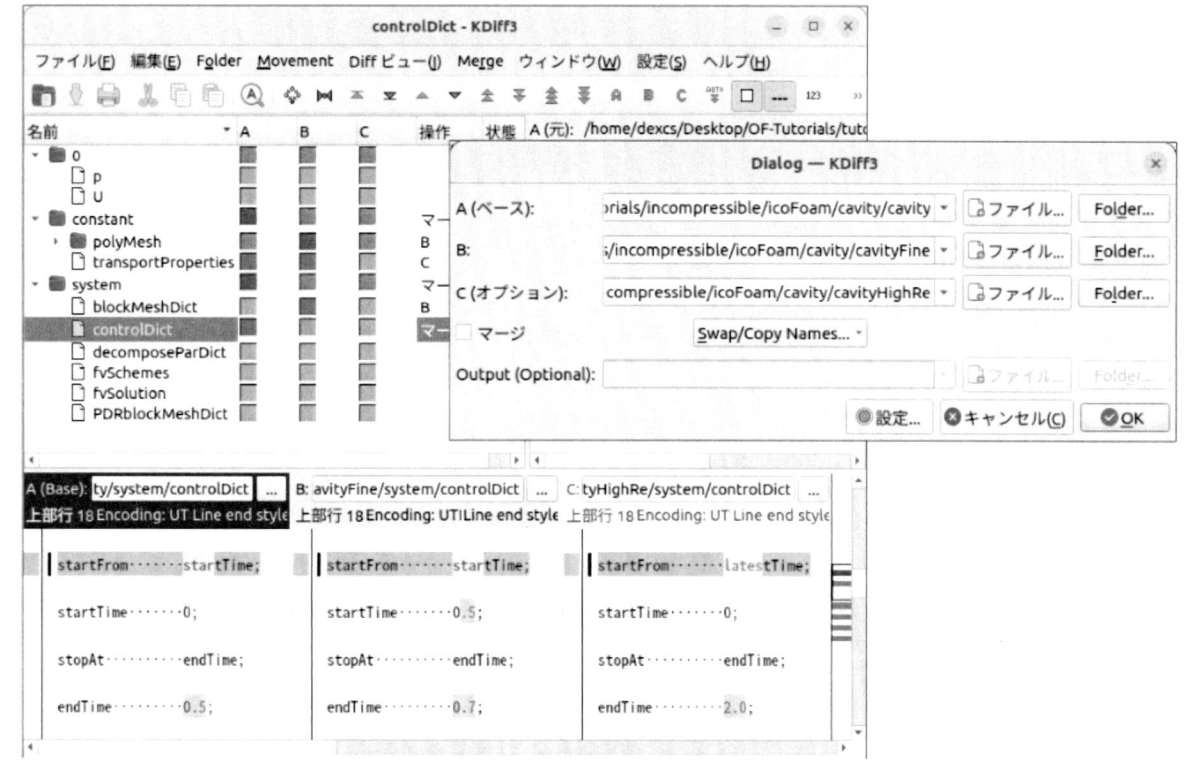

図 7.25　「cavity」派生ケースの比較

（「transportProperties』と「blockMeshDict』を変更したケースを作成していたとわかる.

　先に“チュートリアルケーススタディ着眼点 2 の「メッシュ」を「メッシュとケース」の作り方と読み替えてスタディすれば良い”と記した意味は，ケースをスクリプトで作成する方法を勉強したいのあれば，このように実際に出来上がったものを見ることで，スクリプトの具体的アウトプットが明確になるので，スクリプトを理解するのに役立てて頂きたいということ.

　一方，ケースの作成方法としてはスクリプトに依らずとも，原型ケース「cavity」をコピーして，必要なパラメタを変更，すなわち，メッシュ依存性を調べたければ「cavityFine』のケースで「blockMeshDict』を変更，レイノルズ数の違いを見たければ「transportProperties』を変更してスタディ[11] すれば良いとわかるので，以降各々のケースで更なるパラメタ変更で比較検証し，知見を深めていただきたいということである.

---

[11]　本ケースで個別にパラメタ変更してスタディする際に，B 「cavityFine』のケースでは，「controlDict』中の startTime を「0.5」⇒「0」に変更する必要がある.

第 8 章

dexcsPlus について

もっと DEXCS チュートリアルを！

8.1 dexcsPlus とは

DEXCS-OF は，DEXCS2009 以来一貫して DEXCS という 3 次元フォントを解析対象とした仮想風洞試験を DEXCS 標準チュートリアルとして同梱してきた．DEXCS2022 からはこれに加えて「dexcsPlus」として，もっとたくさんのチュートリアルの同梱を開始した．その数は今後も増やしていく予定ではあるが DEXCS2023 では増えておらず，単純に OpenFOAM のバージョン変更に対応した内容変更[*1] があるだけで，以下の説明も DEXCS2022 開発当初の拙宅 HP 記事[*2] をベースにしている点をおことわりしておく．

8.2 dexcsPlus の狙い

DEXCS ランチャーを使えば，チャチャッと流体解析できるという世界を目指しているが，これまで「DEXCS フォントまわりの仮想風洞試験」を題材に，DEXCS ランチャーの仕組みを理解してもらうというガイドラインで進めてきた．しかし，仮想風洞試験でない解析をしたい人間にとって，そのために DEXCS の仕組みをちゃんと理解してから使ってね！では，どうしても難しくなるというか，回り道になってしまう．

今どき，マニュアルをちゃんと読んでからソフトを使う人などほとんど皆無で，使いながら覚えることができるかどうかが問題であろう．そういう意味で，使える題材がもっとあったほうが良いという意見を頂いた．「dexcsPlus」はこれに応えるコンテンツになることを目指している．

8.3 モデル選定の考え方

使える題材，事例集的なものがあれば良い，というのは簡単だが，具体的に実現するのは容易でないことも，ちょっとやり出せばすぐにわかることである．実際に，自分がこれまでに解析したもので，公開可能なものをいくつか候補にあげて……もやってみたが挫折した．

そこで，ここでも DEXCS 的に，すでに公開されているものをハックして使えばいいじゃないか！と発想を転換した．せっかく OpenFOAM には膨大な標準チュートリアルがあるので，これを使えば良いのではないか！ ということである．

[*1] 解析コンテナの（Template Case）のパラメタ部分が DEXCS2023 用に変更してあるだけで，本執筆時点で全ケースの動作確認は実施していない．

[*2] https://ocse2.com/?p=14028

　つまり，OpenFOAM の標準チュートリアルの中には，3 次元の CAD データを使った解析例もたくさんあるので，これを DEXCS ランチャーを使って解析できるようにしてやれば，かなりの分野をカバーできることになる．メッシュ以外の解析パラメタセットは標準チュートリアルのそれをそのまま代用すれば良いので手間も少なく済みそうである（というか，手間が少なくなるよう DEXCS ランチャーを改造した）．

8.4　モデルの全体概要

　デスクトップ上，DEXCS フォルダ下「dexcsPlus」のフォルダを開くと，図 8.1 に示すように 6 つのカテゴリー[*3] 別のフォルダと「README.md」というファイルがあり，カテゴリーフォルダの下には 1 つもしくは複数個のケースファイルが収納されている．ここでカテゴリーの名前とケースファイルの名前は OpenFOAM の標準チュートリアルで使用している名前と同じにしている．OpenFOAM の標準チュートリアルでは，中間フォルダとしてソルバー名や乱流モデルの種別などで分類できるようになっているが全体数が多い（448）のでそうせざるを得ないであろう反面，『dexsPlus』チュートリアルの数はまだ圧倒的に少ない（19）ので，いまのところこうしてある．

　表 8.1 には，各ケースについて，筆者の計算環境[*4] にて実施した結果をとりまとめておいたので，自身で計算をする際に参考とされたい．

　なお，OpenFOAM の標準チュートリアルの中で 3 次元の CAD データを使った解析例を対象に選定したと記したが，対象候補はもっと多く存在する．難易度など様々な事情で搭載できなかったものもあり，DEXCS2022 で搭載検討した時点での検討状況を 8.6 節に記しておく．

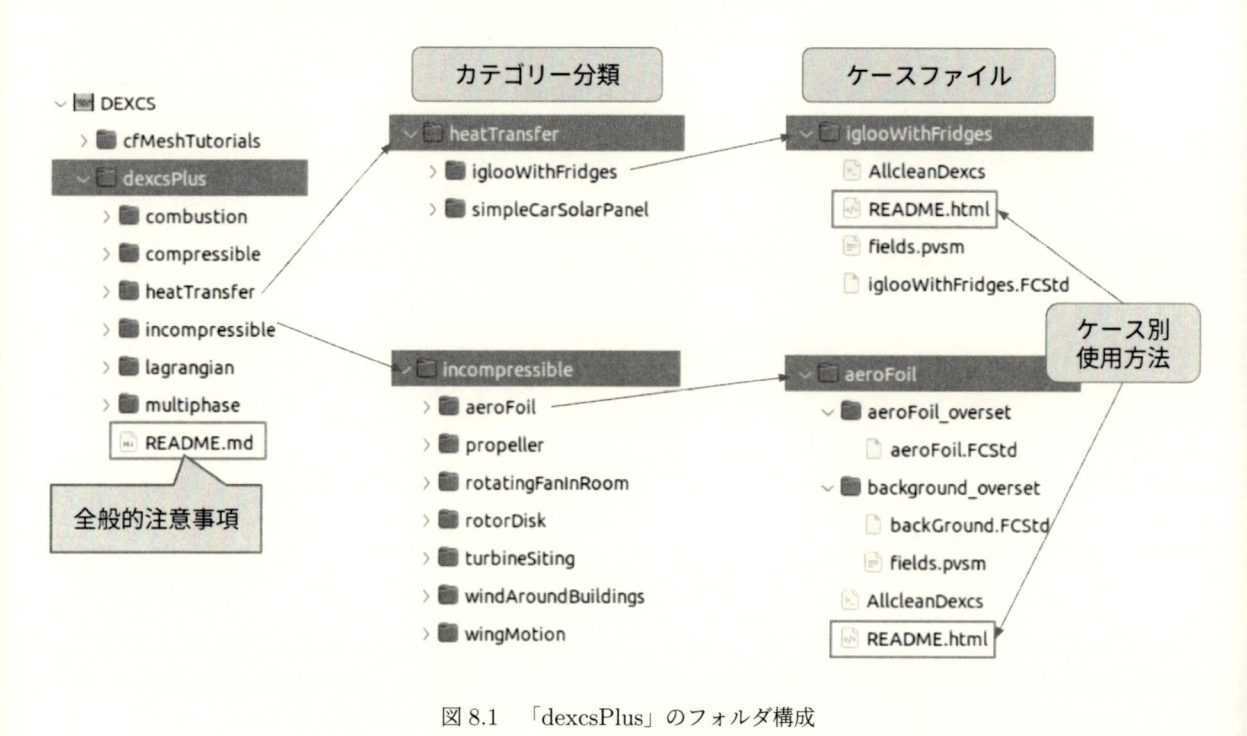

図 8.1　「dexcsPlus」のフォルダ構成

No	カテゴリー	ケース名	種別 *1	領域数	メッシュ *2	計算時間 *3	Np *4	備考
1	combustion	membrane	U	2	20,596	70	1	-
2	compressible	annualThermalMixer	U	2	121,736	10,855	1	-
3		injectorPipe	su	1	71,671	228	4	dexcs プロット有り
4	multiphase	iglooWithFridges	5	1	12,359	71	1	STL 偏差調整要
5		simpleCarSolarPanel	5	1	32,258	3	1	
6	incompressible	aeroFoil	U	2	6,090	8	8	2D / オーバーセット
7		propeller	U	2	424,228	9,054	4	STL 偏差調整要
8		rotatingFanInRoom	U	2	171,818	2,686	4	
9		wingMotion	su	1	12,301	11,707	4	2D
10		rotorDisk	5	1	131,320	53	1	STL 偏差調整要
11		turbineSiting	S	1	161,108	13	4	dexcs プロット有り
12		windAroundBuildings	S	1	279,097	309	1	
13	lagrangian	cyclone	U	1	279,097	309	1	plot 不具合有り
14		airRecirculationRoom	su	1	308,832	1,923	8	
15	multiphase	electostaticDeposition	U	1	54,208	218	1	
16		mixerVesselAMI	U	2	1,357,262	67,514	6	
17		sloshingCylinder	U	1	26,234	75	1	STL 偏差調整要
18		cavitatingBullet	U	1	385,388	6,014	8	
19		rigidBodyHull	U	3	724,085	1,649	5	オーバーセット

種別*1 // S: 定常計算 / U: 非定常計算 / su:DEXCS ランチャーで定常計算後, スクリプトで非定常計算

メッシュ*2 　: 要素のセル数

計算時間*3 　: ClockTime(sec)

Np*4 　: プロセッサ数

表 8.1 「dexcsPlus」全体サマリー

8.5　dexcsPlus の実行方法

「dexcsPlus」の「狙い」として，今どき"マニュアルをちゃんと読んでからソフトを使う人などほとんど皆無"としながら，図 8.1 に示すような注意事項や使用方法を同梱したのは自己矛盾しているようでもあるが，パッと見ただけでわかるように作ったつもりである.[*5] ケースファイルの内容も基本はこの「README.html」と，FreeCAD モデル「*.FCStd」，「AllCleanDexcs.sh」という初期化スクリプト，「field.pvsm」という作業状態保存ファイルである．FreeCAD モデルはケースによっては，複数のフォルダに分割収納されているものもある.

この実行方法「README.html」を見ながら，同梱の FreeCAD モデル「*.FCStd」を開いてあらかじめ組み込んである解析コンテナを操作すれば計算ができるようになっている．ケースによっては OpenFOAM のコマンド操作が必要になる場面もあるが，「README.html」中の該当部分をコピー＆ペーストして利用できるようにもなっている.

8.5.1　全般注意事項

「dexcsPlus」のルートフォルダにある「README.md」（全般的注意事項）はやや長文であるが，これは「dexcsPlus」を DEXCS 以外の環境で使用することも想定した内容となっているためで，DEXCS をそのまま使う人であって，第 4 章から第 6 章（DEXCS ランチャーの使い方や FreeCAD の使い方，メッシュ作成）を一通り経験している人にとっては不要であったかもしれない.

ただ，これらの説明を読んだだけで手も動かさないで，いきなり「dexcsPlus」の例題に取り組もうという人には，具体的な例題を動かしてみたくなる気持ちを抑えて，実行前に留意されたい事項があるので，少なくとも一度は目を通されたい．なお，DEXCS2023 に同梱したファイルは DEXCS2022 において作成したもので，DEXCS2023 用に更新できていなかったので，その内容を DEXCS2023 に合わせたのと，DEXCS 以外の環境で使う人向けの事項を除いた形で以下に再掲しておく.

- 初期化
  - 「AllCleanDexcs」を右クリック⇒プログラムとして実行.
- 解析コンテナ（dexcsCfdAnalysis）のプロパティー
  - FreeCAD モデルを立ち上げた際に，「アクティブ解析のコンテナは...」というダイアログが現れた場合に，どうしたら良いかわからないときには「デフォルトに戻す」を選択してください.
  - 「デフォルト」の意味は，モデルの存在するディレクトリにケースファイルを作成するということです．「はい」は，それ以外のフォルダを指定できる（こういうやり方も可能ということです）．「いいえ」は，強制的に「現在の FreeCAD モデル」が指定する箇所にするということになりますが，「はい」のあとのプロパティー変更をしないと，「いいえ」を押したのと同じことになり，出力先が存在しないディレクトリを指定した状態になってしまい，ケースを作成することができません.
  - 「現在の FreeCAD モデル」は，ユーザー名 dexcs さんが作成したモデルなので，「/home/dexcs/Desktop/DEXCS/dexcsPlus/...」以下に収納されていることになっており，それ以外の人の環境で使う場合にはこの部分の変更が必要になります.
  - 本来，これは DEXCS セットアップ「setupDexcs.sh」の中で変更しておきたい所でしたが，FreeCAD

[*5]　**オープンソースの分野ではよくあるパターンでそれを真似たつもりである.**

ファイルそのものの変更になり，外部から変更する方法がわからなかったので，現状のやり方となっています．

- 共通同梱ファイル「README.html」，「fields.pvsm」について
  - 「README.html」をダブルクリックすれば，モデルの概要と実行方法がわかるようになっていますが，実行方法の中で，（　）で括った手順は，必ずしも必要のないものです．「　」で括った項目は，タスク画面中で該当のボタンを押すという意味です．
  - 「fields.pvsm」は，計算結果を ParaView で可視化する際の作業状態を保存したファイルです．基本的には，「README.html」の中で（外部リンク）として紹介されているページのトップに記載されている可視化図を取得したときに使ったものですが，「.pvsm」ファイルの性質上，画面サイズが再現されない，などの問題がある点はご承知おきください．
  - 「fields.pvsm」については，ユーザー名が「dexcs」さんで使用する場合はそのまま使えます．ユーザー名が「dexcs」さんでない場合，「field.pvsm」ファイルを選択したあと，「Load States Options」画面で，Choose File Names を選択，続いて現れるファイル選択で，解析フォルダ中の「.foam」（「CfdSolver タスク画面」の「Paraview」を起動した場合は「pv.foam」）を選択してください．
  - 「fields.pvsm」における Case Type（Reconstructed / Decomposed）はケースによって異なります．上記の方法で可視化図が表示されない場合は，「Pipeline Browser」中の前項で選択した「.foam」を選択して，「Properties」タブ中の，（Case Type）を変更してみてください．
- STL の最大メッシュ偏差について
  - 3D パーツが，球や円柱などの関数で表現される曲面の場合（「membrane」，「igolooWithFridges」，「propeller」，「rotorDisk」，「sloshingCylinder」），メッシュ外観で表面が滑らかでない場合には，STL エクスポートの最大メッシュ偏差を調整してください．
  - 最大メッシュ偏差を変更する方法は，「編集」⇒「設定」⇒「インポート/エクスポート」⇒「メッシュ形式」メニューの中にあります．一度設定しておけば，次回からの FreeCAD を立ち上げた際に，その値が有効になります．
  - 最大メッシュ偏差のデフォルトの（初めて FreeCAD を立ち上げた際の）値は 1.00 μm ですが，該当面のメッシュサイズの 1/10 程度にすることが目安です．
  - とはいえ，DEXCS2023 では，この加減が少々面倒（4 章の 4.3.3 補足事項 (3) 参照）なので，個別の実行手順書中「README.html」に記してある推奨値を使ってください．
  - ただし，この推奨値は，DEXCS2022 におけるもので，DEXCS2023 ではあてはまらない場合もあります．
  - 最初から極端に小さくしておいても構いませんが，「ケース作成」（STL ファイル作成）に長時間要することになるので注意してください．
  - また，3D パーツが，STL ファイルを 3D 化したパーツ（三角形の集合体）の場合（「annularThermalMixer」，「injectorPipe」，「simpleCarSolarPanel」，「rotatingFianInRoom」，「cyclone」，「mixerVesselAMI」，「cavitatingBullet」，「rigidBodyHull」）は，この偏差は関係なく，元になった STL ファイルの形状通りに出力されます．
- 並列計算について
  - 基本的にすべてのケースで並列計算することは可能ですが，ソルバーコンテナ（CfdSolver）上の「並列計算」にチェックマークを付けて，現れるパラメタオプションを設定し，その後「実行スクリプト作成」⇒ソルバー「実行」としてください．
  - 並列計算のパラメタオプションは，nCPU（並列プロセッサ数）と method（分割方法）を指定

できるようになっていますが，method についてはいまのところ scotch の一択です．scotch 以外の方法（simple, hierarchial,...）も使えますが，使いたい場合は，「実行スクリプト作成」後に，「system/decomposeParDict」ファイルを直接手修正してください．また，nCPU の値も使用している計算環境で使用可能なコア数以下の値にする必要があります（超えた値を指定するとエラー終了します）．

- 並列計算結果を可視化する際には，「Paraview」を起動し立ち上がったら，「Apply」ボタンを押す前に，（Case Type）として「Decomposed Case」を選択してください．Paraview が立ち上がった直後のデフォルトは「Reconstructed Case」になっています．

- 並列計算終了後，ソルバーコンテナ（CfdSolver）上の「領域再構築」ボタンを押せば，「Paraview」を起動しそのまま結果を表示することができます．ただし再構築され表示できるのは最終時刻の計算結果だけです．

● 計算が発散する場合があります

- メッシュ細分化パラメタをデフォルト設定のまま実行しても計算が発散する場合があります．とくにバッフルを有する問題（「annularThermalMixer」，「injectorPipe」，「mixerVesselAMI」）で顕著です．cfMesh はバッフルが存在するとメッシュ品質が大きく低下します．

- 複雑なモデルではマルチスレッド計算（マルチ CPU の計算環境ではこれがデフォルトになります）で実行すると，メッシュ作成の都度，同一のメッシュが作成されることにはなりません．

- このような特性から，発散したら，メッシュ作成からやり直すことで収束解が得られる場合もあります．

8.5.2　具体的な実行手順の例

具体的に図 8.1 の右上に示した「iglooWithFridges」のケースについての実行手順を以下に示しておく．

■内容と実行方法の確認

同梱の「README.html」をダブルクリックすると，図 8.2 に示すように Web ブラウザ（FireFox）が立ち上がる．

この書式は本ケースだけでなくすべて共通で ２「これは何か」３「実行方法」，ケースによっては ４「注記」のセクションがあるという構成になっている．

２「これは何か」のセクションには簡単な概要説明と，（外部リンク）として，インターネットに接続された環境であれば，これをクリックして拙宅 HP の解説記事にたどり着けるようにもなっている．ただしこの記事は，DEXCS2022 をベースに作成したものである点はおことわりしておく．

３「実行方法」のブロックは，組み込み済のパラメタをそのまま実行することを想定して，簡潔な箇条書きとして取りまとめてあり，この通りに実行すれば（外部リンク）で紹介した結果と同じ結果が得られ，組み込み済のパラメタ箇所についても確認できるようになっている．

ただし ４「注記」がある場合には，先にこちらを読んでから実行したほうが余分な手間をかけないで済むとは思われる．とはいうもの実際に「注記」に記載される不具合を自身の手で確認するというのも一つの経験になるであろうから，この順番にしてある．

■モデルの立ち上げ⇒メッシュ作成

３「実行方法」に従って，FreeCAD モデルを立ち上げ，メッシュ作成までの手順を図解したのが図 8.3 である．

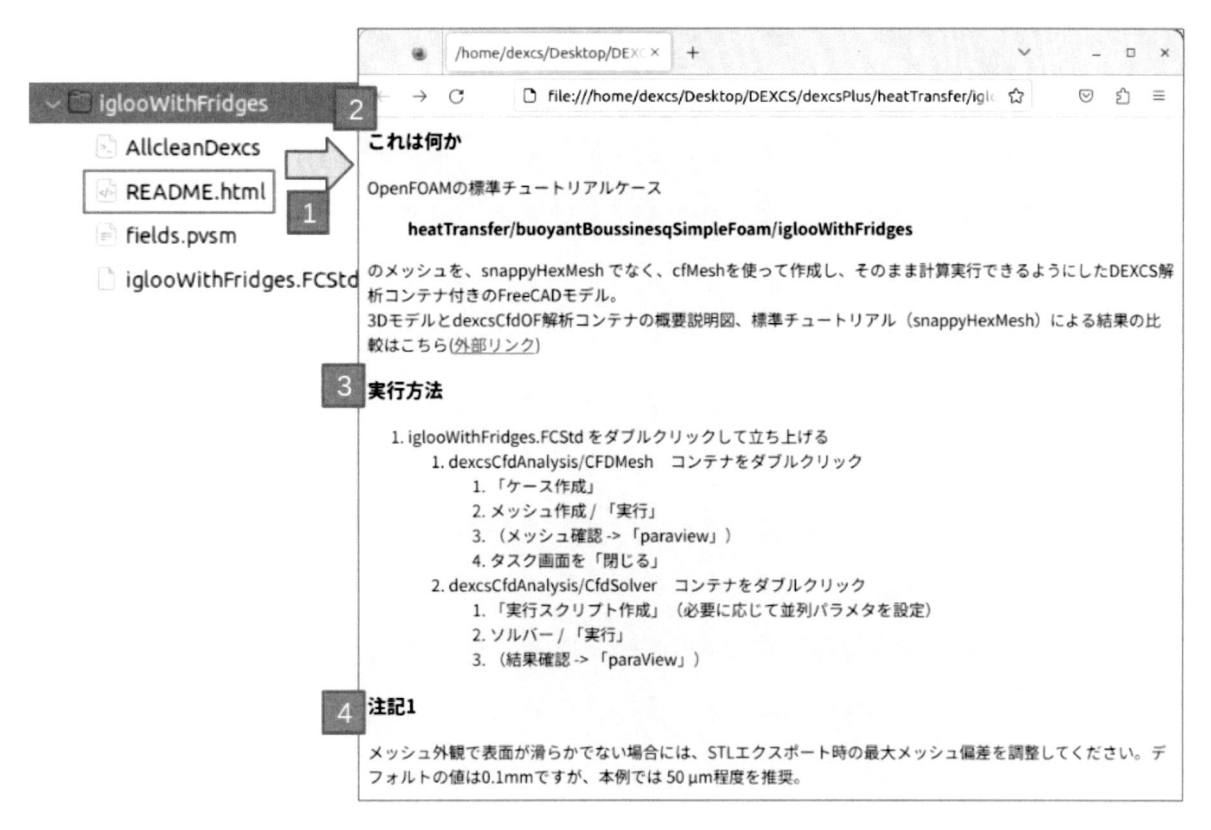

図 8.2 README.html の内容確認

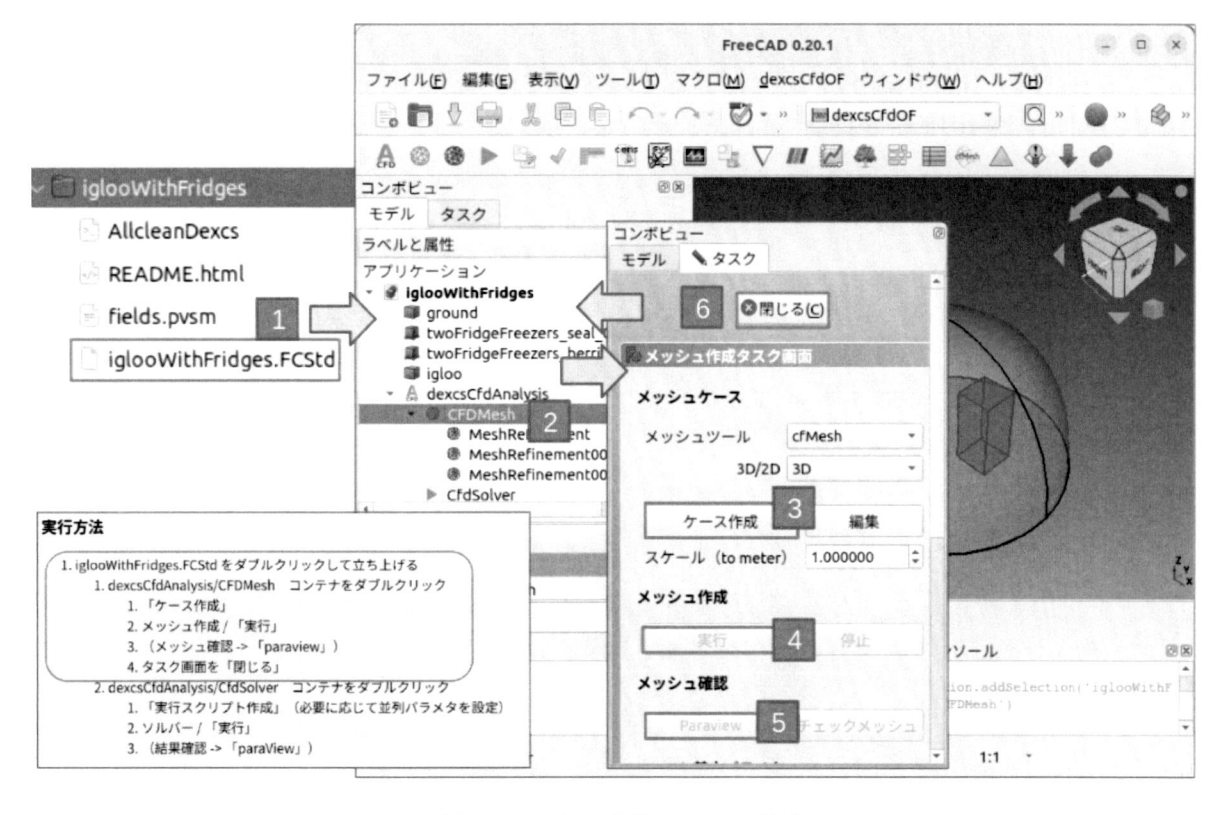

図 8.3 モデルの起動⇒メッシュ作成

3 「ケース作成」が完了すると，メッシュ作成の 4 「実行」ボタンが有効になり，これをクリックしてメッシュ作成が完了するとメッシュ確認の 5 「ParaView」ボタンや「チェックメッシュ」ボタンが有効になる． 6 「閉じる」ボタンを押して次のステップに移る．

■ソルバー実行

図 8.4 では，同様に「実行方法」の後半部分に従って， 1 （CfdSolver）（ソルバーコンテナ）をダブルクリックし，「ソルバー実行タスク画面」から 2 「実行スクリプト作成」，ソルバーの 3 「実行」ボタンを押して，数分後に残渣グラフが 4 の状態になってソルバー実行が終了した状態を示している．

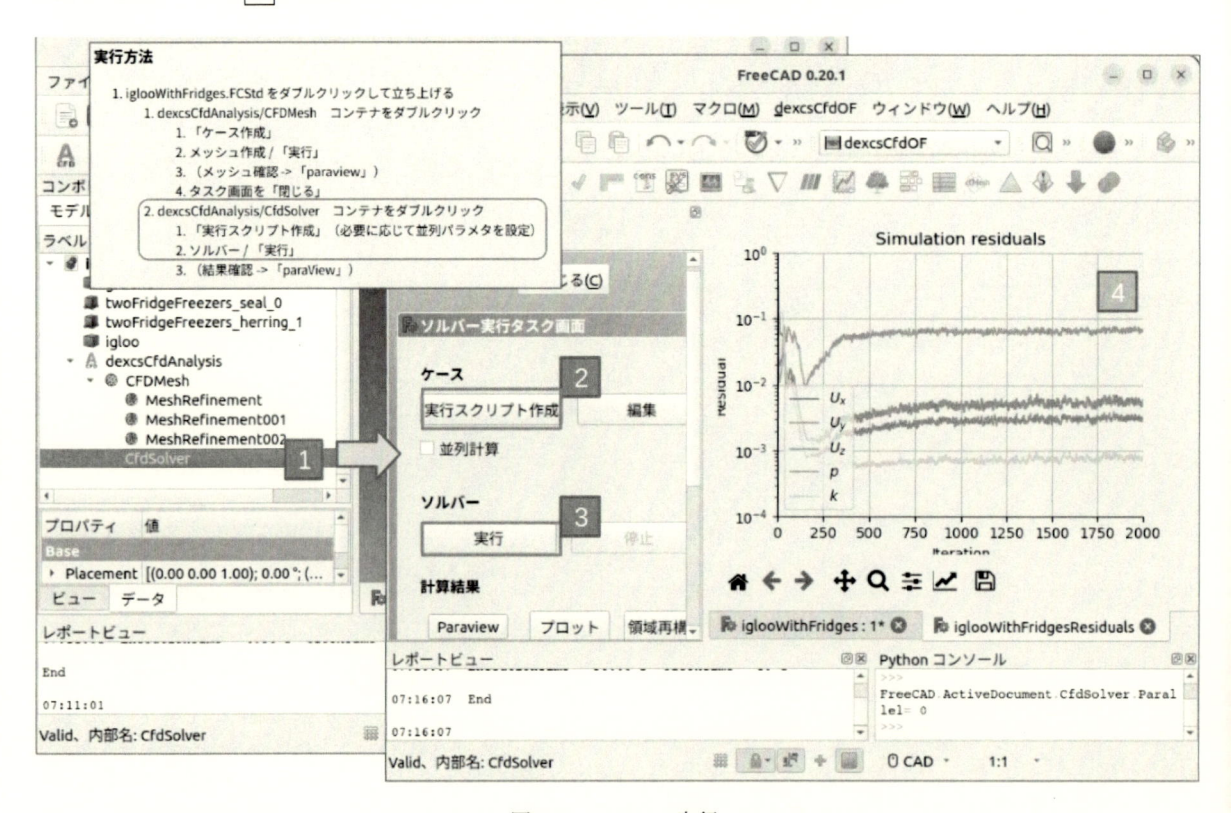

図 8.4　ソルバー実行

■Paraview 作業状態ファイルをロード

図 8.5 は，「ParaView」ボタンを押して ParaView が立ち上がったあと，作業状態保存ファイル「fields.pvsm」をロードする手順を示している．

8.5.1「全般的注意事項」の中で「fields.pvsm」について文章での説明があり，分かり難かったかもしれないが，この手順図も参考にしていただきたい．

■結果の ParaView 表示例

図 8.6 では，前項の作業状態保存ファイル「fields.pvsm」をロードした状態を左半面に表示，右反面には Clip 断面図を示している．

本例での作業状態保存は，Clip 断面を Y 軸法線面でなく角度を傾けて，2 つの物体の断面を同時に表示できるよう調節したことにある．

また，左半面の外観は温度分布図を示しているが，表面形状がややデコボコしている．これは「README.html」の注記 1 にある STL エクスポート時の最大メッシュ偏差の問題で，実は本例ではここに

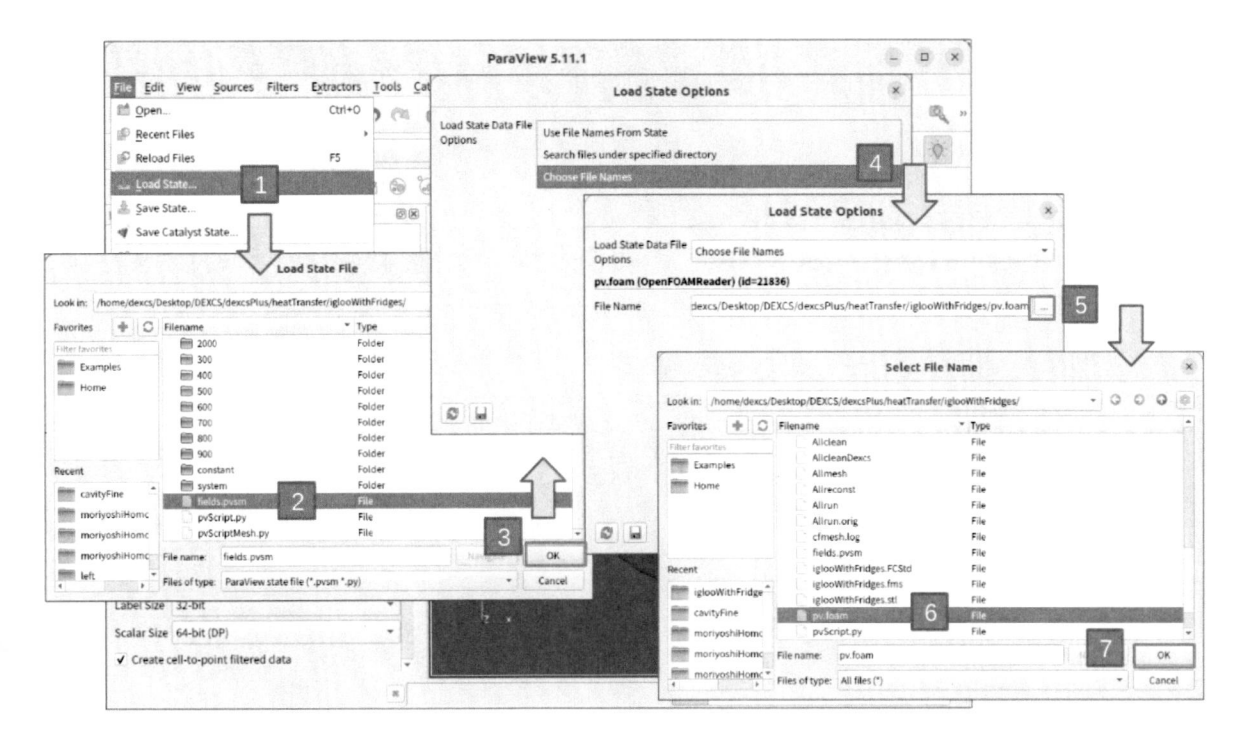

図 8.5 Paraview 作業状態ファイルをロード

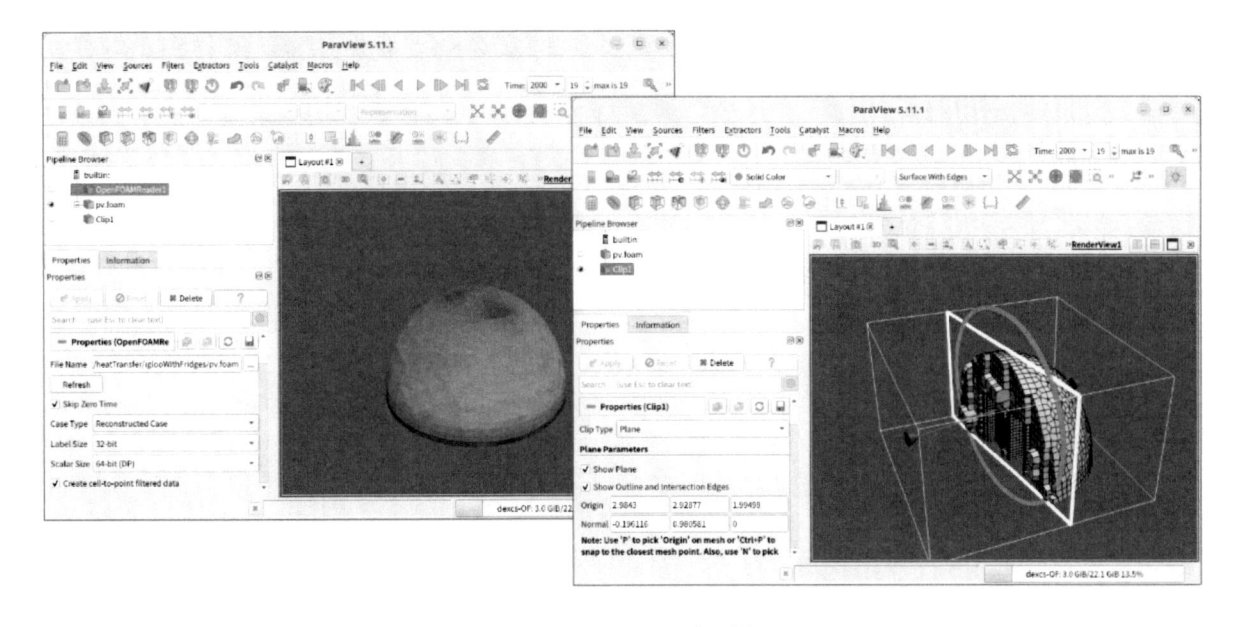

図 8.6 Paraview 表示例

示した推奨値 50 μm を使用したものであった．しかし，これも 8.5.1「全般的注意事項」の中の STL 偏差について記した，DEXCS2022 の推奨値と DEXCS2023 の推奨値は異なるということで，DEXCS2023 の本例では 10 μm 程度が推奨される．

8.6 標準チュートリアル（snappyHexMesh）との比較

図 8.2 で説明した「README.html」中には，コンテンツごとに，「（外部リンク）として，インターネットに接続された環境であれば，これをクリックして拙宅 HP の解説記事にたどり着けるようにもなっている.」と記した．この記事の中でとくに注目していただきたいのは，標準チュートリアル（snapyHexMesh）との比較をしている箇所である．たとえば前節で説明した「igolooWithFridge」の例では，以下の図 8.7 が見つかる．

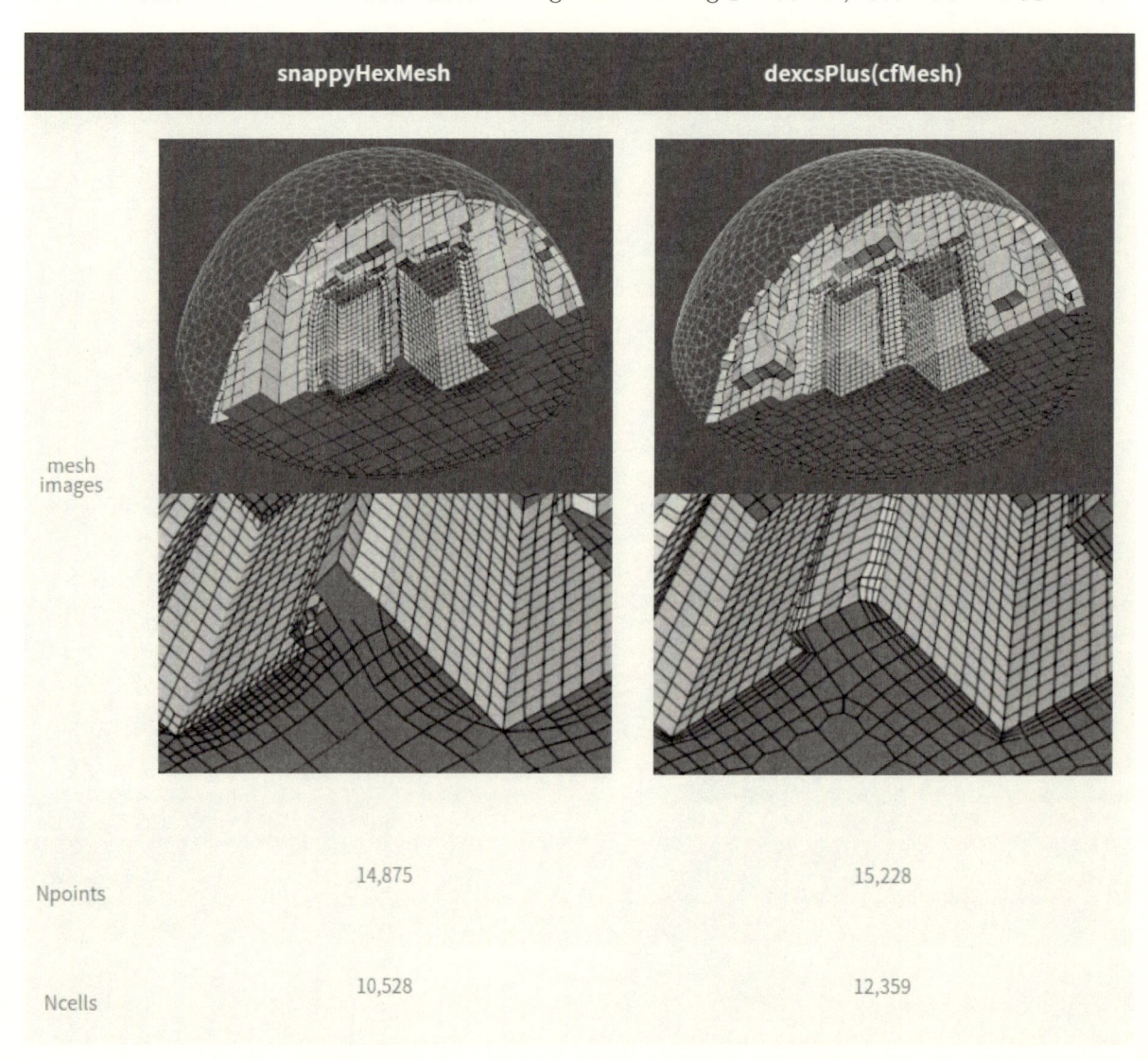

図 8.7 標準チュートリアル（snappyHexMesh）との比較例

この比較図を見れば，前節で Clip 断面を作業状態保存として同梱した理由を推察いただけよう．これらの記事から，「dexcsPlus」(cfMesh) では snappyHexMesh に比べて境界層レイヤーが優れていること．反面メッシュ数が多くなって計算時間が増えることもわかるだろう．

　本章では「dexcsPlus」の実行方法を説明したが，標準チュートリアルの使い方は第 7 章でも説明しているので，読者には（外部リンク）で示したこれらの比較を自身の手で実施して，違いを実感していただきたい．新たな発見があるかもしれない．

8.7　OpenFOAM 標準チュートリアルの dexcsPlus 化検討状況（DEXCS2022）

　DEXCS2022 に搭載した OpenFOAM-v2206 の標準チュートリアルは，全部で約 430 ケース存在し，そのうち 3 次元の CAD データを使った解析例が約 40 ケース（「mesh」チュートリアルは除外）でほとんど snappyHexMesh を使った解析例になるので，逆に snappyHexMesh を使った解析例を抽出して調べた．その結果，これらのうち約半数は CAD データを FreeCAD に取り込めば，DEXCS ランチャーで簡単にセットアップして解析が可能となることがわかった．

　以下に個々のケースにつき，DEXCS ランチャーによる解析セットアップの手間の程度がわかるように色分けしておいた．

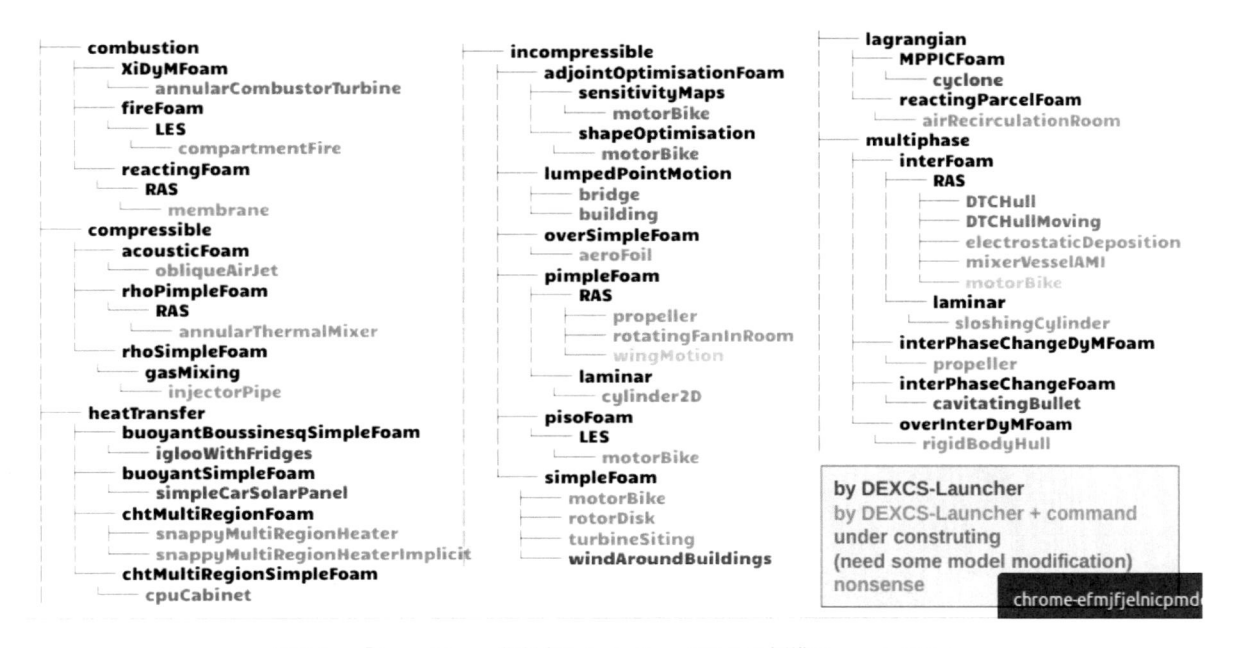

図 8.8　「dexcsPlus」化対象とした OpenFOAM 標準チュートリアル

　青字で記したケースは，DEXCS ランチャーの標準ツールだけで解析のセットアップと実行が可能．薄青色は，加えて数行のコマンドライン入力が必要になるケースであり，これらのケースを DEXCS2022 に収録することとした．

　なお，紫色は cfMesh によるメッシュ作成が困難であったり，ベースメッシュにグレーディングがかかっていたりするなど，そのままでは snappyHexMesh の結果と同等の結果を得ることに困難が予想されたものである．

第 9 章

その他諸々

9.1 仮想マシンでの共有フォルダ設定方法

仮想マシンとベースマシンとの間でファイルやクリップボードを共有するには，使用する仮想マシンに固有のツールをインストールする必要がある．仮想マシンとしてポピュラーなものは VirtualBox と VMPlayer であり，DEXCS2021 までは，これらの仮想マシン用のツールが同梱インストールされていたが，DEXCS2022 以降では同梱はできても，インストールできなくなった．したがって普通に DEXCS セットアップしただけでは，ベースマシンとの間で共有ファイルが使えないという状況になる．さらに VirtualBox では，マウスドラッグによる画面のサイズ変更も出来なくなっている．

そこで DEXCS-OF では，DEXCS2022 以降，簡単スクリプトを同梱してこれを実行することによりツールをインストールできるようにしているが，仮想マシンに依存するツールで，ここでも用意したのはは VirtualBox と VMPlayer に対応したスクリプトだけである．

図 9.1 仮想マシンで使用する際の注意事項

デスクトップ中「DEXCS」フォルダ下に収納した「README4VM.md」（README for VirtualMachine）

というファイル（図 9.1）に記してあるのは，上記の事情であり，とくに注意事項を読んで，操作を間違えないようにしていただきたい．ここでも注意事項を文調を変えて再掲しておく．

■注意事項

- 使用法（VirtualBox 上で，VMPlayer 用のスクリプトを使うなど）間違えると，仮想マシンが壊れる．
- VMPlayer で共有フォルダの設定をしていない状態で実行すると，仮想マシンが壊れる．
- VirtualBox と VMPlayer 以外の仮想環境での使用については，検証できていない．

　基本的にセットアップスクリプトの起動に成功すれば共有フォルダは使えるようになるが，そのままでは TreeFoam からアクセスできない．共有フォルダに対するシンボリックリンクを作成することによりアクセスできるようになるので，この方法についても説明する．また VirtualBox と VMPlayer では方法が異なるので，以下個別に説明する．

9.1.1　VirtualBox の場合

　VirtualBox の場合には，「setupVBox.sh」を使う（図 9.2）．

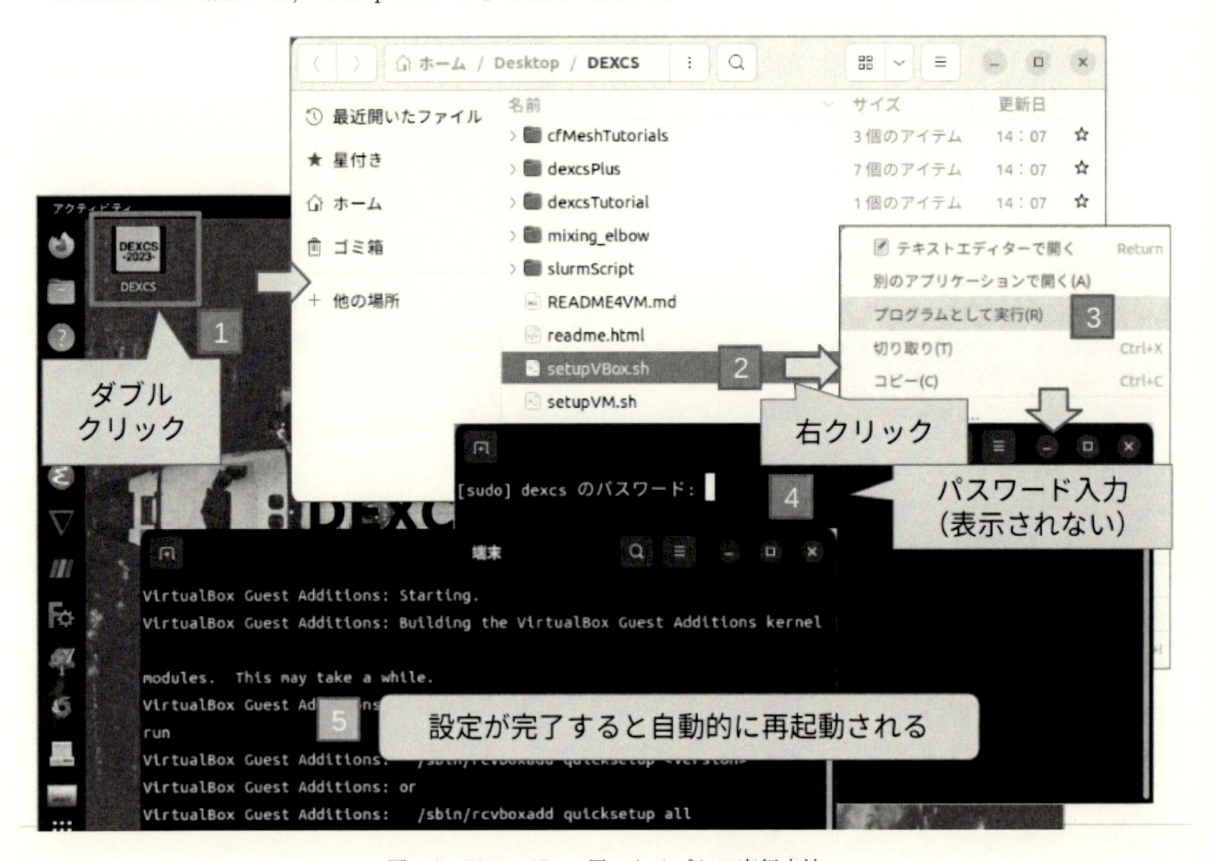

図 9.2　VirtualBox 用スクリプトの実行方法

　デスクトップ上の「DEXCS」フォルダを①ダブルクリックするとファイルマネージャーが立ち上がるので，②「setupVBox.sh」を選択して右クリックするとプルダウンメニューが現れる．その中から③「プログラムとして実行」を選択する．そうすると新たに端末画面が現れ，パスワードを入力するよう促される[*1]．ここで

[*1]　端末画面中では「dexcs のパスワード：」となっているが，「dexcs」の部分はユーザー名が表示される．

仮想マシンをインストールした際に設定した $\boxed{3}$ パスワードを入力して Enter キーを押せば良いのだが，入力したパスワードは表示されないので，初めての人は戸惑うかもしれない．パスワードを間違えると，再入力を促されるのでやり直せば良い．

　パスワードが正しく入力されると，VirtualBox の GuestAddition のインストールがはじまる．少々時間（1 分程度）はかかるが，インストールが完了したら，自動的に仮想マシンが再起動されるはずである．

　再起動されたらファイルマネージャーを $\boxed{1}$ 起動してみよう（図 9.3）．

　画面のサイドバーの中に $\boxed{2}$「sf_share」という項目が追加されているはずである．これが共有フォルダであり，クリックすれば

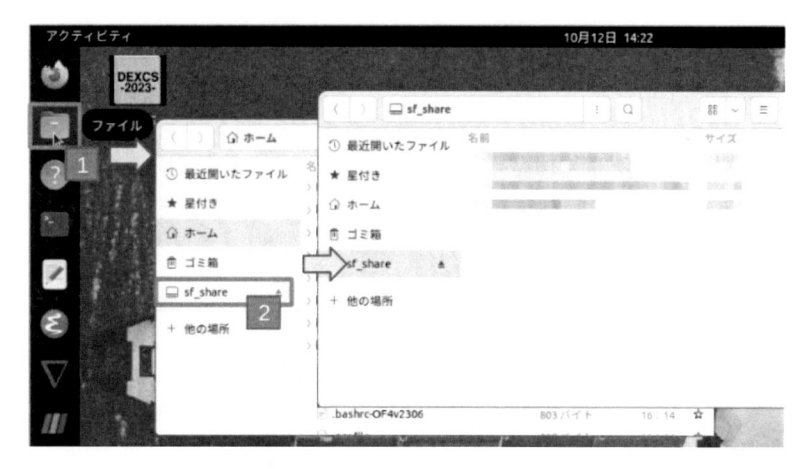

図 9.3　VirtualBox の共有フォルダ

ベースマシンで共有設定したフォルダ中のファイル一覧を参照できる．

　シンボリックリンクは $\boxed{1}$ 端末を起動して以下の $\boxed{2}$ コマンド入力にて作成する（図 9.4）．

```
$ ln -s /media/sf_share/ Desktop/share
```

「Desktop/share」の部分は，ユーザーの好みに応じて変更しても構わない．

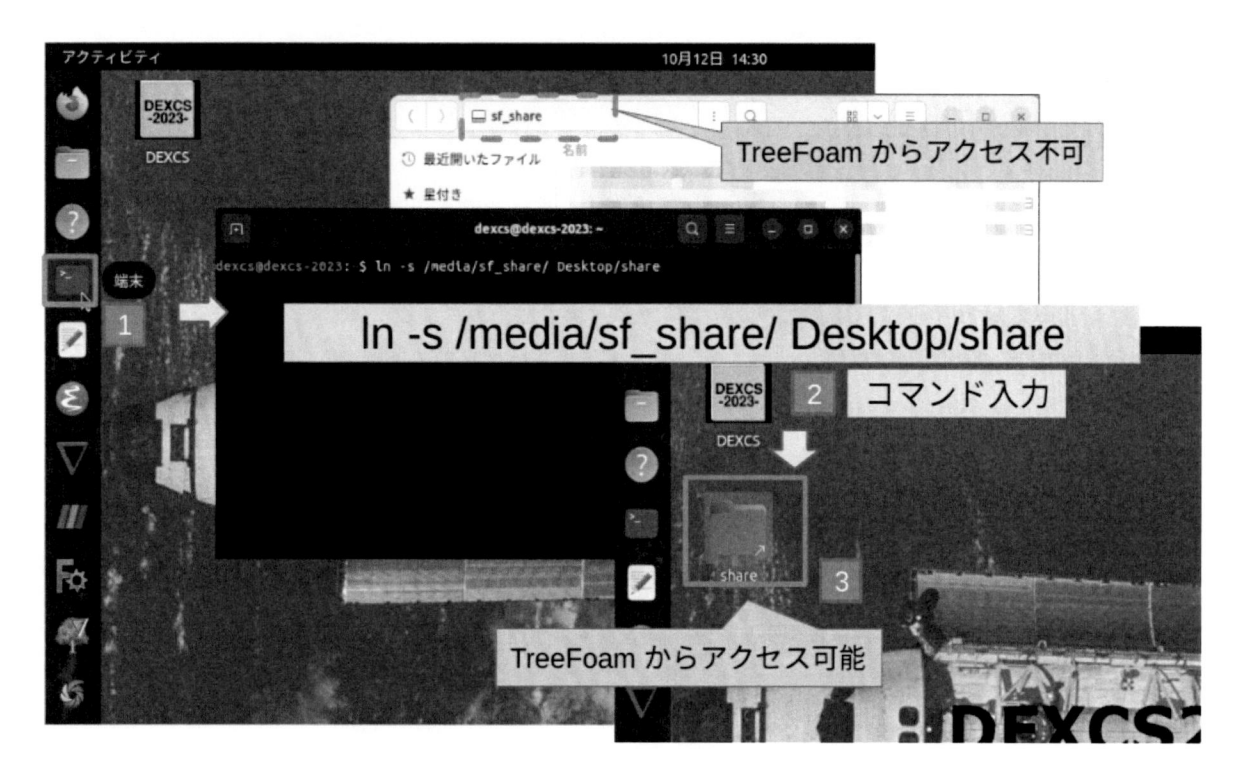

図 9.4　VirtualBox でのシンボリックリンク作成例

9.1.2　VMPlayer の場合

VMPlayer の場合には，「setupVM.sh」を使う（図 9.5）.

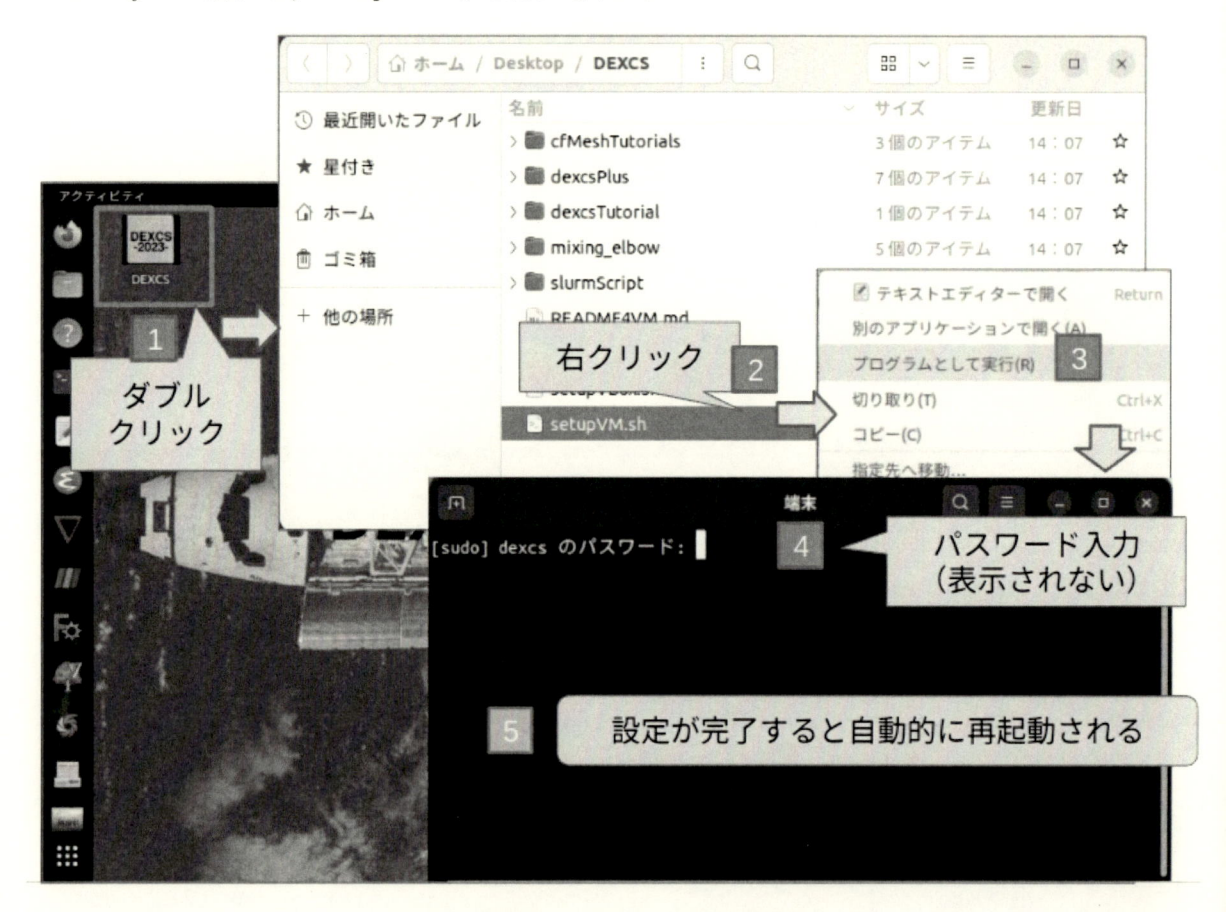

図 9.5　VMPlayer 用スクリプトの実行方法

　デスクトップ上の「DEXCS」フォルダを 1 ダブルクリックするとファイルマネージャーが立ち上がるので，2 「setupVM.sh」を選択して右クリックするとプルダウンメニューが現れる．その中から 3 「プログラムとして実行」を選択する．パスワード入力の際の注意事項は前節の VirtualBox の場合と同じだが，パスワード入力後の応答は，ほとんど瞬時で再起動ステップに入る．実は VMPlayer の場合，ツール（open-vm-tools）はすでにインストール済で，設定ファイルの書き換えが必要だっただけだからである.

　何はともあれ再起動されたらファイルマネージャーを 1 起動してみよう（図 9.6）.

　VMPlayer の場合は，ファイルマネージャーで共有フォルダにたどりつくには 2 〜 4 [*2] と，少々面倒である[*3].

　シンボリックリンクは 1 端末を起動して以下の 2 コマンド入力にて作成する（図 9.7）.

```
$ ln -s /mnt/share/ Desktop/share
```

　「Desktop/share」の部分は，ユーザーの好みに応じて変更しても構わない[*2].

[*2]　「/mnt/share」の share の部分は VMPlayer で共有フォルダを設定する際に指定した名前が入る.

[*3]　図 9.3 で説明した共有フォルダと，図 9.6 で説明したそれとで内容イメージが異なっているのは，ベースマシンの共有先の内容が異なるからである.

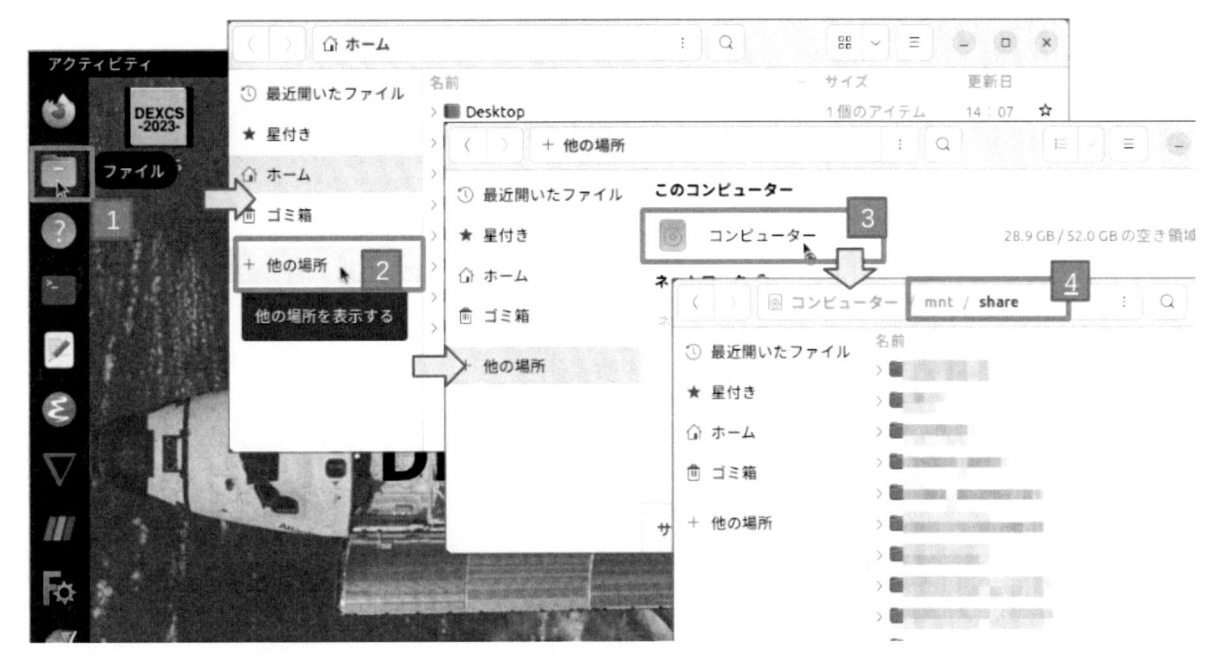

図 9.6 VMPlayer の共有フォルダ

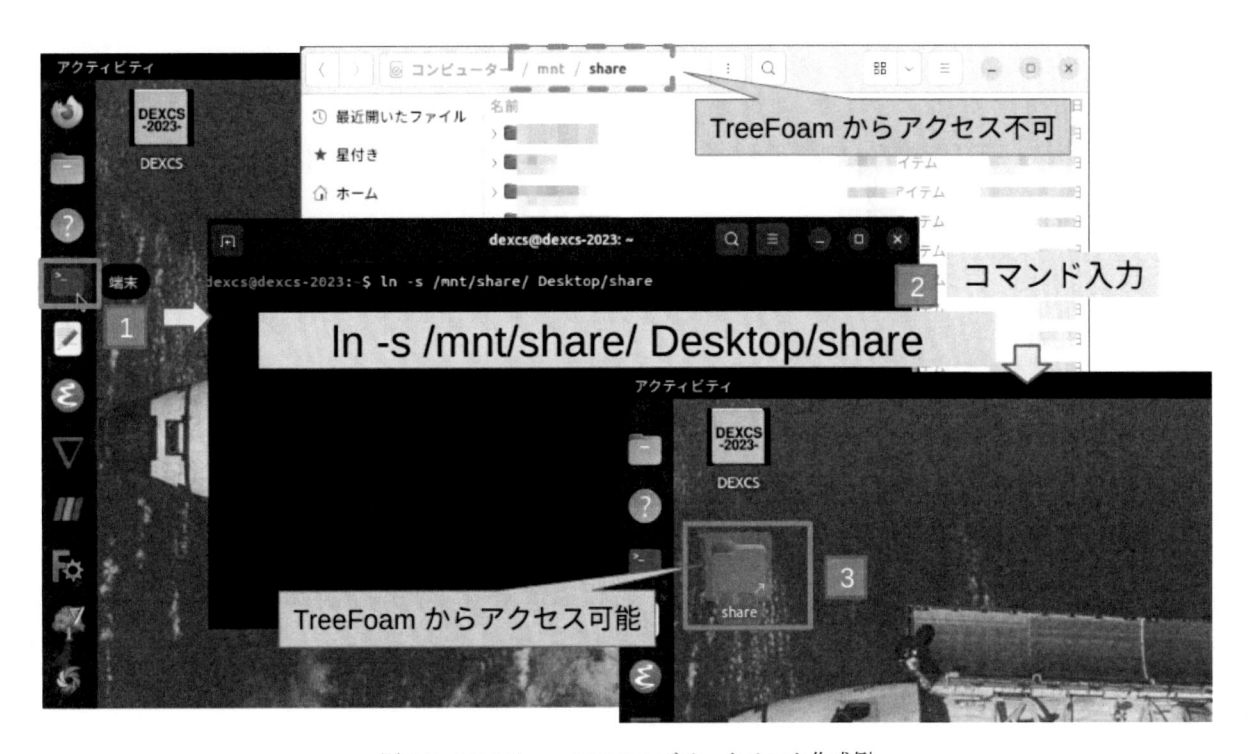

図 9.7 VMPlayer でのシンボリックリンク作成例

■補足事項

　VirtualBox 用にせよ VMPlayer 用にせよ一度スクリプトを実行して再起動したあとで，改めて「DEXCS」フォルダの内容を見ると，スクリプト（「setupVBox.sh」,「setupVM.sh」）が無くなっているはずである．これは誤って重複インストールなどすると，たいへんなことになるリスクを避けるためであった．実行する前にスクリプトの内容を調べる人はほとんどいないと思うが，とはいえスクリプトの内容がわからないのであっては，オープン CAE を謳うからにフェアでない．また VirtualBox の GuestAddition は VirtualBox 本体と併せてかなり頻繁に更新されるが，Ubuntu 標準の更新ツールでは更新できない．自身でダウンロードしてインストールする必要があるが，その方法が開示されていないことになる．

　そこで，ここでスクリプトについて補足しておくので，更新作業などする際の参考にされたい．

　DEXCS をインストールした際に，デスクトップ上に表示されるファイルは，「/etc/skel/Desktop」というフォルダがあり，その内容がそのままコピーされる仕組みになっている．たとえば「DEXCS」フォルダ中にあった「setupVBox.sh」は，「/etc/skel/Desktop/DEXCS/setupVBox.sh」に元ファイルが存在する．したがって，たとえば端末を起動して，

```
$ cat /etc/skel/Desktop/DEXCS/setupVBox.sh
```

と入力すれば，その内容を確認できるし，ファイルマネージャーで閲覧することもできる．その内容は，

/etc/skel/Desktop/DEXCS/setupVBox.sh」

```
1  #!/bin/bash
2
3  gnome-terminal --command /opt/DEXCS/setupVBox.sh
```

　というたった 2 行であるが，端末を開いて，コマンド「/opt/DEXCS/setupVBox.sh」を実行せよという意味である．これだけではわからない．そこで，今度は「/opt/DEXCS/setupVBox.sh」を確認しよう．これがスクリプトの実体である．

/opt/DEXCS/setupVBox.sh

```
1   #!/bin/bash
2
3   WHO='whoami'
4
5   sudo mount -o loop,ro /opt/VBoxGuestAdditions_7.0.8.iso /media/
6   cd /media
7   sudo ./VBoxLinuxAdditions.run
8   sudo gpasswd -a \$WHO vboxsf
9
10  rm -f ~/Desktop/DEXCS/setupVM.sh
11  rm -f ~/Desktop/DEXCS/setupVBox.sh
12
13  sudo reboot
```

　詳しくは説明しないが，あらかじめ Oracle のダウンロードサイト[*4] からダウンロードした iso イメージ「VBoxGuestAdditions_7.0.8.iso」中の Linux 用モジュール「VBoxLinuxAdditions.run」を実行しているだけである．ちなみに本書執筆時点での最新版は，「VBoxGuestAdditions_7.0.10.iso」となっていたので，これを使って更新しても構わない．

[*4] https://www.oracle.com/jp/virtualization/technologies/vm/downloads/virtualbox-downloads.html

同様に,「setupVM.sh」の実体も確認できる.

/opt/DEXCS/setupVM.sh

```
1  #!/bin/bash
2  sudo chmod 666 /etc/fstab
3  echo ".host:/ /mnt fuse.vmhgfs-fuse allow_other,auto_unmount,defaults 0 0"
4                  >> /etc/fstab
5  sudo chmod 644 /etc/fstab
6
7  rm -f ~/Desktop/DEXCS/setupVM.sh
8  rm -f ~/Desktop/DEXCS/setupVBox.sh
9
10 sudo reboot
```

ちなみに,こちらは「/etc/fstab」の内容に追記しているだけなので,スクリプトの実行は瞬時に終わる.

9.2 日本語/英語ベース環境の変更方法

かねてより DEXCS-OF の利用者として,海外からの留学生もあり,日本語だけでなく英語表示で使いたいという希望もあった.海外の利用者に使ってもらって,もっと裾野を拡げたらどうかという意見もあったので,DEXCS-OF に同梱の日本発アプリ(TreeFoam や DEXCS ワークベンチ)も基本的に国際化対応(ただし辞書ファイルはいまのところ英語のみ)している.

ただ DEXCS-OF は,ベース OF として Ubuntu の日本語 Remix イメージ版[*5]をカスタマイズ起点としている.オリジナルの Ubuntu そのものが国際化対応しているので,それを起点にすることも出来たのだが,日本語にまつわる様々な問題[*6]に対処するには,日本語 Remix イメージ版を使うのが容易であったからである.

これが原因であるかどうかは不明であるが,英語環境で使う際にやや面倒な手続きと,表示の一部に不具合が生じている.とはいうもの致命的でなく十分実用に供し得るものとして以下に英語環境で使用する方法について記しておく.なお,以下の説明は,DEXCS-OF のイメージファイルを使った Ubuntu のインストール作業は日本語で行っているという前提である.

なお,言語の切替には大きく 2 つの方法がある.一つは計算環境全体(デスクトップ上の表示メニューなど)であり,もう一つは個別のアプリケーションごとの設定である.本来であれば前者の設定によりすべてのアプリケーションの設定も変更できれば良いのだろうが,そうはなっていない[*7]ので悪しからずである.

9.2.1 言語サポートメニュー

計算環境全体の言語を切り替えるには,言語サポートメニューを使う(図 9.8).

デスクトップ左サイドの Dock メニュー中,一番下に 1 「アプリケーションを表示する」アイコンがあり,これをクリックすると,アプリケーション一覧として多くのアイコンが表示される.この中から「言語サポート」を選べば良いのであるが,必ずしもすべてのアプリケーションが表示されるでもない.見つけられそうにない場合には,上部の検索欄に 2 「la」と入力してみると良い.そうすると 3 「言語サポート」が見つかるはずである.これをクリックすれば,「言語サポート」のダイアログ画面が現れる.

[*5] https://www.ubuntulinux.jp/download

[*6] 詳しくは https://www.ubuntulinux.jp/japanese を参照されたい.

[*7] ファイルマネージャーや端末など,Ubuntu の標準アプリケーションはそうなっている(多分).

図 9.8　言語サポートメニューの起動方法

ただし，DEXCS-OF をインストールした直後で，ネットワークに接続された状態だと，言語サポートが完全にインストールされていないとして，更新作業を促され，図 9.9 に示す手順での更新が必要になる．

この更新には，数分かかり，ネットワークの状況如何でもっとかかる場合もある．更新しなくとも，以下の操作に支障はなさそうだが，切替の都度更新を促されるのも鬱陶しいので，更新しておくにこしたことはないだろう．

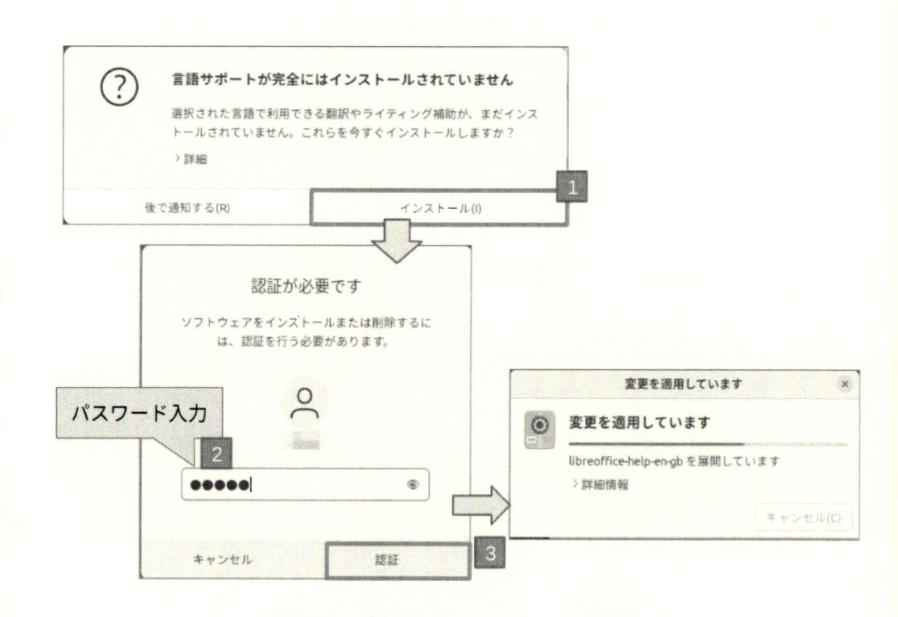

図 9.9　言語サポートメニューの更新

更新が終われば「言語サポート」のダイアログ画面に戻って，切替作業を行うが，この作業もやや面倒である（図 9.10）．

言語リストに表示されている中で一番上のものが設定言語になるので，順序を入れ替えるだけだが，「English」を最上段に持ってくるのは良いとして，そうすると「日本語」が一番下になってしまうので，次に「日本語」を最上段にしようとした場合に，マウス操作がなかなか思うように応答してくれない．③「パスワード入力」や⑤〜⑦でログインし直す必要ある点も面倒である．

日本語版と英語版でのデスクトップ画面の比較を図 9.11 に示しておく．

ファイルマネージャーのサイドメニューや，Dock メニューツールボタンの吹き出し表示が変更されている

図 9.10 表示言語の変更方法

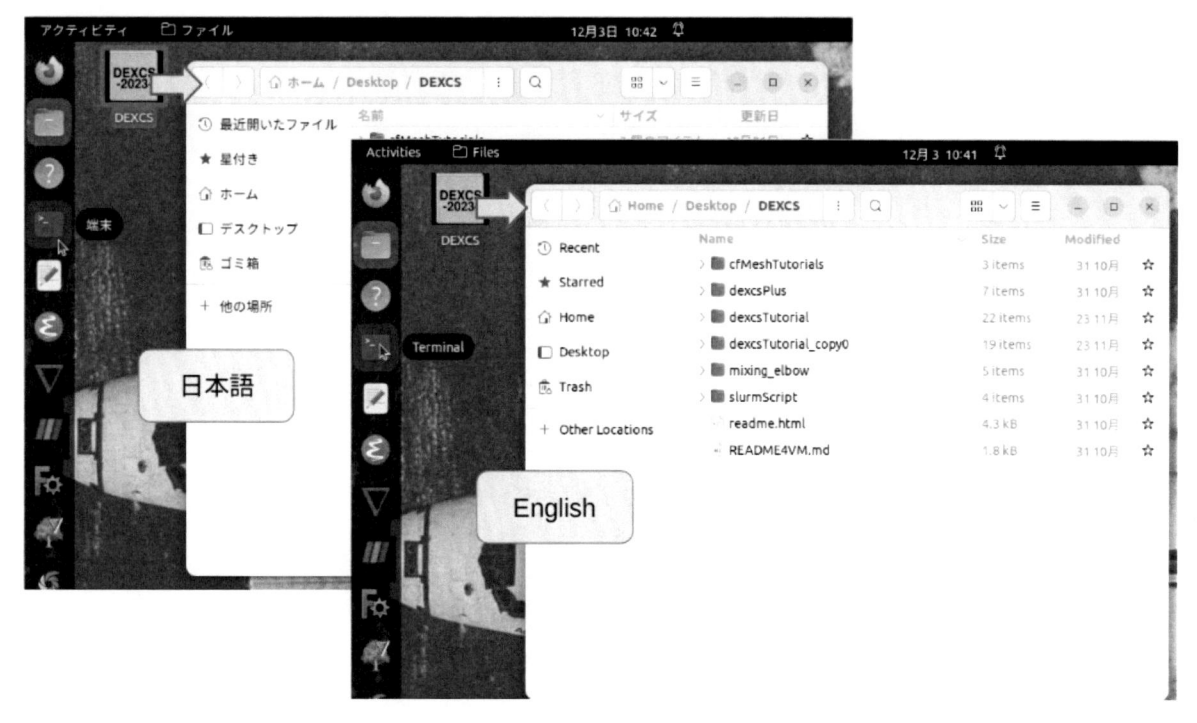

図 9.11 デスクトップ画面の比較

のを確認できよう．ただしデスクトップ上段ステータスバー中の，日にちの表示において英語版でも「月」になっている点は，上述の日本語 Remix イメージ版の問題かもしれない．

　また，FreeCAD，TreeFoam に関しては，この方法で言語を変更しても，日本語表示のまま変化しないことは付け加えておく．

9.2.2　TreeFoam の表示言語切替

　TreeFoam で表示言語を変更する手順を，図 9.12 に示しておく．

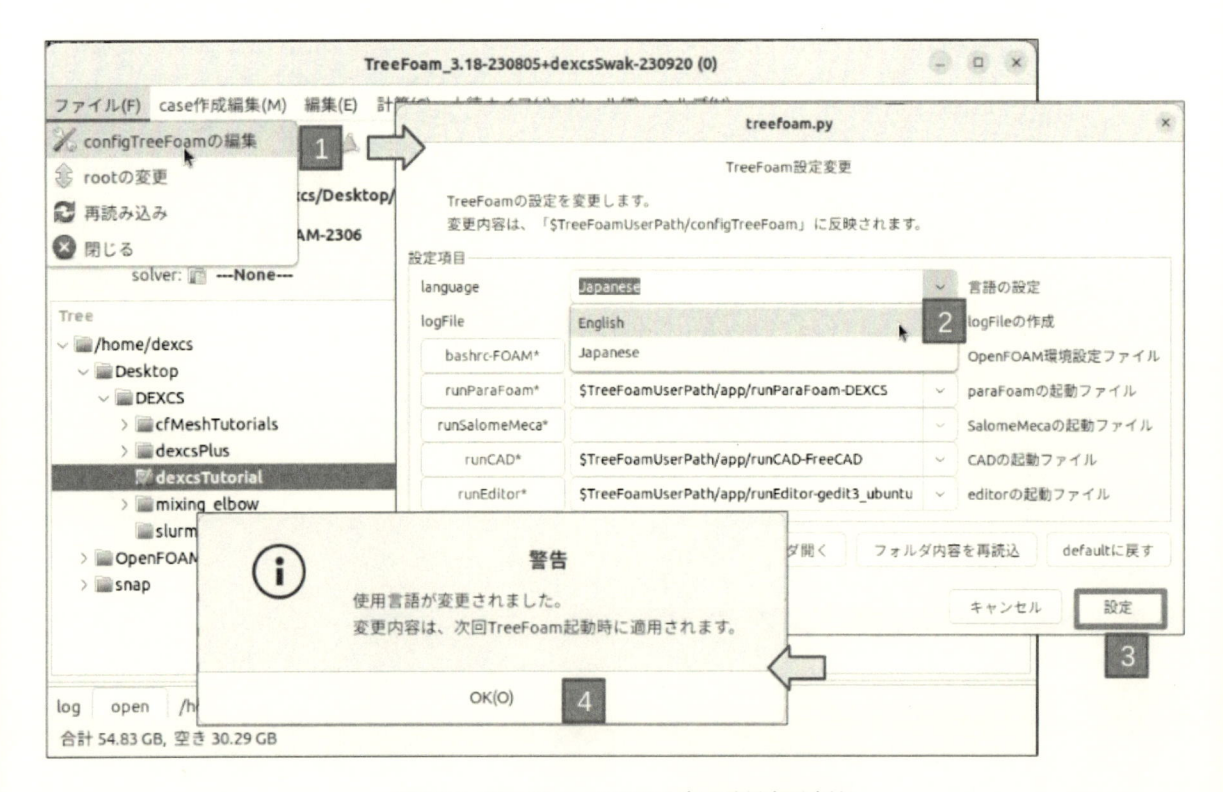

図 9.12　TreeFoam における表示言語変更方法

　「ファイル」⇒ 1 「configTreeFoam の編集」メニューから現れる「treefoam.py」画面において，2 「language」を変更すれば良いのだが，その後に現れる「警告」画面に示される通り，TreeFoam を起動し直す必要がある．英語環境で TreeFoam を起動し直せば，図 9.13 のように表示されるはずである．

9.2.3　FreeCAD の表示言語切替

　FreeCAD で表示言語を変更する手順を，図 9.14 に示しておく．

　こちらは「編集」⇒ 1 「設定」メニューから「設定」ダイアログ画面にて，言語を 2 選択できるようになっており，選択肢も英語以外に様々な言語を選択できる．なおかつ，3 「OK」ボタンを押して「設定」ダイアログ画面を閉じれば，FreeCAD を立ち上げ直さなくとも反映される．英語環境で，DEXCS 標準チュートリアル問題を実行（ワークベンチを使用）中のイメージを図 9.15 に示しておく．

　なお，DEXCS ワークベンチは FreeCAD の言語設定とは独立して，ベース環境（言語サポート）の設定に連動している．

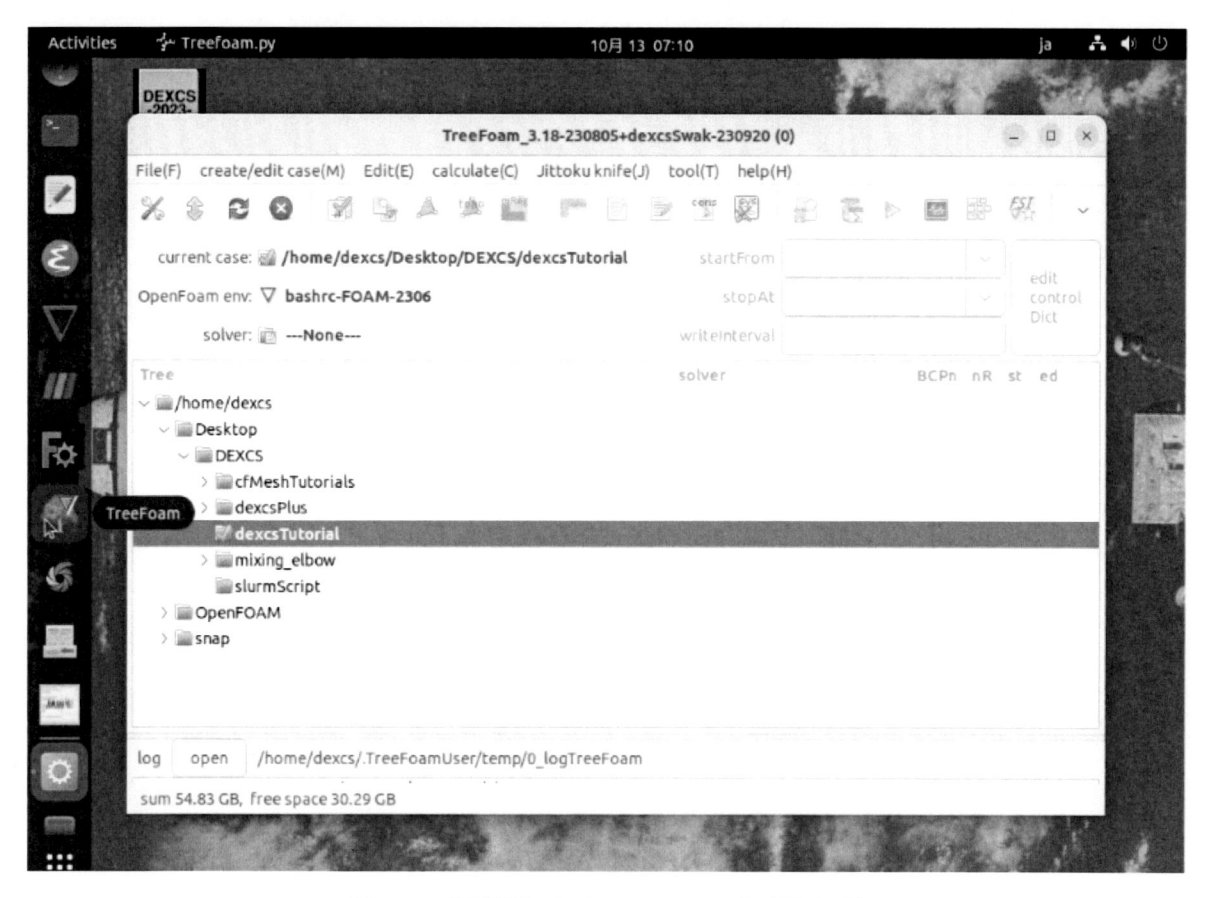

図 9.13　英語環境における TreeFoam 表示画面の例

9.3　FreeCAD の AppImage 版について

　FreeCAD は OS として，Linux だけでなく，Windows，Mac でも使えるようになっているが，Linux の場合インストールの方法によってバージョンが異なっている．Ubuntu の場合，ここ数年はインストールの方法として大きく 4 つの方法がある．

1. U の公式レポジトリからパッケージインストール
2. FreeCAD の安定版 PPA [8] からパッケージインストール
3. FreeCAD の開発版 PPA からパッケージインストール
4. AppImage を使用する方法

　このうち，1 番目はバージョンが古く機能面で見劣りがあり，3 番目は最新更新で不具合が生じるリスク大であるので，DEXCS-OF では 2 番目（安定版）と 4 番目（AppImage 版）の方法のどちらも利用できるようになっている．ただし，そのどちらをデフォルトとするかは決めかねており，DEXCS2022 では AppImage 版をデフォルトとしたが，DEXCS2023 では安定版がデフォルトになっている．そこで AppImage 版をデフォルトに変更するにはという趣旨の本節のタイトルだが，そもそも安定版と AppImage 版との違いについて説明しておく．

---

[8] Personal Package Archive 非公式レポジトリ

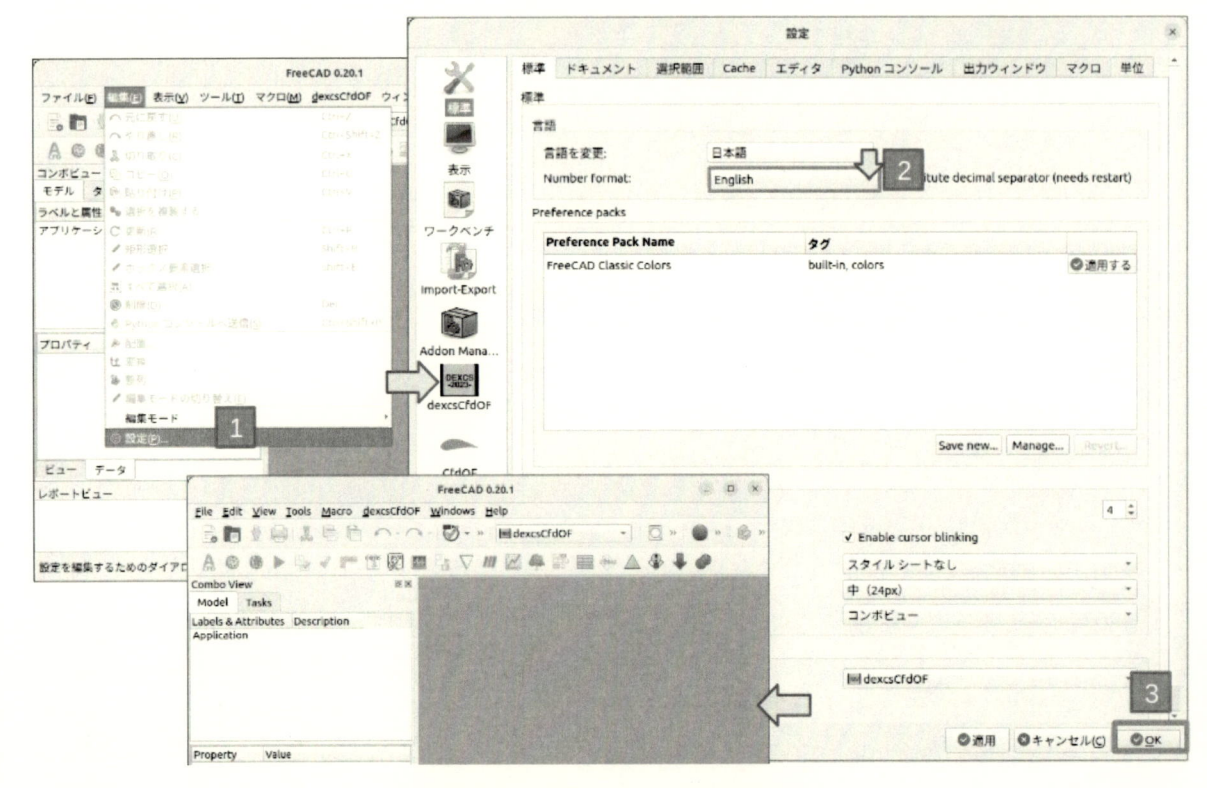

図 9.14   FreeCAD における表示言語変更方法

9.3.1   安定版と AppImage 版の機能比較

着眼点	安定版 PPA	AppImage 版
DEXCS2023 搭載バージョン	0.20.1(2022/10/27)	0.21.0(2023/8/2)
FEM-WB / Netgen （注記 1）	×	○
DEXCS ツールバー	○	△（注記 2）
STL 出力	△（注記 3）	○

表 9.1   安定版と AppImage 版の違い

表の中で注記項目の説明は以下の通りである.

- 注記 1 FEM ワークベンチ[*9] で使用可能なメッシュツールで, Stable 版は Gmsh しか利用できない
- 注記 2 TreeFoam 起動アイコン🌿と並列処理アイコン▦で起動される画面は一部の機能が不全
- 注記 3 同一の CAD モデルであっても, FreeCAD の Windows 版, Mac 版で出力される STL 品質と
    一致しない場合がある

機能面では AppImage 版に軍配が上がるが, 一部であるが DEXCS ツールバーのアイコンを使えないというのも大きな問題で, どちらにも決めかねるという状況である. したがって, DEXCS-OF としてはどちらも使える状態にしておいて, どちらを使うか最終的に利用者判断に委ねたい.

[*9] OpenFOAM とは直接関係ないが, FreeCAD 上で簡単に FEM（有限要素法）解析できるワークベンチが使えるようになっている.

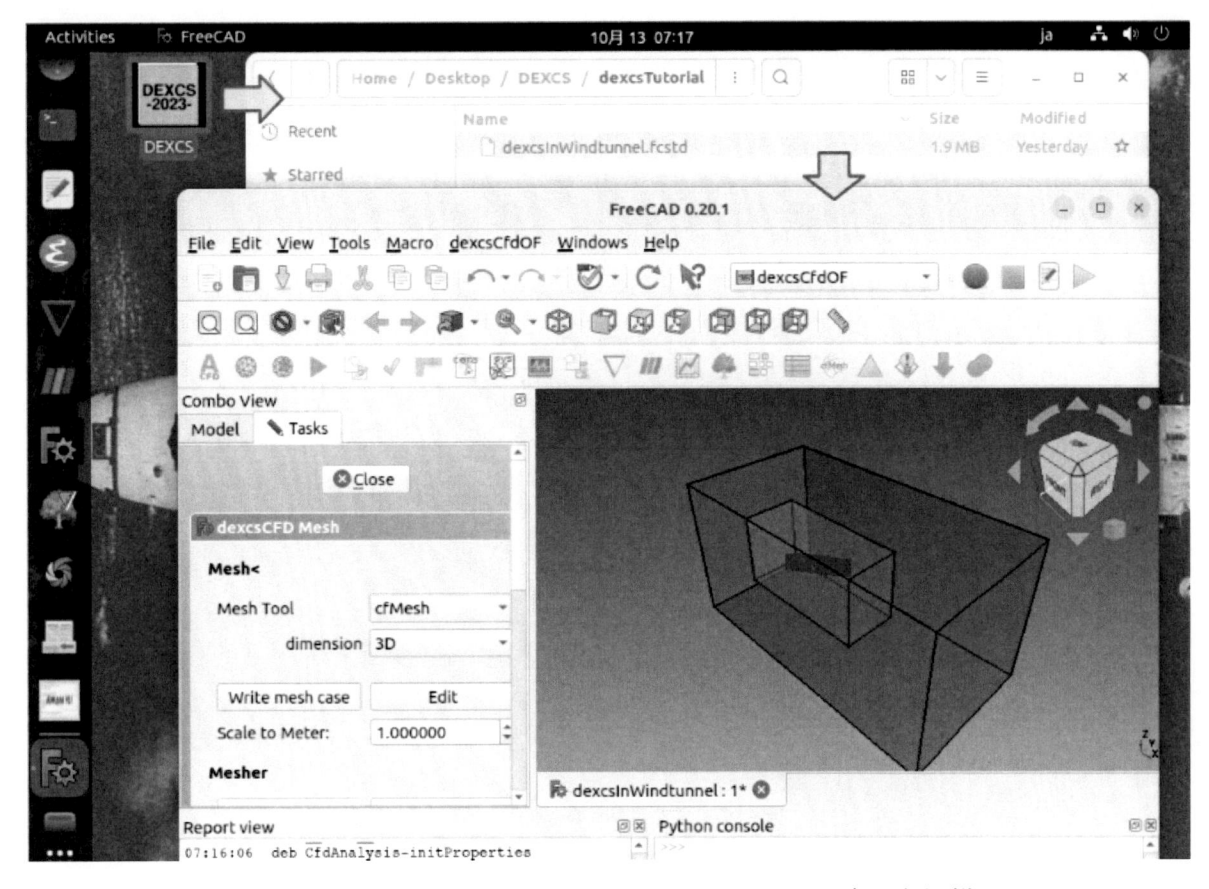

図 9.15　英語環境における FreeCAD/DEXCS ワークベンチ表示画面の例

9.3.2　安定版 PPA と AppImage 版の切替方法

安定版と AppImage 版を使い分ける方法は，コマンド入力が必要で少々面倒であるが，端末画面を開いて以下のように入力されたい.

■AppImage 版を使いたい場合

```
$ sudo rm /usr/bin/freecad
$ sudo ln -s /opt/freecad /usr/bin/freecad
```

■安定版を使いたい場合

```
$ sudo rm /usr/bin/freecad
$ sudo ln -s /etc/alternatives/freecad /usr/bin/freecad
```

9.4　Paraview / paraFoam

第 3 章 3.4.3（p.54）において，ParaView と ParaFoam の違いを説明したが，初心者にはイメージが掴めないかもしれないので，ここでもう少し詳しく図解しておく.

9.4.1　Paraview と paraFoam の違い

　Paraview（または ParaView）と paraFoam という用語があって本書の中でもしっかりと区別なく説明している箇所もあったかと思う.

　そもそも paraFoam というのは, OpenFOAM で Paraview を起動する際に OpenFOAM 固有のデータ形式を可視化できるようカスタマイズした OpenFOAM のコマンドであり, 古くはそういう形でしか OpenFOAM のデータを可視化できなかった. しかるに Paraview も汎用の可視化ソフトであり, Paraview の開発側でも OpenFOAM のデータを可視化する方法が開発されてきた. ただその場合でも, 単純に Paraview を起動してダイレクトに OpenFOAM のデータを取り込むことはできない. ケースファイル中に拡張子が「.foam」というファイル（ファイルの実体は空でよい）が必要になる. したがって Paraview を起動する前に,「.foam」ファイルを作る必要があり, それを paraFoam のコマンドオプション（-builtin）で実行できるようにしていた. そしてここまでの説明は, ParaView をソースビルドできれば, このように paraFoam コマンドをビルドできていたということである. ただし DEXCS2022 まではこのような説明で良かったが, DEXCS2023 では OpenFOAM 10 で併せて付属されるバイナリーパッケージ版の paraFoam もあるので, ますますややこしい.

　一方, ParaView をソースビルドできなくなって, バイナリーで配布されるパッケージをそのまま使うのが主流になってきているが, その場合でも単純に Paraview を起動してダイレクトに OpenFOAM のデータを取り込むことはできないのは同じである.「.foam」ファイルを手作業で作成して使用する人もいるが, その前処理コマンドとして伝統的な paraFoam コマンドの名前をそのまま流用する形で使えるようにしているのが DEXCS-OF の流儀になっている[10]. 具体的には, DEXCS-OF では,「/usr/bin/paraFoam」として, 以下のスクリプトが同梱されている.

「/usr/bin/paraFoam」

```
1   !#/bin/sh
2   #paraview launcher
3   export LD_LIBRARY_PATH=''
4   a=`pwd`
5   openName=`basename $a`.foam
6   touch $openName
7   /opt/paraview/bin/paraview $openName
8   rm $openName
```

6 行目で「.foam」の空ファイルを作成し, 7 行目でバイナリーでダウンロードした Paraview を起動しているだけである. これにより, OpenFOAM でビルドした paraFoam が存在すればそちらを使って, 無ければこれを使うことになる.

　したがって, 広義には Paraview は可視化ソフトの名称で, paraFoam は Paraview の起動コマンドとして理解していただければ良いが, paraFoam -builtin で可視化することを Paraview で可視化といったり, そうでないものを純正 paraFoam（または単に paraFoam）による可視化といったりする説明箇所もあるので, 紛らわしいがご容赦されたい.

　図 9.16 は, DEXCS 標準チュートリアルケースを解析ケースとして TreeFoam から paraFoam を起動した際のイメージ図である. ただし TreeFoam は, 次節（9.4.2）の純正 paraFoam を使用する設定がなされているという前提である.

---

[10]　というか, TreeFoam の流儀をそのまま採用させていただいている.

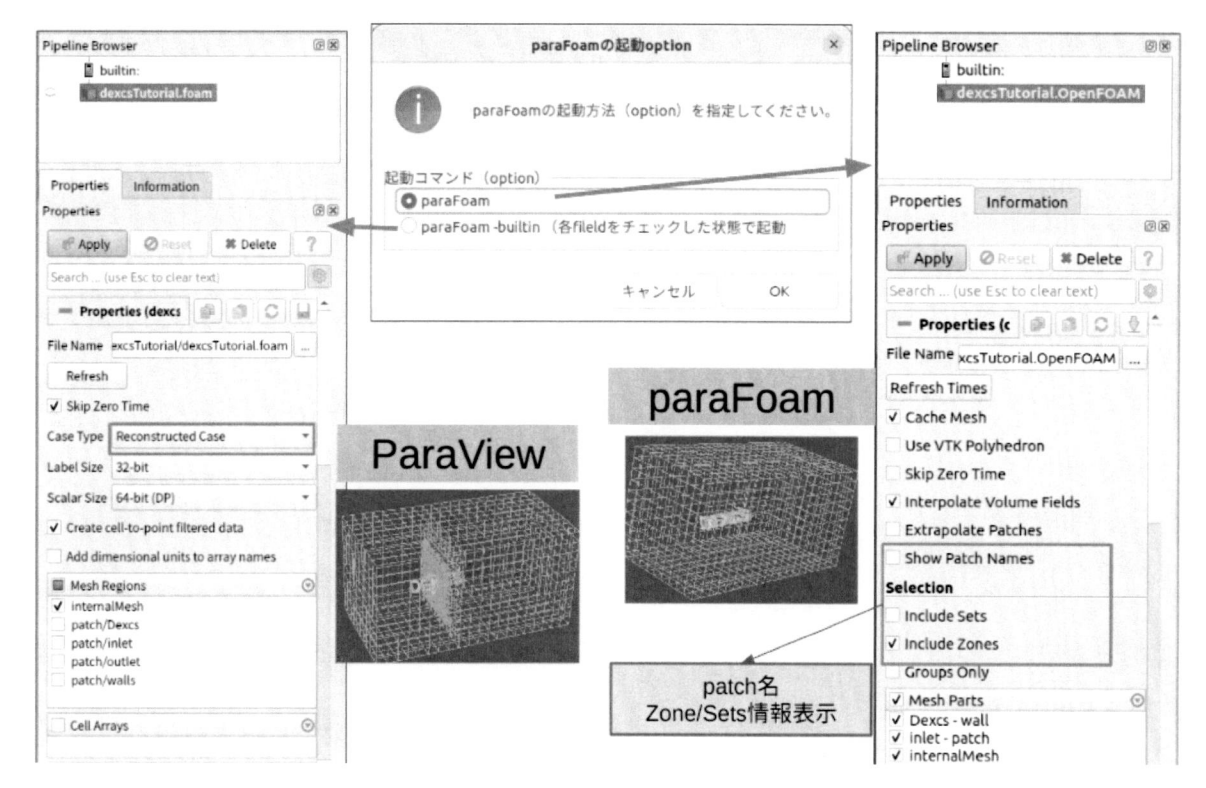

図 9.16　ParaView と paraFoam の違い

　TreeFoam から paraFoam を起動すると，図の中央上段「paraFoam の起動 option」というダイアログ画面が現れる．option が 2 つあって，どちらを選んでも ParaView 画面が立ち上がるが，よく見ると ParaView の左サイド画面のメニューがかなり異なっている．デフォルト option「paraFoam」とすれば図 9.16 の右側に示すサイド画面メニューとなるし，「parafoam -builtin」を選択すれば左側に示すサイド画面メニューとなる．サイド画面メニュー上段の（PipelineBrowser）に表示されるコンポーネントの名前も違っている．左側【ParaView】では「dexcsWindTunnel.foam」，右側【paraFoam】では「dexcsWindTunnel.OPENFOAM」となっている．ただし後述する純正 paraFoam を使用する設定がなされていなければ，どちらを選んでも左側に示すサイド画面メニューとなる．

　左側が，ParaView 側が開発した OpenFOAM 用のリーダー，右側が OpenFOAM 側が開発した専用リーダー（純正 paraFoam）によって ParaView が立ち上がっているということである．

　以上が外見上の違いであるが，機能面での違いで一番大きいのは，並列計算結果を可視化できるかどうかであり，Paraview ではそれができて paraFoam ではできない．この点は，DEXCS 標準チュートリアルのような規模の小さい（要素数が 100 万以下）問題であれば，結果を再構築する手間はほとんど問題にならなくて，むしろ領域分割境界の見栄えを問題にしたくなるくらいだが，規模が大きい問題になると様相は一変する．結果を再構築するのに長大な時間が必要になってしまうので，実務の現場では再構築せずに結果確認するのが一般的で，Paraview による可視化が多用される．

　一方，paraFoam でしかできない機能として，paraView の画面上に patch 名を表示させたり，sets や zone 情報も表示したりすることができ，これはこれで有用であった．さらに第 7 章の図 7.8（p.195）で見たような「blockMeshDict」を表示することもできる．

　したがって，どちらの方法でも可視化できるようにしておくのが良かったのであるが，そうするには

OpenFOAM の ESI 版の場合，Paraview をソースビルドする必要があり，これが年々困難になり DEXCS2021 以降 paraFoam が使えなくなった．paraFoam でしか使えなかった機能も一部は代替方法が使えたので我慢するとしていた．参考までに，sets 情報の可視化代替方法（TreeFoam のアイコン ▦ MeshViewer を使う）について説明したのが図 9.17 である．

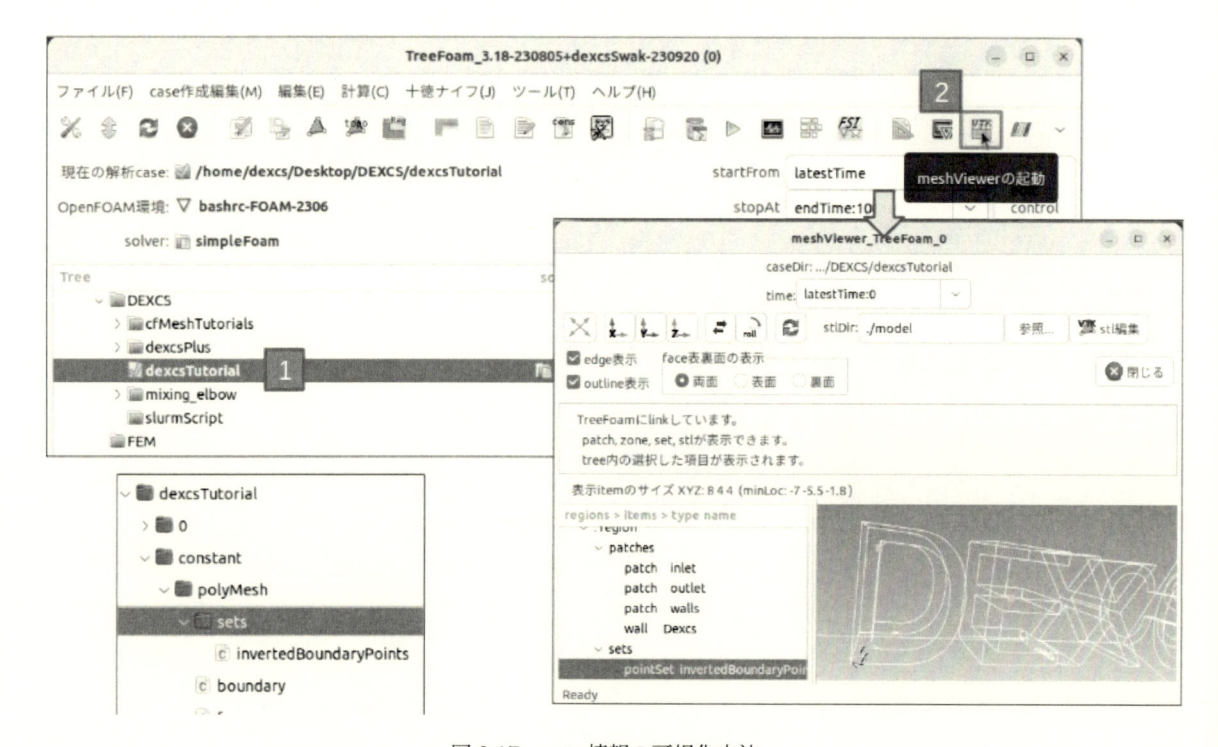

図 9.17　sets 情報の可視化方法

　一方，OpenFOAM も ESI 版でなく Foudation 版であれば，Paraview をソースビルドせずとも，OpenFOAM のパッケージインストールで併せて paraFoam も使えるようになる．したがって DEXCS2023 ではこれらも併せて同梱して，純正 paraFoam の機能を使えるようになっている．とはいえデフォルトでそのまま使えるというものでなく，次項（9.4.2）で説明する設定変更を実施した上で．OpenFOAM のバージョンの違いを意識して使用するか，もしくは次節（9.5）での説明になるが，DEXCS-OF の OpenFOAM そのもののデフォルトを OpenFOAM 10 に変更する必要がある．

9.4.2　純正 paraFoam を使うには

　基本的に OpenFOAM 10 の環境下で paraFoam コマンドを使えば良い．コマンド入力での操作ができる人はそうして使ってもらえば良いが，GUI 操作で使いたい場合には，TreeFoam をプラットフォームとして使えるようになっているので，図 9.18 に示す手順で，TreeFoam の設定を変更する．

　「ファイル」⇒ 1 「configTreeFoam の編集」メニューから，「paraFoam の起動ファイル」として 2 「runParaFoam-10」を選択すれば良い（デフォルトは「runParaFoam-DEXCS」）．

　こうすると，TreeFoam の「十徳ナイフ」メニューの 1 「blockMesh 表示」が使えるようになって，図 9.19，図 9.20 に示す手順によって「blockMeshDict」を可視化表示できるようになる．

　図 9.19 は，チュートリアルケースの「incompressible/pisoFoam/RAS/cavity」ケースを対象にしたもので，チュートリアルケースは openfoam2306 のものであるが，paraFoam は端末出力の 3 に示すように

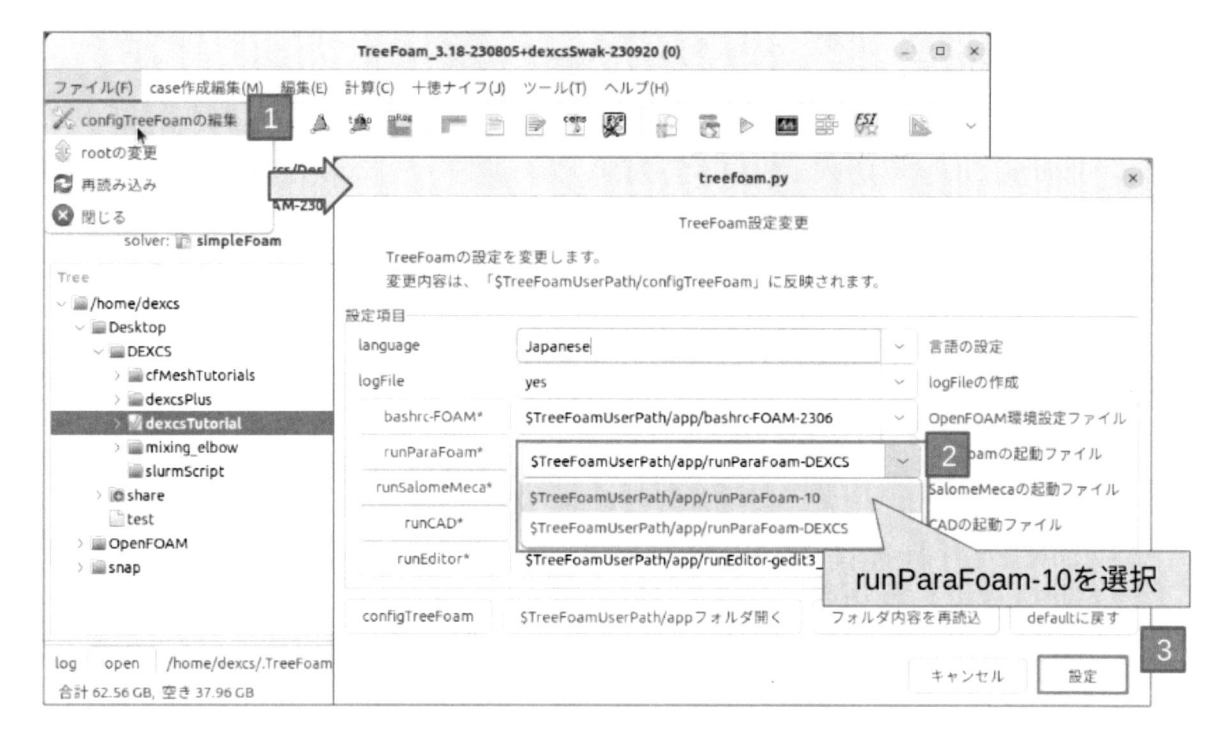

図 9.18 純正 paraFoam を使うための設定変更

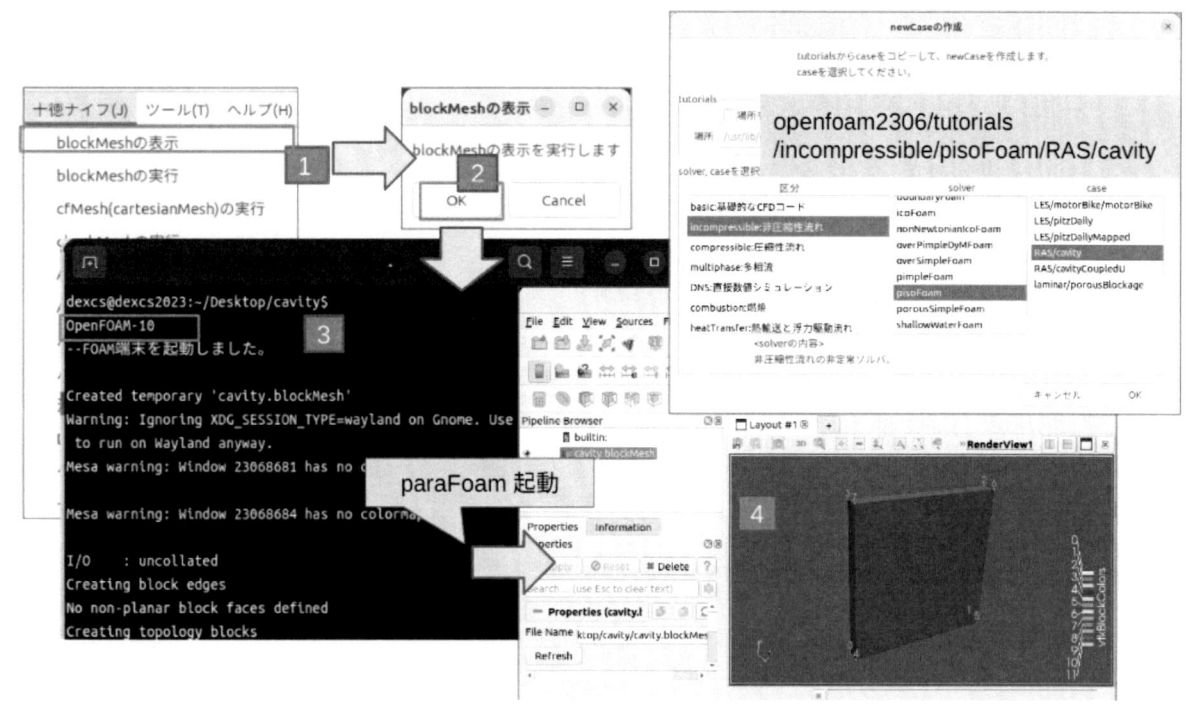

図 9.19 「blockMeshDict」表示例 1

OpenFoam-10 のそれが起動しており, それでも正しく表示できている. 計算結果の可視化も問題ない.

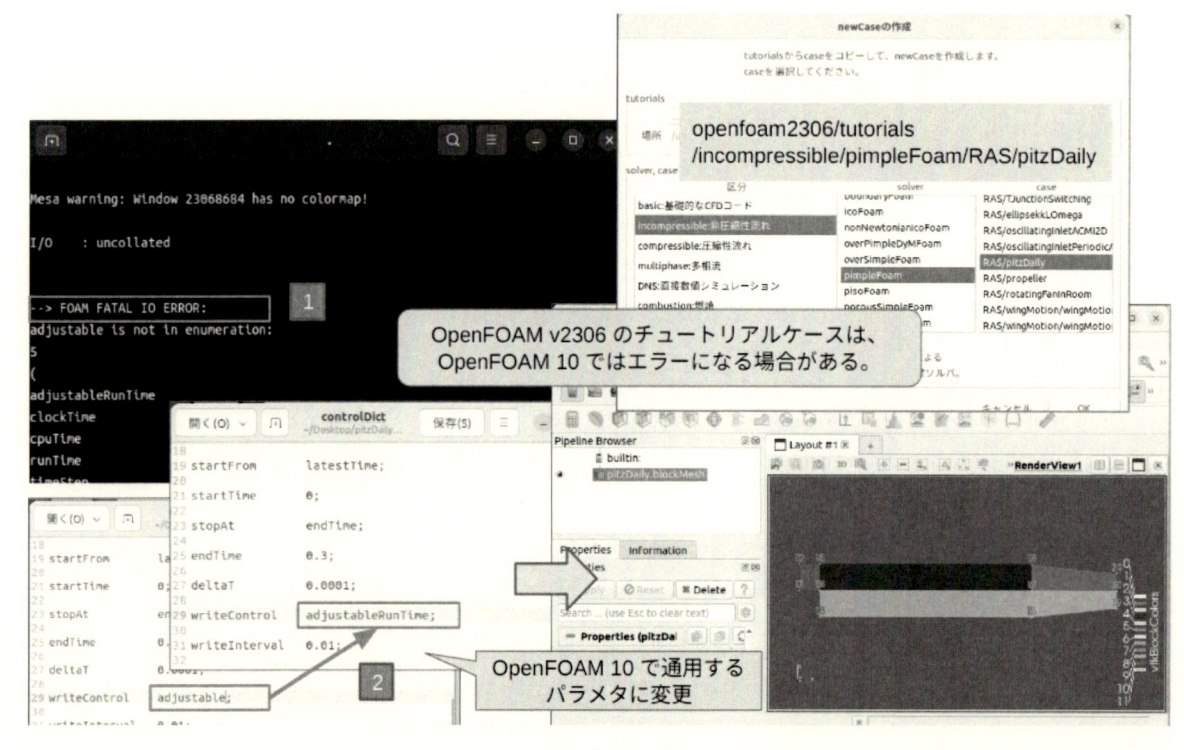

図 9.20 「blockMeshDict」表示例 2

一方, 図 9.20 は, チュートリアルケースの「incompressible/pimpleFoam/RAS/pitzDaily」ケースを対象にしたもので, この場合, そのままでは端末出力の 1 の部分,

```
--> FOAM FATAL IO ERROR:
```

から, エラーで実行できないことがわかる. しかしその後に続くメッセージ

```
adjustable is not in enumeration:
5
(
adjustableRunTime
clockTime
cpuTime
runTime
timeStep
)
```

から,「sytem/controlDict」中の, adjustable を指定している箇所が NG とわかり, これを 2「adjustableRun-Time に変更」してやり直せば, 第 7 章の図 7.8 で見たのと同じ「blockMeshDict」を表示することができるようになる. ただしこの修正は第 7 章の図 7.8 で「controlDict」に修正した内容と異なっているが, このときは「incompressible/simpleFoam/RAS/pitzDaily」ケースを対象にしていたからである.

このように, OpenFOAM2306 のケースファイルを OpenFOAM-10 で取り扱おうとすると, そのままではエラーになる場合も生じる. その原因は様々であるが, ほとんどのエラーの原因は用語や文法上の問題で, 上

で見たようにエラーメッセージを落ち着いて読めば問題箇所とその対策は容易に特定できるので，挑戦していただきたい．

9.5 OpenFOAM 10 について

前節では，純正 paraFoam を利用するのに，結果的にではあるが OpenFOAM2306 のケースファイルを OpenFOAM-10 で取り扱うことになった．メッシュデータはどちらでも使えるので，純正 paraFoam が OpenFOAM-10 で動くとなればケースファイルも OpenFOAM-10 のものを対象にすれば良かったと考えて当然である．simpleFoam や interFoam など，一般的にポピュラーなソルバーを使うのであれば，OpenFOAM2306 も OpenFOAM-10 も，メッシュが同じであれば結果（精度，計算時間）もほとんど変わらない．OpenFOAM-10 でしか使えないソルバーがあり，それを使いたい場合もあるだろう．

以上のような状況であれば，DEXCS-OF のデフォルトソルバーを OpenFOAM2306 でなく，OpenFOAM-10 として利用することが推奨される．そのように設定を変更する方法を以下に説明する．

■FreeCAD/DEXCS ワークベンチの設定変更

FreeCAD の「編集」のプルダウンメニューから $\boxed{1}$「設定」を選択すると，「設定」のダイアログ画面が現れる．左サイズパネルに並んだアイコンのうち $\boxed{2}$「dexcsCfdOF」をクリックする（図 9.21）．

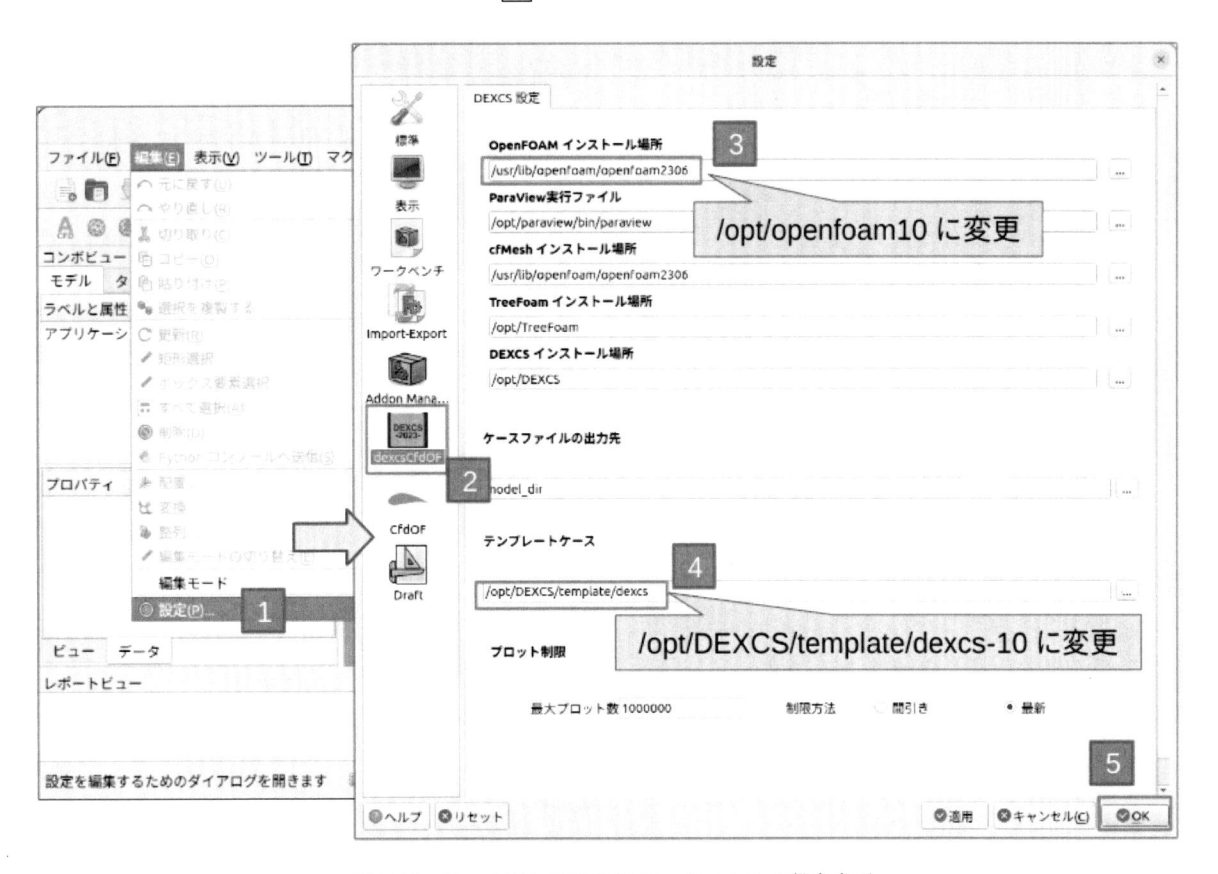

図 9.21 FreeCAD/DEXCS ワークベンチの設定変更

いくつか設定項目があるが $\boxed{3}$「OpenFOAM インストール場所」を

> 「/usr/lib/openfoam/openfoam2306」から「/opt/openfoam10」に変更

4 「テンプレートケース」を

> 「/opt/DEXCS/template/dexcs」から「/opt/DEXCS/template/dexcs-10」に変更

■TreeFoam の設定変更

「ファイル」⇒ 1 「configTreeFoam の編集」メニューで実施する（図 9.22）.

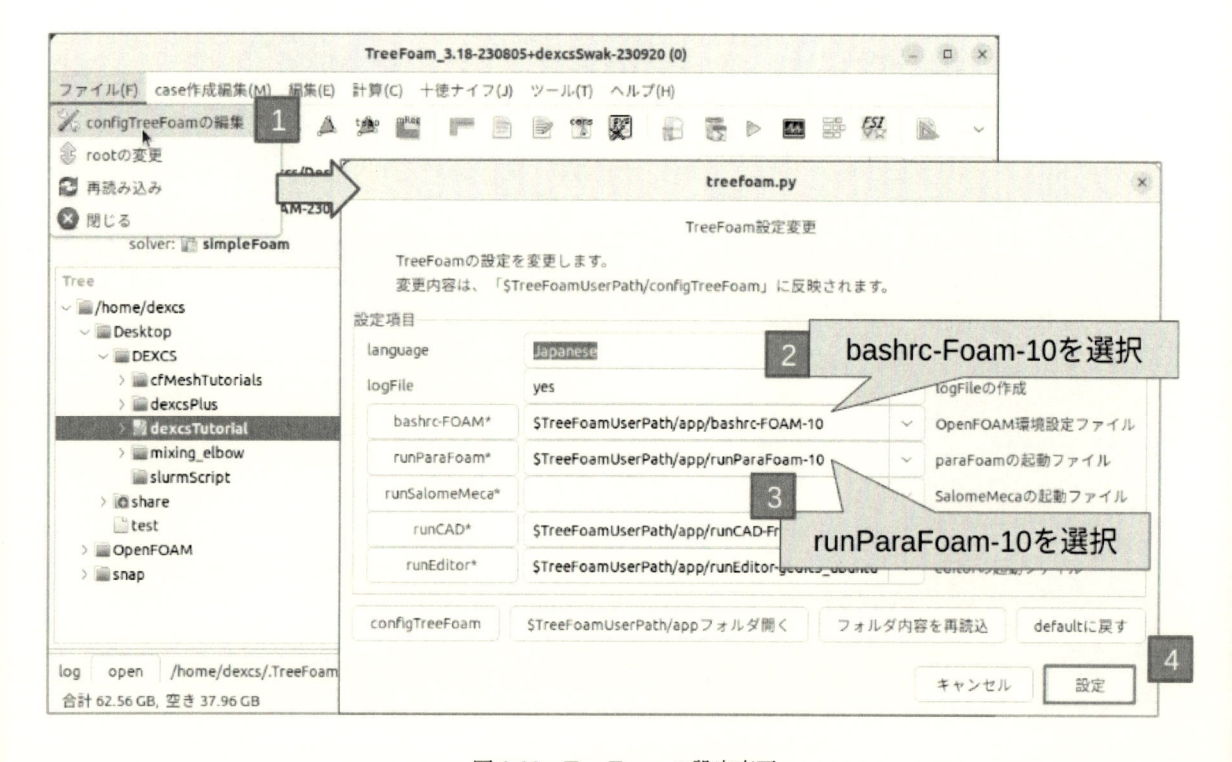

図 9.22　TreeFoam の設定変更

前節（9.4）で「paraFoam の起動ファイル」として 3 「runParaFoam-10」（デフォルトは「runParaFoam-DEXCS」）を選択したが，これに加えて「OpenFOAM 環境設定ファイル」として 2 「bashrc-Foam-10」（デフォルトは「bashrc-FOAM-DEXCS」）を選択する.

基本的な設定は以上である．これ以外に FreeCAD データで解析コンテナ付きのモデルでは（Template）のプロパティー値を変更する必要がある.

■dexcsPlus の設定変更

DEXCS2023 に同梱した「dexcsPlus」は 1 （dexcsCfdAnalysis）解析コンテナの（Template）プロパティー値が，「/usr/lib/openfoam/openfoam2306/tutorials/」以下のケースを指定している（図 9.23）ので，これを「/opt/openfoam/10/tutorials/」下の同等名に 2 変更する必要がある.

なお，相応のチュートリアルケースが存在しないものもある（オーバーセットを使うケースなど）．存在しても正しく動かないケースが有るかもしれない．執筆時点で未確認である点，おことわりしておく.

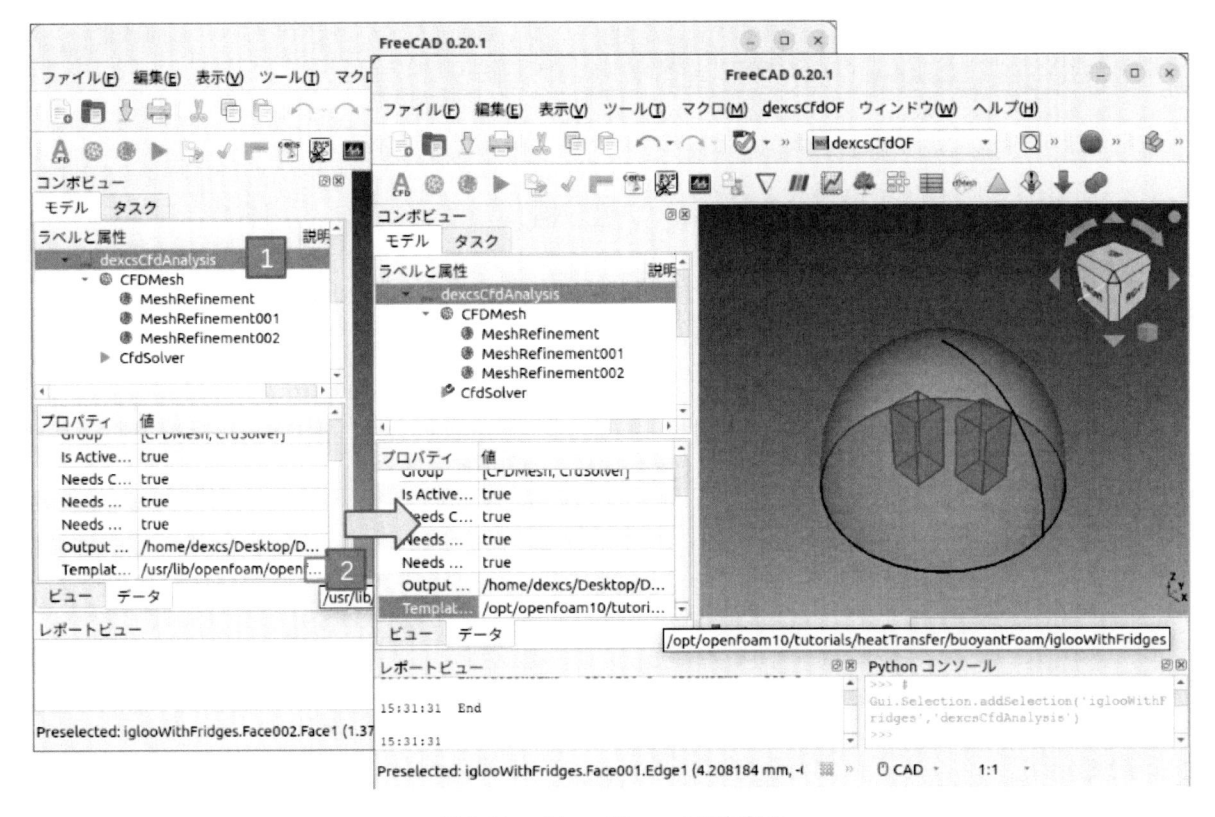

図 9.23　「dexcsPlus」の設定変更

9.6　SLURM について

　SLURM というのは，SchedMD[11] にて開発されているオープンソースのリソースマネージャー（計算機管理システム）で，ジョブ管理システムとも呼ばれるソフトウェアの代表的なものの一つである．

　一般的には，PC クラスターなど大規模な計算機システムを複数のユーザーで利用する場合に，複数のジョブの起動や終了を管理したり，ジョブの実行や終了を監視・報告したりするのに使われるもので，これにより計算機のリソースを効率良く使うことができるようになる．

　DEXCS-OF は主に個人で使うパソコンにインストールして使用することを想定しているが，複数のユーザーで利用することも可能であるという点と，仮に個人だけで使用する場合でも，複数のジョブをまとめて一括処理したい場合（注記 1 [12] ）などにはこの種のソフトがあると重宝するので，DEXCS2014〜2017 まではこれを同梱していた．

　ただ計算環境に応じた個別の設定が必要で，初心者向けにはすぐに使えるという代物ではなかったのでDEXS2018 以降では同梱していなかったが，だんだん設定も簡単になってきたので DEXCS2023 から復活した．

---

[11] https://www.schedmd.com/
[12] 注記内容は本節（9.6）末尾を参照されたい．

9.6.1   計算環境設定方法

　DEXCS2023 では，デフォルトで4コアのマシンを想定しているので，使用するマシンのコア数が4より少ないとジョブを投入できない．また4より大きな場合であっても4つのコアしか使用できない，という問題が生じる．使用するマシンのコア数に合わせて，「slurm.conf」を書き換えて使用することが推奨される．

　このまま（コア数4）の設定で良い場合は次節に進めば良いが．よくわからない場合にはとりあえず，次節の方法で SLURM を起動してみて，うまく動かなかったら，以下読んで，設定をやり直すでも良いが，やり直す際には次節の簡単スクリプトを使用できない点も併せて考慮し判断いただきたい．

　設定ファイルは，「/etc/slurm/slurm.conf」にあり，デフォルトでは以下のようになっている．

```
 1  # slurm.conf file generated by configurator easy.html.
 2  # Put this file on all nodes of your cluster.
 3  # See the slurm.conf man page for more information.
 4  #
 5  SlurmctldHost=localhost
 6  #
 7  #MailProg=/bin/mail
 8  MpiDefault=none
 9  #MpiParams=ports=#-#
10  ProctrackType=proctrack/pgid
11  ReturnToService=1
12  SlurmctldPidFile=/var/run/slurmctld.pid
13  #SlurmctldPort=6817
14  SlurmdPidFile=/var/run/slurmd.pid
15  #SlurmdPort=6818
16  SlurmdSpoolDir=/var/spool/slurmd
17  SlurmUser=slurm
18  #SlurmdUser=root
19  StateSaveLocation=/var/lib/slurm/slurmctld
20  SwitchType=switch/none
21  TaskPlugin=task/affinity
22  #
23  #
24  # TIMERS
25  #KillWait=30
26  #MinJobAge=300
27  #SlurmctldTimeout=120
28  #SlurmdTimeout=300
29  #
30  #
31  # SCHEDULING
32  SchedulerType=sched/backfill
33  SelectType=select/cons_res
34  SelectTypeParameters=CR_CPU
35  #
36  #
37  # LOGGING AND ACCOUNTING
38  AccountingStorageType=accounting_storage/none
39  ClusterName=localhost
40  #JobAcctGatherFrequency=30
41  JobAcctGatherType=jobacct_gather/none
42  #SlurmctldDebug=info
```

```
43  SlurmctldLogFile=/var/log/slurm/slurmctld.log
44  #SlurmdDebug=info
45  SlurmdLogFile=/var/log/slurm/slurmd.log
46  #
47  #
48  # COMPUTE NODES
49  NodeName=localhost CPUs=4 Sockets=1 CoresPerSocket=4 ThreadsPerCore=1 State=UNKNOWN
50  #NodeName=localhost CPUs=4 State=UNKNOWN
51  PartitionName=debug Nodes=localhost Default=YES MaxTime=INFINITE State=UP
```

　行頭に#のある行はコメント行なので見かけほどに多くの設定項目があるわけではない．また筆者にも理解できない項目があるが一番重要なものは 49 行目と 50 行目で，数字の「4」の部分が，本節冒頭に記した「4 コアのマシンを想定している」の箇所である．自分が使っているマシンのスペックが判らない場合には注記 2 を参考に調べていただきたい．

　また，33 行目で「cons_res」とある部分は，コア数の許す限り複数のジョブを実行させたい場合の設定で，1 つのジョブしか実行させたくない場合には「linear」を指定する．

9.6.2　起動方法

　SLURM はデーモンサービスとして起動するが，起動用スクリプトは図 9.24 に示す手順で簡単に実行できる．デスクトップ上の 1 「DEXCS」フォルダ内にある 2 「runSlurm.sh」を右クリックメニューから 3 「スクリプトとして実行」するだけである．管理者権限が必要なので 4 パスワード入力が必要である．新しく端末画面が現れて 5 に示すように，STATE が「idle」になれば起動に成功している．そうでなければ前節に戻って「slurm.conf」の書き換えが必要ということである．

　なお，書き換え後の SLURM 再起動にこのスクリプトは使えない．スクリプトを以下のように改変して使用されたい．

```
1  #!/bin/bash
2
3  sudo systemctl stop slurmd
4  sudo systemctl stop slurmctld
5
6  sudo systemctl start slurmctld
7  sudo systemctl start slurmd
8
9  gnome-terminal -t dexcsSlurm --geometry=90x5-0-0 -- bash -c 'sinfo; bash'
```

　3 行目と 4 行目を追加，つまりデーモンサービスを停止しないと起動できないということである．

　SLURM の起動に成功したら，あとはシステムを終了して再起動したあともそのまま使える．ただし仮想マシンで使う場合など，都度使用する計算機のコア数を変更することはできるので，コア数を変更した際には「slur.conf」を変更して再起動する作業は必要になる．

9.6.3　うまく動かないとき

　「/var/log/slurm/」の下にログファイルが出力されている[*13] ので，これを読めば何とか対処できると思われる．筆者の経験では，「slurm.conf」の記述間違いに起因するエラーが大半であった．

[*13]　「slurm.conf」の 43 行目と 45 行目で指定されたファイル．

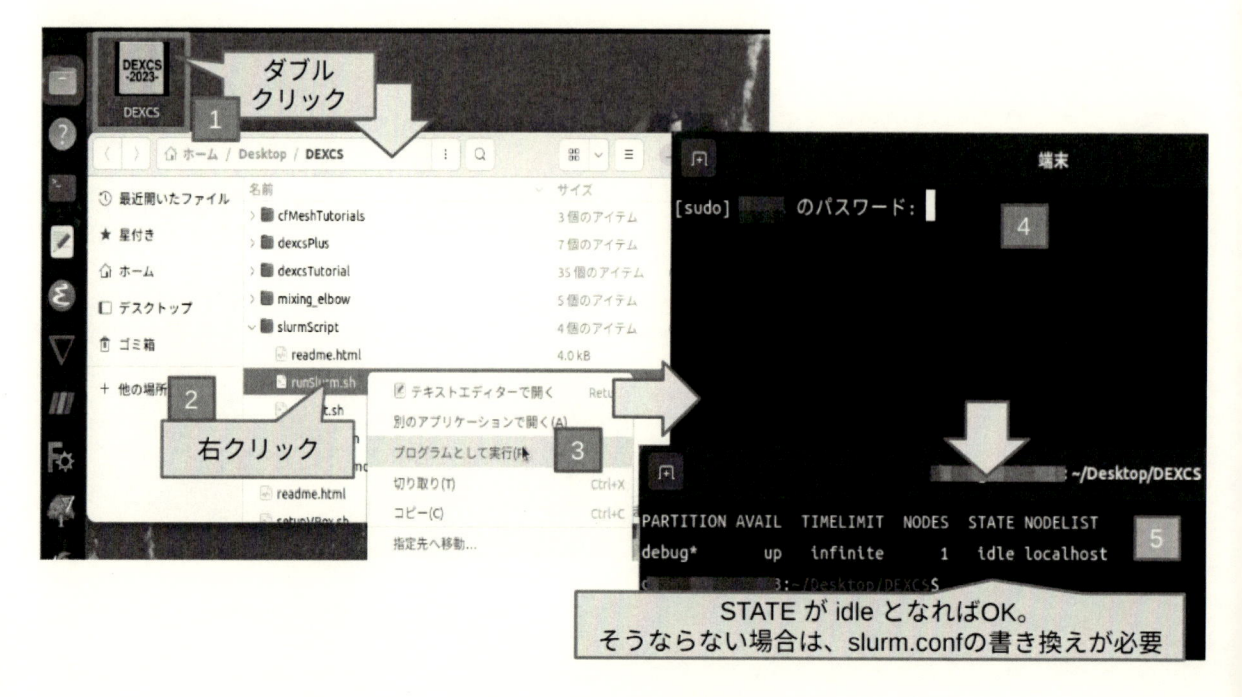

図 9.24   SLURM の起動方法

また，sinfo コマンドで STATE が drain と表示されていると，ジョブを投入してもペンディング状態のまま，いつまでたってもジョブは実行されない．

この場合，ペンディングされたジョブをキャンセル（scancel）して，

```
$ scancel <job-id>
$ sudo scontrol update nodename=localhost state=idle
```

といった端末でのコマンド入力作業が必要になる．

9.6.4   ジョブ投入用スクリプト

SLURM でジョブを実行管理するためには，ジョブを実行するスクリプトが必要になる．DEXCS2023 では，DEXCS の標準チュートリアルをバッチ処理することを想定したスクリプト（「submit.sh」，「submit-10.sh」）を，SLURM の起動スクリプトの収納されたフォルダと同じ場所に収納している．

submit.sh

```
 1  #!/bin/bash
 2  #SBATCH -n 4
 3  #SBATCH -J DexcsOF
 4  #SBATCH -e submit.sh.e%J
 5  #SBATCH -o solve.log
 6
 7  . /usr/lib/openfoam/openfoam2306/etc/bashrc
 8  . $WM_PROJECT_DIR/bin/tools/RunFunctions
 9
10  rm -rf ./processor*
11
12  cartesianMesh
```

```
13  renumberMesh -overwrite
14  checkMesh
15  pyFoamDecompose.py . ${SLURM_NPROCS}
16  ##decomposePar
17  mpirun $(getApplication) -parallel
18  reconstructPar -latestTime
```

2〜5 行目で，行頭に#SBATCH とあるのが，いわゆる SLURM コマンドとなって，ハイフン（-）に続く文字がコマンド，その後にパラメタが記されている．

- 2 行目　(-n) は，使用するプロセッサの数であり，上例では 4 つ使用するという意味．
- 3 行目　(-J) は，ジョブの名前を指定するもので，何でも良いが日本語は不可．
- 4 行目　(-e) は，エラーログの出力ファイル名を指定しており，%J の部分にはジョブ番号が割り当てられる．
- 5 行目　(-o) は，実行時の標準出力名を指定している．一般的にはエラーファイル名と同様，%J を含む形で指定することが多いが，本例では「solve.log」という名前にしている．これは次項で説明する TreeFoam 上で計算状況の監視が可能になるからである．
- 7 行目　OpenFOAM の環境設定[*14]
- 10 行目　領域分割データがあったら削除
- 12 行目　メッシュ作成（既存メッシュを使う場合には不要）
- 14 行目　メッシュチェック
- 15 行目　領域分割を pyFoam コマンドで実施．これを使うと，領域分割数を指定するだけで良いので，この場合は$SLURM_NPROCS とすることで，2 行目で指定したプロセス数をそのまま引き継げることになる．
- 17 行目　simpleFoam を，並列計算で実行
- 18 行目　計算結果を領域結合

上記スクリプトを解析フォルダ「dexcsTutorials」中に収納（コピー）しておこう[*15]．

9.6.5 DEXCS-OF における推奨活用法

以下に，TreeFoam を使って，この「dexcsTutorials」ケースのパラメタを各種変更したケースを作り，バッチジョブとして実行する手順を以下に説明する．

ケースのコピーは，コピーしたいケース「dexcsTutorials」を選択して，1 右クリックメニューから，2 「コピー」，コピー先の親フォルダ「DEXCS」を選択して3 マウス右クリックメニューから，4 「case 貼付け」を使うことで，計算結果を除いたデータがコピーされ，名前は元ケースの名前に，_copy0 が自動付加される（図 9.25）．

ケースのコピーが出来たら，これを1 「解析 case に設定」し，必要なパラメタを変更したあと，メニューの[十徳ナイフ] より，2 「バッチジョブをサブミット」を選択する（図 9.26）．

そうすると，サブミットファイルの選択画面が現れるので，事前にコピーした「submit.sh」を選択，4 「Open」ボタンを押し，実行確認画面で5 「OK」ボタンを押せば，サブミットが実行される．

同様なやり方で，パラメタ変更したいケースの数だけケースフォルダを準備しておき，ケースごとに計算パ

[*14]　「submit-10.sh」では，この部分が　. /opt/opemfoam10/etc/bashrc となっている．
[*15]　次項の例題では，2 行目の「4」を「2」に変更している．

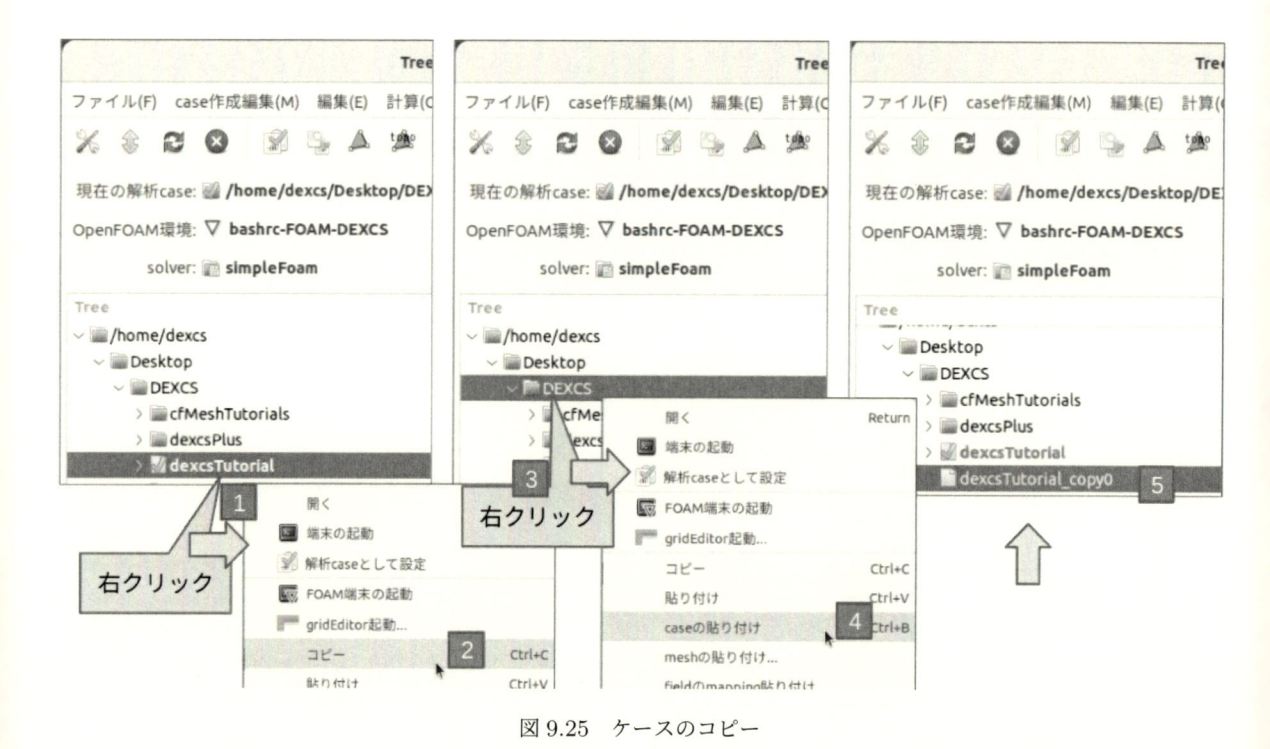

図 9.25　ケースのコピー

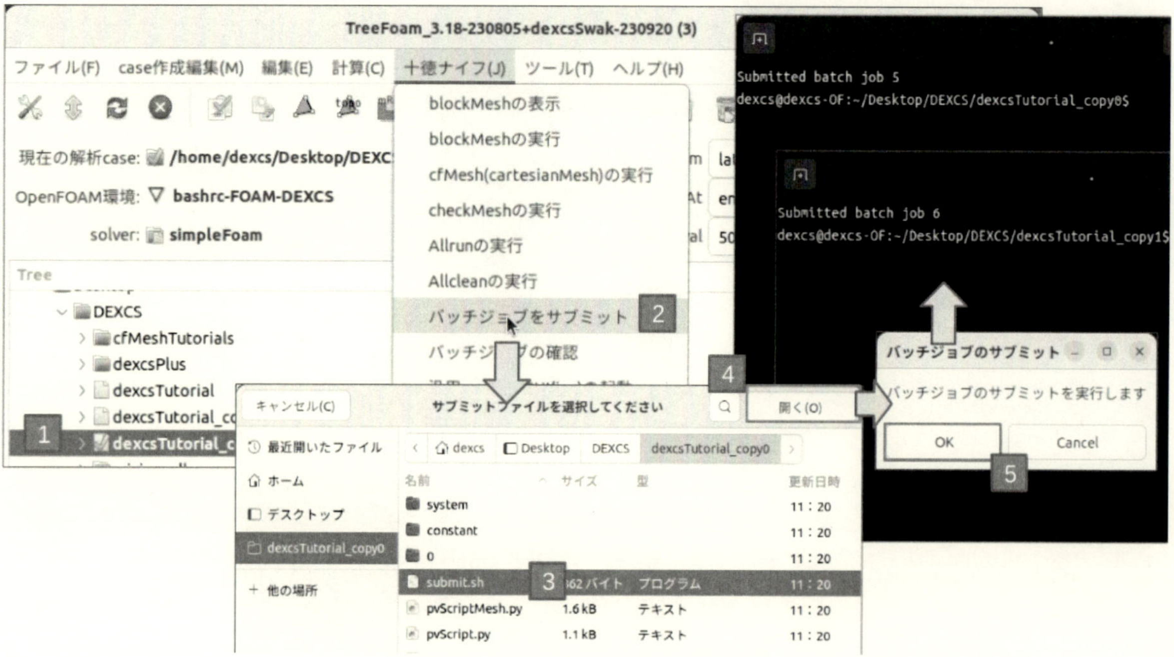

図 9.26　バッチジョブのサブミット

ラメタを変更し，サブミットを実行する．

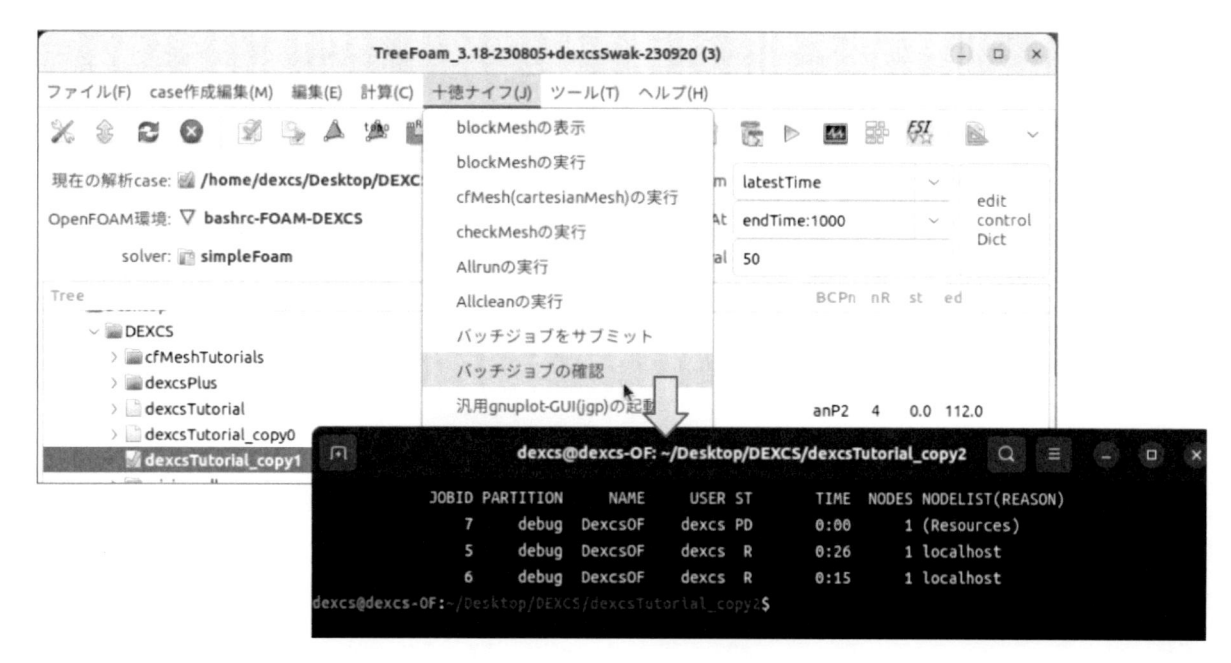

図 9.27　バッチジョブの確認

　図 9.27 では，3 つのケースフォルダを作成・編集して，サブミットしたあと，メニューの「十徳ナイフ」より，「バッチジョブの確認」を選択したものである．ここで最初に投入したジョブ（JOBID=5）と次のジョブ（JOBID=6）の ST（ステータス）が R（＝実行中）であり，残りのジョブ（7）の ST が PD（＝ペンディング，待ち状態）であることがわかる．これは，コア数が 4 のマシンに 2 プロセスを使用するジョブを投入しているので，2 つのジョブは実行出来ているということである（注記 3）．

　以後は，最初のジョブの計算が終了すれば次のジョブが実行されることになり，終了したジョブは上記リストから削除されていくので，適宜確認しながら，その間安心して他の業務に取り掛かることができるというのが嬉しい所である．

■(i)　注記 1
複数の計算を実施したい場合に，同時に実行するとコア数やメモリ不足を生じる場合が生じる．このような場合には，ひとつずつ順番にジョブを実行する必要がある．複数ジョブの数が多い場合や，少なくても計算に長時間を要する場合に，この順番制御を手動でやるのは非常に効率が悪い．

■(ii)　注記 2　　マシンのスペック確認方法[16]
論理プロセッサ数

```
$ cat /proc/cpuinfo | grep "processor"
```

　⇒　CPUs

物理 CPU の数

```
$ cat /proc/cpuinfo | grep "physical id" | uniq
```

　⇒　Sockets

---

[16] https://www.shioyakitaro.com/entry/2017/09/11/185553

物理コアの数

```
$ cat /proc/cpuinfo | grep "cpu cores" | uniq
```

⇒　CoresPerSocket

■(iii)　注記 3

DEXCS2023 に搭載した SLURM にはバグがあって，図 9.27 の例で実行中のジョブではコアを 2 つずつ使用するのでなく、2 つのコアを同時に使用してしまっており，パフォーマンスが低下してしまう（拙宅の HP 記事[17] を参照）ので注意されたい．

---

[17] https://ocse2.com/?p=16077

第 10 章

DEXCS-OF のセットアップ方法

DEXCS-OF は岐阜高専の DEXCS ダウンロードサイト[*1] から誰でも自由にダウンロードできるようになっているが，初心者にはファイルサイズが大きく（2〜9GB），なおかつ入手した iso ファイルの使い方が様々で戸惑う人も多くあると聞く．

そこで，ダウンロード方法も含めて，ダウンロードした iso イメージファイルをどうやってインストールするかの方法について，ここに取りまとめておく．

10.1　ファイルのダウンロードについて

利用者のネットワーク環境が貧弱な場合には，ダウンロードするだけでかなりの長時間が必要になる場合がある．このような際に問題となるのは，ダウンロードが不完全な状態で終わってしまうという点である．ファイルのサイズ（GB 単位で表示される値）だけで見ると一見問題なさそうで，以下に述べるインストール作業も最初のうちはうまく進むが，どこかのステップから全く動かなくなってしまうような場合は，たいていダウンロードが不完全であることが原因である．

DEXCS のダウンロードサイトでは，それぞれのダウンロードファイルについて，そのおおまかなサイズだけでなく，内容が正しいかどうかをチェックするための MD5 ハッシュ値を公開している（図 10.1）.

=====■2023■=====

 DEXCS2023 for OpenFOAM(R) v2306(64bit) ISOイメージファイル

DEXCS2023 for OpenFOAM(R) v2306の64bit版のISOイメージファイルです。約8.28GBあります。　(MD5: dd47b42a4afbf67677e1a4dc48a90be3)

図 10.1　DL 情報

自分がダウンロードしたファイルの MD5 ハッシュ値を調べて，公開されている値と同じになればダウンロードが完全に正しく実行されたということであり，そうでない場合は，必ず何らかの不具合が生じるものと考えてよい．

MD5 ハッシュ値を調べる方法は，ダウンロードしたマシンの OS によって異なり，Linux であれば，md5sum コマンドを使えばよい．Windows の場合には，情報サイト[*2] に詳細な解説があり，たとえば，「Windows システムツール」⇒「コマンド プロンプト」を起動して，ダウンロードした iso イメージファイル「DEXCS2023-

---

[*1]　DEXCS ダウンロードサイト，http://dexcs.gifu-nct.ac.jp/download/index.html
[*2]　情報サイト，https://www.atmarkit.co.jp/ait/articles/0507/30/news017.html

OFv2306-64.iso」が存在するディレクトリに移動，以下のように太字部分をコマンド入力して MD5 ハッシュ値を得ることができる．

```
C:\(download_directory)>certutil -hashfile DEXCS2023-OFv2306-64.iso MD5
MD5 ハッシュ (対象 DEXCS2023-OFv2306-64.iso):
8e9a72d25cec45bc267b2117b4c81c12
CertUtil:  -hashfile コマンドは正常に完了しました.
```

　なお，何度ダウンロードダウンロードをやり直しても通信が途切れて失敗するような場合には，ダウンロード支援（または専用）ツールというものがあるので，Windows の場合，無料情報提供サイト[*3] などから入手して使用することを推奨する．

10.2　様々な利用方法

　DEXCS-OF には，広義の OS（操作環境）レベルで，様々な利用方法がある．すなわち，

- ライブモード
- インストールモード

のどちらで実行するかという点と，さらにこれらを，

- 実計算機
- 仮想計算機

のどちらの計算機環境で実行するかという選択肢があり，計算機環境はさらに細分化でき（例えば仮想計算機の VirtualBox を使うか VMPlayer を使うかの違いにより）使い方が異なってくる．
　初めて使う人で，デモなども見たこともない，簡単といわれても自身のスキルに自信のない方には，実計算機（利用者が日常使用しているパソコン）上のライブモードで，まずは使ってみることを推奨する．これは，DEXCS-OF が「誰にでも簡単，すぐに使える」と謳っているものの，ここでいう誰でもというのは，計算機をほとんど使っていない人や「CAE って何？」という人までは対象にしていないからである．
　自分のやりたいことができて，自分にも使えるかもしれないが，もう少しいろいろ試してみたい，勉強してみたい，という人向けには，仮想計算機でインストールモードで使うことを推奨する．
　自分にも使えそうだ，となって本格的に使用したい人向けには，上記環境で使わざるを得ない状況も多くあるようだが，より快適に少しでも効率良く使うためには，実計算機にインストールして使うことを推奨する．

10.3　実計算機/ライブモード

　まずは使ってみて，効能（やりたいことができそうかどうか）や，自身のスキルで手に負えそうなものかどうかを最少コストで確認するにはこの方法が推奨される．
　ただし，ダウンロードに必要な時間に加えて，ダウンロードした iso ファイルからライブ USB メモリーを作成する[*4]ことが必要になる点は留意されたい．これは，単純なファイルコピーではないという点と，利用し

[*3] **無料情報提供サイト**，https://www.gigafree.net/internet/download/
[*4] **作成方法は**，https://kledgeb.blogspot.com/2022/04/ubuntu-2204-64-windowslinuxmacosubuntu.html **を参照されたい**．

ているパソコンの起動ドライブ順が USB ドライブ優先になっている点にも注意が必要である[5].

　ライブ USB メモリーを作成できたら，これを USB ポートに挿入したまま，計算機を再起動する．計算機の起動ドライブが USB 優先になっていれば DEXCS-OF が起動し，図 10.21（p.260）の画面から始まって，図 10.23 の状態になったとき，「dexcs2023 を試す」から，10.5 の手順で動かすことができる．

　この方法では，ファイル作成を含む様々な操作がすべてオンメモリー上で実行される．これはライブモードが終了すると，せっかく作成したメッシュや計算結果などのファイルや操作履歴が何も残らないということである．したがって，使ってみたけど，やっぱり無理だ……となった場合にはあとでアンストールなどの作業も不要であるので，安心して使っていただける．

10.4　仮想計算機/インストールモード

　ライブモードでは，作成したメッシュや計算結果などのファイル，操作履歴が何も残らないのに対して，インストールモードではすべて残るので，継続的に使うのであればインストールモードは必須である．その際，実計算機にインストールするか，仮想計算機にインストールするかの選択肢があるが，手軽さの面では仮想計算機であろう．

　仮想計算機というのは，仮想マシン，ヴァーチャルマシンとも呼ばれ，大きく分けてホスト型とハイパーバイザー型があるが，ここで利用するのはホスト型で，ホスト OS（たとえば Windows11）の上にアプリケーションとしてインストールされ，そのアプリケーションの中で仮想計算機（ホスト OS とは別の OS）が動くというものである．ただし，ひとくちにアプリケーションといっても多くの種類がある．代表的なアプリケーションソフトとしては，VirtualBox, VMPlayer といったものが挙げられる．操作性の面では VMPlayer を推奨したいが，ライセンス面での問題や，ベース OS が Mac の場合など，VirtualBox を使わざるを得ないユーザーも多くいるようなので，ここでは VirtualBox を Windows マシンにインストールして，DEXCS-OF の仮想マシンを立ち上げるまでの手順と，マシンセットアップの要点について解説する．なお，VirtualBox 以外のソフトでは，手順も設定方法も異なり，設定項目の名前も微妙に異なったりするが，おおまかな設定項目はほぼ同じものと考えてよく，基本はデフォルト設定を使用して，選択肢や数字入力が必要な部分は，本節で説明する VirtualBox での類似の項目を参照されたい．

　なお，仮想化アプリケーションソフトだけであれば，計算機のスペックは問わないが，これで DEXCS-OF を動かせるようにするには，おおよそ搭載メモリーは 4GB 以上，ハードディスクの空き容量は 50GB 以上が必要である．

10.4.1　VirtualBox のインストール

　VirtualBox はほぼ毎月のように更新されており，Windows 版，Mac 版，Linux 版とあり，それぞれインストール方法が異なる．本項は 2023 年 12 月時点の Windows 版での情報を記したものである点をおことわりしておく．時期・機種によるバージョンの違いによって異なる点はあるだろうが，ウィザード形式のインストールをほとんどデフォルト設定で実行すればよいはずである．

---

[5] 最近のノートパソコンでは，USB 起動できない機種もある．

　VirtualBox 公式のダウンロードページ（図 10.2）[*6] にて（Windows hosts）をクリックして，ファイル保存したあとダウンロードしたファイル「VirtualBox-7.0.12-159484-Win.exe」をダブルクリックすれば，インストーラーが起動する．図 10.3 の画面以降，図 10.7 の画面となるまで [Next] ボタンを押し，図 10.7 の画面で [Yes] を選択する．その後，図 10.8〜10.11 に従って選択を続けると，図 10.12 の画面が立ち上がる．

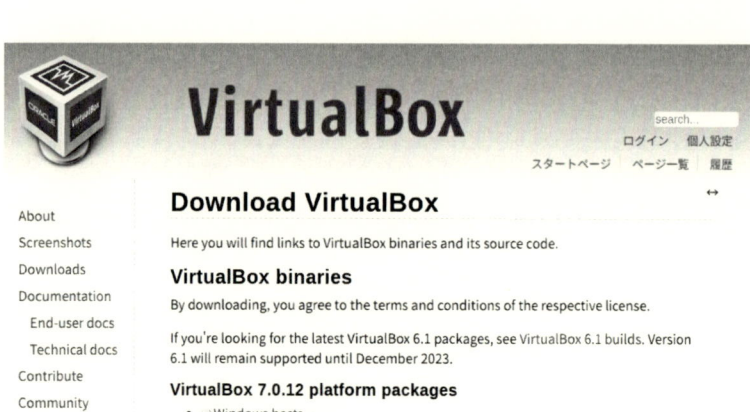

図 10.2　VirtualBox のダウンロードページ

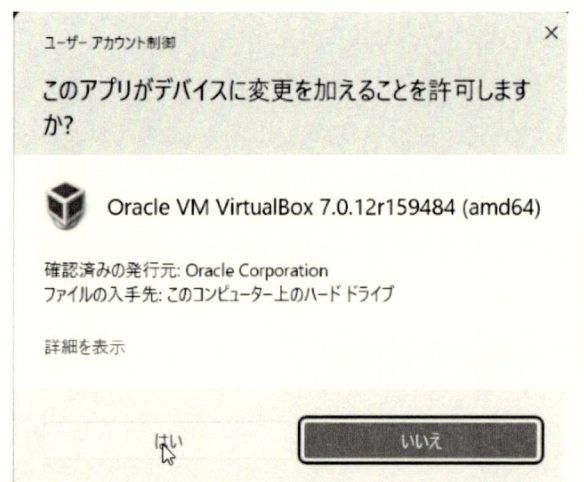

図 10.3　ユーザーアカウント制御 ⇒ [はい] ボタンを押す

図 10.4　VirtualBox のインストール画面 ⇒ [Next] ボタンを押す

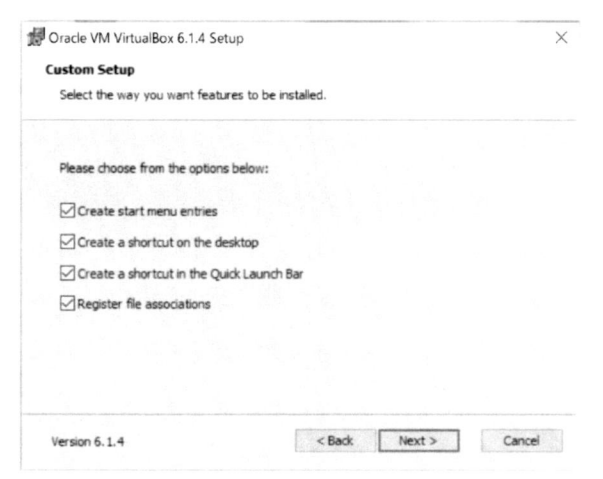

図 10.5 Custom Setup ⇒ [Next] ボタンを押す

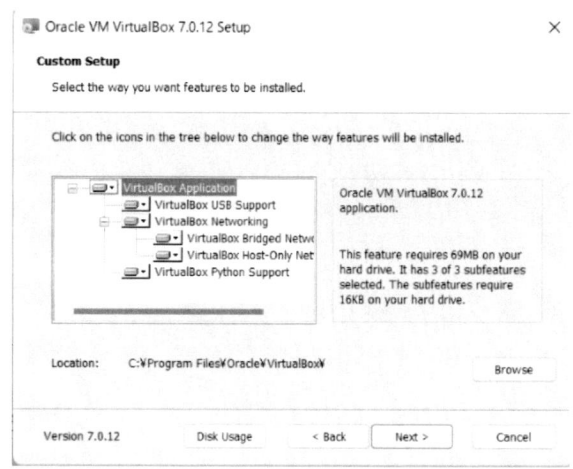

図 10.6 Custom Setup ⇒ [Next] ボタンを押す

図 10.7 Network Interface の警告⇒ [Yes] ボタンを押す

図 10.8 Missing Dependencies ... ⇒ [Yes] ボタンを押す

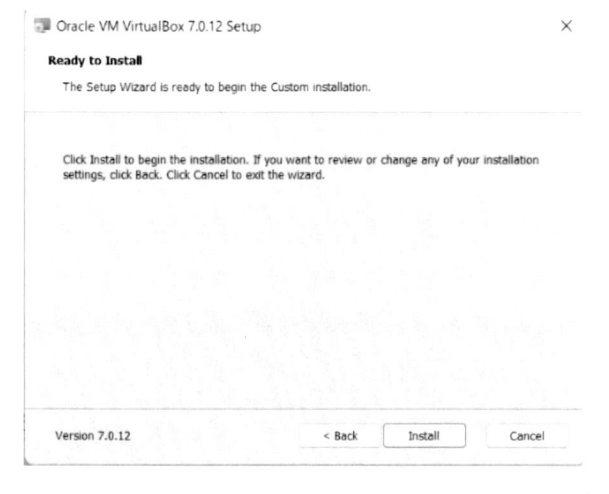

図 10.9 Ready to Install ⇒ [Install] ボタンを押す

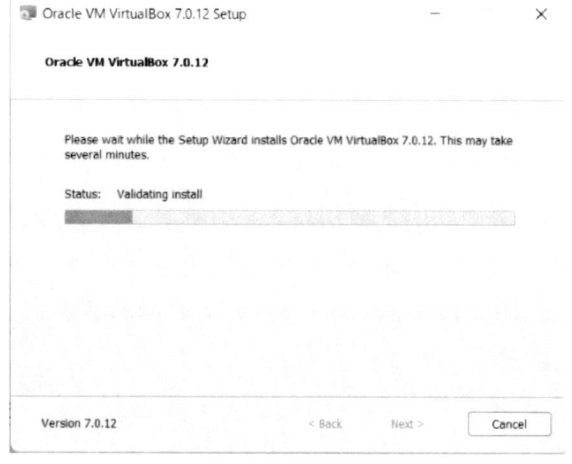

図 10.10 インストール中...

図 10.11　インストール完了画面

「Finish」ボタンを押して完了．以下の画面が立ち上がる．

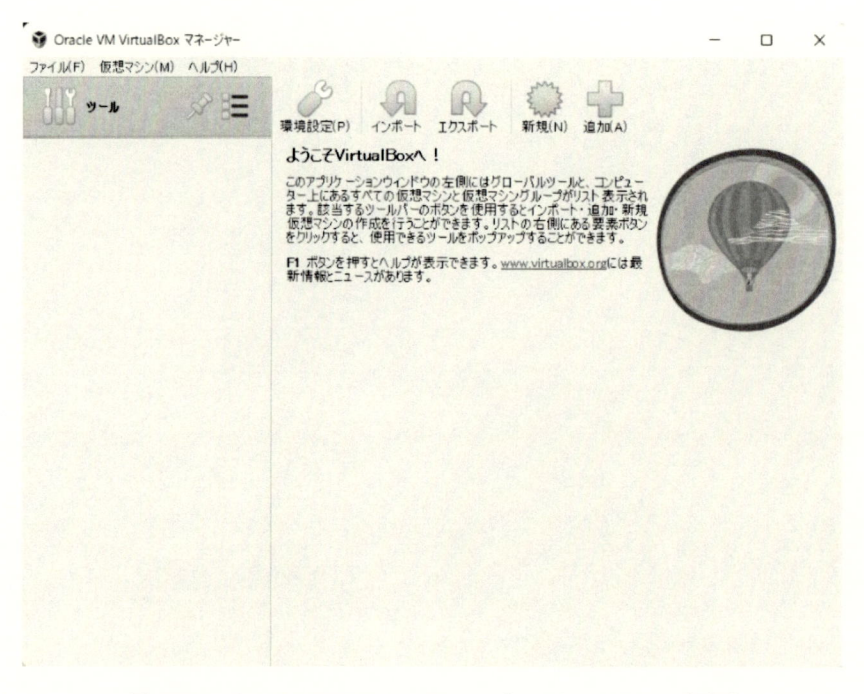

図 10.12　Oracle VM VirtualBox マネージャーのトップ画面

これだけでも使えないことはないが，拡張パック（Extension Pack）のダウンロードもおすすめする．ダウンロード方法は，VirtualBox 公式ページのダウンロードページ（図 10.2）（脚注*6 を参照）を下までスクロールし，現れた画面（図 10.13）で（All supported platforms）をクリックし，「Oracle_VM_VirtualBox_Extension_Pack-6.1.4.vbox-extpack」のファイルをダウンロードする．これをダブルクリックすると，インストーラーが起動する．「VirtualBox-質問」で「インストール」ボタンを，「ユーザーアカウント制御」で「はい」ボタンを，「VirtualBox-情報」で「OK」ボタンを押せばインストールは完了である．

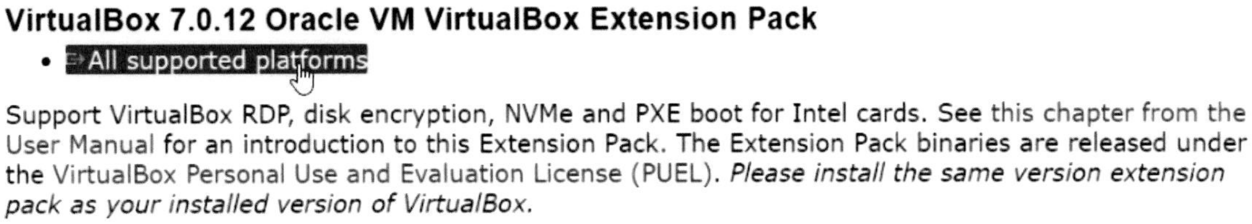

VirtualBox 7.0.12 Oracle VM VirtualBox Extension Pack

- ⇒ All supported platforms

Support VirtualBox RDP, disk encryption, NVMe and PXE boot for Intel cards. See this chapter from the User Manual for an introduction to this Extension Pack. The Extension Pack binaries are released under the VirtualBox Personal Use and Evaluation License (PUEL). *Please install the same version extension pack as your installed version of VirtualBox.*

図 10.13 VirtualBox Extension Pack のダウンロード

10.4.2 VirtualBox での仮想マシンの準備

通常のインストール方法を実施していればデスクトップ上に VirtualBox の起動用アイコンができているので，これをダブルクリックして VirtualBox を起動する．

画面上部の「新規」ボタンをクリックすると，図 10.14 の画面が現れ，ウィザード形式で基本設定ができる．最初に名前とタイプ/バージョンを指定する．

ここでは，名前を「DEXCS2023」，タイプを「Linux」，バージョンを「Ubuntu 22.04 LTS...」とした．名前は何でもよいが，タイプ，バージョンはこの通りにする必要がある．また，都合によって，マシンフォルダ（ファイルの収納場所）を変更することも可能である．

ダウンロードした iso イメージファイル「DEXCS2023-OF-v2306.iso」の収納場所も任意でよい．

「次へ」ボタンを押す．

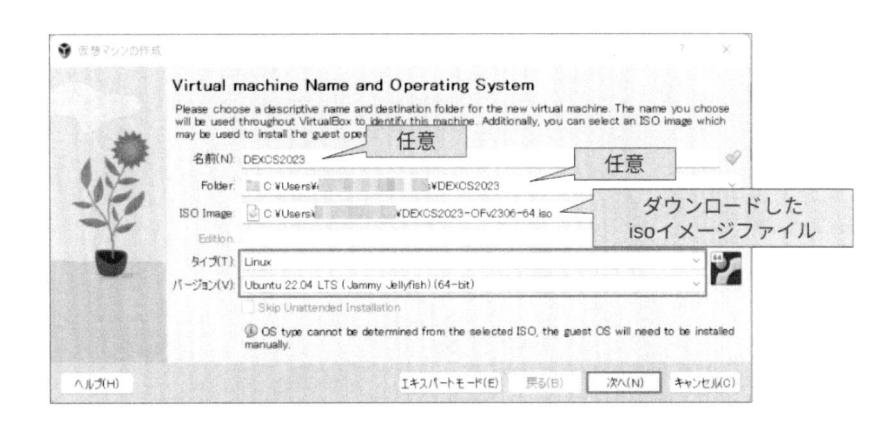

図 10.14 仮想マシンの作成-名前とオペレーティングシステム

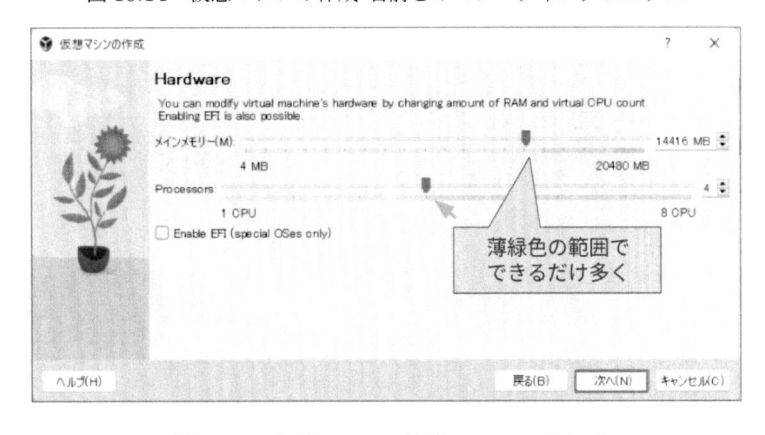

図 10.15 仮想マシンの作成-メモリーサイズ

次にメモリーサイズとプロセッサー数を指定する（図 10.15）. ゲージバー薄緑色の推奨範囲内で可能な限り大きくしたほうがよい. ただし, メモリー容量が十分大きい場合や, 仮想マシンを動かすのと並行して大きなアプリを動かしたい場合などはこの限りでない. また, 起動の都度変更することも可能である.

「次へ」ボタンを押すと, 図 10.16 に示すように「ファイルのサイズ」を設定できるが, ここはあとで変更できないので注意されたい. デフォルトのままの 25GB では全く足りず, DEXCS-OF のインストールそのものができない. 40GB あれば DEXCS の標準チュートリアルを取り扱う程度の解析には問題はないが, 大規模（たとえば 1000 万メッシュ以上）の問題を取り扱うには困難である. 通常は 50GB を推奨しているが, ハードディスクに空きスペースに余裕があれば 100GB 以上としてもよいだろう.

「次へ」ボタンを押すと, 基本的な設定が完了し, ここまでに設定した概要画面が現れる（図 10.17）.

「戻る」ボタンにてやり直しもできるが, 問題なければ「完了」ボタンを押す.

トップ画面（図 10.18）に戻るが, DEXCS-OF をインストールするには, あと少し設定が必要である.

トップ画面で「設定」をクリックすると, これまでにウィザード

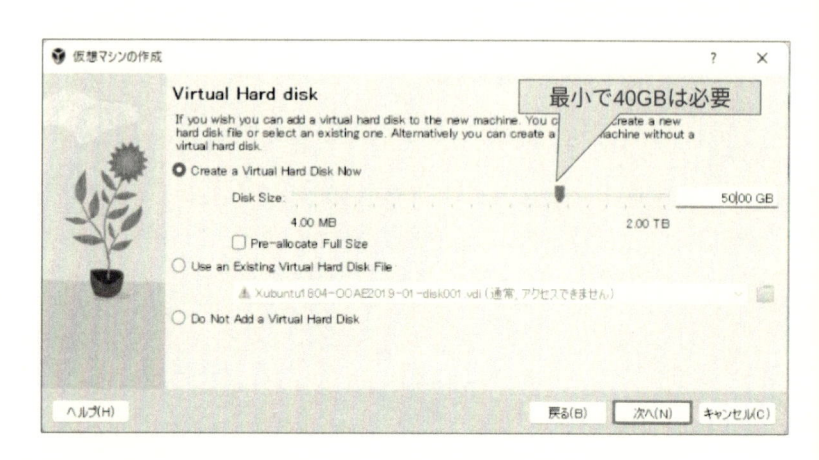

図 10.16　仮想ハードディスクの作成-ファイルのサイズ

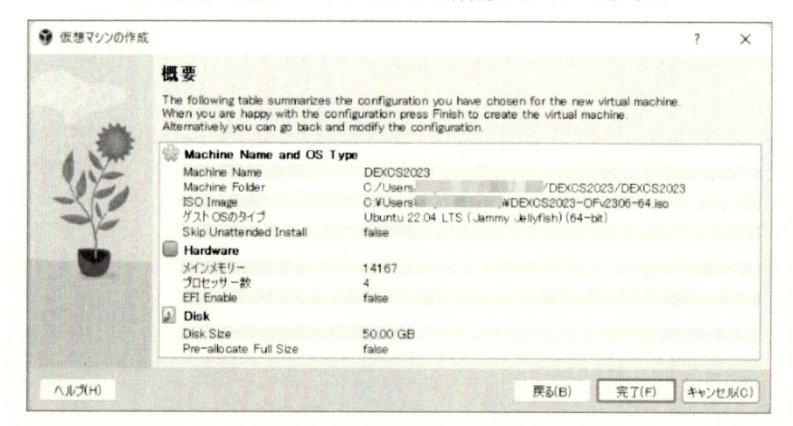

図 10.17　仮想マシンの概要

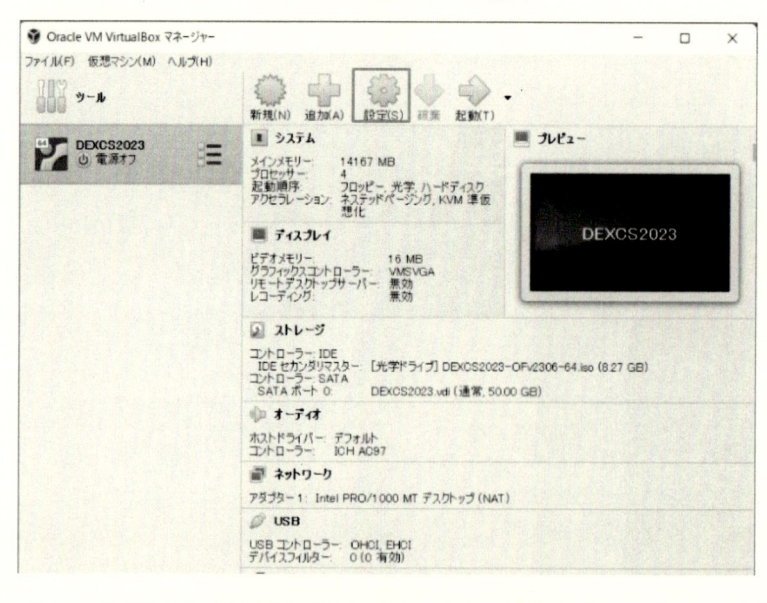

図 10.18　VirtualBox のトップ画面

形式で指定した設定値が組み込まれた設定画面が現れ, 確認や変更ができるようになる.

ここでは説明しないが, 図 10.19 のサイドメニュー中,「システム」や「ストレージ」にて図 10.15 や図 10.16 で指定した内容を変更することもできる.

　追加の設定としてまず行うべきことは，ホストマシンとゲストマシンとの間のやりとりである．図 10.19 ①一般/②高度において，③クリップボードの共有と④ドラッグ＆ドロップを「双方向」（ホスト OS とゲスト OS（仮想マシン）間で双方向のやりとりができる）とする．ただし，この設定によって，これらの機能が確実に有効になるとは限らない．筆者の経験上，かつてはほとんど共有もドラッグ＆ドロップもできていなかった．数年前あたりから，できるようになってはきた感触は得ているが，これも確実ではない．それでもこの設定を有効にしておくにこしたことはないであろう．

　これ以外にも，ホストマシンとの間でのデータのやりとりは必須である．この用途にネットワーク機能を使うことは可能ではあるが，図 10.20 の共有フォルダを使う方法が一般的である．①共有フォルダ/②フォルダアイコンをクリックすると共有フォルダの追加ダイアログが現れるので，フォルダのパス選択欄右側の③下向き矢印をクリック⇒ファイル選択ダイアログを使って所定フォルダを選択，④自動マウントにチェックマークを入れて完了である．ただし，この設定をしただけで，すぐに使えるようになるというものではない．後述するようなゲストマシンが立ち上がるようになったら，さらにゲストマシン側での設定も必要である[*7].

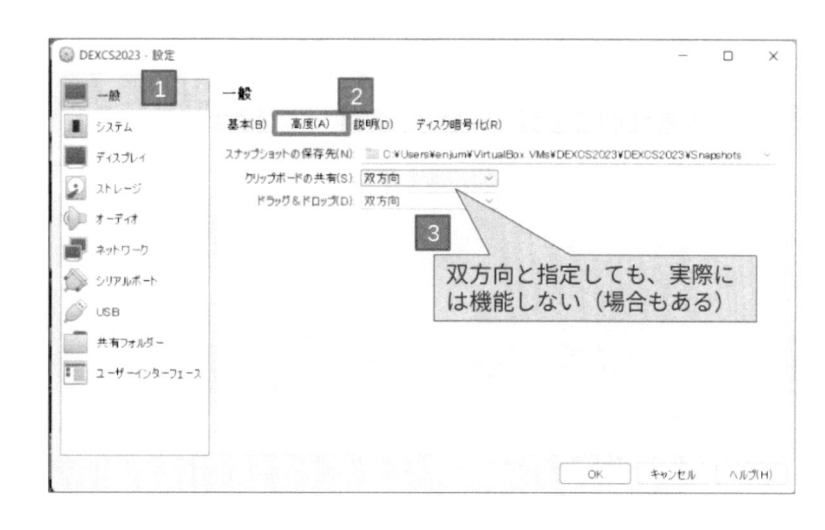

図 10.19　一般設定画面

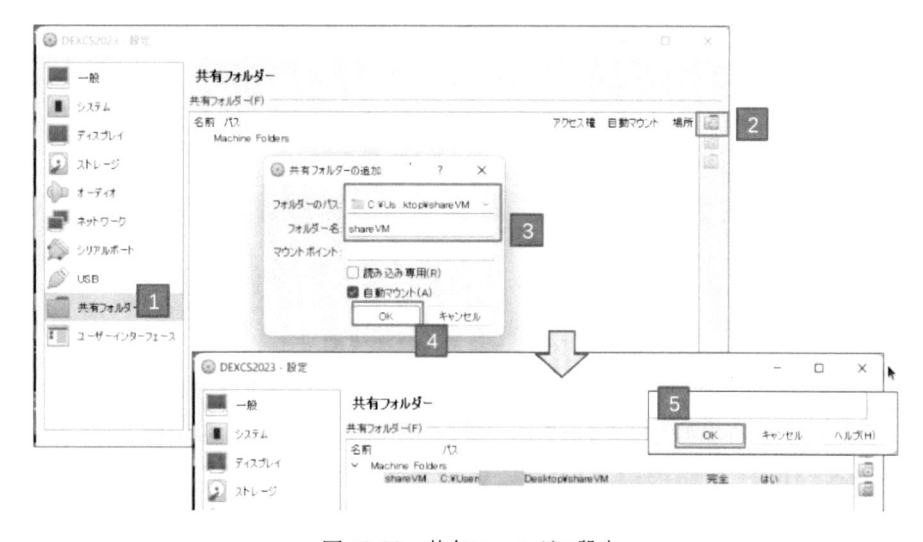

図 10.20　共有フォルダの設定

　何はともあれ，以上でようやく DEXCS-OF をインストールする準備ができたことになる．

[*7]　**第 9 章 9.1 参照**

10.4.3　VirtualBox での DEXCS-OF のインストール

DEXCS-OF のインストールのため，トップ画面（図 10.18）上部右端の [起動] ボタンをクリックすると，図 10.21 の画面が現れる．何もしなければ，10 秒後に図 10.22 の画面に移る．何かキーを押せば，6 つのメニューを選択できるようになるが，通常は最上段の「*Try or Install Ubuntu」で良く，グラフィック関連で問題がある際に，3 番目のメニュー「Ubuntu (safe graphics)」を使うこともある．

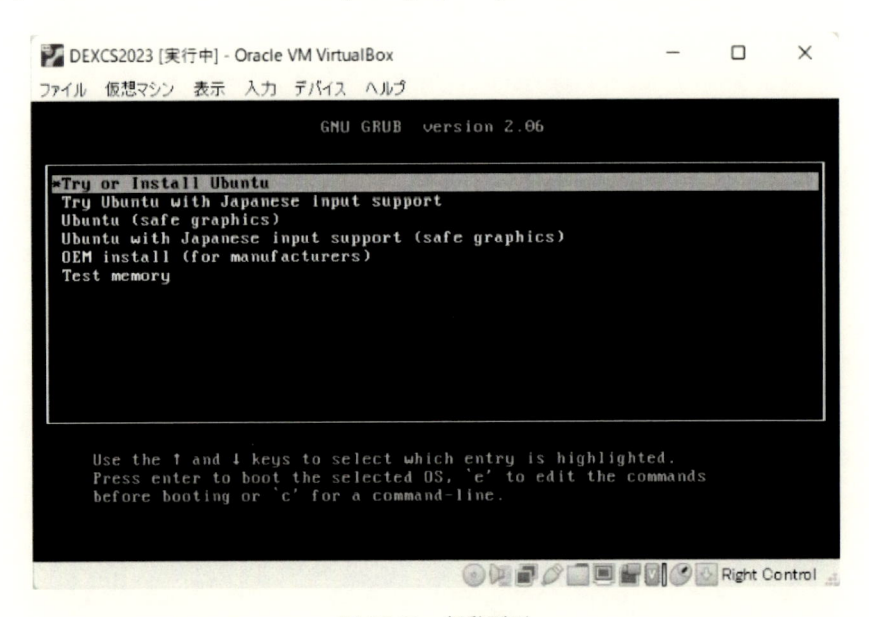

図 10.21　起動画面

図 10.22　Ubuntu 起動

画面が暗転したあと，図 10.22 の画面になって数分待てば，再度画面が暗転したあと，図 10.23 の画面になる．

図 10.23　DEXCS インストール画面

　ここまでのステップでは，DEXCS-OF の iso イメージを使って，仮想マシンのメモリ上，ライブモードで起動していただけであり，「dexcs2023 を試す」ボタンを押して引き続きライブモードで使う[*8]ことも可能である．計算環境のスペックに不安がある場合などは，まずはライブモードで使って，DEXCS チュートリアルの動作を確認してみるのもよいだろう．確認 OK となったら，仮想マシンを終了（電源オフ）して，再度，VirtualBox のトップ画面からやり直せばよい．ただし，仮想マシンの設定（図 10.14）で実施した iso イメージの設定がリセットされるので，ここは図 10.24 で示す手順で再マウントされたい．

　仮想マシンをインストールするには，図 10.23 で「dexcs2023 をインストール」ボタンを押せばインストールウィザードが始まって，最初にキーボードレイアウトを選択する．

[*8]　10.5 参照

図 10.24　ISO イメージの再マウント

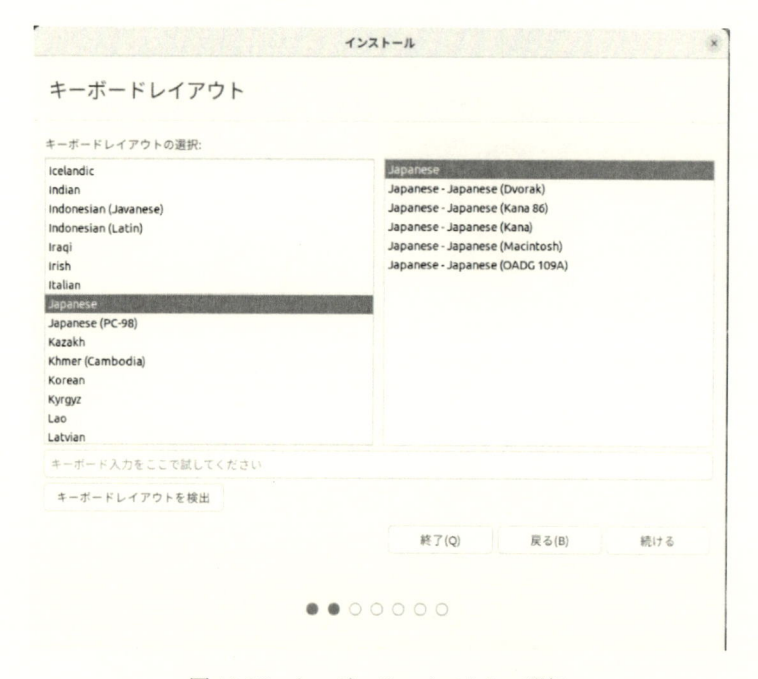

図 10.25　キーボードレイアウトの選択

日本で販売されている一般的なパソコンであれば，そのまま「続ける」ボタンを押すでよいだろう．

図 10.26 アップデートと他のソフトウェア

「アップデートと他のソフトウェア」では「dexcs2023 のインストール中にアップデートをダウンロードする」を選択し，[続ける] ボタンを押す．ただし，会社の中で使用する場合などで，インターネットに接続できないような環境では，チェックを外したほうがよいかもしれない．

図 10.27 インストールの種類

「インストールの種類」では「ディスクを削除して dexcs2023 をインストール」を選択し，「インストール」ボタンを押し，「あなたの情報を入力して下さい」の画面（図 10.30）になるまで「続ける」ボタンを押す．

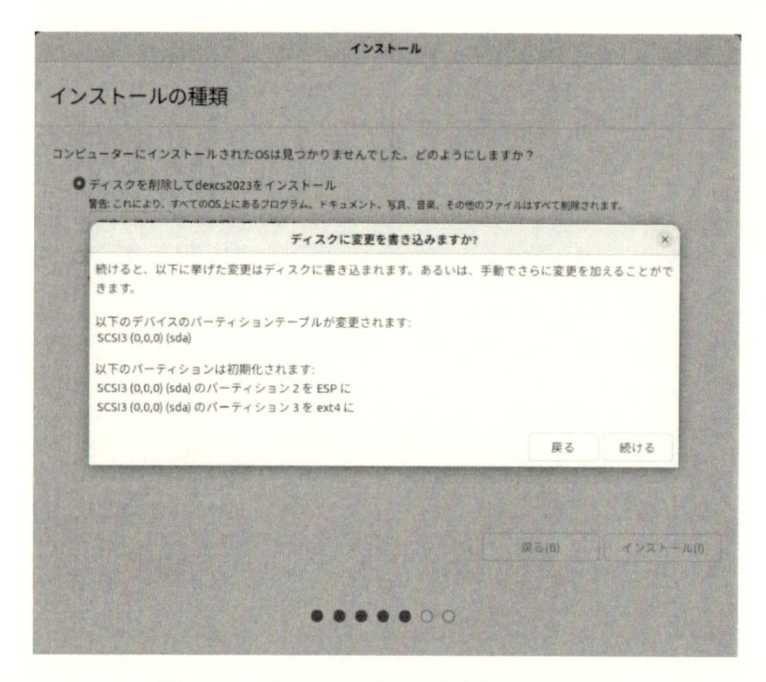

図 10.28　ディスクに変更を書き込みますか？

[続ける] ボタンを押す.

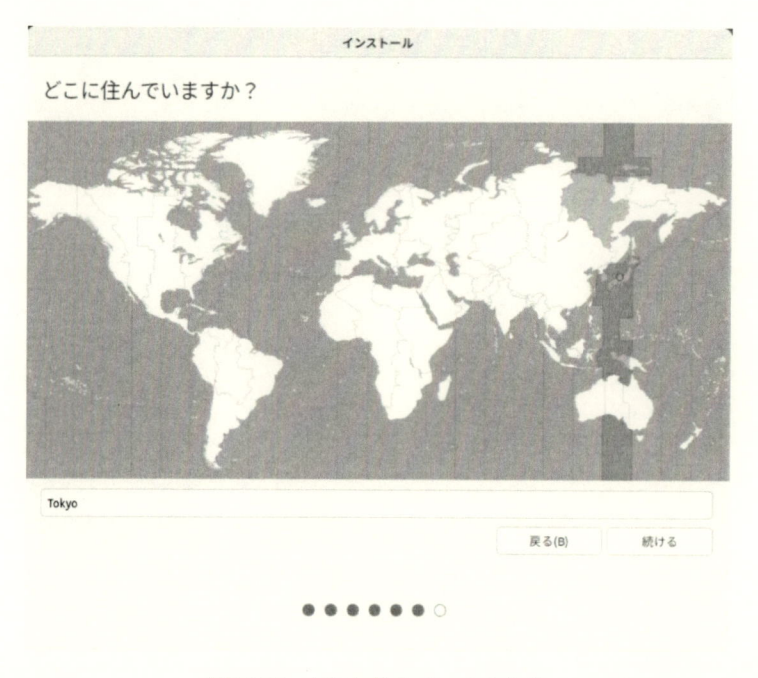

図 10.29　どこに住んでいますか？

「続ける」ボタンを押す.

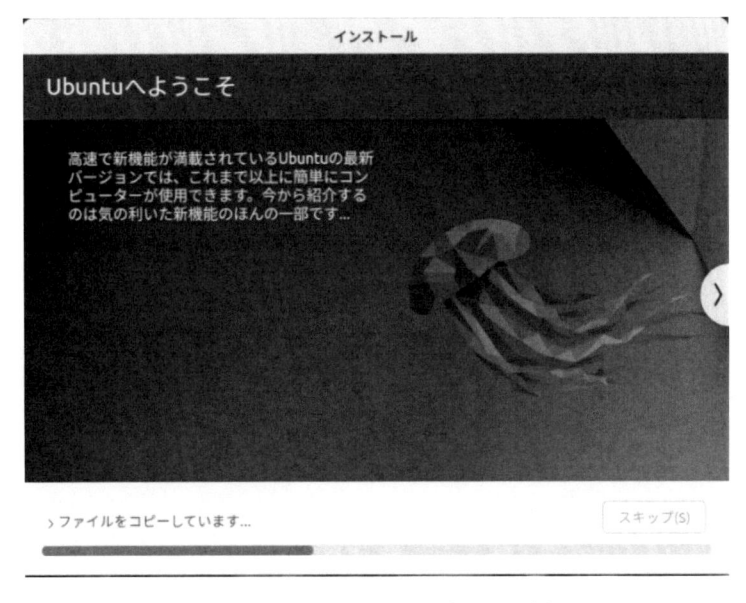

図 10.30 あなたの情報を入力して下さい

図 10.30 の画面ではユーザー名とパスワードを設定する．自由に決めてよいが，日本語は使用できない．「続ける」ボタンを押せば，プログレスバーが現れ，インストールが進行する．マシンの性能とメモリ割り当て次第であるが，インストールには 10〜30 分（貧弱なスペックではさらに長時間）かかる．インストールが終わったら「今すぐ再起動する」ボタンを押す．画面が暗転して，「Please remove the installation medium, then press ENTER」というメッセージが現れる（図 10.33）．実マシンにインストールする場合は USB メモリーを取り外せという意味であるが，仮想マシンの場合には，とくに何もせずそのまま Enter キーを押せばよい．数秒後に DEXCS-OF の起動画面が立ち上がる（図 10.34）．ただし図 10.30 において自動的にログインを選択した場合であり．そうでない場合にはログイン画面が立ち上がるため，設定したユーザー名でログインする．

図 10.31 インストール中の画面例

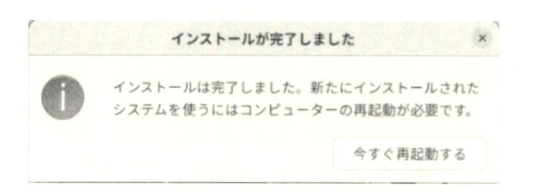

図 10.32 インストールが完了しました

図 10.33 Please remove the installation medium, then press ENTER

図 10.34 Linux マシンとしてのインストール完了画面

　ここまでのステップで Linux マシンとしてのインストールは完了したことになり，このままでも Open-FOAM は使えるし，DEXCS-OF としての機能もある程度は使えるようになる．しかし，100% 使えるようにするには，もう一段階のセットアップが必要で，今度はデスクトップ上の setupDEXCS.sh というアイコンを

選択して右クリックメニューから「プログラムとして実行する」を選択する．端末画面が現れて，パスワードを入力するように促される．

図 10.35 DEXCS セットアップの実行

図 10.30 において設定したユーザー名のパスワードを正しく入力（ただし入力内容は表示されない）すると，数秒後にユーザー選択の画面が現れるはずである．ユーザー名をクリックするとパスワードを求められるため，再度パスワードを入力，Enter キーを押せば，約 10 秒後には図 10.36 の画面となって DEXCS-OF のセットアップが完了する．

図 10.36 DEXCS-OF の起動画面

10.4.4　VirtualBox の FAQ, TIPS

　VirtualBox の使用法に関しては，とくに起動時に細かなポップアップ情報が頻繁に表示されたりして，初心者には理解できない内容も多い．たいていは意味がわからずとも「×」ボタンでメッセージを閉じて先へ進むことはできる．また，使用法に関する公開情報も多く存在するが，インストール関連情報が多く，実際に使った際に生じるトラブルを逆引き的に探せる情報は少ないように思われる．ここでは筆者が経験したメニューバーに関するトラブルとその解決方法について示す．

■(i)　**メニューバーについて**　メニューバーは DEXCS-OF のデスクトップ画面の上部に表示されるものであり，ゲストマシン（本例では DEXCS-OF）内での操作でなく，ホストマシン側での操作をコントロールするメニューのことである．よく使われるのは，ゲストマシンがハングアップしてしまった場合などの，「仮想マシン」⇒「リセット」メニューである．たいていの場合は再度起動することが可能になる．

■(ii)　**メニューバー表示の問題**　メニューバーは，「表示」⇒「メニューバー」⇒「メニューバーを表示」で非表示にすることができる．メニューバーを再度表示させる際は Host キーと Home キーを同時に押すことで対応できる．

　なお，Host キーとは VirtualBox で独特の定義で，ゲスト上からホスト側の操作を行うキーのことで，このキーと同時に（あらかじめ決められた）他のキーを押すことでメニューバーでできる操作を代用できるようにするもの（いわゆる鍵）である．しかもこのキー割当は Host キーも含めて自由にカスタマイズできるようになっているので，初心者にはかえって厄介である．

　Windows, Linux マシンの場合デフォルトでは，Host キーは，Right Ctrl キー（Ctrl キーは 2 箇所あるが，右側のもの）に割り当てられている．

10.5　ライブモードでの注意事項

　図 10.23 で「dexcs2023 を試す」ボタンを押して引き続きライブモードで使うことも可能である．ボタンを押すと図 10.37 のように，デスクトップ上に 3 つのアイコンが表示された状態になる．

図 10.37　ライブモードの Dexcs セットアップ

　ここで，「setupDexcs.sh」を選択して右クリックメニューから「プログラムとして実行」を選択する．そうすると端末画面が現れて[9] メッセージが表示されたあと，画面が暗転して以下のログイン画面に変わる（図 10.38）.

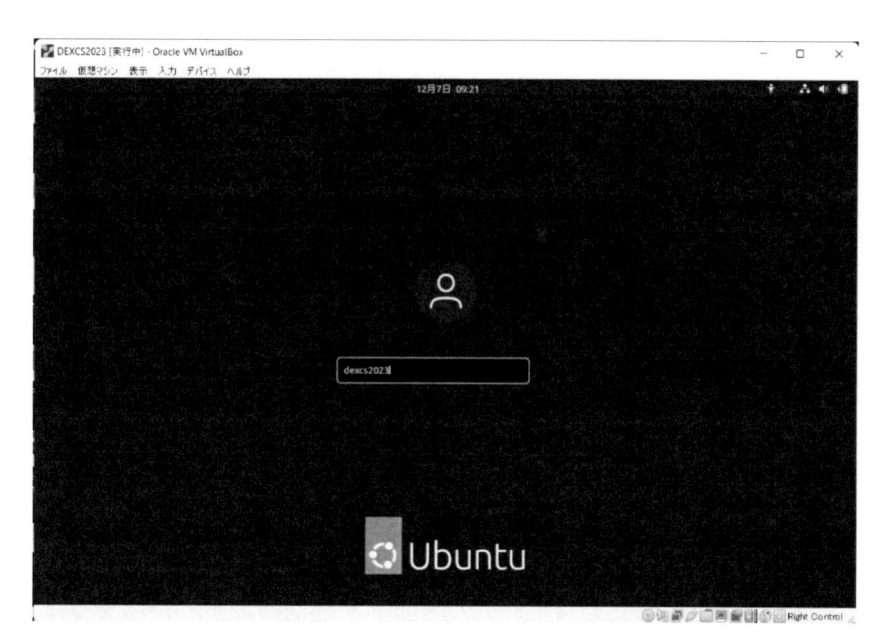

図 10.38　ライブモードのログイン画面

　ここで重要なことは，ユーザー名として「dexcs2023」を入力する点である．それ以外のユーザー名では先へ進めない.

---

[9] インストールモードの際はパスワード入力を要求されるが，ライブモードでは要求されない.

10.6　実計算機/インストールモード

　前節では仮想マシンの使用方法について記したが，ホスト型の仮想マシンである以上，ホスト OS を介して LinuxOS が起動するという，いわばオーバーヘッドが生じることになり，実計算機上で直接 LinuxOS を動かすことに比べると，性能低下は致し方ない．計算スピードは体感で明らかに違いがわかるというほどのものではないが，もうひとつの欠点として，メモリ領域をフルには使えないことがある．また経験上では，長時間の運転に際して，安定性の問題も感じている．

　したがって，本格的な実用を考えるのであれば，仮想計算機ではなく実計算機上にインストールして使用することを推奨する．その際に，用意した計算機を DEXCS-OF の専用マシンとして使うのか，起動時に既存の OS と切り替えて使うのかという選択肢は存在するが，利用者観点からすると，性能面ではどちらも同じ（厳密にはインストールしたドライブの性能には依存する）で，単に起動時の手間の有無による使い勝手の違いがあるだけである．

　インストールの方法は，これまで述べてきた方法の組合せになる．すなわち，（実計算機/ライブモード）で説明した方法で，起動画面が立ち上がったら，（仮想計算機/インストールモード）で説明した以降のステップを同様に実施するだけである．ただし，ここで注意する必要があるのは，インストールの種類を設定するシーンである．

　まっさらな計算機（ハードディスクに何もデータが存在しない場合）であれば 2 つの選択肢しかなかったが，そうでない場合はハードディスク上の既存データを解析して，異なった画面になる．たとえば図 10.39 である．ここで一番下の「それ以外」を選択すると，図 10.40 が現れるといった具合である．空きドライブを選択するなり，不要ドライブを削除して初期化するなりの設定作業をしていくことになる．

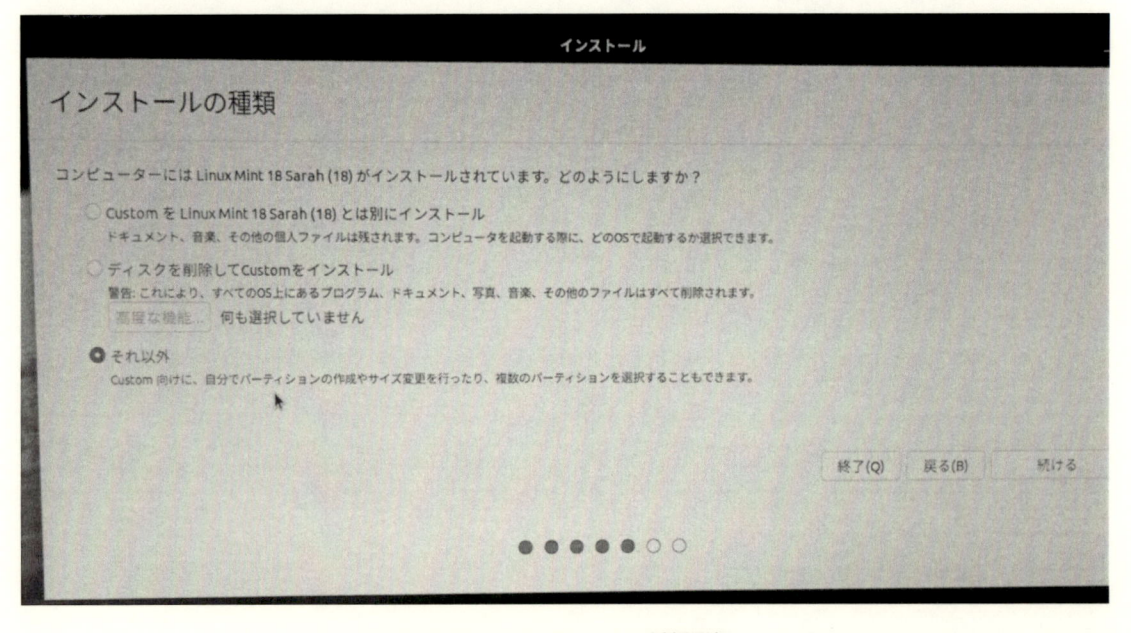

図 10.39　インストールの種類選択

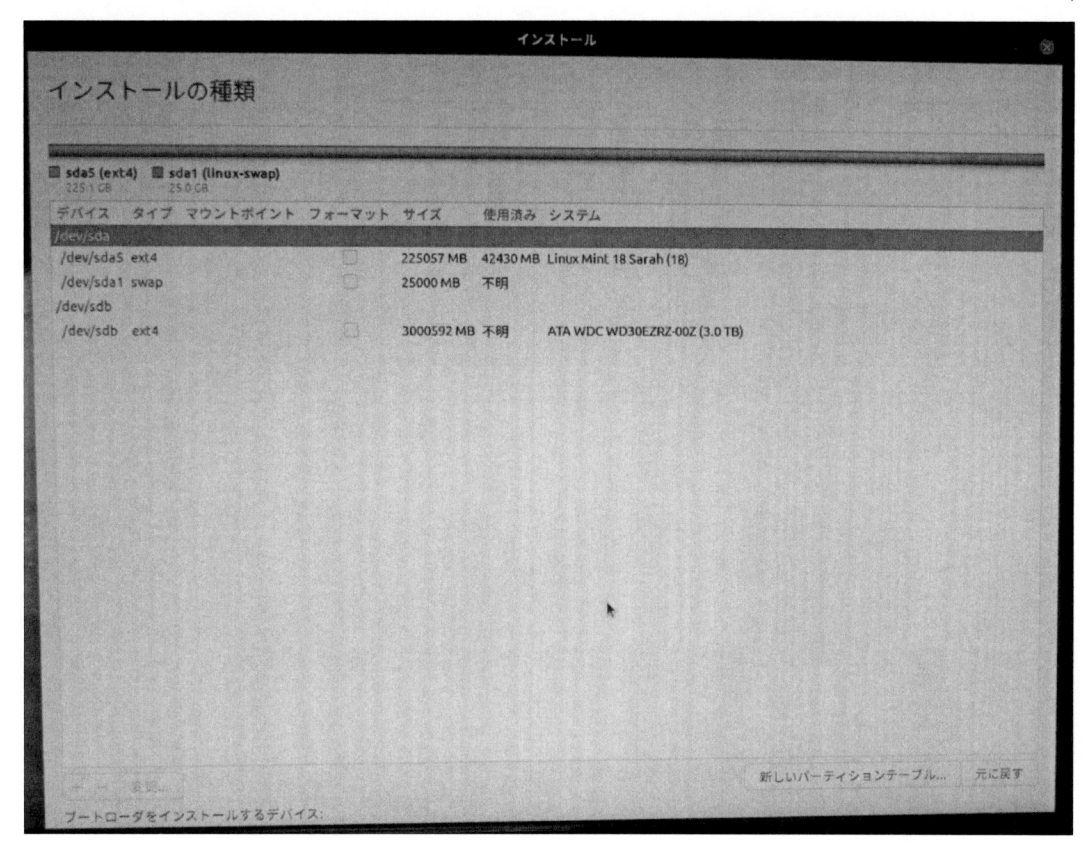

図 10.40 インストールデバイスの選択

しかしこれから先の詳細な説明が読者のケースにあてはまるかどうかケースバイケースになってしまう．筆者もさほど詳しくないので割愛させていただくが，既存の OS と切り替えて使用する場合に，ブートローダーの設定が必要になる（図 10.40 の一番下でその設定を変更できるようになっている）ということで，この点に関して必要となるであろう参考情報を記しておく．

ブートローダーの設定を間違えたり，インストール後の再起動までの手順が正しくできなかった場合などにおいて，立ち上げ時にブートローダーが見つからなかったり，一方の OS が起動できなくなったりすることが筆者にもよくあった．そういう場合たいていは BootRepairDisk[10] というツールで自動修復できるので，これに留意して取り組んでもらいたい．

以上，実計算機にインストールする方法を説明したが，ここでいう実計算機はパソコンやワークステーションといったいわゆる単独で動く計算機を想定しており，PC クラスターのように，多数のノード間に跨って計算をさせることまで想定した計算機を対象とするものではない点はおことわりしておく．

---

[10] BootRepairDisk, https://sourceforge.net/p/boot-repair-cd/home/jp/

第 11 章

ツール別逆引き目次

　第 2 章で記したように，DEXCS-OF は OpenFOAM の実践的な活用法を習得するためのオープン CAE ツールのベストミックスパッケージであり，本書の目次も，OpenFOAM の実践的な活用法を習得するための要素技術をブレークダウンして構成した．したがってオープン CAE ツールそのものについては随所で断片的な解説になってしまっており，中身を読んでみないことには何処に何が書いてあるのかわからない構成になっている．

　そこでここでは，本書の中でオープン CAE ツールそのものの使い方という観点から，具体例や解説の記してあるページにたどり着けるよう，逆引き目次としてここに取り纏めておく．但し第 4 章における FreeCAD についての説明と，DEXCS オリジナルツールの説明については除外してある（本書の「目次」から参照されたい）点，おことわりしておく．

11.1　OpenFOAM

11.2　ParaView

11.3　FreeCAD

11.4　TreeFoam

11.5　KDiff3

11.6　jgp

著者紹介

野村 悦治 (のむら えつじ)

1952年愛知県に生まれる。
1977年に東京大学大学院修士課程工学系研究科精密機械工学専攻、修了。
同年、(株)デンソー(当時は日本電装株式会社)入社。(株)日本自動車部品総合研究所へ出向。
1979年より、(株)デンソー研究開発部へ、1997年~2000年、技術電算部次長。2001年~2010年まで開発部。その後2010年から2012年の間技術管理部CAE開発設計・促進室にて、オープンCAE担当次長として、社内におけるオープンCAEの活用展開を推進した。
　(著書)
2021年「オープンCAEのためのDEXCS for OpenFOAMハンドブック」(丸善出版)

◎本書スタッフ
アートディレクター/装丁： 岡田 章志
編集： 向井 領治
ディレクター： 栗原 翔

●本書の内容についてのお問い合わせ先
株式会社インプレス
インプレス NextPublishing　メール窓口
np-info@impress.co.jp
お問い合わせの際は、書名、ISBN、お名前、お電話番号、メールアドレス に加えて、「該当するページ」と「具体的なご質問内容」「お使いの動作環境」を必ずご明記ください。なお、本書の範囲を超えるご質問にはお答えできないのでご了承ください。
電話やFAXでのご質問には対応しておりません。また、封書でのお問い合わせは回答までに日数をいただく場合があります。あらかじめご了承ください。

OnDeck Books

はじめてのDEXCS for OpenFOAM

2024年10月4日　初版発行Ver.1.0（PDF版）

著　者　野村 悦治
編集人　桜井 徹
発行人　髙橋 隆志
発　行　インプレス NextPublishing
　　　　〒101-0051
　　　　東京都千代田区神田神保町一丁目105番地
　　　　https://nextpublishing.jp/
販　売　株式会社インプレス
　　　　〒101-0051　東京都千代田区神田神保町一丁目105番地

ISBN978-4-295-60345-0

NextPublishing®

●インプレス NextPublishingは、株式会社インプレスR&Dが開発したデジタルファースト型の出版モデルを承継し、幅広い出版企画を電子書籍＋オンデマンドによりスピーディで持続可能な形で実現しています。https://nextpublishing.jp/